# PHP 8
# 从入门到精通 视频教学版

张工厂 著

清華大學出版社
北京

# 内容简介

本书循序渐进地介绍了PHP 8开发动态网站的主要知识和技能，提供了大量的PHP应用实例供读者实践。每一章节都清晰讲解了代码的作用及其编写思路，使读者能快速掌握PHP的应用开发技能。

全书共24章，内容包括PHP 8的基本概念、PHP服务器环境配置、PHP的基本语法、PHP的语言结构、字符串和正则表达式、数组、时间和日期、面向对象编程、错误处理和异常处理、PHP与Web页面交互、文件与目录操作、图形图像处理、Cookie和会话管理、MySQL数据库基础、PHP操作MySQL数据库、PDO数据库抽象类库、安全加密技术、PHP与XML技术、PHP与Ajax的综合应用、Smarty模板、Zend Framework框架和ThinkPHP框架等。本书最后通过网上商城和图书管理系统两个实战项目，使读者进一步巩固所学的知识，提高PHP网站开发的实战能力。

本书适合PHP初学者以及广大网站开发人员阅读，可以作为PHP网站开发人员的查询手册，也适合高等院校和培训机构相关专业的师生教学参考。



**图书在版编目（CIP）数据**

PHP 8从入门到精通：视频教学版 / 张工厂著.—北京：清华大学出版社，2021.5（2024.1重印）
ISBN 978-7-302-57892-5

Ⅰ.①P… Ⅱ.①张… Ⅲ.①PHP语言—程序设计 Ⅳ.①TP312.8

中国版本图书馆CIP数据核字（2021）第061148号

**责任编辑：** 夏毓彦
**封面设计：** 王　翔
**责任校对：** 闫秀华
**责任印制：** 丛怀宇

**出版发行：** 清华大学出版社
**网　　址：** https://www.tup.com.cn，https://www.wqxuetang.com
**地　　址：** 北京清华大学学研大厦A座　　**邮　　编：** 100084
**社 总 机：** 010-83470000　　**邮　　购：** 010-62786544
**投稿与读者服务：** 010-62776969，c-service@tup.tsinghua.edu.cn
**质 量 反 馈：** 010-62772015，zhiliang@tup.tsinghua.edu.cn

**印 装 者：** 三河市人民印务有限公司
**经　　销：** 全国新华书店
**开　　本：** 190mm×260mm　　**印　张：** 27.5　　**字　数：** 704千字
**版　　次：** 2021年6月第1版　　**印　次：** 2024年1月第2次印刷
**定　　价：** 109.00元

---

产品编号：092580-01

# 前　言

PHP 是目前世界上最流行的 Web 开发语言之一。现在学习和关注 PHP 的人越来越多，而很多 PHP 初学者却苦于找不到一本通俗易懂、容易入门且实用的参考书。为此，编者组织经验丰富的开发人员编写了这本 PHP 动态网站开发教材。

本书几乎涉及 PHP 网站开发的所有重要知识，适合 PHP 网站开发初学者快速入门，同时也适合想全面了解 PHP+MySQL 网站开发的人员阅读。通过本书的学习，读者可以全面地掌握 PHP 网站开发的技术要点，并具备 PHP 动态网站开发的基本技能。

本书内容丰富全面，图文并茂，步骤清晰，语言通俗易懂，使读者能理解 PHP 网站开发的技术构成，并能解决实际生活或工作中的问题，真正做到知其然，更知其所以然。通过重点章节，条理清晰地介绍了读者希望了解的知识，对 PHP 网站开发有兴趣的读者可以快速上手设计和制作动态网站。

本书注重实用，可操作性强，对每一个知识点和 PHP 网站开发的方法和技巧作了详细讲解，是一本物超所值的参考用书。

## 本书特色

- 内容全面：知识点由浅入深，涵盖所有 PHP 知识点，可使读者逐步掌握 PHP+MySQL 动态网站开发技术。
- 图文并茂：注重操作，在介绍案例的过程中，每一个操作均有对应的插图。这种图文结合的方式使读者在学习的过程中能够直观、清晰地看到操作的过程和效果，便于更快地理解和掌握所讲的内容。
- 示例丰富：把知识点融汇于系统的示例当中，并且在示例中进行讲解和拓展，从而达到“知其然，并知其所以然”的效果。
- 技巧提示：本书对读者在学习过程中可能会遇到的疑难问题以“提示”和“技巧”的形式进行了说明，以免读者在学习的过程中走弯路。

## 示例源代码、课件、教学视频下载与技术支持

本书配套的源代码、课件与教学视频，请用微信扫描右侧二维码获取，可按页面提示，把下载链接转发到自己的邮箱中下载。如果阅读过程中发现问题，请联系 booksaga@163.com，邮件主题为“PHP 8 从入门到精通：视频教学版”。技术支持 QQ 群信息请查阅下载资源中的相关文件获取。

## 读者对象

本书是一本全面介绍 PHP 网页布局技术的教程，内容丰富，条理清晰，实用性强。

- 对于 PHP 语言初学者，可以快速掌握 PHP 语言开发的知识和技巧。
- 对于动态网站制作初学者，可以快速学会制作内容丰富的动态网站。
- 对于 PHP+MySQL 架构 Web 系统开发人员，可以在编程开发过程中作为参考书。

## 致 谢

本书由张工厂创作，参与编写的还有王英英、刘增杰、胡同夫、刘玉萍、刘玉红。本书虽然倾注了编者的心血，但由于水平有限，书中难免有疏漏之处，敬请谅解，如果遇到问题或有意见和建议，请与作者联系，作者将全力提供帮助。

作者

2021 年 4 月

# 目　录

# 第 1 章 初识 PHP

学习目标 | Objective

在学习 PHP 之前，读者需要了解 PHP 的基本概念、PHP 的特点、PHP 开发常用工具等知识，通过本章的学习，读者可对 PHP 有一个初步的了解。本章将主要讲解 PHP 的基础知识。

内容导航 | Navigation

- 了解 PHP 的来龙去脉
- 熟悉 PHP 的应用领域
- 熟悉 PHP 8 的新特点
- 掌握 PHP 常用开发工具

## 1.1 PHP 的来龙去脉

### 1.1.1 PHP 的概念

PHP 的初始全称为 Personal Home Page，现已正式更名为 Hypertext Preprocessor（超文本预处理语言）。PHP 是一种 HTML 内嵌式的语言，是在服务器端执行的、可嵌入 HTML 文档的脚本语言，语言风格类似于 C 语言，被广泛用于动态网站的制作。PHP 语言借鉴了 C 和 Java 等语言的部分语法，并有自己独特的特性，使 Web 开发者能够快速地编写动态生成页面的脚本。对于初学者而言，PHP 的优势是可以快速入门。

与其他的编程语言相比，PHP 将程序嵌入 HTML 文档中去执行，执行效率比完全生成 HTML 标记的方式要高许多。PHP 还可以执行编译后的代码，编译可以起到加密和优化代码运行的作用，使代码运行得更快。另外，PHP 具有非常强大的功能，所有的 CGI 功能 PHP 都能实现，而且几乎支持所有流行的数据库和操作系统。最重要的是，PHP 还可以用 C、C++进行程序的扩展。

### 1.1.2 PHP 的发展历程

目前，市面上有很多 Web 开发语言，其中 PHP 是比较出众的一种 Web 开发语言。与其他脚本语言不同，PHP 是通过全世界免费代码开发者共同的努力才发展到今天的规模的。要想了解 PHP，首先要从它的发展历程开始。

在 1994 年，Rasmus Lerdorf 首次设计出了 PHP 程序设计语言。1995 年 6 月，Rasmus Lerdorf 在 Usenet 新闻组 comp.infosystems.www.authoring.cgi 上发布了 PHP 1.0 声明。这个早期版本提供了访客留言本、访客计数器等简单的功能。

PHP 第二版于 1995 年问世，定名为 PHP/FI（Form Interpreter）。在这一版本中加入了可以处理更复杂的、嵌入式标签语言的解析程序，同时加入了对数据库 MySQL 的支持。自此奠定了 PHP 在动态网页开发上的影响力。自从 PHP 加入了这些强大的功能，它的使用量猛增。据初步统计，在 1996 年年底，有 15 000 个 Web 网站使用了 PHP/FI；而在 1997 年年中，这一数字超过了 50 000。

前两个版本的成功让 PHP 的设计者和使用者对 PHP 的未来充满了信心。在 1997 年，PHP 开发小组又加入了 Zeev Suraski 及 Andi Gutmans，他们自愿重新编写了底层的解析引擎，另外，还有很多人员也自愿加入 PHP 其他部分的工作，从此 PHP 成为真正意义上的开源项目。

1998 年 6 月发布了 PHP 3.0。在这一版本中，PHP 可以跟 Apache 服务器紧密结合。PHP 不断更新并及时加入新的功能，几乎支持所有主流与非主流数据库，而且拥有非常高的执行效率，这些优势使得 1999 年使用 PHP 的网站超过了 150 000 个。

经过 3 个版本的演化，PHP 已经变成一个非常强大的 Web 开发语言。这种语言非常易用，而且拥有一个强大的类库，类库的命名规则也十分规范，使用者即使对一些函数的功能不了解，也可以通过函数名猜出来。PHP 程序可以直接使用 HTML 编辑器来处理，因此，PHP 变得非常流行，有很多大的门户网站都使用 PHP 作为自己的 Web 开发语言，例如新浪网等。

在 2000 年 5 月推出了划时代的版本 PHP 4。PHP 4 使用了一种“编译-执行”的模式，其核心引擎更加优越，提供了更高的性能，还包含一些其他关键功能，比如支持更多的 Web 服务器、HTTP Sessions 支持、输出缓存、更安全地处理用户输入的方法以及一些新的语言结构。

2004 年 7 月，PHP 5 发布。该版本以 Zend 引擎 II 为引擎，并且加入了新功能，如 PHP Data Objects（PDO）。PHP 5.0 版本强化更多的功能。首先，完全实现面向对象，提供名为 PHP 兼容模式的功能。其次是 XML 功能，PHP 5.0 版本支持名为 SimpleXML 的 XML 处理界面，可直观地访问 XML 数据；同时还强化了 XML Web 服务支持，而且标准支持 SOAP 扩展模块。数据库方面，PHP 新版本提供旨在访问 MySQL 的新接口——mysql；除此前的接口外，还可以使用面向对象界面和预处理语句（Prepared Statement）等 MySQL 的新功能。另外，PHP 5.0 上还捆绑有小容量的 RDBMS——SQLite。

2015 年 6 月，PHP 7 第一版发布。这是十年来的首次大改版，最大的特色是在性能上有了大突破，能比前一版 PHP 5 快上一倍。

2020 年 11 月，PHP 8 第一版发布。它在 PHP 7 的基础上做了进一步的改进，功能更强大，执行效率更高，性能更强悍。本书将以 PHP 8 版本来讲解 PHP 的实用技能。

### 1.1.3 PHP 的优势

PHP 能够迅速发展并得到广大使用者喜爱的主要原因是 PHP 不仅有一般脚本所具有的功能，还有它自身的优势，具体特点如下：

- 源代码完全开放：事实上，所有的 PHP 源代码都可以获得。读者可以通过 Internet 获得需要的源代码，快速修改并利用。
- 完全免费：和其他技术相比，PHP 本身是免费的。读者使用 PHP 进行 Web 开发无须支付任何费用。
- 语法结构简单：PHP 结合了 C 语言和 Perl 语言的特色，编写简单，方便易懂，可以嵌入 HTML 语言中，实用性强，更适合初学者。
- 跨平台性强：由于 PHP 是运行在服务器端的脚本，因此可以运行在 UNIX、Linux 和 Windows 下。
- 效率高：PHP 消耗相当较少的系统资源，并且程序开发快，运行速度快。
- 强大的数据库支持：支持目前所有的主流和非主流数据库，使 PHP 的应用对象非常广泛。
- 面向对象：在 PHP 8 中，面向对象方面有了很大的改进，现在 PHP 完全可以用来开发大型商业程序。

## 1.2 PHP 能干什么

初学者也许会疑惑，PHP 到底能干什么呢？下面将介绍 PHP 的应用领域。

PHP 在 Web 开发方面的功能非常强大，可以完成一款服务器所能完成的工作。有了 PHP，用户可以轻松地进行 Web 开发。下面具体学习一下 PHP 的应用领域，例如生成动态网页、收集表单数据、发送或接收 Cookies 等。

PHP 主要应用于以下 3 个领域。

#### 1. 服务器端脚本

PHP 最主要的应用领域是服务器端脚本。服务器脚本运行需要具备 3 项配置：PHP 解析器、Web 浏览器和 Web 服务器。在 Web 服务器运行时，安装并配置 PHP，然后用 Web 浏览器访问 PHP 程序输出。在学习的过程中，读者只要在本机上配置 Web 服务器，即可浏览制作的 PHP 页面。

### 2. 命令行脚本

命令行脚本和服务端脚本不同，编写的命令行脚本并不需要任何服务器或浏览器运行，在命令行脚本模式下，只需要执行 PHP 解析器即可。这些脚本在 Windows 和 Linux 平台下是日常运行脚本，也可以用来处理简单的文本。

### 3. 编写桌面应用程序

PHP 在桌面应用程序的开发中并不常用，但是如果用户希望在客户端应用程序中使用 PHP 编写图形界面应用程序，就可以通过 PHP-GTK 来编写。PHP-GTK 是 PHP 的扩展，并不包含在标准的开发包中，开发用户需要单独编译它。

# 1.3 PHP 8 的新特点

PHP 8 是 PHP 编程语言的一个主要版本，是开发 Web 应用程序的一次革命，可开发和交付移动和云企业应用。

和早期版本相比，PHP 8 有以下新的特点。

（1）PHP 8 引入了备受期待的 Just In Time（JIT）编译器，能够进一步提高 PHP 脚本的执行速度。JIT 即时编译器（Just in Time Compiler）中，JIT 是一种编译器策略，它将代码表述为一种中间状态，在运行时将其转换为依赖于体系结构的机器码，并即时执行。在 PHP 中，JIT 将为 Zend VM 生成的指令视为中间表述，并以依赖于体系结构的机器码执行，也就是说托管代码的不再是 Zend VM，而是更为底层的 CPU。

启用 JIT 比较简单，在 php.ini 配置文件中加入以下命令：

```
opcache.jit=1205
opcache.jit_buffer_size=64M
```

（2）PHP 8 合并了诸多性能优化。

（3）JSON 支持现在被视为语言的核心部分，始终可用，而不是作为可选模块。

（4）支持 named 参数，因为它们能够指定参数名称而不是其确切顺序。

（5）支持类/属性/函数/方法/参数/常量的结构化元数据的属性（或在其他语言中也称为注释或修饰符）。

（6）支持可以指示多种不同类型的联合类型，这些类型可以用作参数或函数的返回类型。

（7）支持静态返回类型。

（8）str_contains()函数是一种检查字符串是否包含在另一个字符串中的简便方法，而不必使用 strpos 等。与之相似的函数还有新加入的 str_starts_with()和 str_ends_with()函数。

（9）添加了 Nullsafe 运算符，作为在方法上应用空合并行为的快速简便的方法。

（10）相比较 PHP 7.4 稳定版，PHP 8.0 在性能上大约提升了 10%，在某些方面，JIT 可以提供更多的性能。

# 1.4　PHP 开发工具

可以编写 PHP 代码的工具很多，每种开发工具都有各种的优势。一款合适的开发工具会让开发人员的编程过程更加有效和轻松。下面讲解两种常见的工具，记事本和 PhpStorm 的使用方法。

## 1.4.1　使用记事本

记事本是 Windows 系统自带的文本编辑工具，具备最基本的文本编辑功能，体积小巧，启动速度快，占用内存少，容易使用。记事本主窗口如图 1-1 所示。

在使用记事本编辑 PHP 文档的过程中，需要注意保存方法和技巧。在【另存为】对话框中输入文件名称，后缀名为.php，另外将【保存类型】设置为【所有文件】即可，如图 1-2 所示。

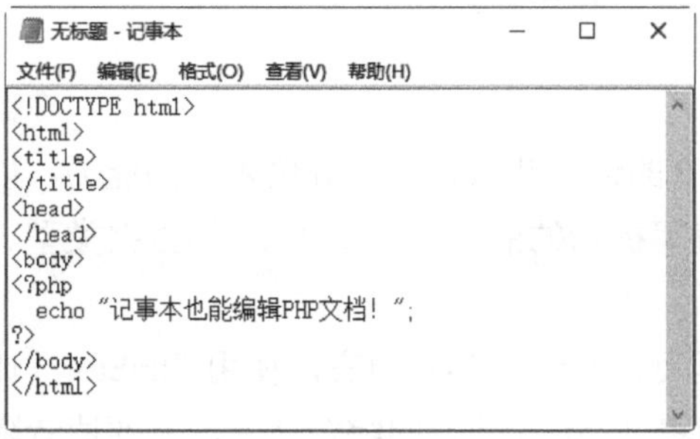


图 1-1　记事本主窗口

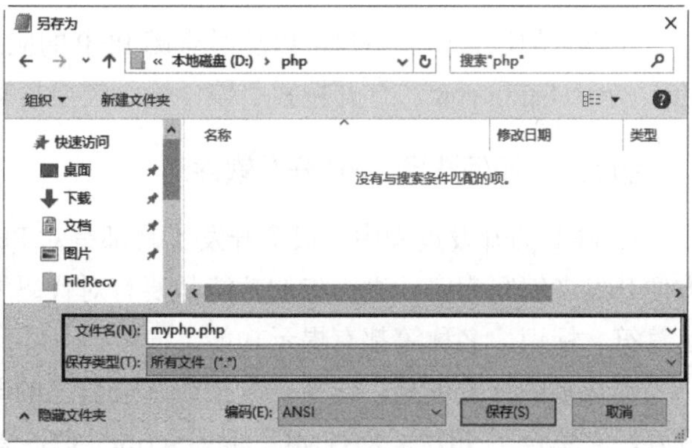


图 1-2　【另存为】对话框

## 1.4.2　使用 PhpStorm 开发工具

除了使用记事本以外，读者还可以使用专业的 PHP 开发工具。下面讲解使用 PhpStorm 为开发工具对 PHP 程序进行开发。PhpStorm 提供了智能代码补全、快速导航以及即时错误检查的功能，可以提高用户的开发效率。

PhpStorm 工具的官方下载地址为 https://www.jetbrains.com/phpstorm/，在该页面中单击【Download】按钮，即可下载 PhpStorm，如图 1-3 所示。

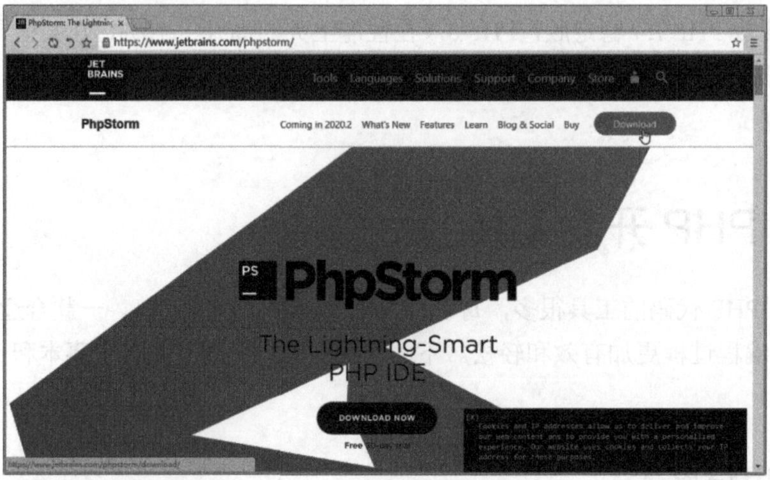


图 1-3 PhpStorm 工具的下载页面

# 1.5 高手甜点

### 甜点 1：如何快速了解 PHP 的应用技术？

在学习的过程中，用户可以随时查阅 PHP 的应用情况。启动 IE 浏览器，在地址栏中输入 http://www.baidu.com，打开搜索引擎，输入需要搜索的内容即可了解相关技术。

### 甜点 2：如何选择 PHP 开发软件？

在 PHP 的开发过程中，很多开发工具都有对 PHP 的语法和数据进行分色表示的能力，以方便开发者编写程序。进一步的功能是要有对代码编写提示的能力，对于 PHP 的数据类型、运算符、标识、名称等都有提示功能。

那么多的开发工具，选择一款比较适合自己的即可。对于初学者而言，使用 PhpStorm 比较好，它集合了 PHP、XHTML、JavaScript、CSS 等基于 Web 开发的综合技术，方便读者随时学习相关的 Web 技术。

# 第 2 章 PHP 8 服务器环境配置

**学习目标 | Objective**

在编写 PHP 文件之前，读者需要配置 PHP 服务器，包括软硬件环境的检查、获得 PHP 安装资源包等。本章将详细讲解目前常见的主流 PHP 服务器搭配方案：PHP 8+IIS 和 PHP 8+Apache。另外，本章将讲解在 Windows 下如何使用 WAMP 组合包，最后通过一个实战演练来检查 Web 服务器的构建是否成功。

**内容导航 | Navigation**

- 了解 PHP 服务器的概念
- 熟悉安装 PHP 8 前的准备工作
- 掌握 PHP 8+IIS 服务器的安装配置方法
- 掌握 PHP 8+Apache 服务器的环境搭建方法

## 2.1 PHP 服务器概述

在学习 PHP 服务器之前，读者需要了解 HTML 网页的运行原理。网页浏览者在客户端（如自己的电脑）通过浏览器向服务器（网站）发出页面请求，服务器接收到请求后将页面返回到客户端的浏览器，这样网页浏览者即可看到页面显示效果。

PHP 语言在 Web 开发中作为嵌入式语言，需要嵌入 HTML 代码中执行。要想运行 PHP 网站，需要搭建 PHP 服务器。PHP 网站的运行原理如图 2-1 所示。

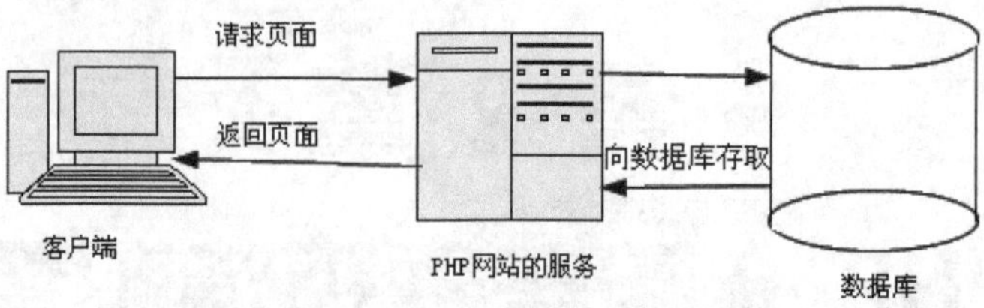


图 2-1　PHP 网站运行流程图

从图 2-1 可以看出，PHP 程序运行的基本流程如下：

- 首先在浏览器的地址栏中输入要访问的主页地址，按 Enter 键触发这个申请。
- 浏览器将申请发送到 PHP 网站服务器，网站服务器根据申请读取数据库中的页面。
- 通过 Web 服务器向客户端发送处理结果，客户端的浏览器显示最终页面。

提示

由于在客户端显示的只是服务器端处理过的 HTML 代码页面，因此网页浏览者看不到 PHP 代码，可以提高代码的安全性。同时，在客户端不需要配置 PHP 环境，只要安装浏览器即可。

# 2.2 安装 PHP 8 前的准备工作

在安装 PHP 之前，要了解安装所需要的软硬件环境和如何获取 PHP 安装资源包。

## 2.2.1 软硬件环境

大部分软件在安装过程中都需要软硬件环境的支持，当然 PHP 也不例外。在硬件方面，如果只是为了学习上的需求，PHP 只需要一台普通的计算机即可。在软件方面，需要根据实际工作的需要选择不同的 Web 服务软件。

PHP 具有跨平台特性，所以 PHP 开发用什么样的系统不太重要，开发出来的程序都能很轻松地移植到其他操作系统中。另外，PHP 开发平台支持目前主流的操作系统，包括 Windows 系列、Linux、UNIX 和 Mac OS X 等。下面以 Windows 10 平台为例进行讲解。

另外，用户还需要安装 Web 服务软件。目前，PHP 支持大多数 Web 服务软件，常见的有 IIS、Apache、PWS 和 Netscape 等。比较流行的是 IIS 和 Apache，下面将详细讲解这两种 Web 服务器的安装和配置方法。

## 2.2.2 获取 PHP 8 安装资源包

PHP 安装资源包中包括安装和配置 PHP 服务器所需的文件和 PHP 扩展函数库。获取 PHP 安装资源包的方法比较多，很多网站都提供 PHP 安装包，建议读者从官方网站下载，具体操作步骤如下：

步骤 01 打开 IE 浏览器，在地址栏中输入下载地址( http://windows.php.net/download )，按 Enter 键确认，进入 PHP 下载网站，如图 2-2 所示。

步骤 02 在 Binaries and sources Releases 表中选择适合的版本，这里选择 PHP 8.0 版本中的 VC16 x86 Non Thread Safe，如图 2-3 所示。

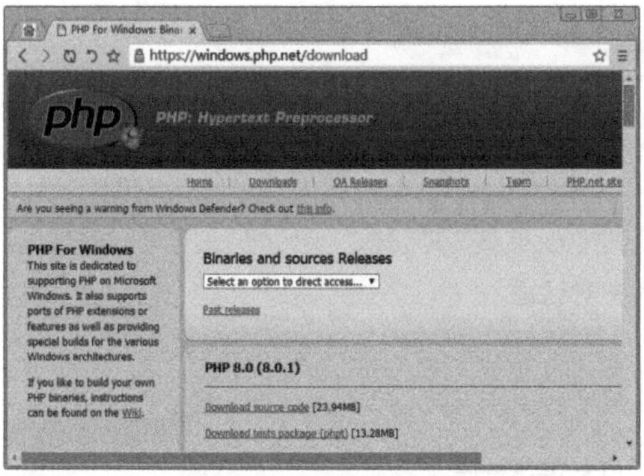


图 2-2 PHP 网站下载页面

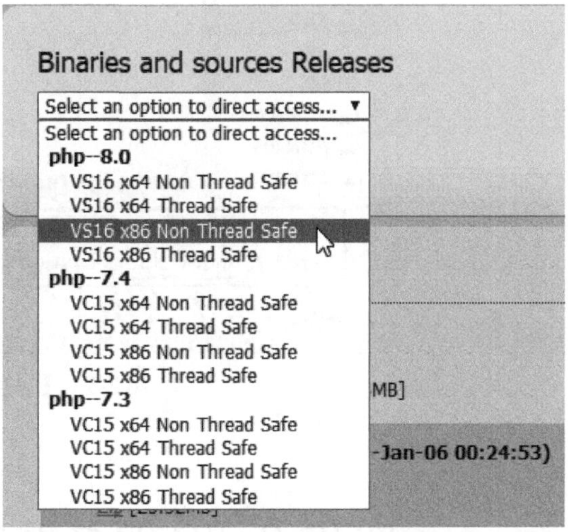


图 2-3 选择需要的版本

步骤 03 显示所选版本号中 PHP 安装包的各种格式，这里选择 Zip 压缩格式，单击 Zip 链接，如图 2-4 所示。

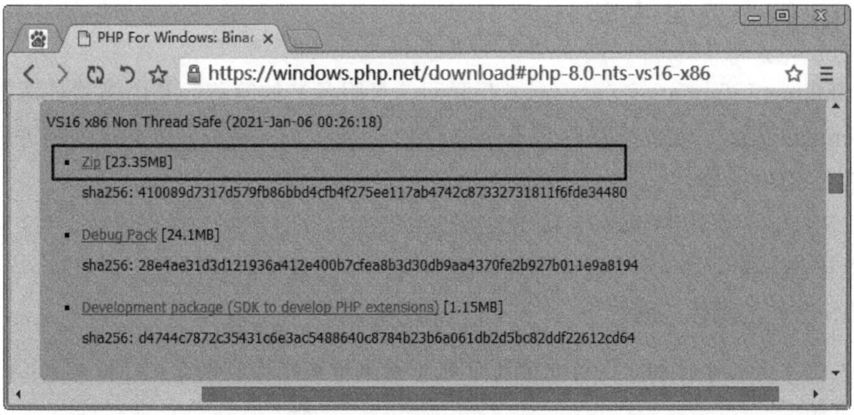


图 2-4 选择需要版本的格式

步骤 04 打开【另存为】对话框，选择保存路径，然后保存文件即可，如图 2-5 所示。

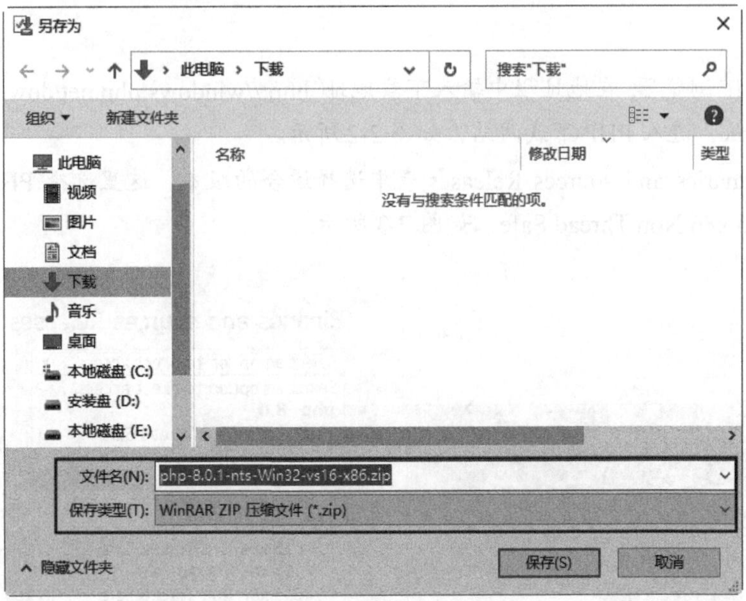


图 2-5 【另存为】对话框

# 2.3 PHP 8+IIS 服务器安装配置

下面介绍 PHP 8+IIS 服务器架构的配置方法和技巧。新手可跳过本节，直接学习 2.5 节。

## 2.3.1 IIS 简介及其安装

IIS 是 Internet Information Services（互联网信息服务）的简称，是由微软公司提供的、基于运行 Microsoft Windows 的互联网基本服务。IIS 功能强大、操作简单并且使用方便，是目前较为流行的 Web 服务器之一。

目前 IIS 只能运行在 Windows 系列的操作系统上，针对不同的操作系统，IIS 也有不同的版本。下面以 Windows 10 为例进行讲解，默认情况下此操作系统没有安装 IIS。

安装 IIS 组件的具体步骤如下：

步骤 01 右击【开始】按钮，在弹出的【开始】菜单中选择【控制面板】菜单命令，如图 2-6 所示。

步骤 02 打开【控制面板】窗口，双击【程序】选项，如图 2-7 所示。

步骤 03 打开【程序】窗口，从中选择【启用或关闭 Windows 功能】选项，如图 2-8 所示。

步骤 04 在【Windows 功能】窗口中，选中【Internet Information Services】(Internet 信息服务）复选框，单击【确定】按钮，如图 2-9 所示。

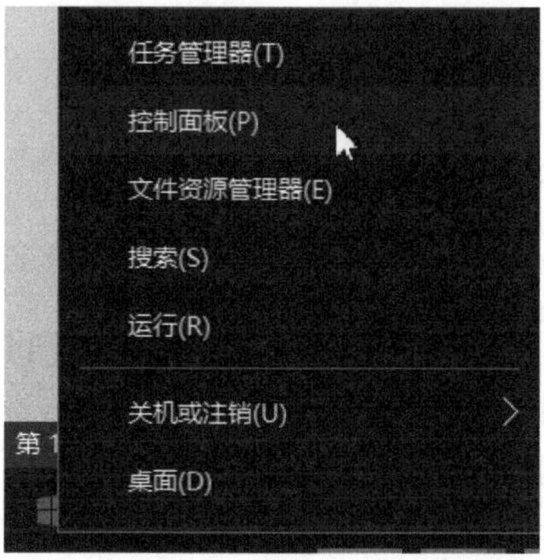


图 2-6 选择【控制面板】菜单命令

图 2-7 【控制面板】窗口

图 2-8 【程序】窗口

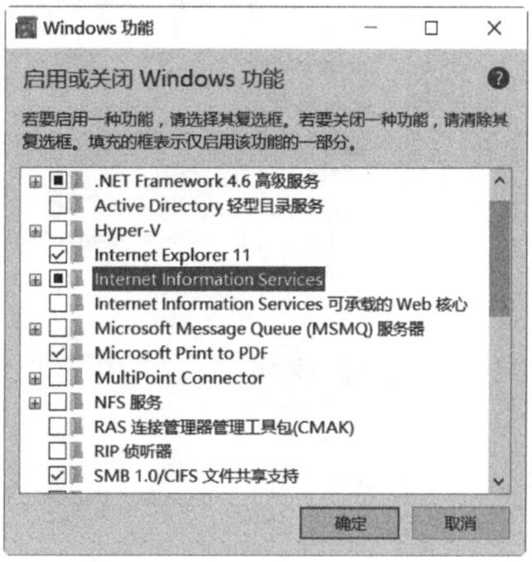


图 2-9 【Windows 功能】窗口

**步骤 05** 安装完成后即可测试是否安装成功。在 IE 浏览器的地址栏中输入 http://localhost/，打开 IIS 的欢迎页面即表示安装成功，如图 2-10 所示。

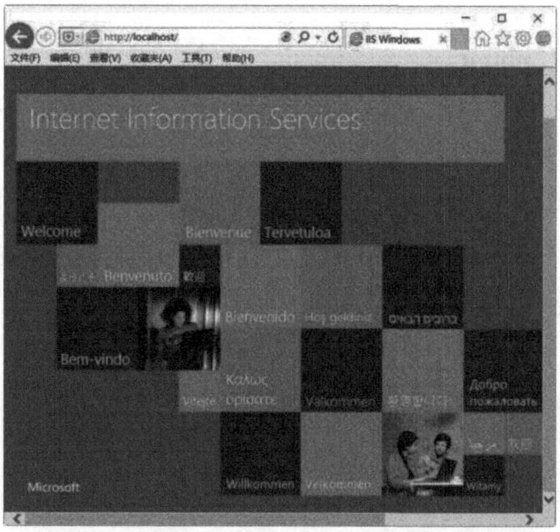


图 2-10 IIS 的欢迎页面

### 2.3.2 PHP 的安装

IIS 安装完成后即可开始安装 PHP。PHP 的安装过程大致分为 3 个步骤。

#### 1. 解压和设置安装路径

首先将第 2.2.2 小节中获取的安装资源包解压缩。在解压缩后得到的文件夹中放着 PHP 所需要的文件。将文件夹复制到 PHP 的安装目录中。PHP 的安装路径可以根据需要进行设置，例如这里设置为 D:\PHP\，复制文件夹后的效果如图 2-11 所示。

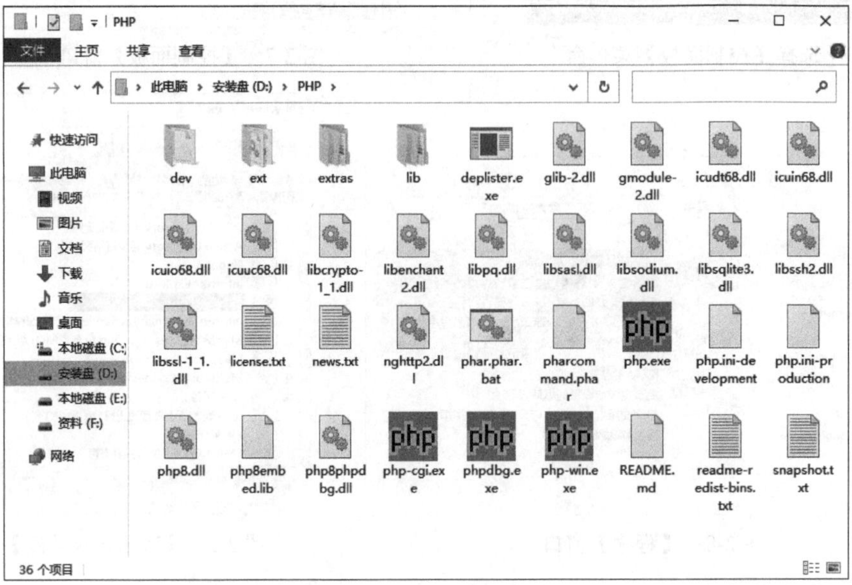


图 2-11　PHP 的安装目录

#### 2. 配置 PHP

在安装目录中找到 php.ini-development 文件（配置文件）。将这个文件的扩展名.ini-development 修改为.ini，然后用记事本打开。文件中参数很多，所以建议读者使用记事本的查找功能快速查找需要的参数。

查找并修改相应的参数值，即 extension_dir= “D:\PHP\ext”，此参数是 PHP 扩展函数的查找路径，其中 D:\PHP\为 PHP 的安装路径，读者可以根据自己的安装路径进行修改。采用同样的方法修改参数 cgi.force_redirect=0。

另外，去除参数值扩展前的引号，去除后的效果如图 2-12 所示。

```
;extension=bz2
;extension=curl
;extension=fileinfo
;extension=gd2
;extension=gettext
```

```
;extension=gmp
;extension=intl
;extension=imap
;extension=interbase
;extension=ldap
;extension=mbstring
;extension=exif      ; Must be after mbstring as it depends on it
;extension=mysqli
;extension=oci8_12c  ; Use with Oracle Database 12c Instant Client
;extension=odbc
;extension=openssl
;extension=pdo_firebird
;extension=pdo_mysql
;extension=pdo_oci
;extension=pdo_odbc
;extension=pdo_pgsql
;extension=pdo_sqlite
;extension=pgsql
;extension=shmop
```

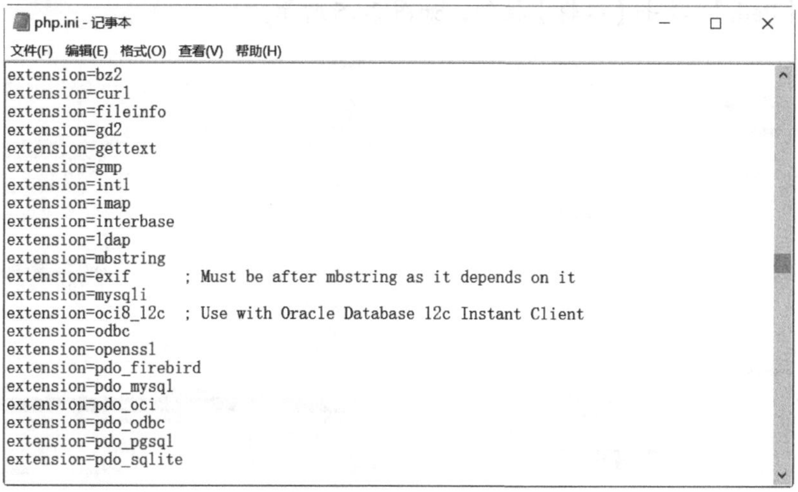


图 2-12　去除引号后的效果

### 3. 添加系统变量

要想让系统运行 PHP 时找到上面的安装路径，就需要将 PHP 的安装目录添加到系统变量中，具体操作步骤如下：

步骤 01　右击桌面上的【计算机】图标，在弹出的快捷菜单中选择【属性】菜单命令，打开【系统】窗口，如图 2-13 所示。

图 2-13 【系统】窗口

**步骤 02** 单击【高级系统设置】按钮，打开【系统属性】对话框，如图 2-14 所示。

**步骤 03** 单击【环境变量】按钮，打开【环境变量】对话框。在【系统变量】列表中选择变量【Path】，单击【编辑】按钮，如图 2-15 所示。

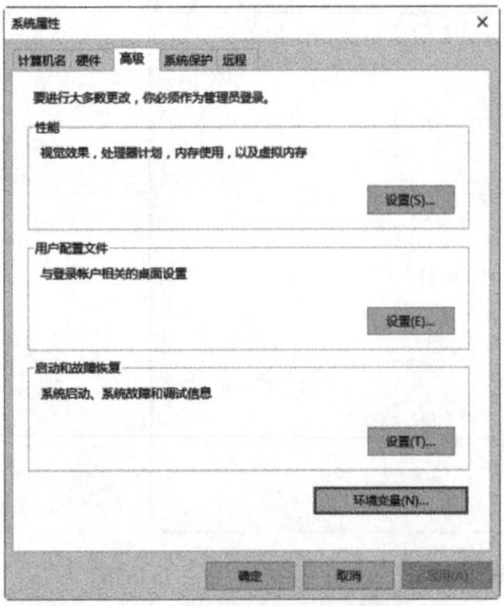


图 2-14 【系统属性】对话框

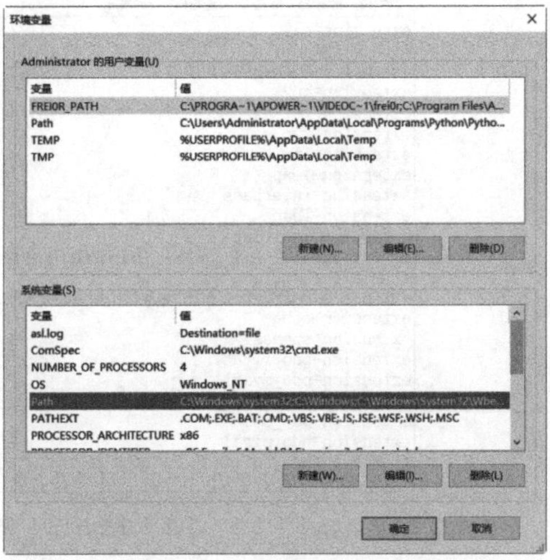


图 2-15 【环境变量】对话框

**步骤 04** 打开【编辑环境变量】对话框，单击【新建】按钮，然后在文本框中输入“D:\PHP”，如图 2-16 所示。

**步骤 05** 单击【确定】按钮，返回到【环境变量】对话框，依次单击【确定】按钮即可关闭窗口，然后重新启动计算机，可以使设置的环境变量有效，如图 2-17 所示。

图 2-16 【编辑环境变量】对话框

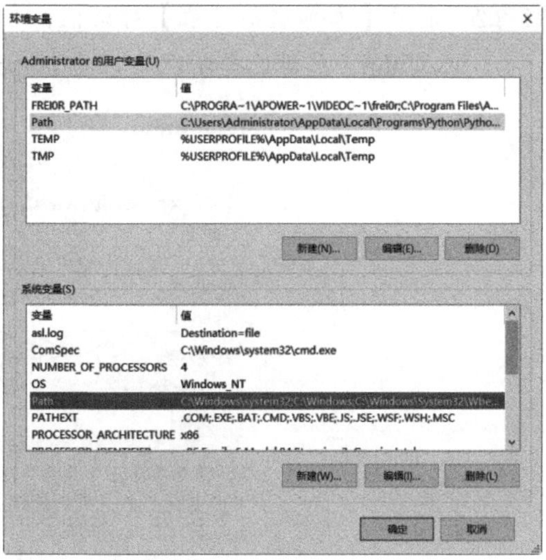


图 2-17 【环境变量】对话框

## 2.3.3 虚拟目录的设置

如果用户是按照前述方式来启动 IIS 网站服务器的，那么目前整个网站服务器的根目录就位于<系统盘符:\Inetpub\wwwroot>中，也就是如果要添加网页到网站中显示，就必须放置在这个目录下。但是这个路径很长，也不好记，使用起来相当不方便。

这些问题都可以通过修改虚拟目录来解决，具体操作步骤如下：

步骤 01 在桌面上右击【计算机】图标，在弹出的快捷菜单中选择【管理】菜单命令，打开【计算机管理】窗口，在左侧的列表中展开【服务和应用程序】选项，选择【Internet Information Service（IIS）管理器】选项，选中【Default Web Site】，右击，并在弹出的快捷菜单中选择【添加虚拟目录】菜单命令，如图 2-18 所示。

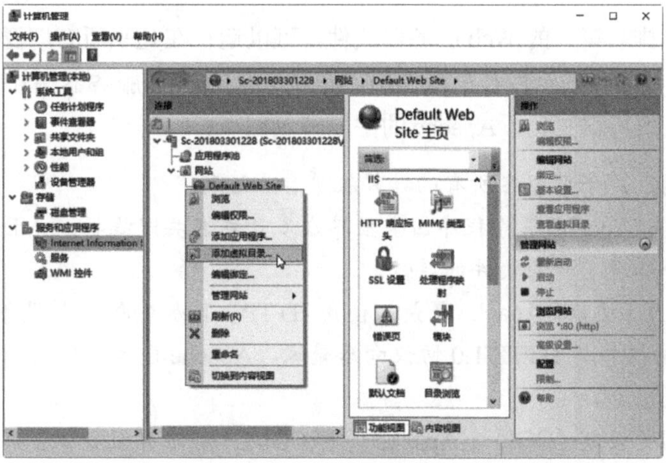


图 2-18 【计算机管理】窗口

步骤 02 打开【添加虚拟目录】对话框，在【别名】文本框中输入虚拟网站的名称，这里输入 php，然后选择物理路径为 D:\php，单击【确定】按钮，如图 2-19 所示。

图 2-19 【添加虚拟目录】对话框

如此即完成了 IIS 网站服务器设置的更改（网站虚拟目录已经更改为 D:\php）。

# 2.4 PHP 8+Apache 服务器的环境搭建

Apache 支持大部分操作系统，搭配 PHP 程序的应用就可以开发出功能强大的互动网站。本节主要讲解 PHP 8+Apache 服务器的搭建方法，建议专业开发人员搭建这个环境学习本书。

## 2.4.1 Apache 简介

Apache 是世界排名第一的 Web 服务器软件，可以运行在几乎所有广泛使用的计算机平台上，凭借其跨平台特性和安全性被广泛使用，是最流行的 Web 服务器端软件之一。

和一般的 Web 服务器相比，Apache 的主要特点如下：

- 跨平台应用：几乎可以在所有的计算机平台上运行。
- 开发源代码：Apache 服务程序由全世界众多开发者共同维护，并且任何人都可以自由使用，充分体现了开源软件的特性。
- 支持 HTTP/1.1 协议：Apache 是最先使用 HTTP/1.1 协议的 Web 服务器之一，完全兼容 HTTP/1.1 协议并与 HTTP/1.0 协议向后兼容。Apache 已为新协议所提供的全部内容做好了必要的准备。
- 支持通用网关接口（CGI）：Apache 遵守 CGI/1.1 标准并且提供了扩充的特征，如定制环境变量和很难在其他 Web 服务器中找到的调试支持功能。

- 支持常见的网页编程语言：可支持的网页编程语言包括 Perl、PHP、Python 和 Java 等，支持各种常用的 Web 编程语言，使 Apache 具有更广泛的应用领域。
- 模块化设计：通过标准的模块实现专有的功能，提高了项目完成效率。
- 运行非常稳定，同时具备效率高、成本低的特点，而且具有良好的安全性。

### 2.4.2 关闭原有的网站服务器

在安装 Apache 网站服务器之前，如果所使用的操作系统已经安装了网站服务器，如 IIS 网站服务器等，就必须先停止这些服务器，才能正确安装 Apache 网站服务器。

以 Windows 10 操作系统为例，在桌面上右击【计算机】图标，在弹出的快捷菜单中选择【管理】菜单命令，打开【计算机管理】窗口，在左侧的列表中展开【服务和应用程序】选项，然后选择【Internet Information Service（IIS）管理器】选项，在右侧的列表中单击【停止】按钮即可停止 IIS 服务器，如图 2-20 所示。

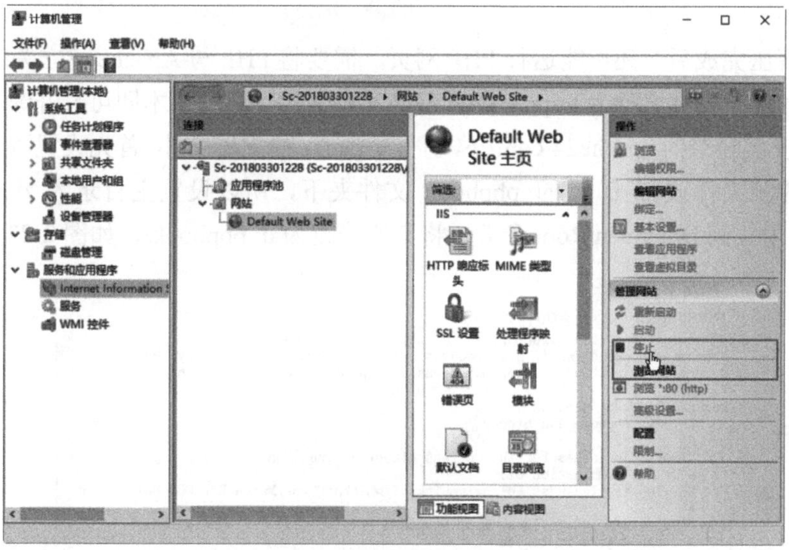

图 2-20 【计算机管理】窗口

如此一来，原来的服务器软件即失效，不再工作，也不会与 Apache 网站服务器产生冲突。当然，如果用户的系统原来就没有安装 IIS 等服务器软件，可略过这一节的步骤直接往下执行。

### 2.4.3 安装 Apache

Apache 是免费软件，用户可以从官方网站（http://www.apache.org）直接下载。下面以下载好的 Apache 2.4 为例讲解如何安装 Apache，具体操作步骤如下：

步骤 01 在浏览器的地址栏中输入“https://www.apachehaus.com/cgi-bin/download.plx”，按【Enter】键，进入 Apache 2.4.33 下载页面，根据系统的位数选择 32 位或者 64 位，

这里选择 32 位的 Apache 2.4.33，如图 2-21 所示。

步骤 02 下载完成后，解压到 D 盘，这里的解压路径为 D:\web\apache24\，如图 2-22 所示。

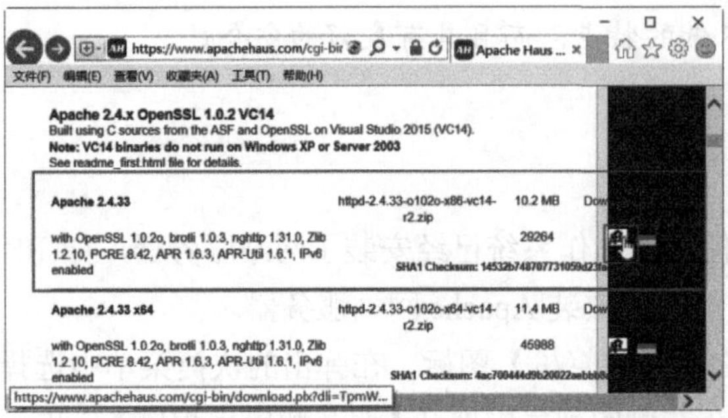

图 2-21 Apache 2.4 下载页面

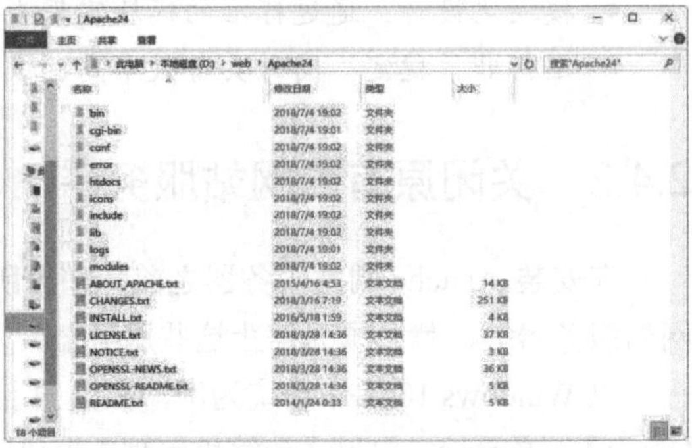

图 2-22 解压 Apache 压缩包

## 2.4.4 将 PHP 与 Apache 建立关联

Apache 解压完成后，还不能运行 PHP 网页，需要将 PHP 与 Apache 建立关联。

Apache 的配置文件名称为 httpd.conf，是纯文本文件，用记事本即可打开编辑。此文件存放在 Apache 安装目录的 apache24/conf/下。打开 Apache 的配置文件，首先设置网站的主目录。这里将案例的源文件放在 D 盘的 phpbook 文件夹下，所以设置主目录为 d:/phpbook/。在 http.conf 文件中找到 DocumentRoot 参数，将其值修改为 d:/phpbook/，如图 2-23 所示。

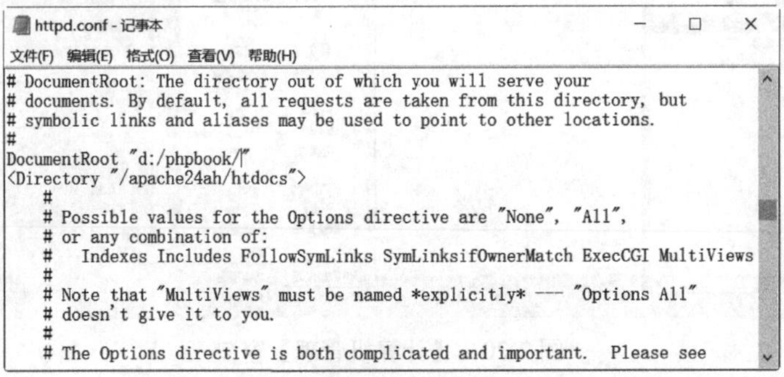


图 2-23 设置网站的主目录

下面指定 php.ini 文件的存放位置。由于 PHP 安装在 d:\PHP，所以 php.ini 位置为 d:\PHP\php.ini。在 httpd.conf 配置文件中的任意位置加入语句 PHPIniDir "d:\PHP\php.ini"。

最后向 Apache 中加入 PHP 模块。在 httpd.conf 配置文件中的任意位置加入 3 行语句：

```
LoadModule PHP 8_module "d:/PHP/PHP 8apache2_4.dll "
AddType application/x-httpd-php .php
AddType application/x-httpd-php .html
```

最后就是把 Apache 加入 Windows 服务，并启动 Apache。以管理员的身份启动命令提示符窗口，首先进入 Apache 24 的目录下，命令如下：

```
C:\Users\Administrator>d:
D:\>cd D:\web\apache24\bin
```

启动 Apache 服务，命令如下：

```
httpd  -k install
httpd  -k start
```

# 2.5 新手的福音——PHP 环境的集成软件

对于刚开始学习 PHP 的程序员，往往为了配置环境而不知所措。为此，这里介绍一款对初学者非常实用的 PHP 集成开发环境，建议搭建这个环境学习本书。

XAMPP（Apache+MySQL+PHP+PERL）是一个功能强大的建站集成软件包。它可以在 Windows、Linux、Solaris、Mac OS X 等多种操作系统下安装使用。目前 XAMPP 8.0.1 已经支持支持 PHP 8 版本。XAMPP 安装简单、速度较快、运行稳定，受到广大初学者的青睐。

> 提示　在安装 XAMPP 组合包之前，需要确保系统中没有安装 Apache、PHP 和 MySQL，否则，需要先将这些软件卸载，然后才能安装 XAMPP 组合包。

安装 XAMPP 组合包的具体操作步骤如下：

步骤 01　到 XAMPP 官方网站（https://www.apachefriends.org/index.html）下载 XAMPP 的最新安装包 xampp-windows-x64-8.0.1-1-VS16-installer.exe，如图 2-24 所示。

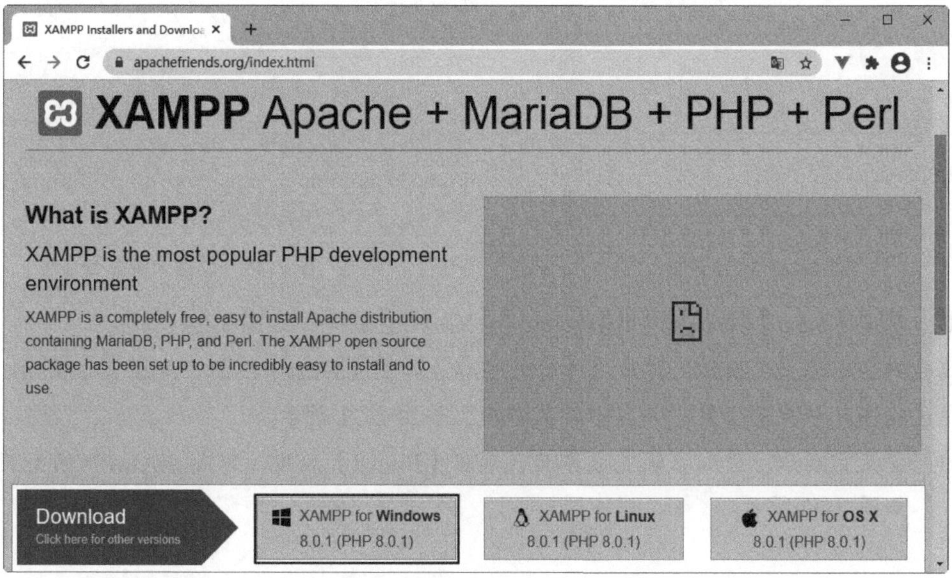


图 2-24　下载 XAMPP

步骤 02 直接双击安装文件，打开欢迎安装界面，如图 2-25 所示。

步骤 03 单击【Next】按钮，打开选择安装产品窗口，采用默认设置，如图 2-26 所示。

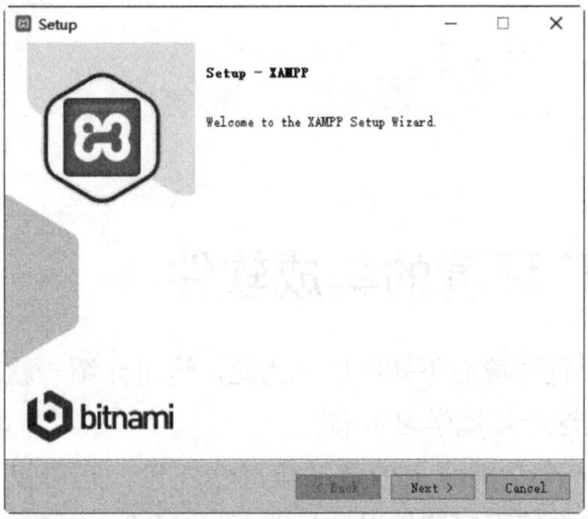


图 2-25　欢迎安装界面

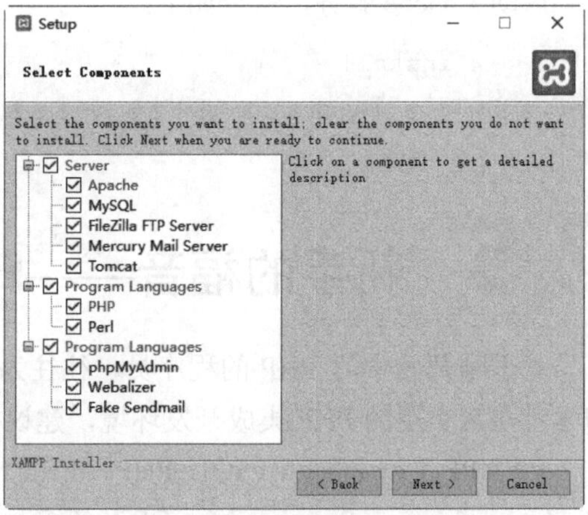


图 2-26　选择安装产品窗口

步骤 04 单击【Next】按钮，在弹出的窗口中设置安装路径，这里设置路径为“D:\xampp”，如图 2-27 所示。

步骤 05 单击【Next】按钮，进入语言选择窗口，这里采用默认设置，如图 2-28 所示。

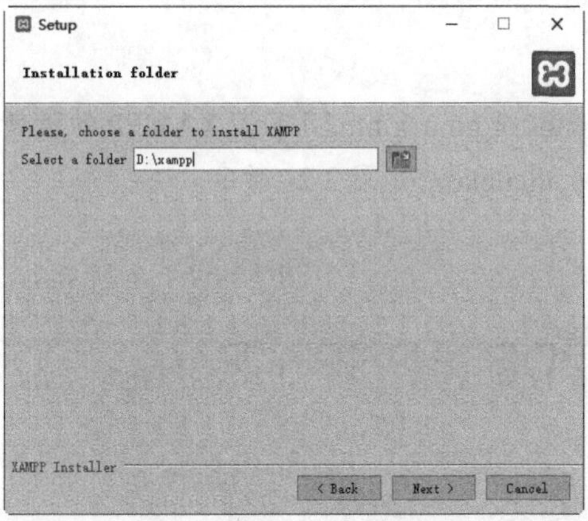


图 2-27　信息界面

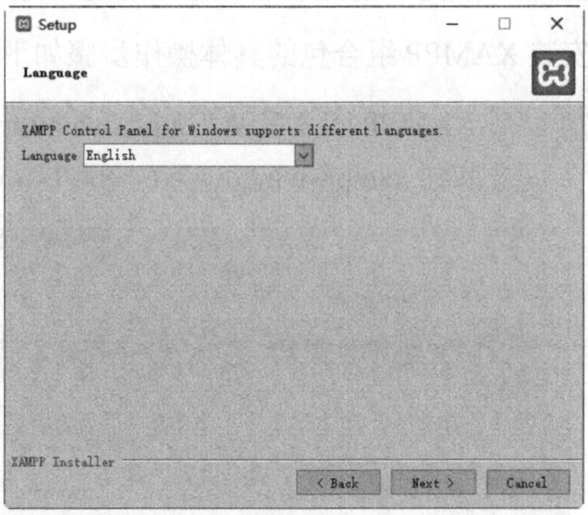


图 2-28　设置安装路径

步骤 06 单击【Next】按钮，弹出 Bitnami for XAMPP 窗口，如图 2-29 所示。

步骤 07 单击【Next】按钮，弹出准备安装窗口，单击【Next】按钮，如图 2-30 所示。

步骤 08 程序开始自动安装，并显示安装进度，如图 2-31 所示。

步骤 09 安装完成后，进入安装完成界面，单击【Finish】按钮，完成 XAMPP 的安装操作，如图 2-32 所示。

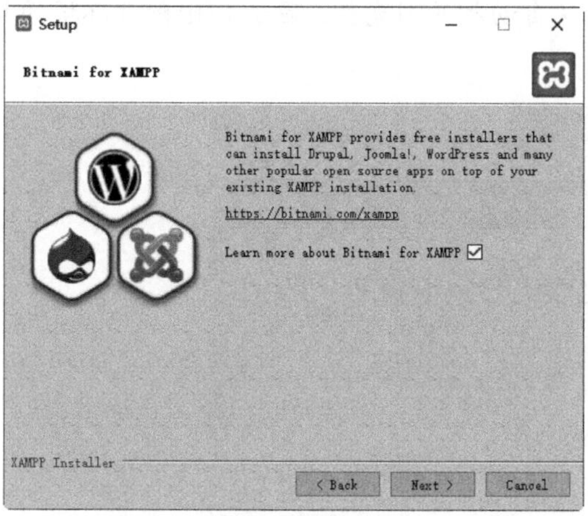


图 2-29　设置开始菜单文件夹

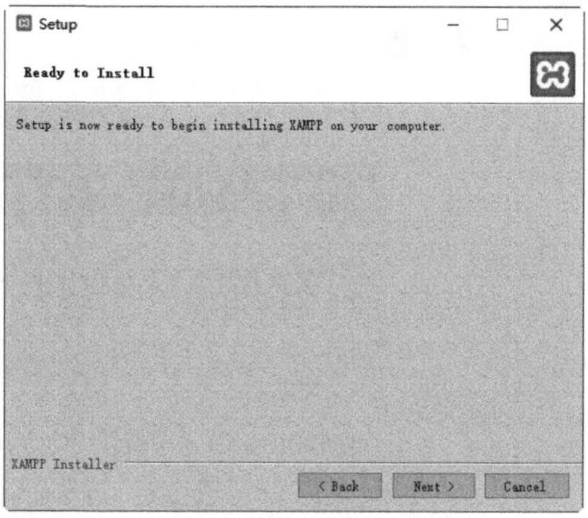


图 2-30　准备安装窗口

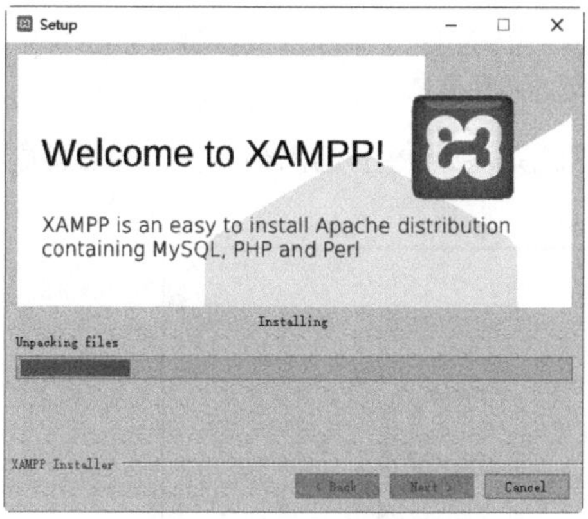


图 2-31　开始安装程序

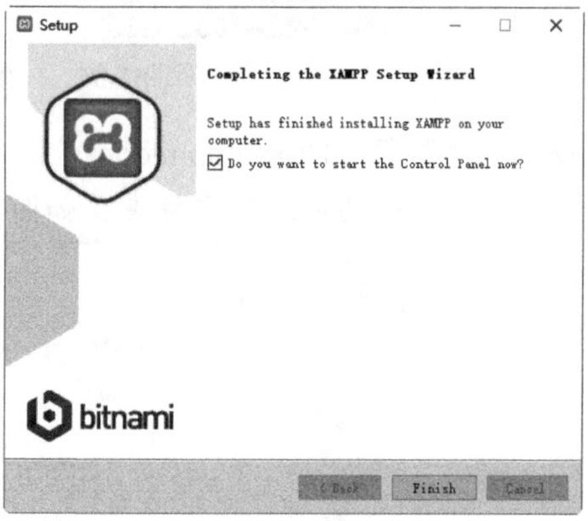


图 2-32　完成安装界面

步骤 10　进入 XAMPP 控制面板窗口，单击【start】按钮，即可启动 Apache 和 MySQL 服务器，如图 2-33 所示。

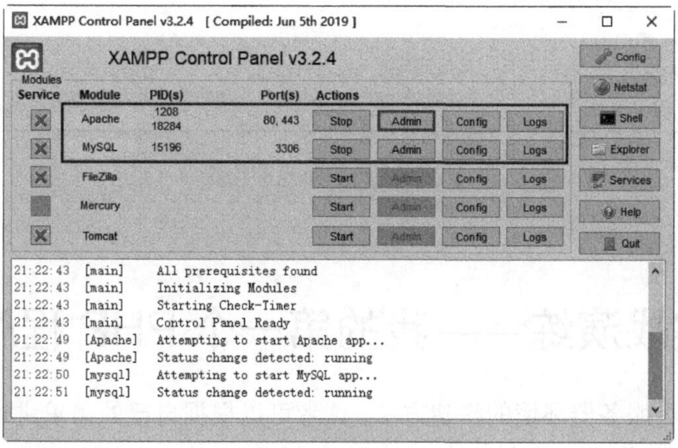


图 2-33　XAMPP 控制面板窗口

步骤 11 单击 Apache 右侧的【Admin】按钮，系统自动打开浏览器，显示 PHP 配置环境的相关信息，如图 2-34 所示。

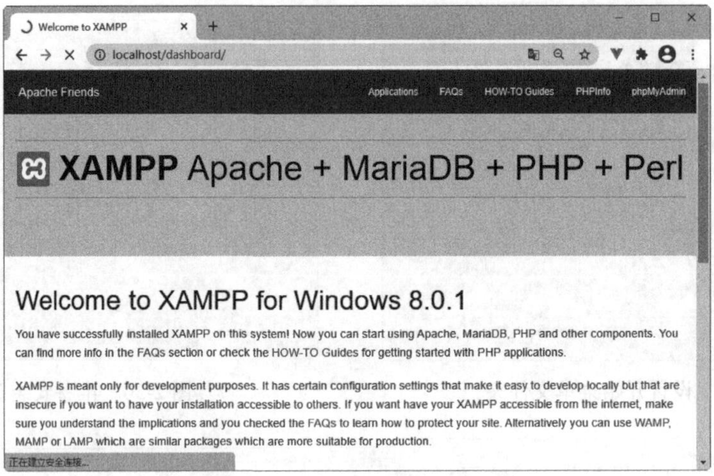


图 2-34　PHP 配置环境的相关信息

步骤 12 打开路径“D:\xampp\htdocs\”，该路径下就是存放 PHP 站点的位置，这里新建 code 文件夹作为网站的文件夹，如图 2-35 所示。

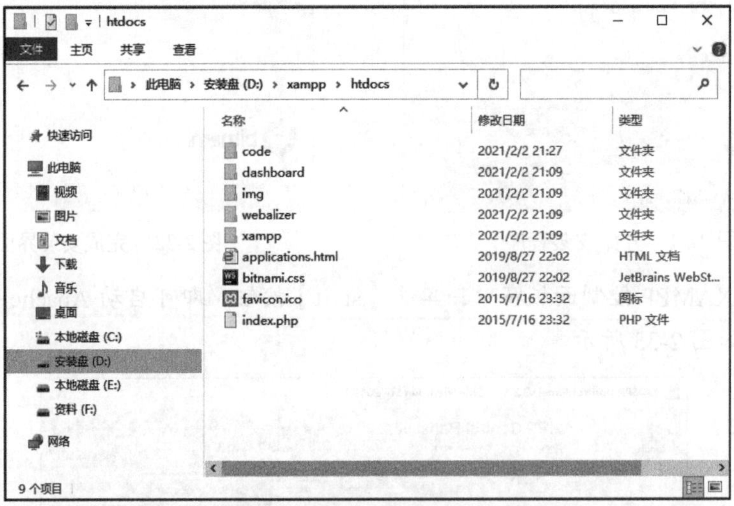


图 2-35　PHP 站点的位置

## 2.6　实战演练——我的第一个 PHP 程序

前面讲解了 3 种服务器环境的搭建方法，读者可以根据自己的需求进行选择。建议初学者使用 PHP 集成软件开发环境。

下面通过一个实例讲解如何编写 PHP 程序并运行查看效果（集成环境 XAMPP 为例）。读者可以使用任意的文本编辑软件，如记事本，新建名称为 hello world 的文件，并输入以下代码：

```
<HTML>
<HEAD>
</HEAD>
<BODY>
<h2>我的第一个 PHP 程序</h2>
<?php
  echo "山中相送罢，日暮掩柴扉。";
  echo "春草明年绿，王孙归不归？";
?>
</BODY>
</HTML>
```

将文件保存在 D:\xampp\htdocs\code\ch02 目录下，保存格式为.php。在浏览器的地址栏中输入"http://localhost/ code/ch02/helloworld.php"，并按【Enter】键确认，运行结果如图 2-36 所示。

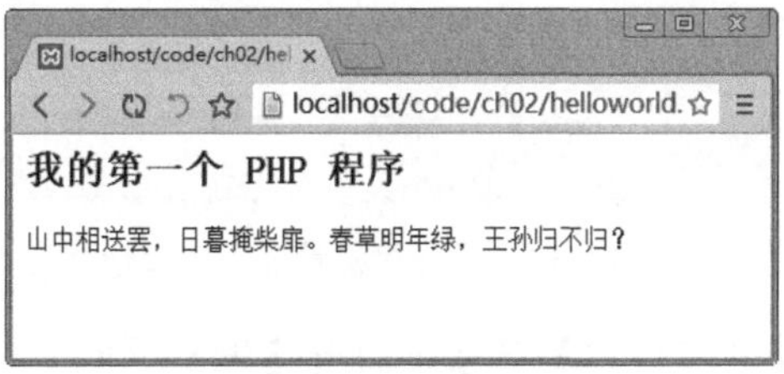


图 2-36 运行结果

【案例分析】

（1）"我的第一个 PHP 程序" 是 HTML 中 "<h2>我的第一个 PHP 程序</h2>" 所生成的。

（2）"山中相送罢，日暮掩柴扉。春草明年绿，王孙归不归？" 是由 "<?php echo "山中相送罢，日暮掩柴扉。"; echo "春草明年绿，王孙归不归？"; ?>" 生成的。

（3）在 HTML 中嵌入 PHP 代码的方法就是在<?php ?>标识符中间填入 PHP 语句，语句要以 ";" 结束。

（4）<?php?>标识符的作用是告诉 Web 服务器，PHP 代码从什么地方开始，到什么地方结束。<?php ?>标识符内的所有文本都要按照 PHP 语言进行解释，以区别于 HTML 代码。

# 2.7 高手甜点

### 甜点 1：如何设置网站的主目录?

在 Windows 10 操作系统中，设置网站主目录的方法如下。

利用本章的方法打开【计算机管理】窗口，选择【Default Web Site】选项，如图 2-37 所示。

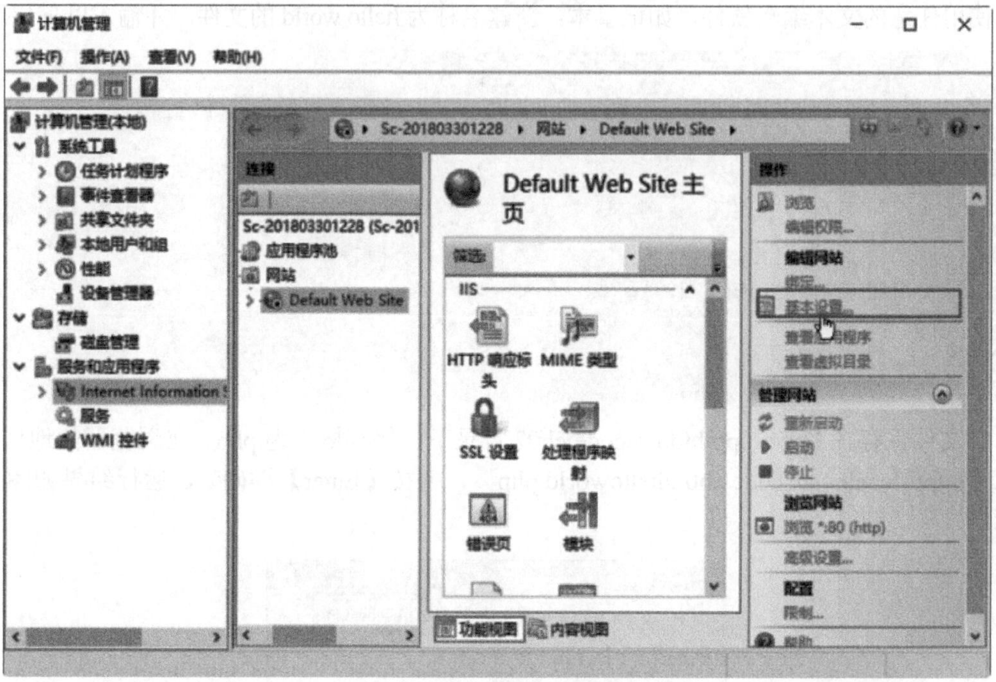


图 2-37 【计算机管理】窗口

在右侧的窗格中单击【基本设置】链接，打开【编辑网站】对话框，单击【物理路径】下的...按钮，即可在打开的对话框中重新设置网站的主目录，如图 2-38 所示。

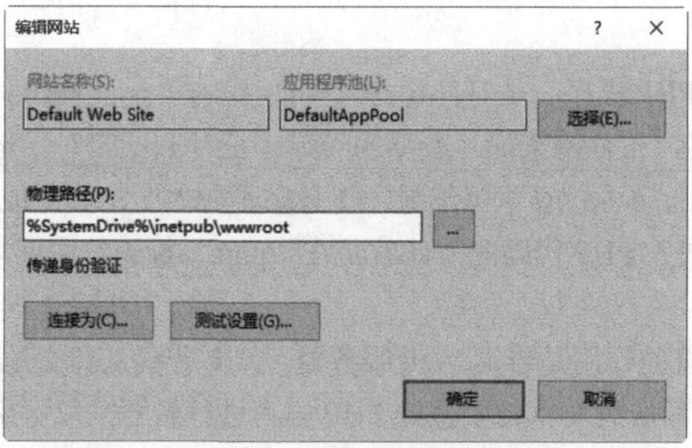


图 2-38 【编辑网站】对话框

## 甜点 2：如何卸载 IIS？

读者经常会遇到 IIS 不能正常使用的情况，需要先卸载 IIS，然后再次安装即可。

利用本章的方法打开【Windows 功能】窗口，取消选中【Internet Information Services】（Internet 信息服务）复选框，单击【确定】按钮，系统将自动完成 IIS 的卸载，如图 2-39 所示。

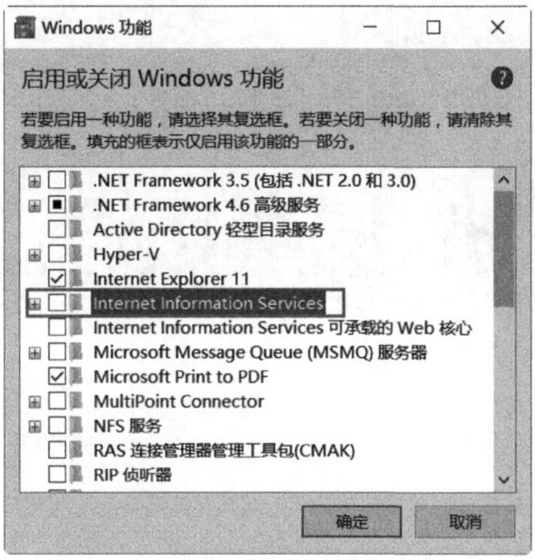


图 2-39 【Windows 功能】窗口

## 甜点 3：启动 Apache 2.4.33 出错，提示缺少 msvcr110.dll 怎么办?

安装 Apache 2.4.33 之前，请用户务必安装 VC2015，同时启动 Windows Modules Installer、Windows Update 和 Window Defender Service 三个服务，否则启动 Apache 2.4.33 一定会失败。

# 第 3 章

# PHP 的基本语法

## 学习目标 | Objective

上一章讲解了 PHP 的环境搭建方法，本章将开始学习 PHP 的基本语法，主要包括 PHP 的标识符、编码规范、常量、变量、数据类型、运算符和表达式等。通过本章的学习，读者可以掌握 PHP 的基本语法知识和相关技能。

## 内容导航 | Navigation

- 了解 PHP 标识符
- 熟悉 PHP 的编码规范
- 掌握常量的使用方法
- 掌握变量的使用方法
- 掌握数据类型
- 掌握运算符的使用方法
- 掌握表达式的使用方法
- 掌握创建多维数组的方法

## 3.1 PHP 的标记风格

目前，PHP 是以<?php ?>标识符为开始和结束标记的。也有人把这种默认风格称为 PHP 的 XML 风格。PHP 只支持这种标记风格，例如：

```
<?php>
    echo "这是 XML 风格的标记";
<?>
```

早期版本中还支持短风格、脚本风格和 ASP 风格。

### 1. 短风格

有时候，读者会看到一些代码中出现用<? ?>标识符表示 PHP 代码的情况。这就是所谓的"短风格"（short style）表示法，例如：

```
<? echo "这是 PHP 短风格的表示方式。"?>
```

这种表示方法在正常情况下并不推荐，并且在 php.ini 文件中 short_open_tags 的默认设置是关闭的。另外，以后提到的一些功能设置会与这种表示方法相冲突，比如与 XML 的默认标识符相冲突。

### 2. 脚本风格

有的编辑器由于跟以前程序的定义表示要区分开，对 PHP 代码完全采用另一种表示方式，即<script></script>的表示方式，例如：

```
<script language="php">
    echo "这是 PHP 的 script 表示方式。";
</script>
```

这十分类似 HTML 页面中 JavaScript 的表示方式。

### 3. ASP 风格

由于 ASP 的影响，为了照顾 ASP 使用者对 PHP 的使用，PHP 还提供了 ASP 的表示风格，例如：

```
<%
    echo "这是 PHP 的 ASP 的表示方式。";
%>
```

需要特别注意的是，上述三种风格只能在 PHP 5 或者更低的版本中使用，PHP 8 已经不再支持上述 3 种风格。

# 3.2 编码规范

由于现在的 Web 开发往往是多人一起合作完成的，因此使用相同的编码规范显得非常重要，特别是新的开发人员参与时，通常需要知道前面开发代码中变量或函数的作用等，这就需要统一的编码规范。

## 3.2.1 什么是编码规范

编码规范是一套某种编程语言的导引手册，这种导引手册规定了一系列语言的默认编程风格，以增强语言的可读性、规范性和可维护性。一个语言的编码规范主要包括文件组织、缩进、注释、声明、空格处理、命名规则等。

遵守编码规范有以下好处。

- 编码规范是团队开发中对每个成员的基本要求。编码规范的好坏是一个程序员成熟程度的表现。
- 提高程序的可读性，有利于开发人员互相交流。
- 良好一致的编程风格，在团队开发中可以达到事半功倍的效果。
- 有助于程序的维护，降低软件成本。

### 3.2.2 PHP 中的编码规范

PHP 作为一种高级语言，十分强调编码规范。

#### 1. 表述

在 PHP 的正常表述中，每一句 PHP 语句都是以“;”结尾的，这个规范就告诉 PHP 要执行此语句，例如：

```
<?php
   echo "php 以分号表示语句的结束和执行。";
?>
```

#### 2. 指令分隔符

在 PHP 代码中，每个语句后需要用分号结束命令。一段 PHP 代码中的结束标记隐含表示了一个分号，所以在 PHP 代码段的最后一行可以不用分号结束，例如：

```
<?php
   echo "这是第一个语句";           // 每个语句都加入分号
   echo "这是第二个语句";
   echo "这是最后一个语句"?>     // 结束标记“?>”隐含了分号，这里可以省略分号
```

#### 3. 空白符

PHP 对空格、回车造成的新行、Tab 等留下的空白的处理也遵循编码规范。PHP 对它们都进行了忽略。这跟浏览器对 HTML 语言中的空白的处理是一样的。

合理利用空白符可以增强代码的可读性和清晰性。

（1）下列情况应该总是使用两个空白行：

① 两个类的声明之间。

② 一个源文件的两个代码片段之间。

（2）下列情况应该总是使用一个空白行：

① 两个函数声明之间。

② 函数内的局部变量和函数的第一个语句之间。

③ 块注释或单行注释之前。

④ 一个函数内的两个逻辑代码段之间。

（3） 合理利用空格缩进可以提高代码的可读性。

① 空格通常用于关键字与括号之间，但是函数名称与左括号之间不能使用空格分开。

② 函数参数列表中的逗号后面通常会插入空格。

③ for 语句的表达式应该用逗号分开，后面添加空格。

### 4. 注释

为了增强可读性，在很多情况下，程序员都需要在程序语句的后面添加文字说明。而 PHP 要把它们与程序语句区分开，就需要让这些文字注释符合编码规范。

这些注释的风格包括 C 语言风格、C++风格和 SHELL 风格。

（1）C 语言风格如下：

```
/*这是 C 语言风格的注释内容*/
```

这种方法还可以多行使用：

```
/*这是
  C 语言风格
  的注释内容
*/
```

（2）C++风格如下：

```
//这是 C++风格的注释内容行一
//这是 C++风格的注释内容行二
```

（3）SHELL 风格如下：

```
#这是 SHELL 风格的注释内容
```

C++风格和 SHELL 风格只能一句注释占用一行，既可单独一行，也可使用在 PHP 语句之后的同一行。

### 5. 与 HTML 语言混合搭配

凡是在一对 PHP 开始和结束标记之外的内容都会被 PHP 解析器忽略，这使得 PHP 文件可以具备混合内容，使 PHP 嵌入 HTML 文档中，例如：

```
<HTML>
<HEAD>
    <TITLE>PHP 与 HTML 混合</TITLE>
</HEAD>
<BODY>
<?php
      echo "嵌入的 PHP 代码";
?>
```

```
</BODY>
<HTML>
```

# 3.3 常量

在 PHP 中，常量是一旦声明就无法改变的值。本节将讲解如何声明常量和使用常量。

## 3.3.1 声明和使用常量

PHP 通过 define()命令来声明常量，格式如下：

```
define（"常量名"，常量值）；
```

常量名是一个字符串，通常在 PHP 的编码规范指导下使用大写英文字母表示，比如 CLASS_NAME、MYAGE 等。

常量值可以是很多种 PHP 的数据类型，可以是数组、对象，当然也可以是字符和数字。

常量就像变量一样存储数值，但是与变量不同的是，常量的值只能设定一次，并且无论在代码的任何位置，都不能被改动。常量声明后具有全局性，在函数内外都可以访问。

**【例 3.1】(实例文件：源文件\ch03\3.1.php)**

```
<?php
   define("HUANY","欢迎学习 PHP 基本语法知识");   // 定义常量 HUANY
   echo HUANY;   // 输出常量值
?>
```

本程序运行结果如图 3-1 所示。

图 3-1 运行结果

**【案例分析】**

- 用 define 函数声明一个常量。常量的全局性体现为可在函数内外进行访问。
- 常量只能存储布尔值、整型数据、浮点型数据和字符串数据。

## 3.3.2 内置常量

PHP 的内置常量是指 PHP 在系统建立之初就定义好的一些常量。PHP 中预定义了很多系统内置常量，这些常量可以被随时调用。下面列出一些常见的内置常量。

（1）__FILE__：这个默认常量是文件的完整路径和文件名。若引用文件（include 或 require），则在引用文件内的该常量为引用文件名，而不是引用它的文件名。

（2）__LINE__：这个默认常量是 PHP 程序行数。若引用文件（include 或 require），则在引用文件内的该常量为引用文件的行，而不是引用它的文件行。

（3）PHP_VERSION：这个内置常量是 PHP 程序的版本，如 3.0.8-dev。

（4）PHP_OS：这个内置常量是指执行 PHP 解析器的操作系统名称，如 Linux。

（5）TRUE：这个常量是真值（true）。

（6）FALSE：这个常量是伪值（false）。

（7）E_ERROR：这个常量指到最近的错误处。

（8）E_WARNING：这个常量指到最近的警告处。

（9）E_PARSE：这个常量指到解析语法有潜在问题处。

（10）E_NOTICE：这个常量为发生不寻常，但不一定是错误处，例如存取一个不存在的变量。

（11）__DIR__：这个常量为文件所在的目录。该常量是在 PHP 5.3.0 版本中新增的。

（12）__FUNCTION__：这个常量为函数的名称。从 PHP 5 开始，此常量返回该函数被定义时的名字，并且区分大小写。

（13）__CLASS__：这个常量为类的名称。从 PHP 5 开始，此常量返回该类被定义时的名字，并且区分大小写。

下面举例说明系统常量的使用方法。

**【例 3.2】（实例文件：源文件\ch03\3.2.php）**

```
<?php
    echo(__FILE__);              // 输出文件的路径和文件名
    echo "<br/>";                // 输出换行
    echo(__LINE__);              // 输出语句所在的行数
    echo "<br/>";
    echo(PHP_VERSION);           // 输出 PHP 的版本
    echo "<br/>";
    echo(PHP_OS);                // 输出操作系统名称
?>
```

本程序的运行结果如图 3-2 所示。

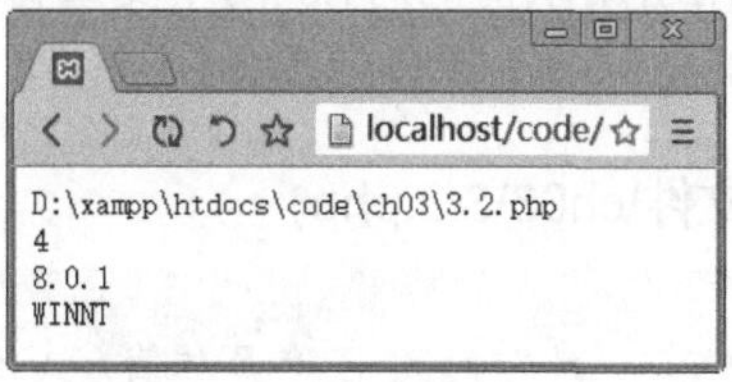


图 3-2　程序运行结果

【案例分析】

（1）echo "<br/>"语句表示输出换行。

（2）echo(_FILE_)语句输出文件的文件名，包括详细的文件路径。echo(_LINE_)语句输出该语句所在的行数。echo(PHP_VERSION)语句输出 PHP 程序的版本信息。echo(PHP_OS)语句输出执行 PHP 解析器的操作系统名称。

# 3.4 变量

变量像一个贴有名字标签的空盒子。不同的变量类型对应不同种类的数据，就像不同种类的东西要放入不同种类的盒子。

## 3.4.1 PHP 中的变量声明

PHP 中的变量不同于 C 或 Java 语言，因为它是弱类型的。在 C 或 Java 中，需要对每一个变量声明类型，但是在 PHP 中不需要这样做。

PHP 中的变量一般以“$”作为前缀，然后以字母 a~z 的大小写或者“_”下划线开头。这是变量的一般表示。

合法的变量名可以是：

```
$hello
$Aform1
$_formhandler (类似我们见过的$_POST 等)
```

非法的变量名如：

```
$168
$!like
```

PHP 中不需要显式地声明变量，但是定义变量前进行声明并带有注释，这是一个好的程序员应该养成的习惯。PHP 的赋值有两种，即传值和引用，区别如下：

（1）传值赋值：使用“=”直接将赋值表达式的值赋给另一个变量。

（2）引用赋值：将赋值表达式内存空间的引用赋给另一个变量。需要在“=”左右的变量前面加上一个“&”符号。在使用引用赋值的时候，两个变量将会指向内存中同一个存储空间，所以任意一个变量的变化都会引起另一个变量的变化。

【例 3.3】(实例文件：源文件\ch03\3.3.php)

```
<?php
echo "使用传值方式赋值：<br/>";          // 输出 使用传值方式赋值
$a = "风吹草低见牛羊";
```

```
$b = $a;                            // 将变量$a 的值赋值给$b，两个变量指向不同的内存空间
echo "变量 a 的值为".$a."<br/>";          // 输出 变量 a 的值
echo "变量 b 的值为".$b."<br/>";          // 输出 变量 b 的值
$a = "天似穹庐，笼盖四野";             // 改变变量 a 的值，变量 b 的值不受影响
echo "变量 a 的值为".$a."<br/>";          // 输出 变量 a 的值
echo "变量 b 的值为".$b."<p>";            //输出 变量 b 的值
echo "使用引用方式赋值：<br/>";           //输出 使用引用方式赋值
$a = "天苍苍，野茫茫";
$b = &$a;                           // 将变量$a 的引用赋给$b，两个变量指向同一块内存空间
echo "变量 a 的值为".$a."<br/>";          // 输出 变量 a 的值
echo "变量 b 的值为".$b."<br/>";          // 输出 变量 b 的值
$a = "敕勒川，阴山下";
/*
改变变量 a 在内存空间中存储的内容，变量 b 也指向该空间，b 的值也发生变化
*/
echo "变量 a 的值为".$a."<br/>";          // 输出 变量 a 的值
echo "变量 b 的值为".$b."<p>";            // 输出 变量 b 的值
?>
```

本程序运行结果如图 3-3 所示。

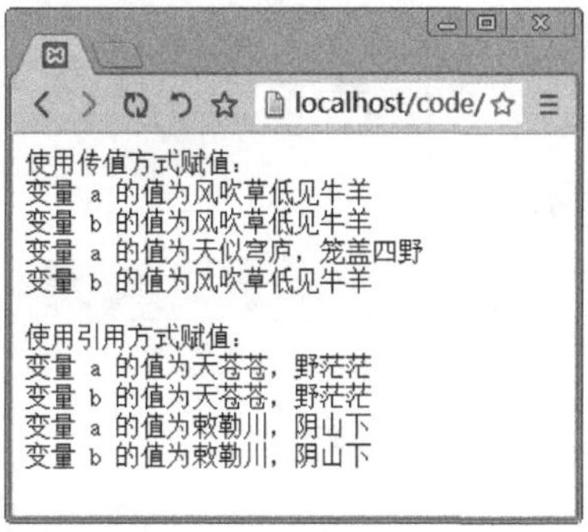


图 3-3　程序运行结果

## 3.4.2　可变变量与变量的引用

一般的变量很容易理解，但是有两个概念比较容易混淆，就是可变变量和变量的引用。

可变变量是一种特殊的变量，它允许动态改变一个变量名称。其工作原理是该变量的名称由另一个变量的值来确定，实现过程就是在变量的前面再多加一个美元符号“$”。

在一个变量前加上“&”，然后赋值给另一个变量，这就是变量的引用赋值。

通过下面的例子对它们进行说明。

**【例 3.4】(实例文件：源文件\ch03\3.4.php)**

```
<?php
$aa = "bb";                                     // 定义变量$aa 并赋值
$bb = "征蓬出汉塞，归雁入胡天。";              //定义变量$bb 并赋值
echo $aa;                 // 输出变量$aa
```

```
echo "<br/>";
echo $$aa;                                          //通过可变变量输出变量$bb 的值
$bb = "大漠孤烟直，长河落日圆。";            //重新给变量$bb 赋值
echo "<br/>";
echo $$aa;
echo "<br/>";

$a = 100;
$b = 200;
echo $a;
    echo "<br/>";
    echo $b;
    echo "<br/>";
    $b = &$a;    //变量的引用
    echo $a;
    echo "<br/>";
    echo $b;
    $b = 300;
    echo "<br/>";
    echo $a;
    echo "<br/>";
    echo $b;
?>
```

本程序运行结果如图 3-4 所示。

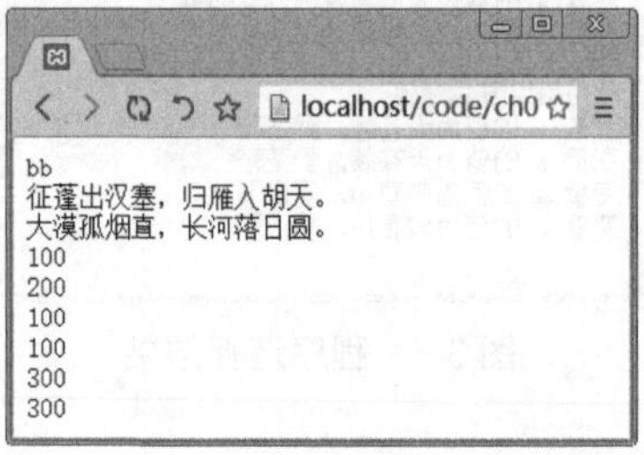


图 3-4　程序运行结果

**【案例分析】**

（1）在代码的第一部分，$aa 被赋值 bb。若$aa 相当 bb，则$$aa 相当于$bb。所以当$$aa 被赋值为“征蓬出汉塞，归雁入胡天。”时，打印$bb 就得到“征蓬出汉塞，归雁入胡天。”。反之，当$bb 变量被赋值为“大漠孤烟直，长河落日圆。”时，打印$$aa 同样得到“大漠孤烟直，长河落日圆。”。这就是可变变量。

（2）在代码的第二部分里，$a 被赋值 100，然后通过“&”引用变量$a 并赋值给$b。这一步的实质是，给变量$a 添加了一个别名$b。所以打印时，$a 和$b 都得出原始赋值 100。由于$b 是别名，和$a 指的是同一个变量，因此当$b 被赋值 300 后，$a 和$b 都得到新值 300。

（3）可变变量其实是允许改变一个变量的变量名，允许使用一个变量的值作为另一个变量的名。

（4）变量引用相当于给变量添加了一个别名，使用“&”来引用变量。其实两个变量名指的是同一个变量。就像是给同一个盒子贴了两个名字标签，两个名字标签指的是同一个盒子。

## 3.4.3 变量作用域

所谓变量作用域（scope），是指特定变量在代码中可以被访问到的位置。在 PHP 中有 6 种基本的变量作用域法则。

（1）内置超全局变量（built-in superglobal variables），在代码中的任意位置都可以访问到。

（2）常数（constants），一旦声明，就是全局性的，可以在函数内外使用。

（3）全局变量（global variables），在代码间声明，可在代码间访问，但是不能在函数内访问。

（4）在函数中声明为全局变量的变量就是同名的全局变量。

（5）在函数中创建和声明为静态变量的变量在函数外是无法访问的，但是这个静态变量的值可以保留。

（6）在函数中创建和声明的局部变量在函数外是无法访问的，并且在本函数终止时失效。

### 1. 超全局变量

superglobal 或 autoglobal 可以称为“超全局变量”或“自动全局变量”。这种变量的特性是，无论在程序的任何地方都可以访问到，无论是函数内还是函数外都可以访问到。而这些“超全局变量”就是由 PHP 预先定义好以方便使用的。

那么这些“超全局变量”或“自动全局变量”都有哪些呢？

- $GLOBALS：包含全局变量的数组。
- $_GET：包含所有通过 GET 方法传递给代码的变量的数组。
- $_POST：包含所有通过 POST 方法传递给代码的变量的数组。
- $_FILES：包含文件上传变量的数组。
- $_COOKIE：包含 cookie 变量的数组。
- $_SERVER：包含服务器环境变量的数组。
- $_ENV：包含环境变量的数组。
- $_REQUEST：包含用户所有输入内容的数组（包括$_GET、$_POST 和$_COOKIE）。
- $_SESSION：包含会话变量的数组。

### 2. 全局变量

全局变量其实就是在函数外声明的变量，在代码间都可以访问，但是在函数内是不能访问的。这是因为函数默认不能访问在其外部的全局变量。

通过下面的实例介绍全局变量的使用方法和技巧。

【例 3.5】(实例文件：源文件\ch03\3.5.php)

```
<?php
$a=100;                         // 全局变量
// 访问全局变量
function ff()
{
    $b=100;                     // 局部变量
    echo "变量 a 为: $a";       // 访问全局变量
    echo "<br/>";
    echo "变量 b 为: $b";       // 访问局部变量
}

ff();                           // 函数内访问全局变量和局部变量
echo "<br/>";
echo "变量 a 为: $a";           //函数外访问全局变量和局部变量
echo "<br/>";
echo "变量 b 为: $y";           // 访问局部变量
?>
```

本程序运行结果如图 3-5 所示。

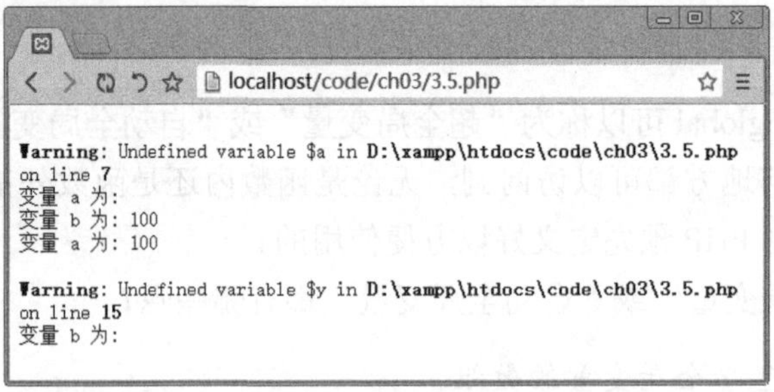


图 3-5　程序运行结果

出现上述结果是因为函数无法访问外部全局变量，但是在代码间可以访问全局变量。

如果想让函数访问某个全局变量，可以在函数中通过 global 关键字来声明，就是要告诉函数，它要调用的变量是一个已经存在或者即将创建的同名全局变量，而不是默认的本地变量。

通过下面的实例介绍 global 关键字的使用方法和技巧。

【例 3.6】(实例文件：源文件\ch03\3.6.php)

```
<?php
$a=100;    //全局变量
// 访问全局变量
function ff()
{
    $b=100; //局部变量
    global $a;              //函数内调用全局变量
    echo "变量 a 为: $a"; //访问全局变量
    echo "<br/>";
```

```
    echo "变量 b 为: $b";    // 访问局部变量
}

ff();                         // 函数内访问全局变量和局部变量
?>
```

本程序运行结果如图 3-6 所示。

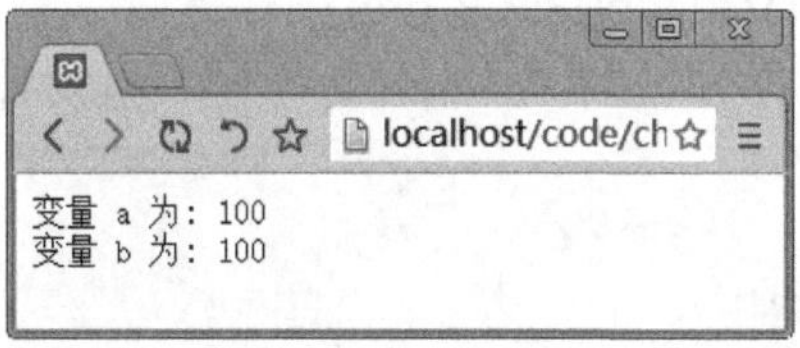


图 3-6　程序运行结果

注意：在 PHP 中，global 关键字现在只能引用简单变量，例如：

```
global $$foo->bar;        // 这种写法不支持
global ${$foo->bar};      // 需用大括号来达到效果
```

另外，读者还可以通过“超全局变量”中的$GLOBALS 数组进行访问。

下面通过实例介绍$GLOBALS 数组。

【例 3.7】(实例文件：源文件\ch03\3.7.php)

```
<?php
$a=200;                          // 全局变量
// 访问全局变量
function ff()
{
    $b=100; //局部变量
    $a=$GLOBALS['a'];            // 通过$GLOBALS 数组访问全局变量
    echo "变量 a 为: $a";         // 访问全局变量
    echo "<br/>";
    echo "变量 b 为: $b";         // 访问局部变量
}

ff();                            // 函数内访问全局变量和局部变量
?>
```

本程序运行结果如图 3-7 所示。

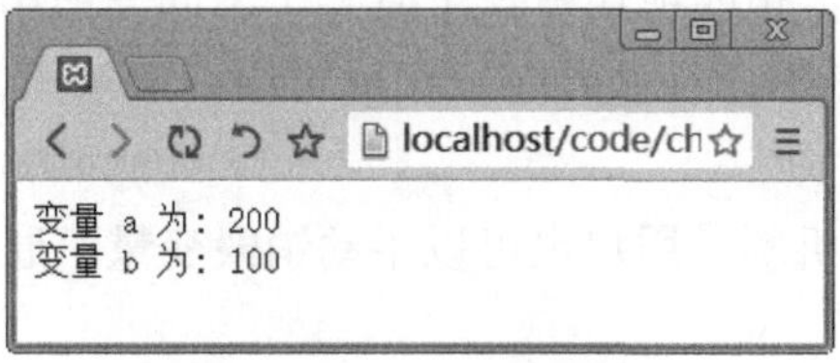


图 3-7　程序运行结果

从结果可以看出，上述两种方法都可以实现在函数内访问全局变量。

### 3. 静态变量

静态变量只是在函数内存在，在函数外无法访问。但是执行后，其值保留，也就是说这一次执行完毕后，静态变量的值保留，下一次再执行此函数，这个值还可以调用。

通过下面的实例介绍静态变量的使用方法和技巧。

**【例 3.8】(实例文件：源文件\ch03\3.8.php)**

```
<?php
   $person = 20;                        //
   function showpeople(){
     static $person = 5;
     $person++;
     echo '再增加一位客户，将会有 '.$person.' 位客户。<br/>';
   }
   showpeople();
   echo $person.'人员。<br/>';
   showpeople();
?>
```

本程序运行结果如图 3-8 所示。

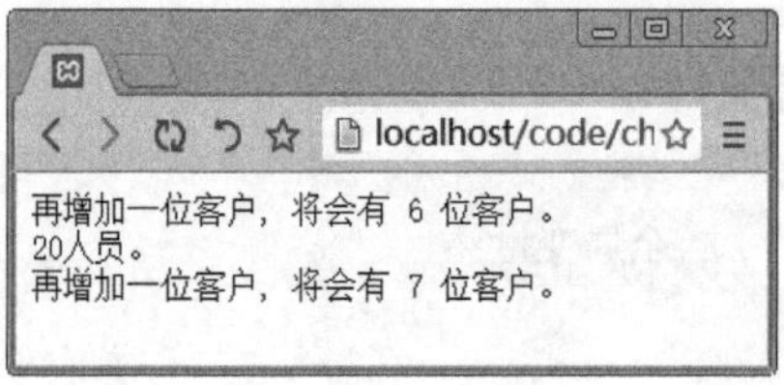


图 3-8　程序运行结果

**【案例分析】:**

（1）其中函数外的 echo 语句无法调用函数内的 static $person，它调用的是$person=20。

（2）showpeople()函数被执行两次，这个过程中 static $person 的运算值得以保留，并且通过$person++进行了累加。

## 3.4.4　变量的销毁

当用户创建一个变量时，相应地在内存中有一个空间专门用于存储该变量，该空间引用计数加 1。当变量与该空间的联系被断开时，空间引用计数减 1，直到引用计数为 0，则成为垃圾。

PHP 有自动回收垃圾的机制，用户也可以手动销毁变量，通常使用 unset()函数来实现。该函数的语法格式如下：

```
void unset (变量)
```

其中，若变量类型为局部变量，则变量被销毁；若变量类型为全局变量，则变量不会被销毁。

【例 3.9】(实例文件：源文件\ch03\3.9.php)

```
<?php
$b= "大漠孤烟直，长河落日圆。";                    //函数外声明全局变量
function xiaohui()  {                            //声明函数
    $a= 10;                                      //函数内声明局部变量
    global $b;                                   //函数内使用 global 关键字声明全局变量$b
    unset ($a);                                  //使用 unset()销毁不再使用的变量$a
    unset ($b);                                  //使用 unset()销毁不再使用的变量$b
    echo  $a;                                    //查看局部变量是否发生变化
}
xiaohui();                                       //调用函数
echo  $b;                                        //查看全局变量是否发生变化
?>
```

本程序运行结果如图 3-9 所示。变量销毁后再次调用会提示警告信息。

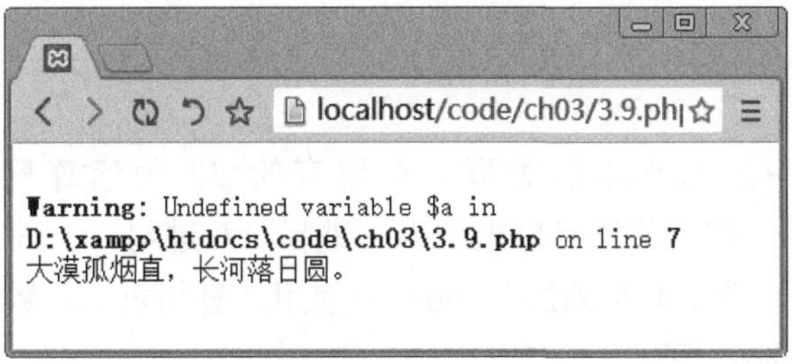


图 3-9　程序运行结果

# 3.5 数据类型

从 PHP 4 开始，PHP 中的变量不需要事先声明，赋值即可声明。在使用这些数据类型前，读者需要了解它们的含义和特性。下面介绍整型、浮点型、布尔型、字符串型、数组型、对象型以及 NULL 和 Resource 两个比较特殊的类型。

## 3.5.1 什么是类型

不同的数据类型其实就是所存储数据的不同种类。PHP 的不同数据类型主要包括：

- 整型（integer）：用来存储整数。
- 浮点型（float）：用来存储实数。
- 字符串型（string）：用来存储字符串。
- 布尔型（boolean）：用来存储真（true）或假（false）。
- 数组型（array）：用来存储一组数据。
- 对象型（object）：用来存储一个类的实例。

作为弱类型语言，PHP 也被称为动态类型语言。在强类型语言（例如 C 语言）中，一个变量只能存储一种类型的数据，并且这个变量在使用前必须声明变量类型。而在 PHP 中，给变量赋什么类型的值，这个变量就是什么类型，例如以下几个变量：

```
$hello = "hello world";
```

由于 hello world 是字符串，因此变量$hello 的数据类型就是字符串类型。

```
$hello = 100;
```

同样，由于 100 为整型，因此$hello 也就是整型。

```
$wholeprice = 100.0;
```

由于 100.0 为浮点型，因此$wholeprice 就是浮点型。

由此可见，对于变量而言，如果没有定义变量的类型，则它的类型由所赋值的类型决定。

### 3.5.2 整型

整型是数据类型中最为基本的类型。在现有的 32 位运算器下，整型的取值是从–2147483648 到+2147483647。整型可以表示为二进制、八进制、十进制和十六进制。

要使用二进制表达，数字前必须加上 0b；要使用八进制表达，数字前必须加上 0；要使用十六进制表达，数字前必须加上 0x。

例如：

```
<?php
$a = 1234; // 十进制数
$a = -123; // 负数
$a = 0123; // 八进制数 (等于十进制 83)
$a = 0x1A; // 十六进制数 (等于十进制 26)
$a = 0b11111111; // 二进制数字 (等于十进制 255)
?>
```

> 提示
>
> 在 PHP 8 中，整型值的字长可以用常量 PHP_INT_SIZE 来表示，最大值可以用常量 PHP_INT_MAX 来表示，最小值可以用常量 PHP_INT_MIN 表示。整型数的字长和平台有关，32 位平台下的最大值是 2147483647，64 位平台下的最大值通常大约是 9223372036854775807。

### 3.5.3 浮点型

浮点型用于表示实数。在大多数运行平台下，这个数据类型的大小为 8 个字节。它的近似取值范围是 2.2E–308~1.8E+308（科学计数法）。

例如：

```
-1.432
```

```
1E+07
0.0
```

## 3.5.4 布尔型

布尔型只有两个值，就是 true 和 false。布尔型是十分有用的数据类型，程序可以通过它实现逻辑判断的功能。

其他的数据类型基本都有布尔属性：

- 整型：为 0 时，其布尔属性为 false；为非零值时，其布尔属性为 true。
- 浮点型：为 0.0 时，其布尔属性为 false；为非零值时，其布尔属性为 true。
- 字符串型：为空字符串“”或者零字符串“0”时，其布尔属性为 false；包含除此以外的字符串时，其布尔属性为 true。
- 数组型：若不含任何元素，其布尔属性为 false；只要包含元素，则其布尔属性为 true。
- 对象型和资源型：其布尔属性永远为 true。
- NULL 型：其布尔属性永远为 false。

## 3.5.5 字符串型

字符串型的数据是表示在引号之间的数据。引号分为双引号“"”和单引号“'”。这两种引号可以表示字符串，但是这两种表示方法也有一定的区别。

双引号几乎可以包含所有的字符，但是在其中的变量显示变量的值，而不是变量的变量名，有些特殊字符加上“\”符号就可以了；单引号内的字符是被直接表示出来的。

下面通过一个案例来讲解整型、浮点型、布尔型和字符串型数据的使用方法和技巧。

【例 3.10】(实例文件：源文件\ch03\3.10.php)

```
<?php
$int1= 2021; // 十进制整数
$int2= 01223; //八进制整数
$int3=0x1223; //十六进制整数
echo "输出整数类型的值：";
echo $int1;
echo "\t"; //输出一个制表符
echo $int2; //输出 659
echo "\t";
echo $int3; //输出 4643
echo "<br/>";
$float1=54.66;
echo $float1; //输出 54.66
echo "<br/>";
echo "输出布尔型变量：";
echo (Boolean)( $int1); //将 int1 整型转化为布尔变量
echo "<br/>";
```

```
$string1="字符串类型的变量";
echo $string1;
?>
```

本程序运行结果如图 3-10 所示。

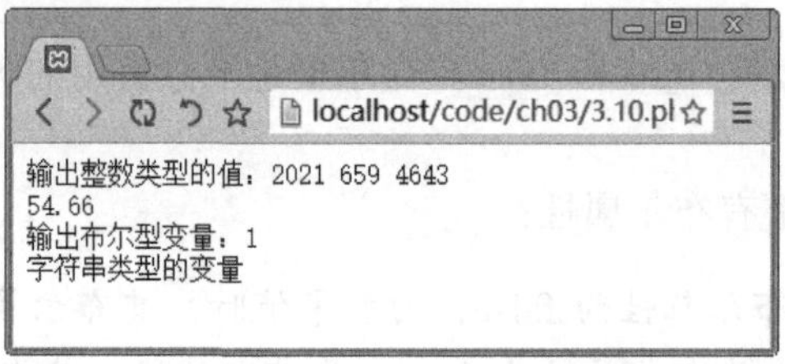


图 3-10　程序运行结果

## 3.5.6　数组型

数组是 PHP 变量的集合，它按照“键值”与“值”的对应关系组织数据。数组的键值既可以是整数，也可以是字符串。另外，数组在不特意表明键值的默认情况下，数组元素的键值为从零开始的整数。

在 PHP 中，使用 list()函数或 array()函数来创建数组，也可以直接进行赋值。

下面使用 array()函数创建数组。

**【例 3.11】(实例文件：源文件\ch03\3.11.php)**

```
<?php
$arr=array                              // 定义数组并赋值
    (
    0=>15,
    2=>1E+05,
    1=>"开始学习 PHP 基本语法了",
);
foreach ($arr as $value) {              // 使用 foreach()方法输出数组内容
  echo $value."<br/>";
}
?>
```

本程序运行结果如图 3-11 所示。

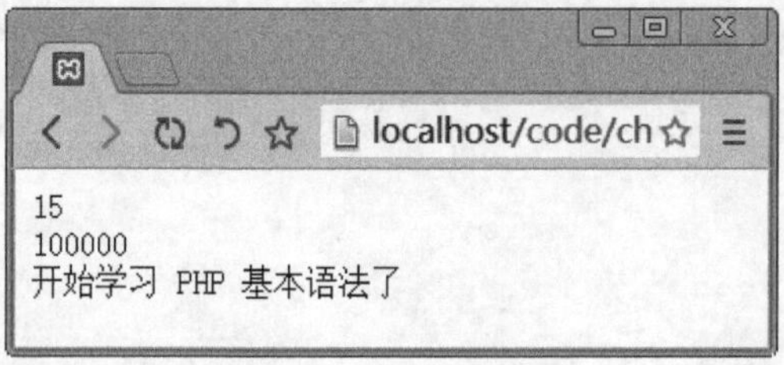


图 3-11　程序运行结果

【案例分析】

（1）程序中用“=>”为数组赋值，数组的下标只是存储的标识，没有任何意义，数组元素的排列以加入的先后顺序为准。

（2）本程序采用 foreach()方法输出整个数组。

上面实例的语句可以简化如下。

【例 3.12】(实例文件：源文件\ch03\3.12.php)

```
<?php
$arr=array(15,1E+05,"开始学习 PHP 基本语法了");    // 定义数组并赋值
for ($i=0;$i<3;$i++)
{
    echo $arr[$i]."<br/>";
}
?>
```

本程序运行结果如图 3-12 所示。从结果可以看出，这两种写法的运行结果相同。

图 3-12　程序运行结果

另外，读者还可以对数组的元素一个一个地赋值，下面举例说明。

【例 3.13】(实例文件：源文件\ch03\3.13.php)

```
<?php
$arr[0]=2021;   // 对数组元素分别赋值
$arr[2]= 18.88;
$arr[1]= "北风卷地白草折，胡天八月即飞雪。";
foreach ($arr as $value) {        // 使用 foreach()方法输出数组内容
    echo $value."<br/>";
}
?>
```

本程序运行结果如图 3-13 所示。

图 3-13　程序运行结果

## 3.5.7 对象型

对象就是类的实例。当一个类被实例化以后，这个被生成的对象被传递给一个变量，这个变量就是对象型变量。对象型变量也属于资源型变量。

## 3.5.8 NULL 型

NULL 类型是仅拥有 NULL 这个值的类型。这个类型用来标记一个变量为空。一个空字符串与 NULL 是不同的。在数据库存储时会把空字符串和 NULL 区分开处理。NULL 型在布尔判断时永远为 false。很多情况下，在声明一个变量的时候可以直接先赋值为 NULL 型，如 $value=NULL。

## 3.5.9 资源类型

资源（resource）类型是十分特殊的数据类型。它表示 PHP 的扩展资源，可以是一个打开的文件，也可以是一个数据库连接，甚至可以是其他的数据类型。但是在编程过程中，资源类型却是几乎永远接触不到的。

## 3.5.10 数据类型之间的相互转换

数据从一个类型转换到另一个类型，就是数据类型转换。在 PHP 语言中，有两种常见的转换方式：自动数据类型转换和强制数据类型转换。

### 1. 自动数据类型转换

这种转换方法最为常用，直接输入数据的转换类型即可。

**【例 3.14】(实例文件：源文件\ch02\2.14.php)**

```
<?php
$a = "2";  //$a 是字符串
echo $a;
echo "<br/>";
$a*=2;    //$a 现在是一个整数
echo $a;
echo "<br/>";
$a*=1.4;  //$a 现在是一个浮点数
echo $a;
?>
```

程序运行结果如图 3-14 所示。

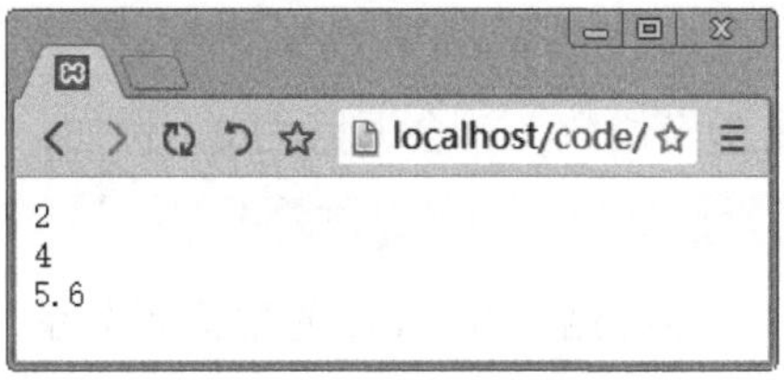


图 3-14　自动数据类型转换

### 2. 强制数据类型转换

在 PHP 语言中，可以使用 settype 函数强制转换数据类型，基本语法如下：

```
Bool settype(var,string type)
```

> **提示** type 的可能值不能包含资源类型数据。如果转型成功，就返回 1，否则返回 0。

【例 3.15】(实例文件：源文件\ch03\3.15.php)

```
<?php
$flo1=100.86;                    // 定义浮点型数据
echo settype($flo1,"int");// 强制转换数据为整数并输出
echo "<br/>";
echo $flo1;
?>
```

本程序运行结果如图 3-15 所示。这里返回结果为 1，说明浮点数 100.86 转型为整数 100 已经成功了。

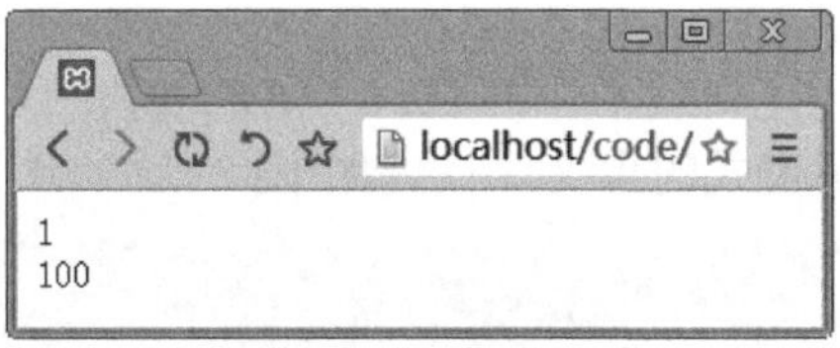


图 3-15　程序运行结果

## 3.6 整型处理机制

PHP 7 以前的版本里，如果向八进制数传递了一个非法数字，例如 8 或 9，则后面其余数字会被忽略。在 PHP 7 及以后的版本中，将会出现编译错误。

例如下面的代码将会报错：

```
$a = 0792; // 9 是无效的八进制数字
```

在 PHP 8 中，如果位移负的位置，将会产生异常，例如：

```
var_dump(1 >> -1);
```

```
// ArithmeticError: Bit shift by negative number
```

在 PHP 8 中，左位移如果超出位数，就会返回为 0，例如：

```
var_dump(1 << 64); // int(0)
```

而在 PHP 7 之前的版本中，运行结果和 CPU 的架构有关系，比如 x86 会返回 1。

在 PHP 7 及以后的版本中，右位移如果超出位数，就会返回 0 或者–1，例如：

```
var_dump(1 >> 64);  // int(0)
var_dump(-1 >> 64); // int(-1)
```

# 3.7 标量类型的声明

默认情况下，所有的 PHP 文件都处于弱类型校验模式。PHP 8 有标量类型声明的特性，标量类型声明有两种模式：强制模式（默认）和严格模式。

标量类型声明的语法格式如下：

```
declare(strict_types=1);
```

通过指定 strict_types 的值（1 或者 0）来表示校验模式：1 表示严格类型校验模式，作用于函数调用和返回语句；0 表示强制类型校验模式。

> 提示
> 可以声明标量类型的参数类型包括 int、float、bool、string、interfaces、array 和 callable。

### 1. 强制模式

下面通过案例来学习强制模式的含义，代码如下：

```
<?php
// 强制模式
function sum(int $a,int $b)
{
   return $a+$b;
}
print(sum(2, 4.1));
?>
```

上面程序的输出结果为 6。代码中的 4.1 先转换为整数 4，再进行相加操作。

### 2. 严格模式

下面通过案例来学习严格模式的含义，代码如下：

```
<?php
// 严格模式
declare(strict_types=1);
function sum(int $a,int $b)
{
```

```
    return $a+$b;
}
print(sum(2, 4.1));
?>
```

以上程序由于采用了严格模式，因此如果参数中出现的不是整数类型，程序执行时就会报错，如图 3-16 所示。

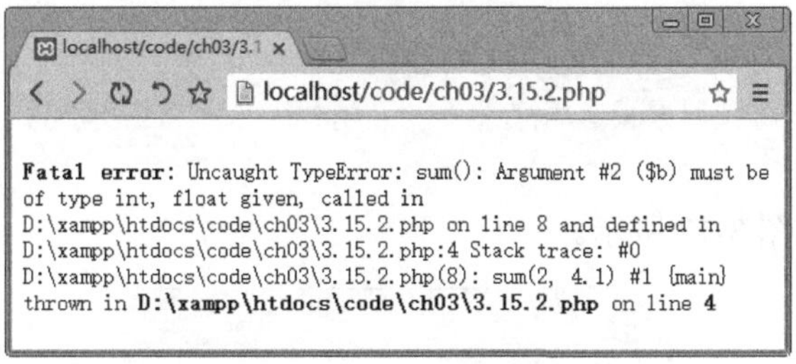


图 3-16　错误提示信息

# 3.8 运算符

PHP 包含多种类型的运算符，常见的有算术运算符、字符串运算符、赋值运算符、比较运算符和逻辑运算符等。

## 3.8.1 算术运算符

算术运算符是最简单、最常用的运算符。常见的算术运算符如表 3-1 所示。

表 3-1　常见的算术运算符

| 运算符 | 名称 | 运算符 | 名称 |
|---|---|---|---|
| + | 加法运算符 | % | 取余运算符 |
| - | 减法运算符 | ++ | 累加运算符 |
| * | 乘法运算符 | -- | 累减运算符 |
| / | 除法运算符 | | |

算术运算符的用法如下面的实例所示。

【例 3.16】(实例文件：源文件\ch03\3.16.php)

```
<?php
$a=13;                  // 定义变量
$b=2;
echo $a."+".$b."=";
echo $a+$b."<br/>";    //使用加法运算符
echo $a."-".$b."=";
```

```
echo $a-$b."<br/>";   //使用减法运算符
echo $a."*".$b."=";
echo $a*$b."<br/>";   //使用乘法运算符
echo $a."/".$b."=";
echo $a/$b."<br/>";   //使用除法运算符
echo $a."%".$b."=";
echo $a%$b."<br/>";   //使用求余运算符
echo $a."++"."=";
echo $a++."<br/>";  //使用累加运算符
echo $a."--"."=";
echo $a--."<br/>";  //使用累减运算符
?>
```

本程序运行结果如图 3-17 所示。

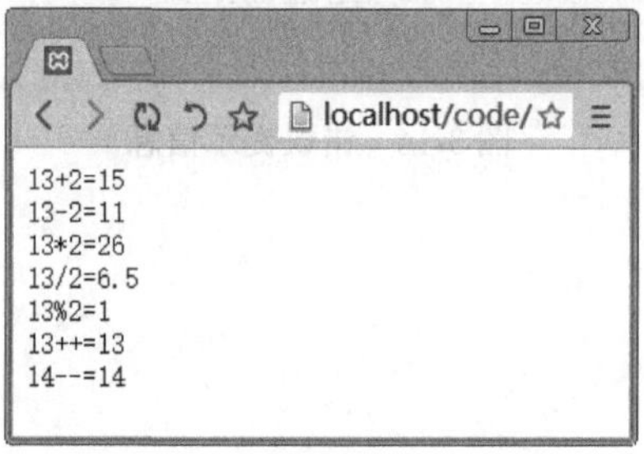


图 3-17　程序运行结果

提示

除了数值可以进行自增运算外，字符也可以进行自增运算操作。例如，b++的结果将等于 c。

## 3.8.2　字符串运算符

字符串运算符是把两个字符串连接起来变成一个字符串的操作符，使用“.”来完成。如果变量是整型或浮点型，PHP 也会自动把它们转换为字符串输出，如下面的实例所示。

【例 3.17】(实例文件：源文件\ch03\3.17.php)

```
<?php
$a = "把两个字符串";                    // 定义字符串变量
$b = 100;
echo $a."连接起来，".$b."天。";        // 把字符串连接后输出
?>
```

本程序运行结果如图 3-18 所示。

图 3-18　程序运行结果

## 3.8.3 赋值运算符

赋值运算符的作用是把一定的数据值加载给特定变量。

赋值运算符的具体含义如表 3-2 所示。

**表 3-2 赋值运算符的含义**

| 赋值运算符 | 含义 |
|---|---|
| = | 将右边的值赋给左边的变量 |
| += | 将左边的值加上右边的值赋给左边的变量 |
| -= | 将左边的值减去右边的值赋给左边的变量 |
| *= | 将左边的值乘以右边的值赋给左边的变量 |
| /= | 将左边的值除以右边的值赋给左边的变量 |
| .= | 将左边的字符串连接到右边 |
| %= | 将左边的值对右边的值取余数赋给左边的变量 |

例如，$a-=$b 等价于$a=$a-$b，其他赋值运算符与之类似。从表 3-2 可以看出，赋值运算符可以使程序更加简练，从而提高执行效率。

## 3.8.4 比较运算符

比较运算符用来比较两端数据值的大小。比较运算符的具体含义如表 3-3 所示。

**表 3-3 比较运算符的含义**

| 比较运算符 | 含义 | 比较运算符 | 含义 |
|---|---|---|---|
| == | 相等 | >= | 大于等于 |
| ! = | 不相等 | <= | 小于等于 |
| > | 大于 | === | 精确等于（类型也要相同） |
| < | 小于 | !== | 不精确等于 |

其中，“===”和“!==”需要特别注意一下。$b===$c 表示$b 和$c 不只是数值上相等，而且两者的类型也一样；$b!==$c 表示$b 和$c 有可能是数值不等，也可能是类型不同。

【例 3.18】(实例文件：源文件\ch03\3.18.php)

```
<?php
$value="15";
echo "\$value = \"$value\"";
echo "<br/>\$value==15: ";
var_dump($value==15);            //结果为:bool(true)
echo "<br/>\$value==ture: ";
var_dump($value==TURE);          //结果为:bool(true)
```

```
echo "<br/>\$value!=null: ";
var_dump($value!=null);              //结果为:bool(true)
echo "<br/>\$value==false: ";
var_dump($value==false);             //结果为:bool(false)
echo "<br/>\$value === 100: ";
var_dump($value===100);              //结果为:bool(false)
echo "<br/>\$value===true: ";
var_dump($value===true);             //结果为:bool(false)
echo "<br/>(10/2.0 !== 5): ";
var_dump(10/2.0 !==5);               //结果为:bool(true)
?>
```

本程序运行结果如图 3-19 所示。

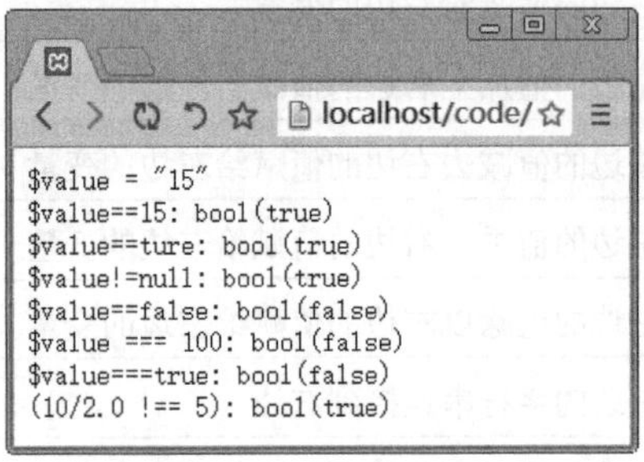


图 3-19　程序运行结果

## 3.8.5　逻辑运算符

编程语言最重要的功能之一就是进行逻辑判断和运算。逻辑与、逻辑或、逻辑否都是逻辑运算符。逻辑运算符的含义如表 3-4 所示。

**表 3-4　逻辑运算的含义**

| 逻辑运算符 | 含义 | 逻辑运算符 | 含义 |
|---|---|---|---|
| && | 逻辑与 | ! | 逻辑否 |
| AND | 逻辑与 | NOT | 逻辑否 |
| \|\| | 逻辑或 | XOR | 逻辑异或 |
| OR | 逻辑或 | | |

【例 3.19】(实例文件：源文件\ch03\3.19.php)

```
<?php
$a = true;
$b = false;
echo '$a && $b: ';
var_dump($a && $b);          //使用逻辑与运算符，结果为:false
echo '$a || $b: ';
var_dump($a || $b);          //使用逻辑或运算符，结果为:true
echo '!$a: ';
var_dump(!$a );              //使用逻辑否运算符，结果为:false
?>
```

本程序运行结果如图 3-20 所示。

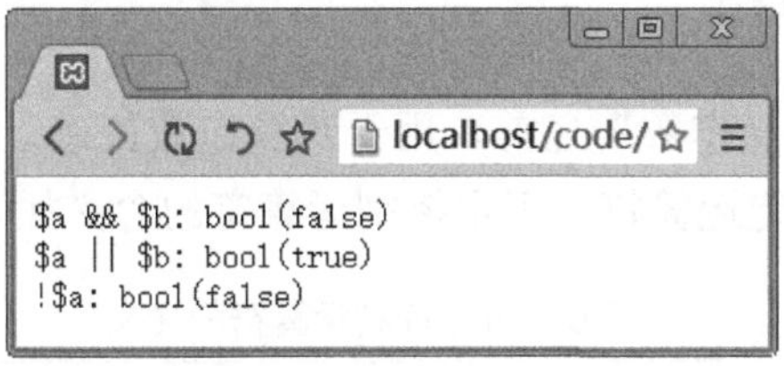


图 3-20　程序运行结果

## 3.8.6　按位运算符

按位运算符是把整数按照“位”的单位来进行处理。按位运算符的含义如表 3-5 所示。

**表 3-5　按位运算符的含义**

| 按位运算符 | 名称 | 含义 |
|---|---|---|
| & | 按位和 | 例如，$a&$b，表示对应位数都为 1，结果该位为 1 |
| \| | 按位或 | 例如，$a\|$b，表示对应位数有一个为 1，结果该位为 1 |
| ^ | 按位异或 | 例如，$a^$b，表示对应位数不同，结果该位为 1 |
| ~ | 按位取反 | 例如，~$b，表示对应位数为 0 的改为 1、为 1 的改为 0 |
| << | 左移 | 例如，$a<<$b，表示将$a 在内存中的二进制数据向左移动$b 位数，右边移空补 0 |
| >> | 右移 | 例如，$a>>$b，表示将$a 在内存中的二进制数据向右移动$b 位数，左边移空补 0 |

【例 3.20】(实例文件：源文件\ch03\3.20.php)

```
<?php
$a = 7;                                          // 7 的二进制代码是 111
$b = 4;                                          // 4 的二进制代码是 100
echo '$a & $b = '  . ($a & $b) . '<br/>';        // 运算结果为二进制代码 100，即 4
echo '$a | $b = '  . ($a | $b) . '<br/>';        // 运算结果为二进制代码 111，即 7
echo '$a ^ $b = '  . ($a ^ $b) . '<br/>';        // 运算结果为二进制代码 011，即 3
?>
```

本程序运行结果如图 3-21 所示。

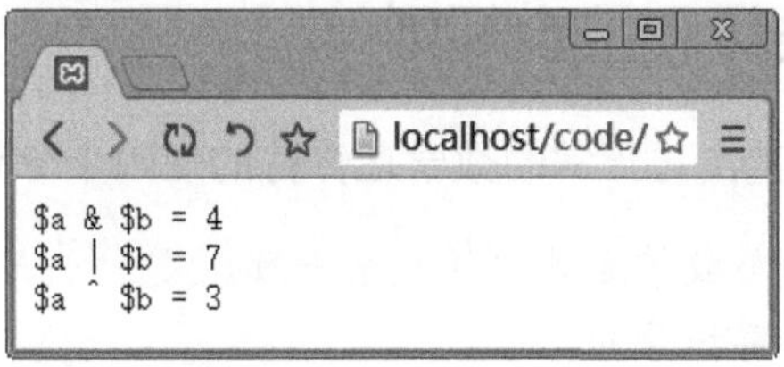


图 3-21　程序运行结果

## 3.8.7 否定控制运算符

否定控制运算符用在“操作数”之前，用于对操作数值进行真假的判断。它包含一个逻辑否定运算符和一个按位否定运算符。否定控制运算符的含义如表 3-6 所示。

表 3-6 否定控制运算符的含义

| 否定控制运算符 | 含义 |
| --- | --- |
| ! | 逻辑否 |
| ~ | 按位否 |

## 3.8.8 三元运算符

三元运算符作用在三个操作数之间。这样的操作符在 PHP 中只有一个，即“? :”，语法形式如下：

```
(expr1) ? (expr2) : (expr3)
```

如果 expr1 成立，就执行 expr2，否则执行 expr3。

【例 3.21】(实例文件：源文件\ch03\3.21.php)

```
<?php
$a = 5;
$b = 6;
echo ($a > $b) ? "大于成立" : "大于不成立"; echo "<br/>";    //大于不成立
echo ($a < $b) ? "小于成立" : "小于不成立"; echo "<br/>";    //小于成立
?>
```

本程序运行结果如图 3-22 所示。

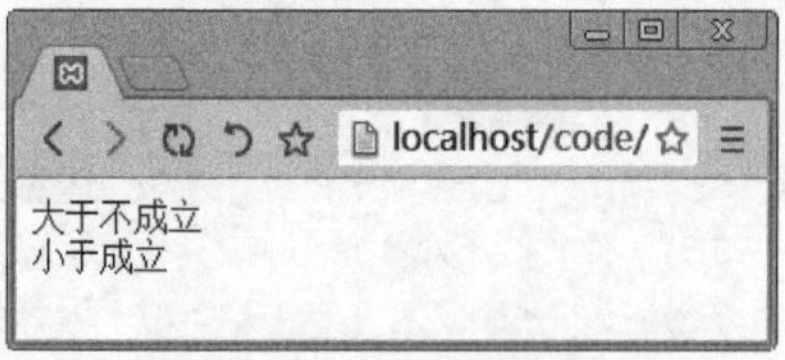


图 3-22 程序运行结果

## 3.8.9 运算符的优先级和结合规则

运算符的优先级和结合其实与正常的数学运算符的规则十分相似。

- 加减乘除的先后顺序与数学运算中的完全一致。
- 对于括号，先括号内再括号外。
- 对于赋值，由右向左运行，即依次从右边向左边的变量进行赋值。

# 3.9 合并运算符和组合运算符

合并运算符“??”用于判断变量是否存在且值不为NULL，如果是，它就会返回自身的值，否则返回它的第二个操作数。

语法格式如下：

```
(expr1) ? ? (expr2)
```

如果表达式 expr1 为真，就返回 expr1 的值；如果表达式 expr1 为假，就返回 expr2。

**【例 3.22】(实例文件：源文件\ch03\3.22.php)**

```
<?php
$a = '酒店还有房间';
$b = $a ?? '酒店已经没有房间';
echo $b;
?>
```

代码运行结果如图 3-23 所示。

图 3-23　合并运算符

组合运算符用于比较两个表达式$a 和$b，$a 小于、等于或大于$b 分别返回-1、0 或 1。

**【例 3.23】(实例文件：源文件\ch03\3.23.php)**

```
<?php
// 整型比较
echo( 5 <=> 5);echo "<br/>";
echo( 5 <=> 6);echo "<br/>";
echo( 6 <=> 5);echo "<br/>";

// 浮点型比较
echo( 5.6 <=> 5.6);echo "<br/>";
echo( 5.6 <=> 6.6);echo "<br/>";
echo( 6.6 <=> 5.6);echo "<br/>";
echo(PHP_EOL);

// 字符串比较
echo( "a" <=> "a");echo "<br/>";
echo( "a" <=> "b");echo "<br/>";
echo( "b" <=> "a");echo "<br/>";
```

```
?>
```

代码运行结果如图 3-24 所示。

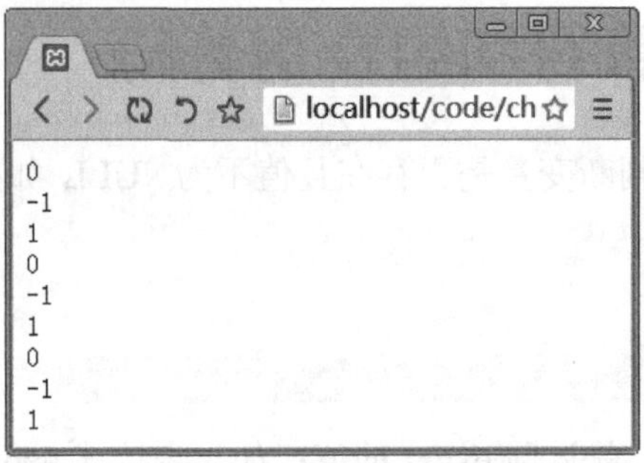

图 3-24　组合运算符

# 3.10 表达式

表达式是在特定语言中表达一个特定的操作或动作的语句。PHP 的表达式也有同样的作用。

一个表达式包含“操作数”和“操作符”。操作数可以是变量，也可以是常量。操作符则体现了要表达的各个行为，如逻辑判断、赋值、运算等。

例如，$a=5 就是表达式，而$a=5; 则为语句。另外，表达式也有值，例如$a=1 表达式的值为 1。

提示

在 PHP 代码中，使用“;”号来区分表达式，即一个表达式和一个分号组成了一条 PHP 语句。在编写程序代码时，应该特别注意表达式后面的“;”，不要漏写或写错，否则会提示语法错误。

# 3.11 实战演练——创建二维数组

前面讲解了如何创建一维数组，本节讲解如何创建多维数组。多维数组和一维数组的区别是多维数组有两个或多个下标，它们的用法基本相似。

下面以创建二维数组为例进行讲解。

**【例 3.24】(实例文件：源文件\ch03\3.24.php)**

```
<?php
$arr[0][0]=10;                              //定义数组元素并赋值
$arr[0][1]=22;
```

```
$arr[1] [0]= 1E+05;
$arr[1] [1]= "开始学习 PHP 基本语法了";
//for 循环遍历数组
for($i = 0; $i < count($arr); $i++) {
    for($j = 0; $j < count($arr[$i]); $j++) {
        echo $arr[$i][$j]."<br />";
    }
}
?>
```

本程序运行结果如图 3-25 所示。

图 3-25　程序运行结果

# 3.12 高手甜点

### 甜点 1：如何灵活运用命名空间（namespace）？

命名空间作为一个比较宽泛的概念，可以理解为用来封装各个项目的方法。有点像是在文件系统中不同文件夹路径和文件夹当中的文件。两个文件的文件名可以完全相同，但是在不同的文件夹路径下，就是两个完全不同的文件。

PHP 的命名空间也是这样的一个概念。它主要用于在“类的命名”“函数命名”及“常量命名”中避免代码冲突和在命名空间下管理变量名和常量名。

命名空间使用 namespace 关键字在文件头部中定义，例如：

```
<?php
namespace 2ndbuilding\number24;   //命名空间
class room{}
$room = new __NAMESPACE__.room;
?>
```

命名空间还可以拥有子空间，就像文件夹的路径一样。可以通过内置变量__NAMESPACE__来使用命名空间及其子空间。

### 甜点 2：如何快速区分常量与变量？

常量和变量的明显区别如下：

- 常量前面没有美元符号（$）。
- 常量只能用 define()函数定义，而不能通过赋值语句定义。
- 常量可以不用理会变量范围的规则而在任何地方定义和访问。
- 常量一旦定义就不能被重新定义或者取消定义。
- 常量的值只能是标量。

# 第 4 章 PHP 的语言结构

**学习目标 | Objective**

任何一种语言都有程序结构，常见的有顺序结构、分支结构和循环结构。在学习程序结构前，读者还需要对函数的知识进行学习。本章主要介绍 PHP 语言中函数和语言结构的使用方法和技巧。

**内容导航 | Navigation**

- 熟悉函数的使用方法
- 熟悉流程控制的概述
- 掌握条件控制结构
- 掌握循环控制结构
- 掌握条件分支结构的综合应用
- 掌握循环控制结构的综合应用

## 4.1 内置函数

函数的英文为 function，function 是功能的意思。顾名思义，使用函数就是要在编程过程中实现一定的功能，即通过代码块来实现一定的功能。比如，通过一定的功能记录下酒店客人的个人信息，每到客人生日的时候自动发送祝贺 Email，并且这个发信“功能”可以重用，可更改为在某个客户的结婚纪念日时发送祝福 Email。所以函数就是实现一定功能的一段特定的代码。

PHP 提供了大量的内置函数，方便程序员直接使用，常见的内置函数包括数学函数、字符串函数、时间和日期函数等。

下面以调用数学函数 rand()为例进行讲解。

【例 4.1】(实例文件：源文件\ch04\4.1.php)

```
<?php
echo rand ();                    //返回随机整数
echo "<br/>";
echo rand (1000,9999);           //产生一个 4 位随机整数
?>
```

本程序运行结果如图 4-1 所示。

图 4-1　程序运行结果

# 4.2 自定义函数

其实，更多的情况下，程序员需要的是自定义函数。

## 4.2.1　自定义和调用函数

自定义函数的语法结构如下：

```
function name_of_function( param1, param2, … ){
    statement
}
```

其中，name_of_function 是函数名，param1、param2 是参数，statement 是函数的具体内容。下面以自定义和调用函数为例进行讲解。本实例主要实现酒店欢迎信息。

【例 4.2】(实例文件：源文件\ch04\4.2.php)

```
<?php
function sayhello($customer){                //自定义函数 sayhello
   return $customer."，欢迎您来到润慧酒店。";
}
echo sayhello('张先生');                      //调用函数 sayhello
?>
```

本程序运行结果如图 4-2 所示。

图 4-2 程序运行结果

值得一提的是，此函数的返回值是通过值返回的。也就是说 return 语句返回值时，创建了一个值的副本，并把它返回给使用此函数的命令或函数，在这里是 echo 命令。

### 4.2.2 向函数传递参数值

由于函数是一段封闭的程序，因此很多时候程序员都需要向函数内传递一些数据来进行操作。

```
function 函数名称（参数 1，参数 2）{
   算法描述，其中使用参数 1 和参数 2;
}
```

下面以计算酒店房间住宿费总价为例进行讲解。

【例 4.3】(实例文件：源文件\ch04\4.3.php)

```
<?php
function totalneedtopay($days,$roomprice){        // 声明自定义函数
    $totalcost = $days*$roomprice;               // 计算住宿费总价
    echo  "需要支付的总价:$totalcost"."元。";      // 输出住宿费总价
}
$rentdays = 3;                                   //声明全局变量
$roomprice = 168;
totalneedtopay($rentdays,$roomprice);            //通过变量传递参数
totalneedtopay(5,198);                           //直接传递参数值
?>
```

运行结果如图 4-3 所示。

图 4-3 程序运行结果

【案例分析】

（1）以这种方式传递参数值的方法就是向函数传递参数值。

（2）其中 function totalneedtopay($days,$roomprice){}定义了函数和参数。

（3）无论是通过变量$rentdays 和$roomprice 向函数内传递参数值，还是像 totalneedtopay

(5,198)这样直接传递参数，值都是一样的。

### 4.2.3 向函数传递参数引用

向函数传递参数引用其实就是向函数传递变量引用。参数引用一定是变量引用，静态数值是没有引用一说的。由于在变量引用中已经知道，变量引用其实就是对变量名的使用，是对特定的变量位置的使用。

下面仍然以计算酒店服务费总价为例进行讲解。

【例 4.4】(实例文件：源文件\ch04\4.4.php)

```
<?php
$fee = 300;
$serviceprice = 50;
function totalfee(&$fee,$serviceprice){// 声明自定义函数，参数前多了&，表示按引用传递
    $fee = $fee+$serviceprice;            // 改变形参的值，实参的值也会发生改变
    echo "需要支付的总价:$fee"."元。";
}
totalfee($fee,$serviceprice);             //函数外部调用 fun()函数前$fee =300
totalfee($fee,$serviceprice);             //函数外部调用 fun()函数后$ fee =350
?>
```

运行结果如图 4-4 所示。

localhost/code/ch
需要支付的总价:350元。需要支付的总价:400元。

图 4-4 程序运行结果

【案例分析】

（1）以这种方式传递参数值的方法就是向函数传递参数引用。使用“&”符号表示参数引用。

（2）其中 function totalfee(&$fee,$serviceprice){}定义了函数、参数和参数引用。变量$fee 是以参数引用的方式进入函数的。当函数的运行结果改变了变量$fee 的引用时，在函数外的变量$fee 的值也发生了改变，也就是函数改变了外部变量的值。

### 4.2.4 从函数中返回值

在上述例子中，都是把函数运算完成的值直接打印出来。但是，很多情况下，程序并不需要直接把结果打印出来，而是仅仅给出结果，并且把结果传递给调用这个函数的程序，为其所用，这里需要用到 return 关键字。

下面以综合酒店客房价格和服务价格为例进行讲解。

【例 4.5】(实例文件：源文件\ch04\4.5.php)

```
<?php
function totalneedtopay($days,$roomprice){// 声明自定义函数
    return $days*$roomprice;              // 返回酒店消费总价格
}
$rentdays = 3;
$roomprice = 168;
echo totalneedtopay($rentdays,$roomprice);
?>
```

运行结果如图 4-5 所示。

图 4-5　程序运行结果

【案例分析】

(1) 在函数 function totalneedtopay($days,$roomprice)算法中，直接使用 return 把运算的值返回给调用此函数的程序。

(2) 其中，echo totalneedtopay($rentdays,$roomprice);语句调用了此函数，totalneedtopay()把运算值返回给了 echo 语句，才有了上面的显示。当然这里也可以不用 echo 来处理返回值，也可以对它进行其他处理，比如赋值给变量等。

## 4.2.5　对函数的引用

无论是 PHP 中的内置函数，还是程序员在程序中自定义的函数，都可以简单地通过函数名调用。但是操作过程也有些不同，大致分为以下 3 种情况。

- 如果是 PHP 的内置函数，如 date()，可以直接调用。
- 如果这个函数是 PHP 的某个库文件中的函数，就需要用 include()或 require()命令把此库文件加载，然后才能使用。
- 如果是自定义函数，与引用程序在同一个文件中，就可以直接引用。如果此函数不在当前文件内，就需要用 include()或 require()命令加载。

对函数的引用实际上是对函数返回值的引用。

【例 4.6】(实例文件：源文件\ch04\4.6.php)

```
<?php
```

```
function &example($aa=1){                          //定义一个函数，别忘了加“&”符号
    return $aa;                                    //返回参数$aa
}
$bb= &example("引用函数的实例");                    //声明一个函数的引用$bb
echo $bb. "<br/>";
?>
```

运行结果如图 4-6 所示。

图 4-6　程序运行结果

**【案例分析】**

（1）本实例首先定义一个函数，然后变量$bb 将引用函数，最后输出变量$bb，它实际上是$aa 的值。

（2）和参数传递不同，在定义函数和引用函数时，都必须使用“&”符号，表明返回的是一个引用。

## 4.2.6　对函数取消引用

对于不需要引用的函数，可以做取消操作。取消引用使用 unset()函数来完成，目的是断开变量名和变量内容之间的绑定，此时并没有销毁变量内容。

**【例 4.7】（实例文件：源文件\ch04\4.7.php）**

```
<?php
$num = 166;                                        //声明一个整型变量
$math = &$num;                                     //声明一个对变量$num 的引用$math
echo "\$math is:  ".$math."<br/>";                 //输出引用$math
unset($math);                                      //取消引用$math
echo "\$num is:  ".$num;                           //输出原变量
?>
```

运行结果如图 4-7 所示。

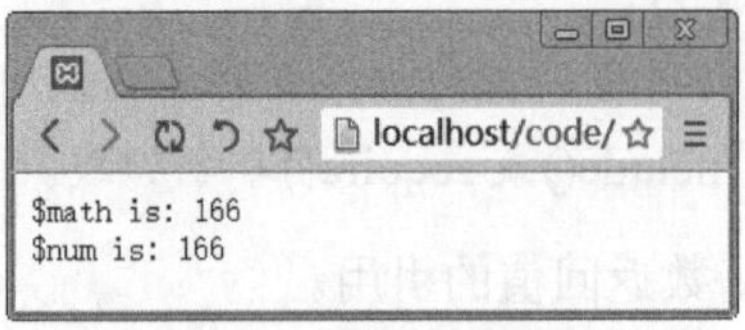


图 4-7　程序运行结果

本程序首先声明一个变量和变量的引用，输出引用后取消引用，再次调用原变量。从图 4-7

可以看出，取消引用后对原变量没有任何影响。

# 4.3 声明函数返回值的类型

在 PHP 中，用户可以声明函数返回值的类型。可以声明的返回类型包括 int、float、bool、string、interfaces、array 和 callable。

下面通过案例来学习 PHP 如何声明函数返回值的类型。

【例 4.8】(实例文件：源文件\ch04\4.8.php)

```
<?php
declare(strict_types=1);

function returnIntValue(int $value): int
{
    return $value;
}

print(returnIntValue(60));
?>
```

以上程序执行结果如图 4-8 所示。

图 4-8　声明函数返回值的类型

# 4.4 intdiv()函数

在 PHP 中，整除函数 intdiv()的语法格式如下：

```
intdiv(a, b);
```

该函数返回值为 a 除以 b 的值并取整。

【例 4.9】(实例文件：源文件\ch04\4.9.php)

```
<?php
echo intdiv(16, 3)."<br/>";
echo intdiv(10, 3) ."<br/>";
echo intdiv(8, 16) ."<br/>";
```

```
?>
```

本程序运行结果如图 4-9 所示。

图 4-9　程序运行结果

# 4.5 括号在变量或函数中变化

在 PHP 中，用括号把变量或者函数括起来将不再起作用。

【例 4.10】(实例文件：源文件\ch04\4.10.php)

```
<?php
function getArray()
{
    return [100, 200, 300,400];
}
$last = array_pop(getArray());
//所有版本的 PHP 在这里将会报错
$last = array_pop((getArray()));
//PHP5 或者更早的版本将不会报错
?>
```

注意第二句的调用是用圆括号包了起来，但还是报这个严格错误，如图 4-10 所示。

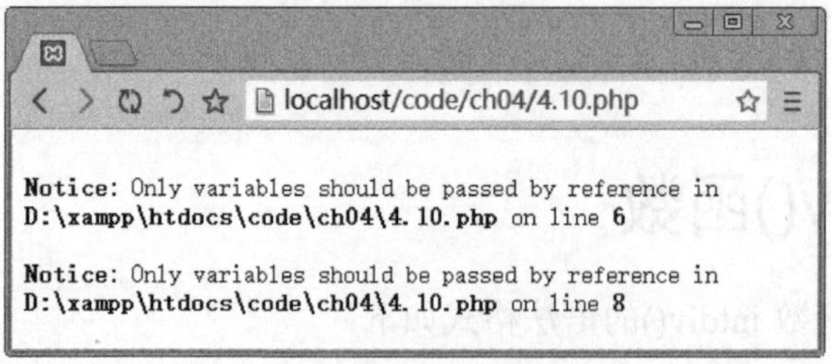


图 4-10　PHP 中的报错信息

PHP 7 之前的版本是不会报第 2 个错误的。例如，在 PHP 5 中的运行结果如图 4-11 所示。

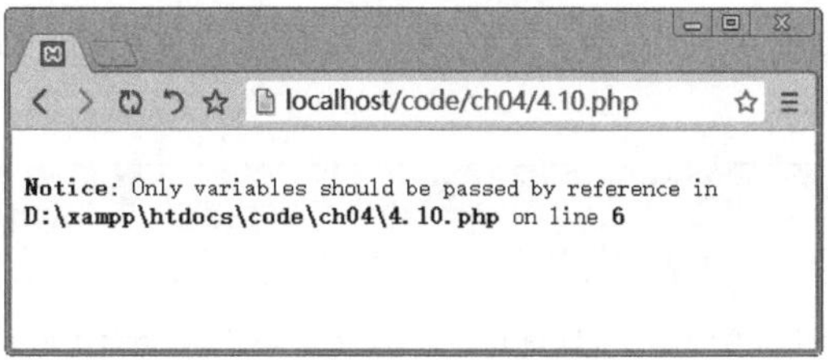


图 4-11　PHP 5 中的报错信息

# 4.6 包含文件

如果想让自定义的函数被多个文件使用，可以将自定义函数组织到一个或者多个文件中，这些收集函数定义的文件就是用户自己创建的 PHP 函数库。通过使用 require()和 include()等函数可以将函数库载入脚本程序中。

## 4.6.1 require 和 include

require()和 include()语句不是真正意义的函数，属于语言结构。通过 include()和 require()语句都可以实现包含并运行指定文件。

（1）require()：在脚本执行前读入它包含的文件，通常在文件的开头和结尾处使用。

（2）include()：在脚本读到它的时候才将包含的文件读进来，通常在流程控制的处理区使用。

require()和 include()语句在处理失败方面是不同的。当文件读取失败后，require 将产生一个致命错误，而 include 则产生一个警告。可见，如果遇到文件丢失需要继续运行，则使用 include；如果想停止处理页面，则使用 require。

**【例 4.11】(实例文件：源文件\ch04\4.11.php 和 test.php)**

其中，4.11.php 代码如下：

```
<?php
$a = '杨柳青青江水平';        //定义一个变量 a
$b = '闻郎江上唱歌声';       //定义一个变量 b
?>
```

test.php 代码如下：

```
<?php
echo " $a $b";    //未载入文件前调用两个变量
include '4.11.php';
echo " $a $b ";  //载入文件后调用两个变量
?>
```

运行 test.php，结果如图 4-12 所示。从结果可以看出，使用 include 时，虽然出现了警告，但是脚本程序仍然在运行。

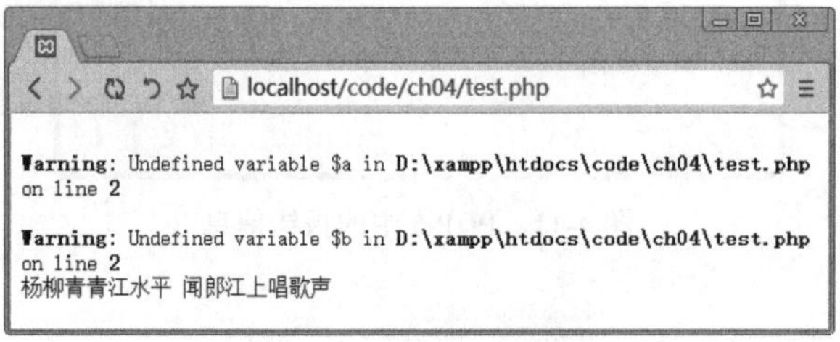


图 4-12　程序运行结果

### 4.6.2　include_once 和 require_once

include_once 和 require_once 语句在脚本执行期间包含并运行指定文件，作用与 include 和 require 语句类似，唯一的区别是，如果该文件的代码已经被包含，则不会再次包含，只会包含一次，从而避免了函数重定义以及变量重赋值等问题。

## 4.7 流程控制

流程控制也叫控制结构，在一个应用中用来定义执行程序流程。它决定了某个程序段是否会被执行和执行多少次。

PHP 中的控制语句分为 3 类：顺序控制语句、条件控制语句和循环控制语句。其中，顺序控制语句从上到下依次执行，这种结构没有分支和循环，是 PHP 程序中最简单的结构。下面主要讲解条件控制语句和循环控制语句。

### 4.7.1　条件控制结构

条件控制语句中包含两个主要的语句，一个是 if 语句，另一个是 switch 语句。

#### 1. 单一条件分支结构（if 语句）

if 语句是最为常见的条件控制语句，格式为：

```
if（条件判断语句）{
    命令执行语句;
}
```

这种形式只是对一个条件进行判断。如果条件成立，就执行命令语句，否则不执行。

if 语句的流程控制图如图 4-13 所示。

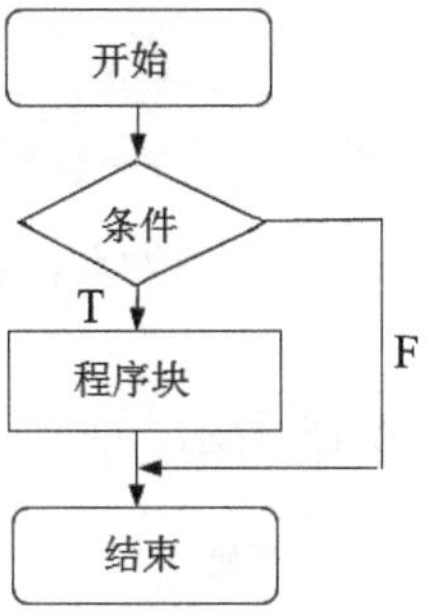


图 4-13 if 语句流程控制图

【例 4.12】(实例文件：源文件\ch04\4.12.php)

```
<?php
$num = rand(1,100);                    //使用 rand()函数生成一个随机数
if ($num % 2 != 0){                    //判断变量$num 是否为奇数
    echo "\$num = $num";               //如果为奇数，输出表达式和说明文字
    echo "<br/>$num 是奇数。";
}
?>
```

运行后刷新页面，结果如图 4-14 所示。

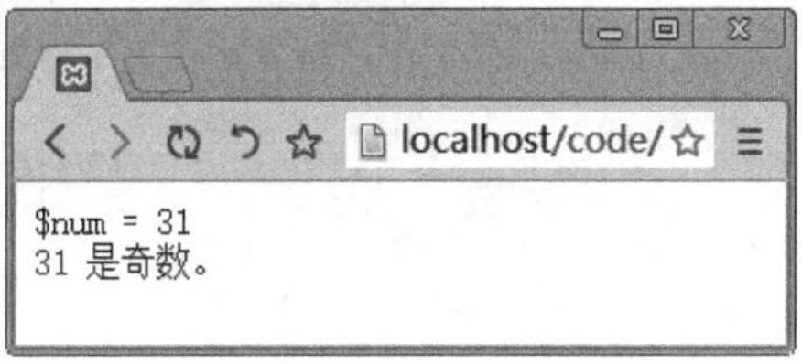


图 4-14　程序运行结果

【案例分析】

（1）此实例首先使用 rand()函数随机生成一个整数$num，然后判断这个随机整数是不是奇数，若是，则输出上述结果；若不是，则不输出任何内容。所以，如果页面内容显示为空，就刷新页面。

（2）rand() 函数返回随机整数，语法格式如下：

```
rand(min,max)
```

此函数主要是返回 min 和 max 之间的一个随机整数。如果没有提供可选参数 min 和 max，则 rand() 返回 0 到 RAND_MAX 之间的伪随机整数。

### 2. 双向条件分支结构（if…else 语句）

如果是非此即彼的条件判断，可以使用 if…else 语句。它的格式为：

```
if (条件判断语句) {
    命令执行语句 A;
```

```
}else{
    命令执行语句 B;
}
```

这种结构形式首先判断条件是否为真，如果为真，就执行命令语句 A，否则执行命令语句 B。

if…else 语句程序流程控制图如图 4-15 所示。

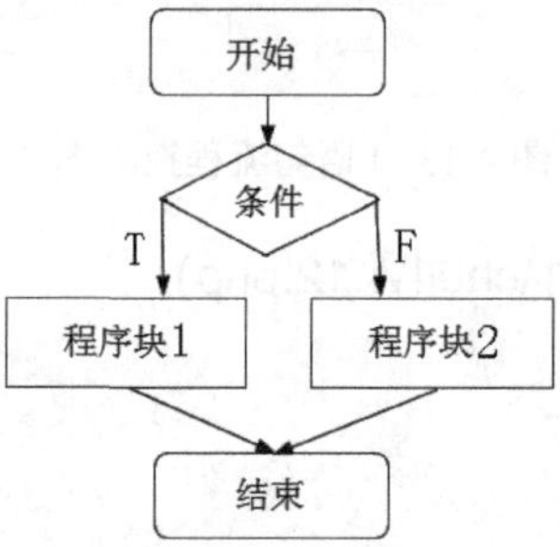


图 4-15　if…else 语句流程控制图

【例 4.13】(实例文件：源文件\ch04\4.13.php)

```
<?php
$d=date("D");                           //定义时间变量
if ($d=="Fri")                          //判断时间变量是否等于周五
    echo "今天是周五哦!";
else
    echo "可惜今天不是周五!";
?>
```

运行后结果如图 4-16 所示。

图 4-16　程序运行结果

3. 多向条件分支结构（elseif 语句）

在条件控制结构中，有时会出现多种选择，此时可以使用 elseif 语句。它的语法格式为：

```
if (条件判断语句) {
    命令执行语句;
}elseif (条件判断语句) {
    命令执行语句;
}…
 else{
    命令执行语句;
}…
```

elseif 语句程序流程控制图如图 4-17 所示。

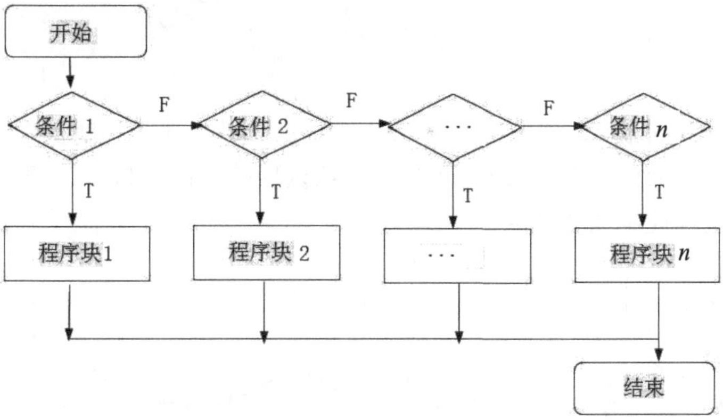


图 4-17 elseif 语句流程控制图

【例 4.14】(实例文件：源文件\ch04\4.14.php)

```
<?php
$score = 85;                                //设置成绩变量$score
if($score >= 0 and $score <= 60){           //判断成绩变量是否在 0~60 之间
    echo "您的成绩为差";                     //如果是，说明成绩为差
}
elseif($score > 60 and $score <= 80){       //否则判断成绩变量是否在 61~80 之间
    echo "您的成绩为中等";                   //如果是，说明成绩为中等
}else{                                      //如果两个判断都是 false，则输出默认值
    echo "您的成绩为优等";                   //说明成绩为优等
}
?>
```

运行后结果如图 4-18 所示。

图 4-18 程序运行结果

### 4. 多向条件分支结构（switch 语句）

switch 语句的结构给出不同情况下可能执行的程序块，条件满足哪个程序块，就执行哪个语句。它的语法格式为：

```
switch (条件判断语句) {
case 可能判断结果 a:
    命令执行语句;
    break;
case 可能判断结果 b:
    命令执行语句;
```

```
    break;
…
default:
    命令执行语句;
}
```

其中，若“条件判断语句”的结果符合某个“可能判断结果”，就执行其对应的“命令执行语句”；如果都不符合，则执行 default 对应的默认项的“命令执行语句”。

switch 语句的流程控制图如图 4-19 所示。

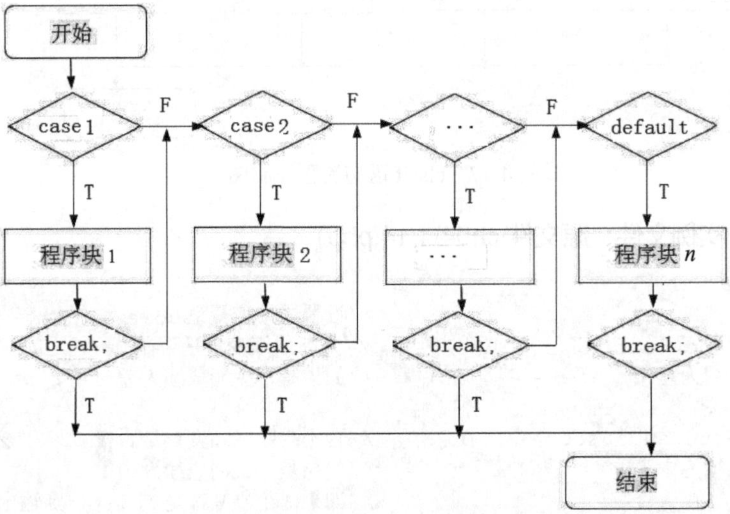


图 4-19　switch 语句流程控制图

【例 4.15】(实例文件：源文件\ch04\4.15.php)

```
<?php
$x=5;                //定义变量$x
switch ($x)          //判断$x 与 1~5 之间的关系
{
case 1:
    echo "数值为 1";
    break;
case 2:
    echo "数值为 2";
    break;
case 3:
  echo "数值为 3";
  break;
case 4:
    echo "数值为 4";
    break;
case 5:
    echo "数值为 5";
    break;
```

```
default:
    echo "数值不在 1 到 5 之间";
}
?>
```

运行后结果如图 4-20 所示。

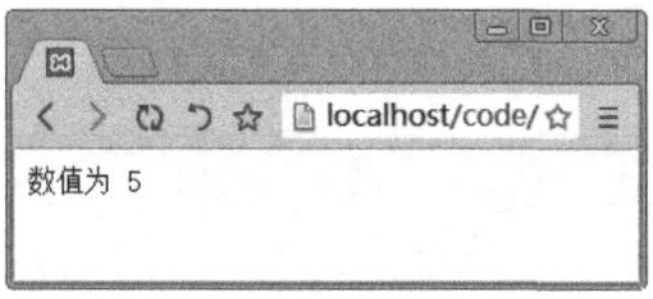


图 4-20　程序运行结果

## 4.7.2　循环控制结构

循环控制语句主要包括 3 种，即 while 循环、do…while 循环和 for 循环。while 循环在代码运行的开始检查表述的真假；而 do…while 循环则在代码运行的末尾检查表述的真假，即 do…while 循环至少要运行一遍。

### 1. while 循环语句

while 循环的结构为：

```
while （条件判断语句）{
    命令执行语句;
}
```

其中，当“条件判断语句”为 true 时，执行后面的“命令执行语句”，然后返回条件表达式继续进行判断，直到表达式的值为假才能跳出循环，执行后面的语句。

while 循环语句的流程控制图如图 4-21 所示。

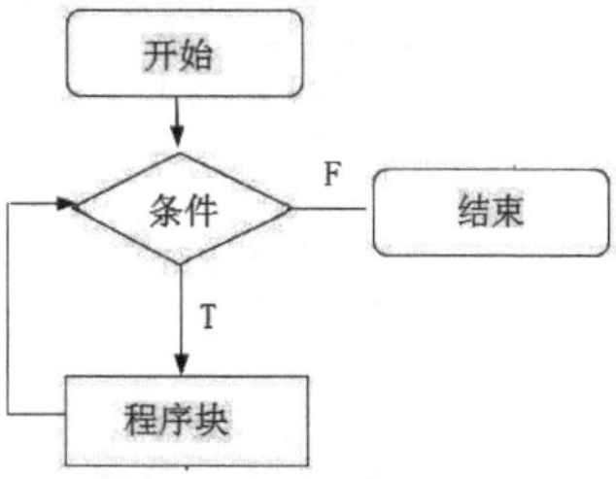


图 4-21　while 语句流程控制图

【例 4.16】(实例文件：源文件\ch04\4.16.php)

```
<?php
$num = 1;                           //定义变量$num
$str = "20 以内的奇数为：";           //定义变量$str
while($num <=20){                   //判断$num 是否小于或等于 20
    if($num % 2!= 0){               //判断$num 是否为奇数，为奇数则输出，否则做加一操作
```

```
        $str .= $num." ";
    }
    $num++;
}
echo $str;
?>
```

运行后结果如图 4-22 所示。

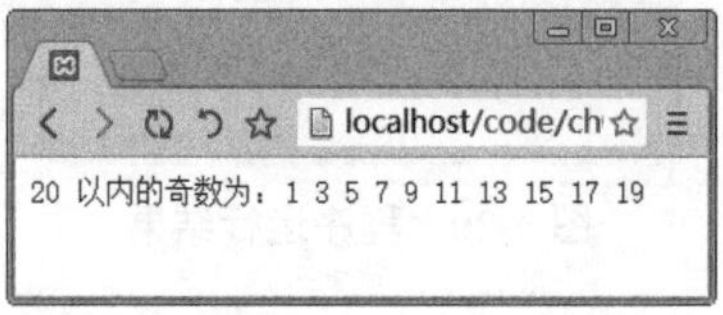


图 4-22　程序运行结果

本实例主要实现 20 以内的奇数输出。从 1~20 依次判断是否为奇数，如果是，则输出；如果不是，则继续下一次的循环。

### 2. do…while 循环语句

do…while 循环的结构为：

```
do{
   命令执行语句;
}while（条件判断语句）
```

先执行 do 后面的“命令执行语句”，其中的变量会随着命令的执行发生变化。当此变量通过 while 后的“条件判断语句”判断为 false 时，停止执行“命令执行语句”。

do…while 循环语句的流程控制图如图 4-23 所示。

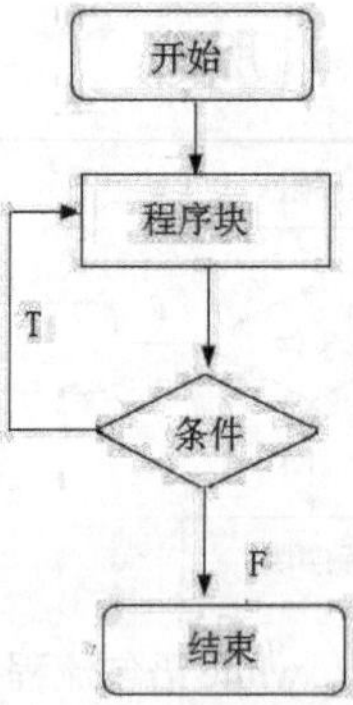


图 4-23　do…while 循环语句流程控制图

**【例 4.17】（实例文件：源文件\ch04\4.17.php）**

```
<?php
$aa = 0;                                    //声明一个整数变量$aa
while($aa != 0){                            //使用 while 循环输出
    echo "不会被执行的内容";                 //这句话不会被输出
```

```
}
do{                                                    //使用 do…while 循环输出
    echo "被执行的内容";                                //这句话会被输出
}while($aa != 0);
?>
```

运行后结果如图 4-24 所示。从结果可以看出，while 语句和 do…while 语句有很大的区别。

图 4-24　程序运行结果

### 3. for 循环语句

for 循环的结构为：

```
for (expr1; expr2; expr3)
{
    执行命令语句
}
```

其中 expr1 为条件的初始值，expr2 为判断的最终值，通常都使用比较表达式或逻辑表达式充当判断的条件，执行完命令语句后，再执行 expr3。

for 循环语句的流程控制图如图 4-25 所示。

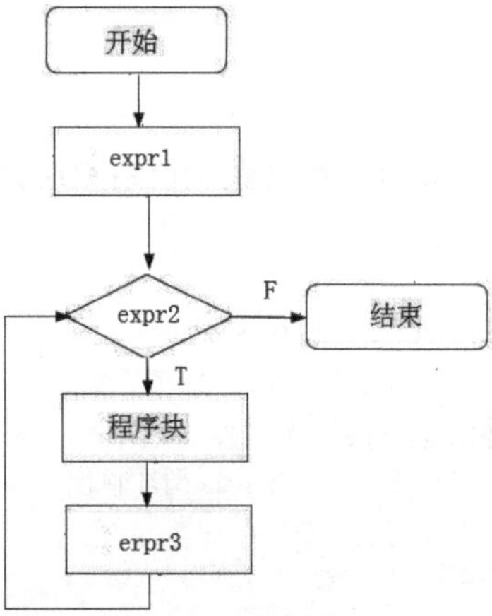


图 4-25　for 循环语句流程控制图

【例 4.18】(实例文件：源文件\ch04\4.18.php)

```
<?php
for($i=0;$i<4;$i++){                         //使用 for 循环输出
    echo "for 语句的功能非常强大<br/>";
}
```

```
?>
```

运行结果如图 4-26 所示，从中可以看出命令语句执行了 4 次。

图 4-26　程序运行结果

### 4. foreach 循环语句

foreach 语句是常用的一种循环语句，经常被用来遍历数组元素。它的格式为：

```
foreach（数组 as 数组元素）{
    对数组元素的操作命令；
}
```

可以根据数组的情况分为两种，即不包含键值的数组和包含键值的数组。

不包含键值的：

```
foreach（数组 as 数组元素值）{
    对数组元素的操作命令；
}
```

包含键值的：

```
foreach（数组 as 键值 => 数组元素值）{
    对数组元素的操作命令；
}
```

每进行一次循环，当前数组元素的值就会被赋值给数组元素值变量，数组指针会逐一移动，直到遍历结束为止。

【例 4.19】(实例文件：源文件\ch04\4.19.php)

```
<?php
$arr=array("one", "two", "three");
foreach ($arr as $value)     //使用 foreach 循环输出
{
    echo "数组值: " . $value . "<br/>";
}
?>
```

运行结果如图 4-27 所示，从中可以看出命令语句执行了 3 次。

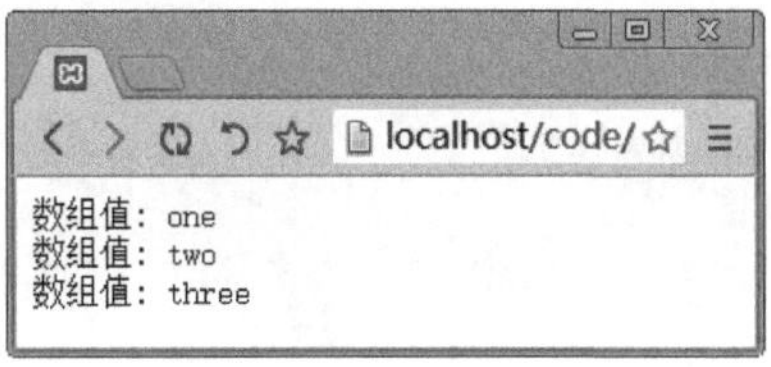


图 4-27 程序运行结果

### 5. 流程控制的另一种书写格式

在一个含有多条件、多循环的语句中，包含多个“{}”，查看起来比较烦琐。流程控制语言的另一种书写方式是以“：”来代替左边的大括号，使用 endif;、endwhile;、endfor;、endforeach;和 endswitch;来替代右边的大括号，这种描述程序结构的可读性比较强。常见的格式如下。

条件控制语句中的 if 语句：

```
if(条件判断语句):
    命令执行语句;
elseif(条件判断语句):
    命令执行语句;
elseif(条件判断语句):
    命令执行语句;
…
else:

    命令执行语句;
endif;
```

条件控制语句中的 switch 语句：

```
switch(条件判断语句):
    case  可能结果 a:
          命令执行语句;
    case  可能结果 b:
          命令执行语句;
    …
    default:
          命令执行语句;
endswitch;
```

循环控制语句中的 while 循环：

```
while(条件判断语句):
    命令执行语句
endwhile;
```

循环控制语句中的 do…while 循环：

```
do
    命令执行语句
while (条件判断语句) ;
```

循环控制语句中的 for 循环：

```
for（起始表述；为真的布尔表述；增幅表述）：
    命令执行语句
endfor;
```

【例 4.20】(实例文件：源文件\ch04\4.20.php)

```
<?php
    $mixnum = 1;
    $maxnum = 10;
    $tmparr[][] = array();
    $tmparr[0][0] = 1;
    for($i = 1; $i < $maxnum; $i++):
       for($j = 0; $j <= $i; $j++):
           if($j == 0 or $j == $i):
               $tmparr[$i][$j] = 1;
           else:
              $tmparr[$i][$j] = $tmparr[$i - 1][$j - 1] + $tmparr[$i - 1][$j];
           endif;
       endfor;
    endfor;
    foreach($tmparr as $value):
        foreach($value as $vl)
            echo $vl.' ';
            echo '<p>';
    endforeach;
?>
```

运行结果如图 4-28 所示。从效果图可以看出，该代码使用新的书写格式实现了杨辉三角的排列输出。

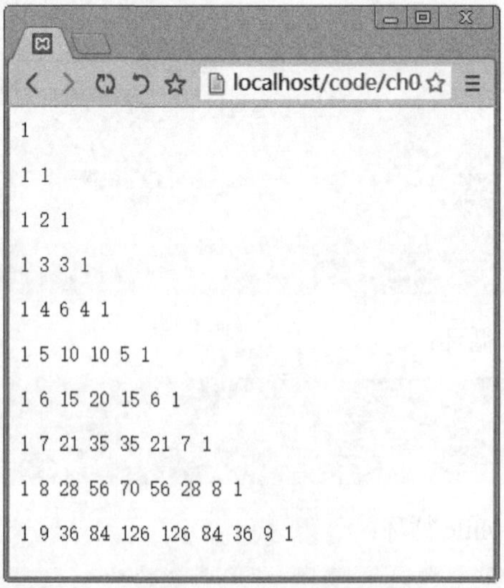


图 4-28　程序运行结果

### 6. 使用 break/continue 语句跳出循环

使用 break 关键字用来跳出（也就是终止）循环控制语句和条件控制语句中 switch 语句的执行，例如：

```
<?php
$n = 0;
while (++$n) {
    switch ($n) {
    case 1:
        echo "case one";
        break ;
    case 2:
        echo "case two";
        break 2;
    default:
        echo "case three";
        break 1;
    }
}
?>
```

在这段程序中，while 循环控制语句里面包含一个 switch 流程控制语句。在程序执行到 break 语句时，break 会终止执行 switch 语句，或者是 switch 和 while 语句。其中，在“case 1”下的 break 语句跳出 switch 语句；“case 2”下的 break 2 语句跳出 switch 语句和包含 switch 的 while 语句；“default”下的 break 1 语句和“case 1”下的 break 语句一样，只是跳出 switch 语句。其中，break 后带的数字参数是指 break 要跳出的控制语句结构的层数。

使用 continue 关键字的作用是跳开当前的循环迭代项，直接进入下一个循环迭代项，继续执行程序。下面通过一个实例说明此关键字的作用。

【例 4.21】(实例文件：源文件\ch04\4.21.php)

```
<?php
$n = 0;
while ($n++ < 6) {    //使用 while 循环输出
    if ($n == 2){
        continue;
    }
    echo $n."<br/>";
}
?>
```

运行结果如图 4-29 所示。

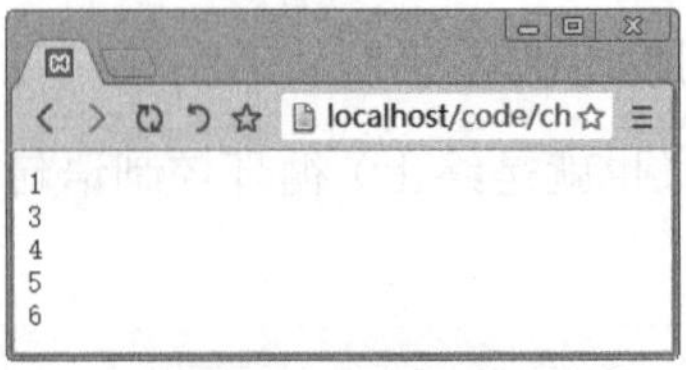


图 4-29　程序运行结果

其中，continue 关键字在当 *n* 等于 2 的时候跳出本次循环，并且直接进入下一个循环迭代项，即 *n* 等于 3。另外，continue 关键字和 break 关键字一样，都可以在后面直接跟一个数字参数，用来表示跳开循环的结构层数。“continue”和“continue 1”相同，“continue 2”表示跳开所在循环和上一级循环的当前迭代项。

# 4.8 PHP 8 的新变化 1——match 表达式

match 是 PHP 8 中新增的关键字，其作用与 switch 有点相似，用于变量的值转换与赋值。下面可以举例说明，首先讲解 switch 操作：

```
<?php
$a = true;
$b = 0;
switch($a){
    case "true":
        $b = 1;
        break;
    case "false":
        $b = 0;
        break;
    case "null":
        $b = NULL;
        break;
}
var_dump($b); //输出:int(1)
?>
```

程序运行会输出 int(1)，从而完成值转换操作。如果使用 match 关键字，如何实现同样的功能那？代码如下：

```
    <?php
    $a = "true";
    $b = match($a) {
       "true" => 1, //可多值匹配，匹配方式为===，无匹配值会抛出 Fatal error
       "false" => 0,
       "null" => NULL,
    };
```

```
    var_dump($b); //输出: int(1)
    ?>
```

相比 switch，match 会直接返回值，然后直接赋值给变量$b。

和 switch 多条件相似，match 的多个条件也可以写在一起，代码如下：

```
<?php
$a = "true";
$b = match($a) {
    "true","online"  => 1, //可多值匹配，匹配方式为===，无匹配值会抛出 Fatal error
    "false","off"=> 0,
    "null","empty" => NULL,
};
?>
```

注意：从 PHP 8 开始，match 已经是关键字了，也就是说它不能出现在 namespace 或者类名中，下面的代码将会报语法错误：

```
class Match{}
```

# 4.9 PHP 8 的新变化 2——联合类型和 mixed 类型

### 1. 联合类型

PHP 8 开始支持联合类型，此时函数可以声明并接收多个不同类型的值，它是两种或多种类型的集合，使用时可以选择其一。例如：

```
<?php
function getType(string|array|bool $a)
{
    var_dump($a); //输出变量的类型
}
getParam(false);
getParam('苹果');
?>
```

程序运行后输出内容如下：

```
bool(false)
string(6) "苹果"
```

### 2. mixed 类型

PHP 8 开始支持 mixed 类型，该类型等价于：

```
array|bool|callable|int|float|null|object|resource|string
```

例如下面的代码：

```
<?php
declare(strict_types=1);
function debug_function(mixed ...$data)
{
    var_dump($data);
}
debug_function(1, '黄金', []);
exit;
?>
```

程序运行后输出内容如下：

```
array(3) { [0]=> int(1) [1]=> string(6) "黄金" [2]=> array(0) { } }
```

## 4.10 PHP 8 的新变化 3 ——参数列表中可以使用尾部逗号

PHP 8 允许在参数列表中使用逗号结尾。例如以下代码：

```
<?php
declare(strict_types=1);
function method_with_many_arguments(
        $a,
        $b,
        $c,
        $d,
) {
    var_dump("这是有效的参数列表！");
}
method_with_many_arguments(
        1,
        2,
        3,
        4,
);
exit;
?>
```

## 4.11 实战演练 1——条件分支结构综合应用

下面通过案例讲解条件分支结构的综合应用。

【例 4.22】(实例文件：源文件\ch04\4.22.php)

```
<?php
$members = Null;
function checkmembers($members){
  if ($members < 1){
    echo "我们不能为少于一人的顾客提供房间。<br/>";
  }else{
    echo "欢迎来到润慧酒店。<br/>";
  }
}
checkmembers(2);
checkmembers(0.5);
function checkmembersforroom($members){
  if ($members < 1){
    echo "我们不能为少于一人的顾客提供房间。<br/>";
  }elseif( $members == 1 ){
    echo "欢迎来到润慧酒店。 我们将为您准备单床房。<br/>";
  }elseif( $members == 2 ){
    echo "欢迎来到润慧酒店。 我们将为您准备标准间。<br/>";
  }elseif( $members == 3 ){
    echo "欢迎来到润慧酒店。 我们将为您准备三床房。<br/>";
  }else{
  echo "请直接电话联系我们，我们将依照具体情况为您准备合适的房间。<br/>";
}
}
checkmembersforroom(1);
checkmembersforroom(2);
checkmembersforroom(3);
checkmembersforroom(5);
function switchrooms($members){
  switch ($members){
           case  1:
             echo "欢迎来到润慧酒店。我们将为您准备单床房。<br/>";
       break;
           case  2:
             echo "欢迎来到润慧酒店。我们将为您准备标准间。<br/>";
       break;
           case  3:
             echo "欢迎来到润慧酒店。我们将为您准备三床房。<br/>";
       break;
           default:
           echo "请直接电话联系我们，我们将依照具体情况为您准备合适的房间。";
       break;
         }
}
switchrooms(1);
switchrooms(2);
switchrooms(3);
```

```
switchrooms(5);
?>
```

运行结果如图 4-30 所示。

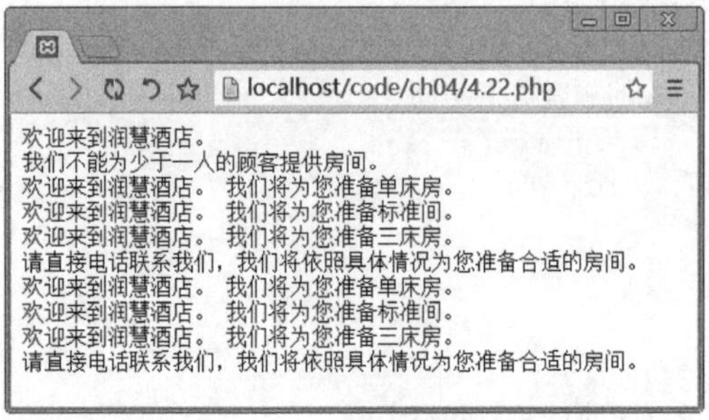


图 4-30　程序运行结果

其中，最后 4 行由 switch 语句实现，其他输出均由 if 语句实现。

# 4.12 实战演练 2——循环控制结构综合应用

下面以遍历已订房间门牌号为例介绍循环控制语句的应用技巧。

【例 4.23】(实例文件：源文件\ch04\4.23.php)

```
<?php
$bookedrooms = array('102','202','203','303','307');    //定义数组 bookedrooms
for ($i = 0; $i < 5; $i++){                              //循环输出数组 bookedrooms
    echo $bookedrooms[$i]."<br/>";
}

function checkbookedroom_while($bookedrooms){   //定义函数
    $i = 0;
    while (isset($bookedrooms[$i])){
        echo $i.":".$bookedrooms[$i]."<br/>";
        $i++;
    }
}
checkbookedroom_while($bookedrooms);
$i = 0;
do{
    echo $i."-".$bookedrooms[$i]."<br/>";
    $i++;
}while($i < 2);
?>
```

运行结果如图 4-31 所示。

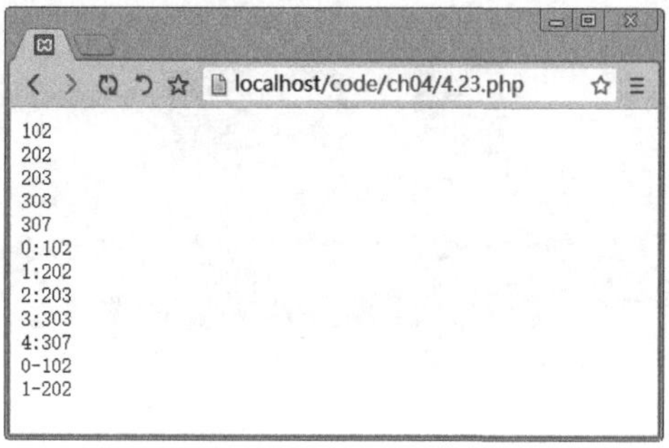


图 4-31　程序运行结果

其中，102~307 由 for 循环实现。0:102~4:307 由 while 循环实现。0~102 和 1~202 由 do…while 循环实现。for 循环和 while 循环都完全遍历了数组$bookedrooms，而 do…while 循环由于条件为 while($i < 2)，因此 do 后面的命令执行了两次。

# 4.13 高手甜点

### 甜点 1：如何合理运用 include_once()和 require_once()?

答：include()和 require()函数在其他 PHP 语句执行之前运行，引入需要的语句并加以执行。但是每次运行包含此语句的 PHP 文件时，include()和 require()函数都要运行一次。include()和 require()函数如果在先前已经运行过，并且引入相同的文件，则系统会重复引入这个文件，从而产生错误。而 include_once()和 require_once()函数只是在此次运行的过程中引入特定的文件或代码，但是在引入之前，会先检查所需文件或者代码是否已经引入，如果引入，则不会再重复引入，从而避免造成冲突。

### 甜点 2：程序检查后正确，却显示 Notice: Undefined variable，为什么?

PHP 默认配置会报这个错误，就是警告将在页面上打印出来，虽然这有利于暴露问题，但是现实使用中会存在很多问题。通用解决办法是修改 php.ini 的配置，需要修改的参数如下：

（1）找到 error_reporting=E_ALL，修改为 error_reporting=E_ALL & ~E_NOTICE。

（2）找到 register_globals=Off，修改为 register_globals=On。

# 第 5 章 字符串和正则表达式

**学习目标 | Objective**

字符串在 PHP 程序中经常被使用，如何格式化字符串、如何连接分离字符串、如何比较字符串等是初学者经常遇到的问题。另外，本章还将讲解正则表达式的使用方法和技巧。

**内容导航 | Navigation**

- 掌握字符串单引号和双引号的使用
- 掌握字符串连接符的使用
- 掌握字符串的基本操作
- 熟悉正则表达式的基本概念
- 掌握正则表达式的语法规则

## 5.1 字符串的单引号和双引号

字符串是指一连串不中断的字符。这里的字符主要包括以下几种类型：

- 字母类型：如常见的 a、b、c 等。
- 数字类型：如常见的 1、2、3、4 等。
- 特殊字符类型：如常见的#、%、^、$等。
- 不可见字符类型：如回车符、Tab 字符和换行符等。

标识字符串通常使用单引号或双引号，表面看起来没有什么区别。但是，对于存在于字符串中的变量，这两个是不一样的。

（1）双引号内会输出变量的值，单引号内直接显示变量名称。

（2）双引号中可以通过“\”转义符输出的特殊字符如下：

- \n：新一行。
- \t：Tab。
- \\：反斜杠。
- \0：ASCII 码的 0。
- \$：把此符号转义为单纯的美元符号，而不再作为声明变量的标识符。
- \r：回车。
- \{octal #}：八进制转义。
- \x{hexadecimal #}：十六进制转义。

另外，单引号中可以通过“\”转义符输出的特殊字符只有：

- \'：转义为单引号本身，而不作为字符串标识符。
- \\：用于在单引号前的反斜杠转义为其本身。

下面通过实例来讲解它们的不同用法。

**【例 5.1】(实例文件：源文件\ch05\5.1.php)**

```
<?php
    $message = "PHP 程序";                                  //定义字符串变量
    echo "这是关于字符串的程序。<br/>";                     //输出字符串变量
    echo "这是一个关于双引号和\$的$message<br/>";           //使用转义字符
    $message2 = '字符串的程序。';                           //使用单引号赋值字符串变量
    echo '这是一个关于字符串的程序。<br/> ';                //输出字符串变量
    echo '这是一个关于单引号的$message2';
    echo $message2;
?>
```

运行结果如图 5-1 所示。可见单引号和双引号在 PHP 中处理普通的字符串时的效果是一样的，而在处理变量时是不一样的。单引号中的内容只是被当成普通的字符串处理，而双引号中的内容是可以被解释并替换的。

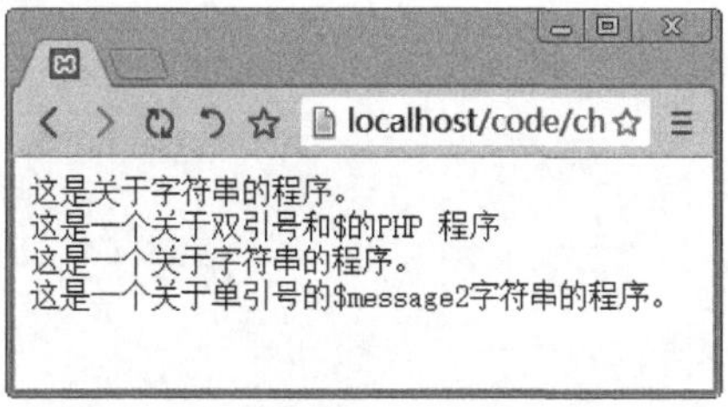


图 5-1　程序运行结果

**【案例分析】**

(1) 其中，第一段程序使用双引号对字符串进行处理，“\$”转义成了美元符号，$message 的值“PHP 程序”被输出。

(2) 第二段程序使用单引号对字符串进行处理。$message2 的值在单引号的字符串中无法

被输出，但是可以通过变量直接打印出来。

# 5.2 字符串的连接符

字符串连接符的使用十分常见。这个连接符就是“.”（英文点），既可以直接连接两个字符串，也可以连接两个字符串变量，还可以连接字符串和字符串变量，如下面的实例所示。

【例 5.2】(实例文件：源文件\ch05\5.2.php)

```
<?php
//定义字符串
$a ="使用字符串的连接符";
$b= "可以非常方便地连接字符串";
//连接上面两个字符串，中间用逗号分隔
$c = $a.", ".$b;     //输出连接后的字符串
echo $c;
?>
```

运行结果如图 5-2 所示。

图 5-2　程序运行结果

除了上面的方法以外，读者还可以使用“{}”的方法连接字符串，此方法类似于 C 语言中 printf 的占位符。下面举例说明其使用方法。

【例 5.3】(实例文件：源文件\ch05\5.3.php)

```
<?php
//定义需要插入的字符串
$a ="张先生";
//生成新的字符串
$b= "欢迎{$a}入住丰乐园高级酒店";
//输出连接后的字符串
echo $b;
?>
```

运行结果如图 5-3 所示。

图 5-3 程序运行结果

# 5.3 字符串的基本操作

字符串的基本操作主要包括对字符串的格式化处理、连接切分字符串、比较字符串、字符串子串的对比与处理等。

## 5.3.1 手动和自动转义字符串中的字符

手动转义字符串数据就是在引号内（包括单引号和双引号）通过“\”（反斜杠）使一些特殊字符转义为普通字符。在介绍单引号和双引号的时候，我们已经对这个方法进行了详细的描述。

自动转义字符串的字符是通过 PHP 的内置函数 addslashes()来完成的。还原这个操作则是通过 stripslashes()来完成的。以上两个函数也经常用于格式化字符串中，以便把字符保存在 MySQL 数据库中。

## 5.3.2 计算字符串的长度

计算字符串的长度经常在很多应用中出现，比如在输入框输入文字的长度就会用到此功能。使用 strlen()函数就可以实现这个功能。

strlen()函数返回字符串所占的字节长度，一个英文字母、数字、各种符号均占一个字节，它们的长度均为 1。一个中文字符占两个字节，所以一个中文字符的长度是 2。以下实例介绍计算字符串长度的方法和技巧。

**【例 5.4】(实例文件：源文件\ch05\5.4.php)**

```
<?php
echo strlen("http://www.php.net/");
echo "<br";
echo strlen("山际见来烟，竹中窥落日。");
?>
```

运行结果如图 5-4 所示。

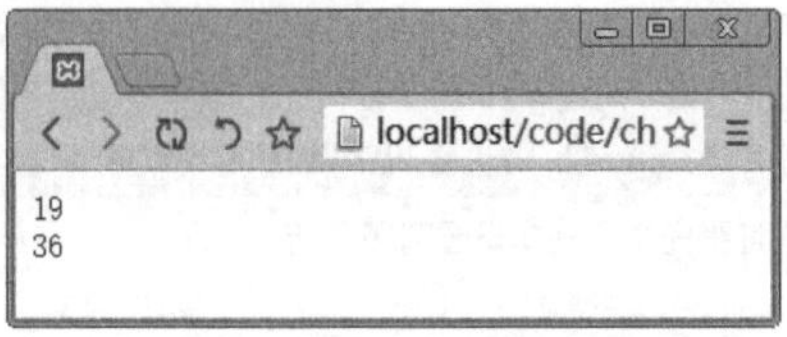


图 5-4　程序运行结果

**提示**

中文字符串“山际见来烟，竹中窥落日。”中明明是 10 个汉字和 2 个标点符号，为什么查询结果中的字符串的长度是 36？原因是 strlen()在计算时，对于一个 UTF-8 的中文字符，会把一个汉字的长度当作 3 个字节计算，所以“山际见来烟，竹中窥落日。”中总共有 12 个字符，长度为 36。

当出现中英文混排的情况时，怎么准确地计算字符串的长度呢？这里需要使用另一个函数 mb_strlen()。mb_strlen()函数的用法与 strlen()几乎一模一样，只是多了一个指定字符集编码的参数。

mb_strlen()函数的语法格式如下：

```
int mb_strlen(string string_input, string encode);
```

PHP 内置的字符串长度函数 strlen 无法正确处理中文字符串，它得到的只是字符串所占的字节数。对于 GB2312 的中文编码，strlen 得到的值是汉字个数的 2 倍，而对于 UTF-8 编码的中文，就是 3 倍的差异了（在 UTF-8 编码下，一个汉字占 3 个字节）。

下面的案例将准确计算出中文字符串的长度。

**【例 5.5】(实例文件：源文件\ch05\5.5.php)**

```
<?php
echo strlen("山际见来烟，竹中窥落日。");
echo "<br/>";
echo mb_strlen("山际见来烟，竹中窥落日。","UTF8");
?>
```

运行结果如图 5-5 所示。

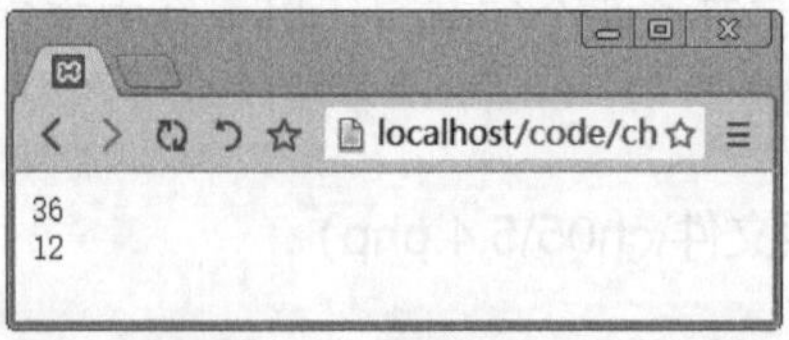


图 5-5　程序运行结果

**【案例分析】**

（1）strlen()计算时，对待 UTF-8 的中文字符长度是 3，所以“山际见来烟，竹中窥落日。”的长度为 12×3=36。

（2）mb_strlen()计算时，选定内码为 UTF8，将一个中文字符当作长度 1 来计算，所以“山际见来烟，竹中窥落日。” 长度为 12×1=12。

## 5.3.3 字符串单词统计

有时对字符串的单词进行统计有很大意义。使用 str_word_count()函数可以实现此操作，但是这个函数只对基于 ASCII 码的英文单词起作用，并不对 UTF-8 的中文字符起作用。

下面通过实例介绍字符串单词统计中的应用和技巧。

【例 5.6】(实例文件：源文件\ch05\5.6.php)

```
<?php
$aa= "Better good neighbours near than relations far away.";//定义字符串变量
$bb = "阅读使人充实，会谈使人敏捷，写作使人精确。";
echo str_word_count($aa)."<br/>";        //计算英文单词个数
echo str_word_count($bb);                //计算中文单词个数
?>
```

运行结果如图 5-6 所示。可见 str_word_count()函数无法计算中文字符，查询结果为 0。

图 5-6　程序运行结果

## 5.3.4 清理字符串中的空格

空格在很多情况下是不必要的，所以清除字符串中的空格显得十分重要。比如在判定输入是否正确的程序中，出现不必要的空格将增大程序出现错误判断的概率。

清除空格要用到 ltrim()、rtrim()和 trim()函数。其中，ltrim()是从左边清除字符串头部的空格，rtrim()是从右边清除字符串尾部的空格，trim()则是从字符串两边同时去除头部和尾部的空格。

以下实例介绍去除字符串中空格的方法和技巧。

【例 5.7】(实例文件：源文件\ch05\5.7.php)

```
<?php
$aa= "    Birth is much, but breeding is more.      ";    //定义字符串变量
echo "开始:".ltrim($aa)."结束<br/>"; //清理字符串头部的空格
echo "开始:".rtrim($aa)."结束<br/>"; //清理字符串尾部的空格
echo "开始:".trim($aa)."结束<br/>";    //同时去除头部和尾部的空格
$bb= "   与肝胆   人共事，无字   句处读书。    ";      //定义中间有空格的字符串变量
echo "开始:".trim($bb)."结束";         //同时去除头部和尾部的空格
?>
```

运行结果如图 5-7 所示。

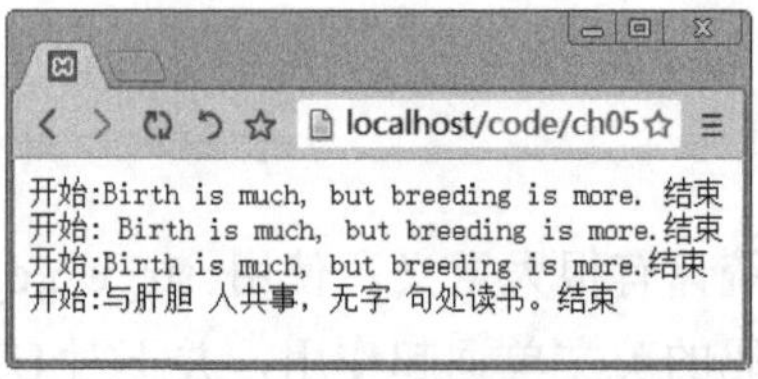


图 5-7　程序运行结果

【案例分析】

（1）其中，$aa 为一个两端都有空格的字符串变量。ltrim($aa)从左边去除空格，rtrim($someinput)从右面去除空格，trim($aa)从两边同时去除空格。

（2）其中 bb 为一个两端都有空格，并且中间也有空格的字符串变量。用 trim($bb)处理，也只是去除两边的空格。

## 5.3.5　字符串的切分与组合

字符串的切分使用 explode()和 strtok()函数。切分的反向操作为组合，使用 implode()和 join()函数。其中，explode()把字符串切分成不同部分后存入一个数组，impolde()函数则是把数组中的元素按照一定的间隔标准组合成一个字符串。

以下实例介绍字符串切分和组合的方法和技巧。

**【例 5.8】（实例文件：源文件\ch05\5.8.php）**

```
<?php
$aa= "How_to_split_this_sentance.";        //定义字符串变量
$bb = "把 这个句子 按空格 拆分。";          //定义按空格拆分的字符串
$cc = explode('_',$aa);                     //切分字符串 aa
print_r($cc);                                              //输出切分后的字符串
$dd = explode(' ',$bb);
print_r($dd);
echo implode('>',$cc)."<br/>";                      //组合字符串$a
echo implode('*',$dd);
?>
```

运行结果如图 5-8 所示。

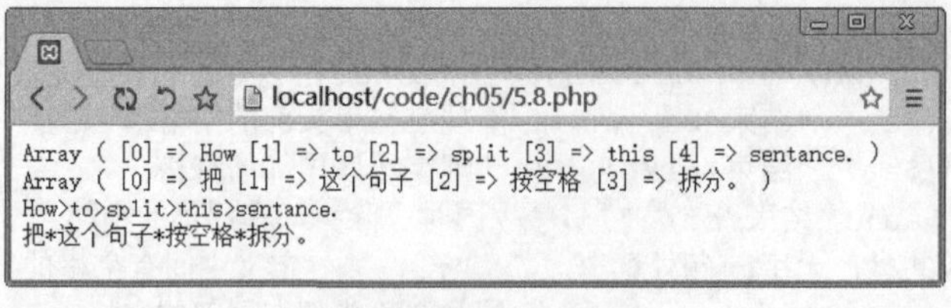


图 5-8　程序运行结果

**【案例分析】**

（1）explode()函数把$aa 和$bb 按照下划线和空格的位置分别切分成$cc 和$dd 两个数组。

（2）implode()函数把$cc 和$dd 两个数组的元素分别按照“>”和“*”为间隔组合成新的字符串。

### 5.3.6 字符串子串的截取

在一个字符串中截取一个子串就是字符串截取。

完成这个操作需要用到 substr()函数。这个函数有 3 个参数，分别规定了目标字符串、起始位置和截取长度。它的格式如下：

```
substr（目标字符串，起始位置，截取长度）
```

其中，目标字符串是某个字符串变量的变量名，起始位置和截取长度都是整数。

如果都是正数，起始位置的整数必须小于截取长度的整数，否则函数返回值为假。

如果截取长度为负数，则意味着是从起始位置开始往后、除去从目标字符串结尾算起的长度数的字符以外的所有字符。

以下实例介绍字符串截取的方法和技巧。

**【例 5.9】（实例文件：源文件\ch05\5.9.php）**

```php
<?php
$aa = "create a substring of this string.";    //定义字符串变量$aa
$bb = "创建一个这个字符串的子串。";
echo substr($aa,0,11)."<br/>";                  //截取字符串前 11 个字符
echo substr($aa,1,15)."<br/>";                  //截取从第二个字符开始的前 15 个字符
echo substr($aa,0,-2)."<br/>";                  //截取除最右侧两个字符外的字符
echo substr($bb,0,12)."<br/>";                  //截取字符串前 12 个字符
echo substr($bb,0,9)."<br/>";                   //截取字符串前 9 个字符
echo substr($bb,0,11);                          //截取字符串前 11 个字符
?>
```

运行结果如图 5-9 所示。

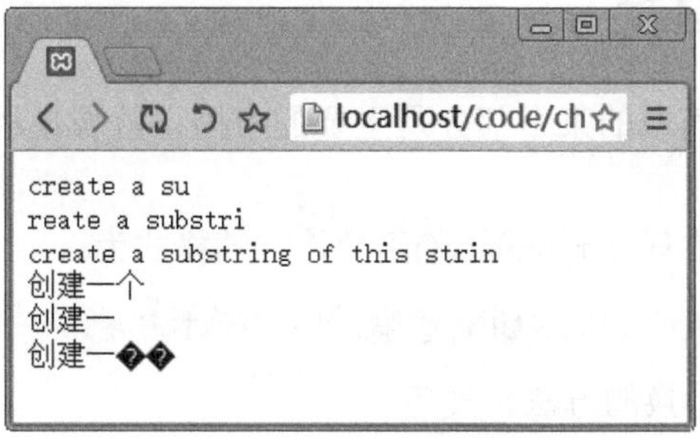


图 5-9　程序运行结果

【案例分析】

（1）$aa 为英文字符串变量。substr($aa,0,11)和 substr($aa,1,15)展示了起始位和截取长度。substr($aa,0,-2)则是从字符串开头算起，除了最后两个字符外，其他字符都截取的子字符串。

（2）$bb 为中文字符串变量。因为 UTF-8 的中文字符长度是 3，所以截取 12 和 9 的长度都比较正常。当截取长度为 11 时，不是 3 的倍数，此时将会出现问题。所以，要小心使用。

从上述案例可以看出，当字符串中有中文字符时，截取字符串时尽量不使用 substr()函数。那么应该如何操作？这里建议使用 mbstring 扩展库的 mb_substr()函数，可以解决上述问题。

> 提示　一般来说，服务器默认没打开 php_mbstring.dll，需要在 php.ini 中把 php_mbstring.dll 打开。

mb_substr()函数的使用方法和 substr()函数类似，只是在参数中多加入一个设置字符串编码的参数。

【例 5.10】(实例文件：源文件\ch05\5.10.php)

```
<?php
$aa = "时间会刺破青春表面的彩饰";
echo mb_substr($aa,0,11,"utf-8")."<br/>";   //截取字符串前 11 个汉字
echo mb_substr($aa,1,8,"utf-8")."<br/>";    //截取从第二个字符开始的前 8 个汉字
echo mb_substr($aa,0,-2,"utf-8");          //截取除最右侧两个字符外的汉字
?>
```

运行结果如图 5-10 所示。指定了 UTF-8 编码后，一个汉字的长度就是 1。

图 5-10　程序运行结果

## 5.3.7　字符串子串替换

在某个字符串中替换其中的某个部分是重要的应用，就像使用文本编辑器中的替换功能一样。

完成这个操作需要使用 substr_replace()函数，它的格式为：

```
substr_replace(目标字符串，替换字符串，起始位置，替换长度)
```

以下实例介绍字符串替换的方法和技巧。

【例 5.11】(实例文件：源文件\ch05\5.11.php)

```
<?php
```

```
$someinput = "ID:125846843312345";                    //定义字符串变量
echo substr_replace($someinput,"************",3,11)."<br/>"; //字符串子串替换
echo substr_replace($someinput,"尾号为",3,11);               //输出替换后的字符串
?>
```

运行结果如图 5-11 所示。

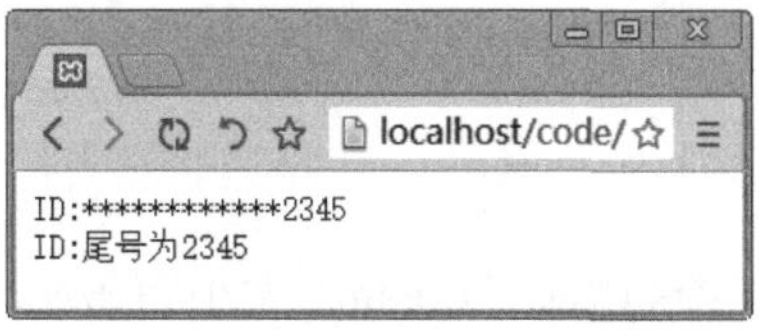


图 5-11　程序运行结果

**【案例分析】**

（1）$someinput 为英文字符串变量。从第三个字符开始为 ID 号。第一个输出是以“************”替换第三个字符开始往后的 11 个字符。

（2）第二个输出是用“尾号为”替换第三个字符开始往后的 11 个字符。

## 5.3.8　字符串查找

在一个字符串中查找另一个字符串就像文本编辑器中的查找一样。实现这个操作需要用到 strstr()或 stristr()函数。其格式为：

```
strstr（目标字符串，需查找字符串）
```

如果函数找到需要查找的字符或字符串，就返回从第一个查找到字符串的位置往后所有的字符串内容。

stristr()函数为不敏感查找，也就是对字符的大小写不敏感。用法与 strstr()相同。

以下实例介绍字符串查找的方法和技巧。

**【例 5.12】(实例文件：源文件\ch05\5.12.php)**

```
<?php
$aa = "I have a Dream that to find a string with a dream."; //定义英文字符串
$bb = "我有一个梦想，能够找到理想。";                //定义中文字符串
echo strstr($aa,"dream")."<br/>";                          //查找指定的字符串
echo stristr($aa,"dream")."<br/>";
echo strstr($aa,"that")."<br/>";
echo strstr($bb,"梦想")."<br/>";
?>
```

运行结果如图 5-12 所示。

图 5-12　程序运行结果

【案例分析】

（1）$aa 为英文字符串变量。strstr($aat,"dream")大小写敏感，所以输出字符串最后的字符。stristr($aa,"dream")大小写不敏感，所以直接碰到第一个大写的匹配字符就开始输出。

（2）$bb 为中文字符串变量。strstr()函数同样对中文字符起作用。

## 5.3.9　大小写转换

在 PHP 中，通过使用大小写转换函数可以修改字符串中字母大小写不规范的问题。常见的大小写转换函数如下：

```
srting strtolower (srting str) ;            //转换为小写
srting strtoupper (srting str) ;            //转换为大写
srting ucfirst (srting str) ;               //整个字符串首字母大写
srting ucwords (srting str) ;               //整个字符串中以空格为分隔符的单词首字母大写
```

【例 5.13】(实例文件：源文件\ch05\5.13.php)

```
<?php
$str = "hello I have a dream" ;             //定义英文字符串
echo strtolower($str)."<br/>";              //转换为小写
echo strtoupper($str)."<br/>";              //转换为大写
echo ucfirst($str)."<br/>";                 //整个字符串首字母大写
echo ucwords($str)."<br/>";                 //整个字符串中以空格为分隔符的单词首字母大写
echo $str;                                  //输出原字符串
?>
```

运行结果如图 5-13 所示。

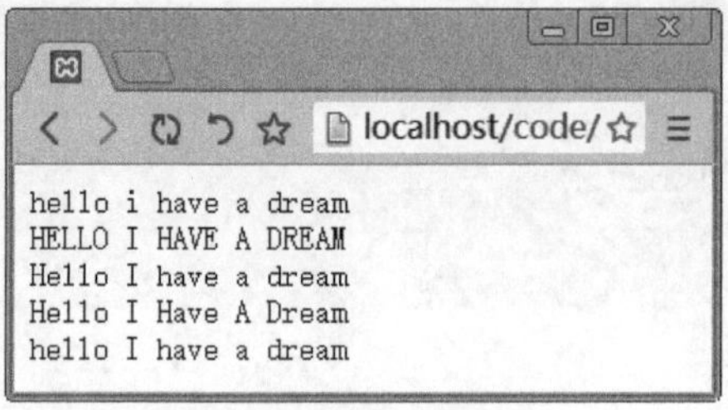


图 5-13　程序运行结果

# 5.4 字符串处理机制的修改

在 PHP 8 版本中，字符串处理机制如下：

### 1. 含有十六进制字符的字符串不再视为数字

含有十六进制字符的字符串不再视为数字，也不再区别对待。

例如下面的代码：

```
var_dump("0x123" == "291");          // 结果为 false
var_dump(is_numeric("0x123"));       // 结果为 false
var_dump("0xe" + "0x1");             // 结果为 0
```

可以使用 filter_var 函数来检查一个字符串是否包含十六进制字符或者是否可以转成整型。

例如下面的代码：

```
$str = "0xffff";
$int = filter_var($str, FILTER_VALIDATE_INT, FILTER_FLAG_ALLOW_HEX);
if (false === $int) {
    throw new Exception("非法整数值!");
}
var_dump($int); // 结果为 65535
```

### 2. “\u{” 后面包含非法字符会报错

双引号和 heredocs 语法里面增加了 unicode 码点转义语法，“\u{” 后面必须是 UTF-8 字符。如果是非 UTF-8 字符，就会报错：

```
$str = "\u{xyz}"; // Parse error: Invalid UTF-8 codepoint escape sequence
```

可以通过对第 1 个\进行转义来避免这种错误。

```
$str = "\\u{xyz}"; //不会报错
```

“\u” 后面如果没有{，则没有影响：

```
$str = "\u202e"; //不会报错
```

# 5.5 什么是正则表达式

上面介绍的对字符串的处理方法比较简单，只是使用一定的函数对字符串进行处理，无法满足对字符串的复杂处理需求，此时就需要使用正则表达式。

正则表达式是把文本或字符串按照一定的规范或模型表示的方法，经常用于文本的匹配操作。例如，验证用户在线输入的邮件地址的格式是否正确。使用正则表达式技术，用户所填写的表单信息将会被正常处理；反之，如果用户输入的邮件地址与正则表达式的模式不匹配，就会弹出提示信息，要求用户重新输入正确的邮件地址。可见正则表达式在 Web 应用的逻辑判断中具有举足轻重的作用。

# 5.6 正则表达式的语法规则

一般情况下，正则表达式由两部分组成，分别是元字符和文本字符。元字符就是具有特殊含义的字符，例如“？”和“*”等，文本字符就是普通的文本，例如字母和数字等。本节主要讲解正则表达式的语法规则。

### 1. 方括号（[ ]）

方括号内的一串字符是将要用来进行匹配的字符。例如，正则表达式在方括号内的[name]是指在目标字符串中寻找字母 n、a、m、e。[jjk]表示在目标字符串中寻找字符 j 和 k。

### 2. 连字符（-）

在很多情况下，不可能逐个列出所有字符。比如，若要匹配所有英文字符，则把 26 个英文字母全部输入会十分麻烦。这样就有如下表示：

- [a-z]：表示匹配英文字母小写从 a 到 z 的任意字符。
- [A-Z]：表示匹配英文字母大写从 A 到 Z 的任意字符。
- [A-Za-z]：表示匹配英文字母大小写从大写 A 到小写 z 的任意字符。
- [0-9]：表示匹配从 0 到 9 的任意十进制数。

由于字母和数字的区间固定，因此根据这样的表示方法，即[开始-结束]，程序员可以重新定义区间大小，如[2-7]、[c-f]等。

### 3. 点号字符（.）

点号字符在正则表达式中是一个通配符，代表所有字符和数字。例如，“.er”表示所有以 er 结尾的三个字符的字符串，可以是 per、ser、ter、@er、&er 等。

### 4. 限定符（+*? {n,m}）

- 加号“+”：表示其前面的字符至少有一个。例如，“9+”表示目标字符串包含至少一个 9。
- 星号“*”：表示其前面的字符不止一个或零个。例如，“y*”表示目标字符串包含零或不止一个 y。
- 问号“？”：表示其前面的字符为一个或零个。例如，“y？”表示目标字符串包含零或一个 y。

- 大括号“{n,m}”：表示其前面的字符有 *n* 或 *m* 个。例如，“a{3,5}”表示目标字符串包含 3 个或 5 个 a。“a{3}”表示目标字符串包含 3 个 a。“a{3,}”表示目标字符串至少包含 3 个 a。

点号和星号可以一起使用，如“.*”表示匹配任意字符。

#### 5. 行定位符（^和$）

行定位符用来确定匹配字符串所要出现的位置。

如果是在目标字符串开头出现，就使用符号“^”；如果是在目标字符串结尾出现，就使用符号“$”。例如，^xiaoming 是指 xiaoming 只能出现在目标字符串开头，8895$ 是指 8895 只能出现在目标字符串结尾。

可以同时使用这两个符号，如“^[a-z]$”，表示目标字符串只包含从 a 到 z 的单个字符。

#### 6. 排除字符（[^]）

符号“^”在方括号内所代表的意义则完全不同，表示一个逻辑“否”，排除匹配字符串在目标字符串中出现的可能。例如，[^0-9]表示目标字符串包含从 0 到 9“以外”的任意其他字符。

#### 7. 括号字符（( )）

括号字符表示子串，所有对包含在子串内字符的操作都是以子串为整体进行的。括号字符也是把正则表达式分成不同部分的操作符。

#### 8. 选择字符（|）

选择字符表示“或”选择。例如，“com|cn|com.cn|net”表示目标字符串包含 com 或 cn 或 com.cn 或 net。

#### 9. 转义字符（\）与反斜线（\）

由于“\”在正则表达式中属于特殊字符，如果单独使用此字符，就直接表示作为特殊字符的转义字符。如果要表示反斜杠字符本身，就在此字符前添加转义字符“\”，即“\\”。

#### 10. 认证 Email 的正则表达式

在处理表单数据的时候，对用户的 Email 进行认证是十分常用的。可以使用正则表达式匹配来判断用户输入的是否为一个 Email 地址。它的格式如下。

```
^[A-Za-z0-9_.]+@[ A-Za-z0-9_]+\.[ A-Za-z0-9.]+$
```

其中^[A-Za-z0-9_.]+表示至少有一个英文大小写字符、数字、下划线、点号或者这些字符的组合。@表示 Email 中的“@”。[ A-Za-z0-9_]+表示至少有一个英文大小写字符、数字、下划线或者这些字符的组合。\.表示 email 中“.com”之类的点。由于这里点号只是点本身，因此用反斜杠对它进行转义。[ A-Za-z0-9.]+$表示至少有一个英文大小写字符、数字、点号或者这些字符的组合，并且直到这个字符串的末尾。

### 11. 如何使用正则表达式对字符串进行匹配

用正则表达式对目标字符串进行匹配是正则表达式的主要功能。

完成这个操作需要用到 preg_match()函数。这个函数是在目标字符串中寻找符合特定正则表达式规范的字符串子串。根据指定的模式来匹配文件名或字符串。它的语法格式如下：

```
preg_match(正则表达式, 目标字符串,[ 数组])
```

下面介绍利用正则表达式规范匹配 email 输入的方法和技巧。

**【例 5.14】(实例文件：源文件\ch05\5.14.php)**

```
<?php
$email = "wangxioaming2011@hotmail.com";                    //定义字符串
$email2 = "The email is liuxiaoshuai_2011@hotmail.com";
$asemail = "This is wangxioaming2011@hotmail";
$regex ='/^[a-zA-Z0-9_.]+@[a-zA-Z0-9_]+\.[a-zA-Z0-9.]+$/';//定义正则表达式规范
$regex2 ='/[a-zA-Z0-9_.]+@[a-zA-Z0-9_]+\.[a-zA-Z0-9.]+$/';
if(preg_match($regex, $email, $a)){                     //利用正则表达式规范字符串
    echo "This is an email.";
    print_r($a);
echo "<br/>";
}
if(preg_match($regex2, $email2, $b)){
    echo "This is a new email.";
    print_r($b);
    echo "<br/>";
}
if(preg_match ($regex, $asemail)){
    echo "This is an email.";
}else{
    echo "This is not an email.";
}
?>
```

运行结果如图 5-14 所示。

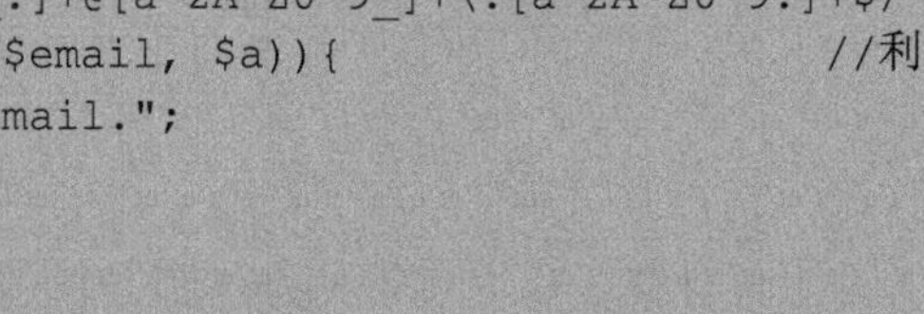

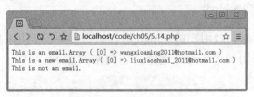

图 5-14　程序运行结果

**【案例分析】**

（1）$email 就是一个完整的 email 字符串，用$regex 这个正则规范（匹配 email 的规范）

来匹配$email，得出的结果为图 5-14 所示的第一行输出。

（2）preg_match ($regex, $email, $a)把匹配的子串存储在名为$a 的数组中。print_r($a)打印数组，得出的结果为第一行数组输出。

（3）$email2 是一个包含完整 email 的字符串。用$regex 规范匹配，其返回值必然为 false。用$regex2 规范匹配，其返回值为 ture。因为$regex2 规范中去掉了表示从字符串头部开始的符号“^”。preg_match ($regex2, $email2, $b)把匹配的子串存储在数组$b 中。print_r($b)得到第二行数组的输出。

（4）$asemail 字符串不符合$regex 规范，返回值为 false，得到相应输出。

### 12. 使用正则表达式替换字符串子串

做好了字符串及其子串的匹配，如果需要对字符串的子串进行替换，可以使用 preg_replace()函数来完成。语法格式为：

```
preg_replace(正则表达式规范, 欲取代字符串子串, 目标字符串,[替换的个数])
```

如果省略替换的个数或者替换的个数为-1，则所有的匹配项都会被替换。

下面例子介绍利用正则表达式取代字符串子串的方法和技巧。

【例 5.15】(实例文件：源文件\ch05\5.15.php)

```
<?php
$aa = "When you are old and grey and full of sleep";
$bb = "人生若只如初见，何事秋风悲画扇。人生若只如初见，何事秋风悲画扇。";
$aa= preg_replace('/\s/','-',$aa);
echo "第 1 次替换结果为：". "<br/>";
echo $aa."<br/>";
$bb= preg_replace('/何事/','往事',$bb);
echo "第 2 次替换结果为：". "<br/>";
echo $bb;
?>
```

运行结果如图 5-15 所示。

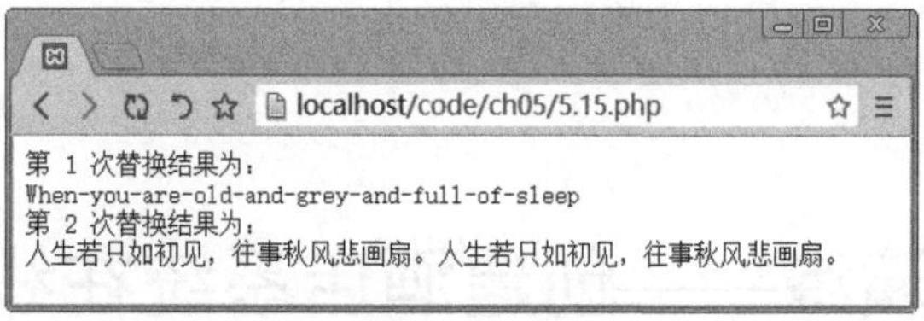


图 5-15 使用正则表达式替换字符串的子串

**【案例分析】**

（1）第一次替换是将空格替换为'-'，然后将替换后的结果输出。

（2）第二次替换是将'何事'替换为'往事'，然后将替换后的结果输出。

### 13. 使用正则表达式切分字符串

使用正则表达式可以把目标字符串按照一定的正则规范切分成不同的子串。完成此操作要用到 strtok()函数，它的语法格式为：

```
strtok（正则表达式规范，目标字符串）
```

这个函数以正则规范内出现的字符为准，把目标字符串切分成若干个子串，并且存入数组。

下面通过实例介绍利用正则表达式切分字符串的方法和技巧。

**【例 5.16】（实例文件：源文件\ch05\5.16.php）**

```
<?php
$string = "Hello world. Beautiful day today."; //定义字符串
$token = strtok($string, " ");               //切分字符串
while ($token !== false)                      //使用 while 循环输出切分后的字符串
{
    echo "$token<br/>";
    $token = strtok(" ");
}
?>
```

运行结果如图 5-16 所示。

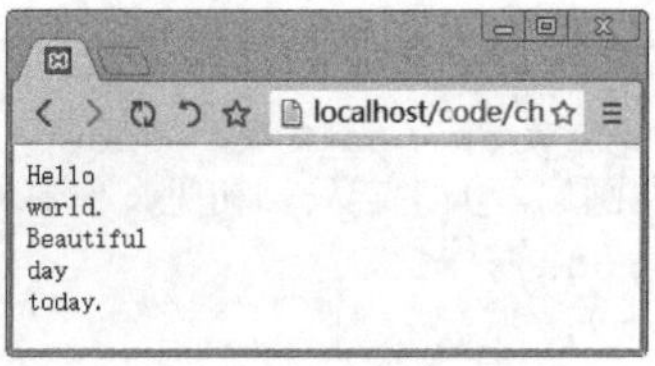


图 5-16　程序运行结果

**【案例分析】**

（1）其中，$string 为包含多种字符的字符串。strtok($string, " ")对其进行切分，并将结果存入数组$token。

（2）其正则规范为" "，表示以空格切分字符串。

# 5.7 实战演练——创建酒店系统在线订房表

本实例主要创建酒店系统的在线订房表，其中需要创建两个 PHP 文件，具体创建步骤如下。

步骤 01　在网站主目录下建立文件 formstringhandler.php，输入以下代码并保存。

```
<!DOCTYPE html>
<html>
```

```
<HEAD>您的订房信息：</HEAD>
<BODY>
<?php
$DOCUMENT_ROOT = $_SERVER['DOCUMENT_ROOT'];
$customername = trim($_POST['customername']);
$gender = $_POST['gender'];
$arrivaltime = $_POST['arrivaltime'];
$phone = trim($_POST['phone']);
$email = trim($_POST['email']);
$info = trim($_POST['info']);
if(!preg_match('/^[a-zA-Z0-9_\-\.]+@[a-zA-Z0-9\-]+\.[a-zA-Z0-9_\-\.]+$/',$emai
    l))
{
  echo "这不是一个有效的 email 地址，请返回上页并且重试";
  exit;
}
if(!preg_match('/^[0-9]$/',$phone) and strlen($phone)<= 4 or strlen($phone)>=
    15){
  echo "这不是一个有效的电话号码，请返回上页并且重试";
  exit;
}
if( $gender == "m"){
  $customer = "先生";
}else{
  $customer = "女士";
}
echo '<p>您的订房信息已经上传，我们正在为您准备房间。确认您的订房信息如下:</p>';
echo $customername."\t".$customer.' 将会在 '.$arrivaltime.' 天后到达。 您的电话
为'.$phone."。我们将会发送一封电子邮件到您的 Email 邮箱：".$email."。<br><br>另外，我们已
经确认了您其他的要求如下：<br><br>";
echo nl2br($info);
echo "<p>您的订房时间为:".date('Y m d H: i: s')."</p>";
?>
</BODY>
</HTML>
```

步骤 02  在网站主目录下创建文件 form4string.html，输入以下代码并保存：

```
<!DOCTYPE html>
<html>
<head>
    <meta charset="UTF-8">
    <title>GoodHome 在线订房表。</title>
</head>
<body>
<h2>GoodHome 在线订房表。</h2>
<form action="formstringhandler.php" method="post">
    <table>
        <tr bgcolor="#3399FF" >
            <td>客户姓名:</td>
            <td><input type="text" name="customername" size="20" /></td>
```

```
        </tr>
        <tr bgcolor="#CCCCCC" >
            <td>客户性别：</td>
            <td>
                <select name="gender">
                    <option value="m">男</option>
                    <option value="f">女</option>
                </select>
            </td>
        </tr>
        <tr bgcolor="#3399FF" >
            <td>到达时间:</td>
            <td>
                <select name="arrivaltime">
                    <option value="1">一天后</option>
                    <option value="2">两天后</option>
                    <option value="3">三天后</option>
                    <option value="4">四天后</option>
                    <option value="5">五天后</option>
                </select>
            </td>
        </tr>
        <tr bgcolor="#CCCCCC" >
            <td>电话:</td>
            <td><input type="text" name="phone" size="20" /></td>
        </tr>
        <tr bgcolor="#3399FF" >
            <td>email:</td>
            <td><input type="text" name="email" size="30" /></td>
        </tr>
        <tr bgcolor="#CCCCCC" >
            <td>其他需求:</td>
            <td> <textarea name="info" rows="10" cols="30">如果您有什么其他要求，请
    填在这里。</textarea>
            </td>
        </tr>
        <tr bgcolor="#666666" >
            <td align="center"><input type="submit" value="确认订房信息" /></td>
        </tr>
    </table>
</form>
</body>
</html>
```

步骤 03 运行 form4string.html，结果如图 5-17 所示。

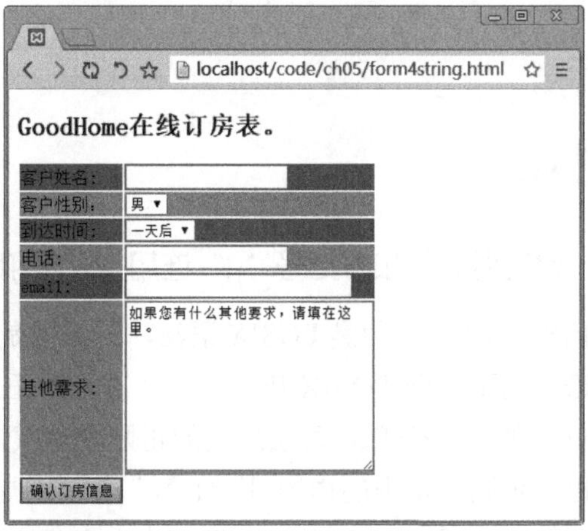


图 5-17 在线订房网

步骤 04 填写表单。【客户姓名】为“王小明”、【客户性别】为“男”、【到达时间】为“三天后”、【电话】为 13688XXXXX12、【email】为 codehome6@qq.com、【其他需求】为“两壶开水，一条白毛巾，一个冰激凌”。单击【确认订房信息】按钮，浏览器会自动跳转至 formstringhandler.php 页面，显示结果如图 5-18 所示。

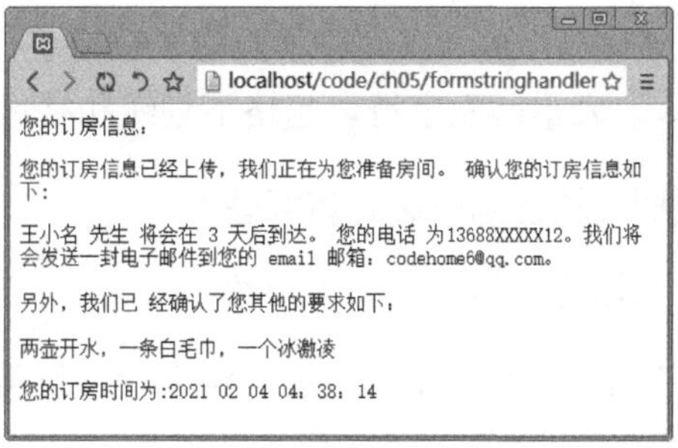


图 5-18 确认订房信息

## 【案例分析】

（1）$customername = trim($_POST['customername']); 、$phone = trim($_POST['phone']); 、$email = trim($_POST['email']); 和$info = trim($_POST['info']); 都是通过文本输入框直接输入的。所以，为了保证输入字符串的纯粹性，以方便处理，需要使用 trim()对字符串前后的空格进行清除。另外，ltrim()清除左边的空格，rtrim()清除右边的空格。

（2）!eregi('^[a-zA-Z0-9_\-\.]+@[a-zA-Z0-9\-]+\.[a-zA-Z0-9_\-\.]+$',$email)中使用正则表达式对输入的 email 文本进行判断。

（3）nl2br()对$info 变量中的【Enter】操作，也就是对<br/>操作符进行了处理。在有新行“\nl”操作的地方生成<br/>。

# 5.8 高手甜点

### 甜点 1：模式修饰符、单词界定符和方括号“[]”连用，还是和“/”在一起使用?

在 PHP 正则表达式的语法当中，一种是 POSIX 语法，另一种是 Perl 语法。POSIX 语法是先前所介绍的语法。Perl 语法则不同于 POSIX 语法。Perl 语法的正则表达式是以“/”开头和以“/”结尾的，如“/name/”便是一个 Perl 语法形式的正则表达式。

模式修饰符是在Perl语法正则表示中的内容。比如“i”表示正则表达式对大小写不敏感，“g”表示找到所有匹配字符，“m”表示把目标字符串作为多行字符串进行处理，“s”表示把目标字符串作为单行字符串进行处理，忽略其中的换行符，“x”表示忽略正则表达式中的空格和备注，“u”表示在首次匹配后停止。

单词界定符也是 Perl 语法正则表示中的内容。不同的单词界定符表示不同的字符界定范围。例如，“\A”表示仅仅匹配字符串的开头；“\b”表示匹配到单词边界；“\B”表示除了单词边界，匹配所有；“\d”表示匹配所有数字字符，等同于“[0-9]”；“\D”表示匹配所有非数字字符；“\s”表示匹配空格字符；“\S”表示匹配非空格字符；“\w”表示匹配字符串，如同“[a-zA-Z0-9_]”；“\W”表示匹配字符，忽略下划线和字母、数字字符。

### 甜点 2：支持 Perl 语法形式的正则表达式有哪些?

PHP 为 Perl 语法的正则表达方式提供了如下函数。

（1）preg_grep()：用来搜索一个数组中的所有数组元素，以得到匹配元素。

（2）preg_match()：以特定模式匹配目标字符串。

（3）preg_match_all()：以特定模式匹配目标字符串，并且把匹配元素作为元素返回给一个特定数组。

（4）preg_quote()：在每一个正则表达式的特殊字符前插入一个反斜杠（\）。

（5）preg_replace()：替代所有符合正则表达式格式的字符，并返回按照要求修改的结果。

（6）preg_replace_callback()：以键值代替所有符合正则表达式格式字符的键名。

（7）preg_split()：按照正则模型切分字符串。

# 第 6 章 PHP 数组

学习目标|Objective

数组在 PHP 中是极为重要的数据类型。本章将介绍什么是数组、数组的类型、数组的构造、遍历数组、数组排序、向数组中添加和删除元素、查询数组中的指定元素、统计数组的元素个数、删除数组中重复的元素、数组的序列化等操作。通过本章的学习，读者可以掌握数组的常用操作和技巧。

内容导航|Navigation

- 了解什么是数组
- 熟悉数组的类型
- 掌握数组构建的方法
- 掌握遍历数组的方法
- 掌握数组排序的方法
- 掌握数组和字符串之间转换的方法
- 掌握向数组中添加和删除元素的方法
- 掌握查询数组中指定元素的方法
- 掌握统计元素个数的方法
- 掌握删除数组中重复元素的方法
- 掌握调换数组中的键值和元素值的方法
- 掌握如何实现数组的序列化

## 6.1 什么是数组

数组（array）就是用来存储一系列数值的地方。数组是非常重要的数据类型。相对于其他的数据类型，它更像是一种结构，而这种结构可以存储一系列的数值。

数组中的数值被称为数组元素（element）。每一个元素都有一个对应的标识（index），也称作键值（key）。通过这个标识，可以访问数组元素。数组的标识可以是数字，也可以是字符串。

例如，一个班级通常有十几个人，如果要找出某个学生，可以利用学号来区分每一个人，这时，班级就是一个数组，而学号就是下标。如果指明学号，就可以找到对应的学生。

# 6.2 数组的类型

数组分为数字索引数组和关联索引数组。本节将详细讲解这两种数组的使用方法。

## 6.2.1 数字索引数组

数字索引数组是最常见的数组类型，默认从 0 开始计数。另外，数组变量在使用时即可创建，创建时即可使用。

声明数组的方法有两种。

（1）使用 array()函数声明数组，具体的声明数组的方式如下。

array 数组名称（[mixed]），其中参数 mixed 的语法为 key=>value。如果有多个 mixed，可以用逗号分开，分别定义索引和值。

```
$arr = array("1"=> "空调", "2"=>"冰箱", "3"=>"洗衣机", "4"=>"电视机");
```

利用 array()函数定义比较方便，可以只给出数组的元素值，而不需要给出键值，例如：

```
$arr = array( "空调","冰箱","洗衣机","电视机");
```

（2）直接通过为数组元素赋值的方式声明数组。

如果在创建数组时不知道数组的大小，或者数组的大小可能会根据实际情况发生变化，此时可以使用直接赋值的方式声明数组，例如：

```
$arr[1]= "空调";
$arr[2]= "冰箱"
$arr[3]= "洗衣机";
$arr[4]= "电视机";
```

下面以酒店网站系统中的酒店房价为例讲解数组元素的赋值与访问。

**【例 6.1】(实例文件：源文件\ch06\6.1.php)**

```
<?php
$roomtypes = array( '单床房','标准间','三床房','VIP 套房');
echo
    $roomtypes[0]."\t".$roomtypes[1]."\t".$roomtypes[2]."\t".$roomtypes[3]."<b
    r/>";
```

```
echo "$roomtypes[0] $roomtypes[1] $roomtypes[2] $roomtypes[3] <br/>";
$roomtypes[0] = '单人大床房';
echo "$roomtypes[0] $roomtypes[1] $roomtypes[2] $roomtypes[3]<br/>";
?>
```

运行结果如图 6-1 所示。

图 6-1　程序运行结果

**【案例分析】**

（1）$roomtypes 为一维数组，用关键字 array 声明，并且用“=”赋值给数组变量 $roomtypes 。

（2）'单床房'、'标准间'、'三床房'和'VIP 套房' 为数组元素，且这些元素为字符串型，用单引号方式表示。每个数组元素用“，”分开。echo 命令直接打印数组元素，元素索引默认从 0 开始，所以第一个数组元素为$roomtypes[0]。

（3）数组元素可以直接通过“=”号赋值，如$roomtypes[0] = '单人大床房'; ，echo 打印后为“单人大床房”。

## 6.2.2　关联索引数组

关联数组的键名可以是数值和字符串混合的形式，而不像数字索引数组的键名只能为数字。所以判断一个数组是否为关联数组的依据是：数组中的键名是否存在不是数字的字符，如果存在，就为关联数组。

下面以使用关联索引数组编写酒店房间类型为例进行讲解。

**【例 6.2】(实例文件：源文件\ch06\6.2.php)**

```
<?php
$prices_per_day = array('单床房'=> 298,'标准间'=> 268,'三床房'=> 198,'VIP 套房'=>
    368);
echo $prices_per_day['标准间']."<br/>";
?>
```

运行结果如图 6-2 所示。

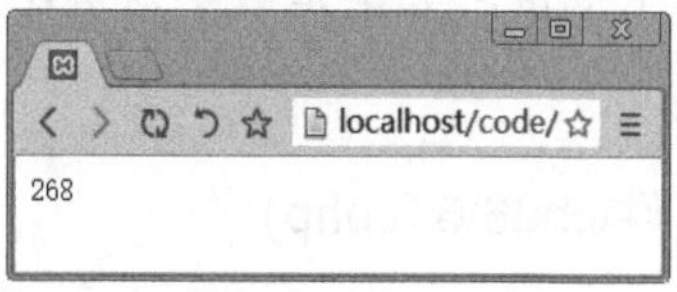


图 6-2　程序运行结果

【案例分析】

其中，echo 命令直接指定数组$prices_per_day 中的关键字索引'标准间'（是一个字符串）便可打印出数组元素 268（是一个整型数字）。

# 6.3 常量数组

在 PHP 5.6 版本中仅能通过 const 定义常量数组，例如：

```
<?php
// 使用 const 函数来定义数组
const arr = array( "空调","冰箱","洗衣机","电视机");
echo arr[2];
?>
```

以上程序执行后，输出结果为洗衣机。

PHP 8 可以通过 define()来定义常量数组，例如：

```
<?php
// 使用 define 函数来定义数组
define ('学员', [
    '张笑笑',
    '杨洋',
    '王一刀'
]);
print(学员[1]);
?>
```

以上程序执行后，输出结果为杨洋。

# 6.4 数组构造

按照数组的构造来分，可以把数组分为一维数组和多维数组。

## 6.4.1 一维数组

数组中每个数组元素都是单个变量，无论是数字索引还是关联索引，这样的数组为一维数组。

【例 6.3】(实例文件：源文件\ch06\6.3.php)

```
<?php
```

```
$roomtypes = array( '单床房','标准间','三床房','VIP 套房');
$prices_per_day = array('单床房'=> 298,'标准间'=> 268,'三床房'=> 198,'VIP 套房'=>
    368);
?>
```

其中，$roomtypes 和$prices_per_day 都是一维数组。

## 6.4.2 多维数组

数组也是可以“嵌套”的，即每个数组元素也可以是一个数组，这种含有数组的数组就是多维数组，例如：

```
<?php
  $roomtypes = array( array( 'type'=>'单床房',
                             'info'=>'此房间为单人单间。',
                                         'price_per_day'=>298
                           ),
                            array( 'type'=>'标准间',
                               'info'=>'此房间为两床标准配置。',
                                         'price_per_day'=>268
                           ),
                            array( 'type'=>'三床房',
                             'info'=>'此房间备有三张床',
                                         'price_per_day'=>198
                           ),
                            array( 'type'=>'VIP 套房',
                             'info'=>'此房间为 VIP 两间内外套房',
                                         'price_per_day'=>368
                           )

  );
?>
```

其中，$roomtypes 就是多维数组。这个多维数组包含两个维数，有点像数据库中的表格，第一个 array 里面的每个数组元素都是一个数组，而这些数组就像数据二维表中的一行记录。这些包含在第一个 array 里面的 array 又都包含 3 个数组元素，分别是 3 个类型的信息，这就像数据二维表中的字段。

可将上面的数组绘制成图，如图 6-3 所示。

| | A | B | C | D |
|---|---|---|---|---|
| 1 | type | info | price_per_day | |
| 2 | 单床房 | 此房间为单人单间。 | 298 | array |
| 3 | 标准间 | 此房间为两床标准配置。 | 268 | array |
| 4 | 三床房 | 此房间备有三张床 | 198 | array |
| 5 | VIP套房 | 此房间为VIP两间内外套房 | 368 | array |
| 6 | ARRAY | | | |

图 6-3　程序运行结果

其实，$roomtypes 就代表了这样的一个数据表。

PHP 还支持二维以上的数组，比如三维数组，例如：

```
<?php
$buidling = array(array( array( 'type'=>'单床房',
                               'info'=>'此房间为单人单间。',
                                       'price_per_day'=>298
                              ),
                              array( 'type'=>'标准间',
                               'info'=>'此房间为两床标准配置。',
                                       'price_per_day'=>268
                              ),
                              array( 'type'=>'三床房',
                               'info'=>'此房间备有三张床',
                                       'price_per_day'=>198
                              ),
                              array( 'type'=>'VIP 套房',
                               'info'=>'此房间为 VIP 两间内外套房',
                                       'price_per_day'=>368
                              )
                         ),
                        array( array( 'type'=>'普通餐厅包房',
                               'info'=>'此房间为普通餐厅包房。',
                                       'roomid'=>201
                              ),
                              array( 'type'=>'多人餐厅包房',
                               'info'=>'此房间为多人餐厅包房。',
                                       'roomid'=>206
                              ),
                              array( 'type'=>'豪华餐厅包房',
                               'info'=>'此房间为豪华餐厅包房。',
                                       'roomid'=>208
                              ),
                              array( 'type'=>'VIP 餐厅包房',
                               'info'=>'此房间为 VIP 餐厅包房',
                                       'roomid'=>310
                              )
                         )
                   );
?>
```

这个三维数组在原来的二维数组后面又增加了一个二维数组，给出了餐厅包房的数据二维表信息。把这两个二维数组作为更外围 array 的两个数组元素就产生了第三维。这个表述等于用两个二维信息表表示一个名为$building 的数组对象，如图 6-4 所示。

| | A | B | C | D | E |
|---|---|---|---|---|---|
| 1 | type | info | price_per_day | | |
| 2 | 单床房 | 此房间为单人单间。 | 298 | array | |
| 3 | 标准间 | 此房间为两床标准配置。 | 268 | array | |
| 4 | 三床房 | 此房间备有三张床 | 198 | array | |
| 5 | VIP套房 | 此房间为VIP两间内外套房 | 368 | array | |
| 6 | ARRAY（二维） | | | | |
| 7 | type | info | roomid | | |
| 8 | 普通餐厅包房 | 此房间为普通餐厅包房 | 201 | array | |
| 9 | 多人餐厅包房 | 此房间为多人餐厅包房。 | 206 | array | |
| 10 | 豪华餐厅包房 | 此房间为豪华餐厅包房。 | 208 | array | |
| 11 | VIP餐厅包房 | 此房间为VIP餐厅包房 | 301 | array | |
| 12 | ARRAY（二维） | | | | ARRAY（三维） |

图 6-4　程序运行结果

# 6.5 遍历数组

所谓数组的遍历，就是把数组中的变量值读取出来。本节将讲解遍历数组的常见方法。

## 6.5.1 遍历一维数字索引数组

下面讲解如何通过循环语句遍历一维数字索引数组。此案例中用到了 for 循环和 foreach 循环。还是以例 6.3 为例来讲解。

**【例 6.3】(实例文件：源文件\ch06\6.3.php)**

```
<?php
$roomtypes = array( '单床房','标准间','三床房','VIP 套房');
for ($i = 0; $i < 3; $i++){
    echo $roomtypes[$i]." （for 循环）<br/>";
}
foreach ($roomtypes as $room){
    echo $room."（foreach 循环）<br/>";
}
?>
```

运行结果如图 6-5 所示。

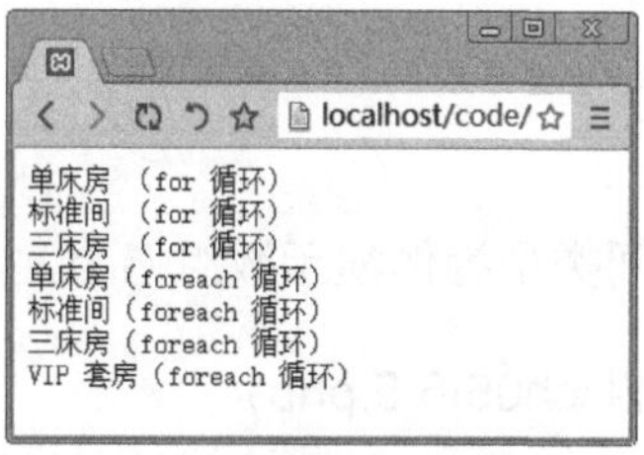


图 6-5　程序运行结果

**【案例分析】**

（1）for 循环只进行了三次。

（2）foreach 循环则列出了数组中的所有数组元素。

### 6.5.2　遍历一维联合索引数组

下面以遍历酒店房间类型为例对联合索引数组进行遍历。

【例 6.4】(实例文件：源文件\ch06\6.4.php)

```
<?php
$prices_per_day = array('单床房'=> 298,'标准间'=> 268,'三床房'=> 198,'VIP 套房'=>
    368);
foreach ($prices_per_day as $price){
    echo $price."<br/>";
}
foreach ($prices_per_day as $key => $value){
    echo $key.":".$value." 每天。<br/>";
}
?>
```

运行结果如图 6-6 所示。

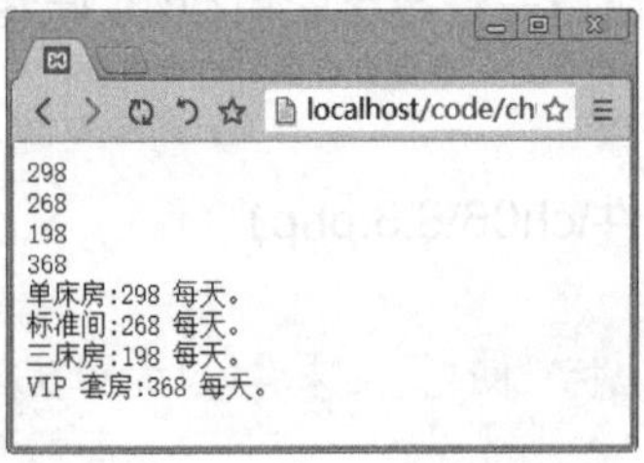


图 6-6　程序运行结果

**【案例分析】**

其中，foreach ($prices_per_day as $price){}遍历数组元素，所以输出 4 个整型数字。而 foreach ($prices_per_day as $key => $value){}除了遍历数组元素外，还遍历其所对应的关键字，如单床房是数组元素 298 的关键字。

### 6.5.3　遍历多维数组

下面以使用多维数组编写房间类型为例演示数组遍历，具体操作步骤如下。

【例 6.5】(实例文件：源文件\ch06\6.5.php)

```
<?php
$roomtypes = array( array( 'type'=>'单床房',
                           'info'=>'此房间为单人单间。',
            'price_per_day'=>298
                        ),
```

```
        array( 'type'=>'标准间',
                          'info'=>'此房间为两床标准配置。',
            'price_per_day'=>268
                        ),
        array( 'type'=>'三床房',
                          'info'=>'此房间备有三张床',
            'price_per_day'=>198
                        ),
        array( 'type'=>'VIP 套房',
                          'info'=>'此房间为 VIP 两间内外套房',
            'price_per_day'=>368
                        )
);
$arrayiter = new RecursiveArrayIterator($roomtypes);
$iteriter = new RecursiveIteratorIterator($arrayiter);
//直接打印即可按照横向顺序打印出来
foreach ($iteriter as $key => $val){
   echo $key.'=>'.$val.'<br/>';
}
?>
```

运行结果如图 6-7 所示。

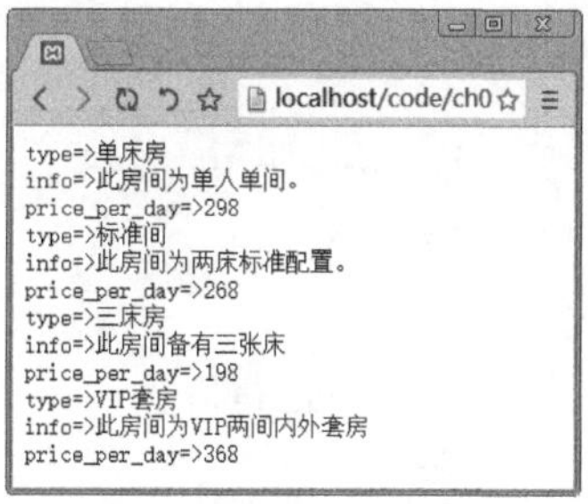


图 6-7　程序运行结果

**【案例分析】**

（1）$roomtypes 中的每个数组元素都是一个数组，而作为数组元素的数组又都有三个拥有键名的数组元素。

（2）遍历多维数组一般情况下需要嵌套循环或者递归循环，但是这些方式都不够灵活，因为在不确定该数组是几维的情况下，不可能永无止境地嵌套循环。这里配合使用递归、foreach()和迭代器类 RecursiveIteratorIterator，即可完美实现多维数组的循环输出。

# 6.6 数组排序

本节将讲解如何对一维和多维数组进行排序操作。

### 6.6.1　一维数组排序

下面通过实例展示如何对数组进行排序，具体操作步骤如下。

【例 6.6】(实例文件：源文件\ch06\6.6.php)

```
<?php
$roomtypes = array( '单床房','标准间','三床房','VIP 套房');
$prices_per_day = array('单床房'=> 298,'标准间'=> 268,'三床房'=> 198,'VIP 套房'=>
    368);
sort($roomtypes);
foreach ($roomtypes as $key => $value){
    echo $key.":".$value."<br/>";
}
asort($prices_per_day);
foreach ($prices_per_day as $key => $value){
    echo $key.":".$value." 每日。<br/>";
}
ksort($prices_per_day);
foreach ($prices_per_day as $key => $value){
    echo $key.":".$value." 每天。<br/>";
}
rsort($roomtypes);
foreach ($roomtypes as $key => $value){
    echo $key.":".$value."<br/>";
}
arsort($prices_per_day);
foreach ($prices_per_day as $key => $value){
    echo $key.":".$value." 每日。<br/>";
}
krsort($prices_per_day);
foreach ($prices_per_day as $key => $value){
    echo $key.":".$value." 每天。<br/>";
}
?>
```

运行结果如图 6-8 所示。

图 6-8　程序运行结果

**【案例分析】**

（1）这段代码用于展示数组排序的功能涉及 sort()、asort()、ksort()和 rsort()、arsort()、krsort()等函数。其中，sort()是默认排序。asort()根据数组元素值的升序排序。ksort()根据数组元素的键值，也就是关键字的升序排序。

（2）rsort()、arsort()和 krsort()等函数则正好与所对应的升序排序相反，都为降序排序。

## 6.6.2　多维数组排序

对于一维数组，通过 sort()等一系列排序函数就可以对它进行排序。而对于多维数组，排序就没有那么简单了。首先需要设定一个排序方法，也就是建立一个排序函数。再通过 usort()函数对特定数组采用特定排序方法进行排序。下面的案例介绍多维数组排序，具体步骤如下。

**【例 6.7】(实例文件：源文件\ch06\6.7.php)**

```
<?php
$roomtypes = array( array( 'type'=>'单床房',
                           'info'=>'此房间为单人单间。',
          'price_per_day'=>298
                         ),
        array( 'type'=>'标准间',
                           'info'=>'此房间为两床标准配置。',
          'price_per_day'=>268
                         ),
        array( 'type'=>'三床房',
                           'info'=>'此房间备有三张床',
          'price_per_day'=>198
                         ),
        array( 'type'=>'VIP 套房',
                           'info'=>'此房间为 VIP 两间内外套房',
```

```
            'price_per_day'=>368
                        )

);
function compare($x, $y){
  if ($x['price_per_day'] == $y['price_per_day']){
    return 0;
  }else if ($x['price_per_day'] < $y['price_per_day']){
      return -1;
}else{
      return 1;
  }
}

usort($roomtypes, 'compare');

$arrayiter = new RecursiveArrayIterator($roomtypes);
$iteriter = new RecursiveIteratorIterator($arrayiter);
//直接打印即可按照横向顺序打印出来
foreach ($iteriter as $key => $val){
   echo $key.'=>'.$val.'<br/>';
}
?>
```

运行结果如图 6-9 所示。

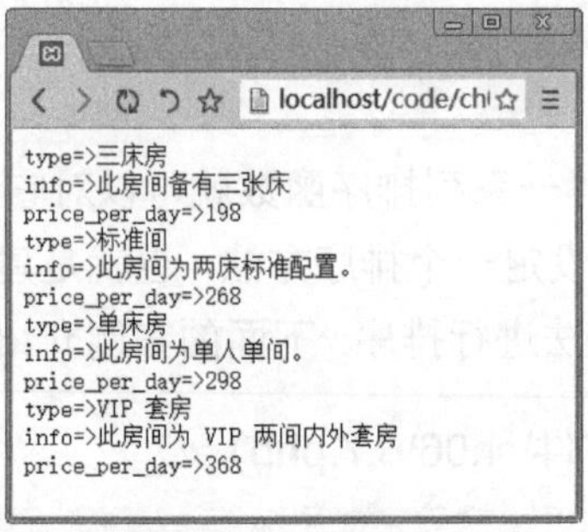


图 6-9　程序运行结果

**【案例分析】**

（1）函数 compare()定义了排序方法，通过对 price_per_day 这一数组元素的对比进行排序。然后 usort()采用 compare 方法对$roomtypes 这一多维数组进行排序。

（2）上述这个排序的结果是正向排序，那么如何进行反向排序呢？这就需要对排序方法进行调整。其中，recompare()替换上述代码中的 compare()的相反判断，同样采用 usort()函数输出后，即可得到反向排序，正好与前一段程序的输出顺序相反。修改后的部分代码如下：

```
function recompare($x, $y){
if ($x['price_per_day'] == $y['price_per_day']){
return 0;
```

```
}else if ($x['price_per_day'] > $y['price_per_day']){
return -1;
}else{
return 1;
}
}
usort($roomtypes, 'recompare');
```

# 6.7 字符串与数组的转换

可以使用 explode()和 implode()函数来实现字符串和数组之间的转换。explode 用于把字符串按照一定的规则拆分为数组中的元素，并且形成数组。implode()函数用于把数组中的元素按照一定的连接方式转换为字符串。

下面的例子展示使用 explode()和 implode()函数来实现字符串和数组之间的转换。

**【例 6.8】(实例文件：源文件\ch06\6.8.php)**

```
<?php
$prices_per_day = array('单床房'=> 298,'标准间'=> 268,'三床房'=> 198,'VIP 套房'=>
    368);
echo implode('元每天/ ',$prices_per_day).'<br/>';

$roomtypes ='单床房,标准间,三床房,VIP 套房';
print_r(explode(',',$roomtypes));
?>
```

运行结果如图 6-10 所示。

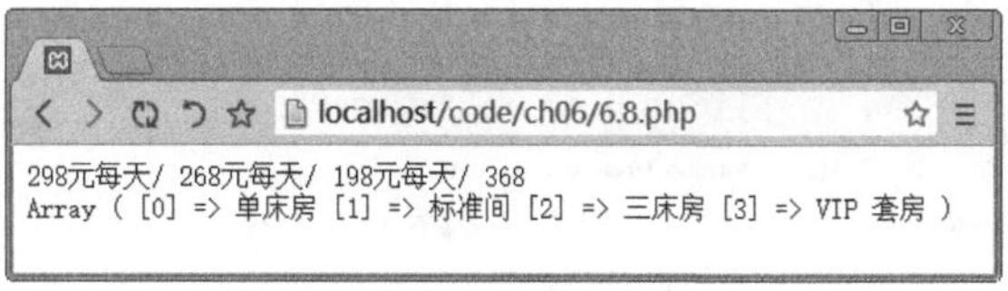


图 6-10　程序运行结果

**【案例分析】**

（1）$prices_per_day 为数组。implode('元每天/ ',$prices_per_day)在$prices_per_day 中的数组元素中间添加连接内容，也叫元素胶水（glue），把它们连接成一个字符串输出。这个元素胶水只在元素之间。

（2）$roomtypes 为一个由“,”分开的字符串。explode(',',$roomtypes)确认分隔符为“,”后，以“,”为标记把字符串中的字符分为 4 个数组元素，生成数组并返回。

# 6.8 向数组中添加和删除元素

数组创建完成后，用户还可以继续添加和删除元素，从而满足实际编程的需要。

## 6.8.1 向数组中添加元素

数组是数组元素的集合。向数组中添加元素，就像往一个盒子里面放东西。这就涉及“先进先出”或“后进先出”的问题。

- 先进先出：有点像排队买火车票。先进入购买窗口区域，购买完成之后再从旁边的出口出去。
- 后进先出：有点像给枪的弹夹上子弹。最后押上的那一颗子弹是要最先打出去的。

PHP 对数组添加元素的处理使用 push、pop、shift 和 unshift 函数来实现，可以实现先进先出，也可以实现后进先出。

下面通过实例介绍在数组前面添加元素，以实现后进先出。

【例 6.9】(实例文件：源文件\ch06\6.9.php)

```
<?php
$clients = array('李丽丽','赵大勇','方芳芳');
array_unshift($clients, '王小明','刘小帅');
print_r($clients);
?>
```

运行结果如图 6-11 所示。

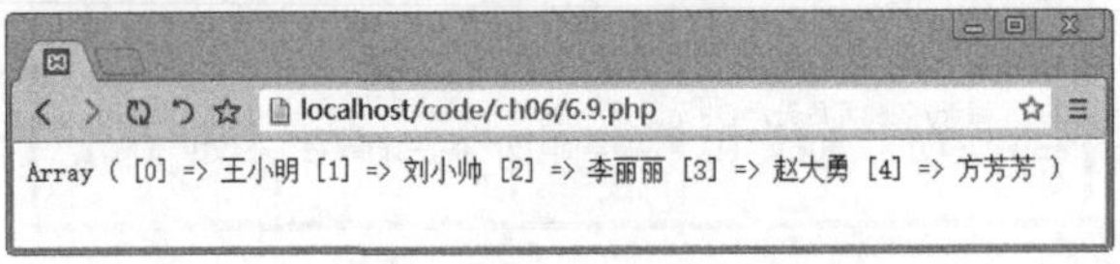


图 6-11 程序运行结果

【案例分析】

(1) 数组$clients 原本拥有 3 个数组元素。array_unshift()向数组$clients 的头部添加了数组元素'王小明'、'刘小帅'。最后通过 print_r()输出，通过其数字索引可以知道添加元素的位置。

(2) array_unshift()函数的格式为：

```
array_unshift（目标数组，[预添加数组元素，预添加数组元素，......]）
```

下面通过实例介绍如何在数组后面添加元素，以实现先进先出。

【例 6.10】(实例文件：源文件\ch06\6.10.php)

```
<?php
$clients = array('李丽丽','赵大勇','方芳芳');
array_push($clients, '王小明','刘小帅');
print_r($clients);
?>
```

运行结果如图 6-12 所示。

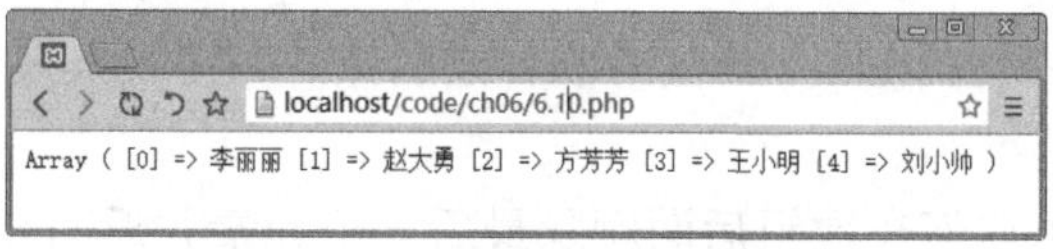


图 6-12　程序运行结果

【案例分析】

(1) 数组$clients 原本拥有 3 个数组元素。array_push()向数组$clients 的尾部添加了数组元素'王小明'、'刘小帅'。最后通过 print_r()输出，通过其数字索引可以知道添加元素的位置。

(2) array_push()函数的格式为：

```
array_push(目标数组，[预添加数组元素，预添加数组元素，......])
```

push 就是“推”的意思，这个过程就像排队的时候把人从队伍后面向前推。

## 6.8.2　从数组中删除元素

从数组中删除元素是添加元素的逆过程。PHP 使用 array_shift()和 array_pop()函数分别从数组的头部和尾部删除元素。

下面的例子介绍如何在数组前面删除第一个元素并返回元素值。

【例 6.11】(实例文件：源文件\ch06\6.11.php)

```
<?php
$services = array('洗衣','订餐','导游','翻译');
$deletedservices = array_shift($services);
echo $deletedservices."<br/>";
print_r($services);
?>
```

运行结果如图 6-13 所示。

图 6-13　程序运行结果

【案例分析】

（1）数组$services 原本拥有 4 个数组元素。array_shift()从数组$services 的头部删除了第一个数组元素，并且直接返回所删除的元素值，且赋值给变量$deletedservices。最后通过 echo 输出$deletedservices，并用 print_r()输出$services。

（2）array_ shift()函数仅仅删除目标数组的头一个数组元素，格式如下：

```
array_ shift（目标数组）
```

以上为数字索引数组，如果是带键值的联合索引数组，它的效果相同，返回所删除元素的元素值。

通过下面的实例介绍如何在数组后面删除最后一个元素并返回元素值。

【例 6.12】(实例文件：源文件\ch06\6.12.php)

```
<?php
$services = array('s1'=>'洗衣','s2'=>'订餐','s3'=>'导游','s4'=>'翻译');
$deletedservices = array_pop($services);
echo $deletedservices."<br/>";
print_r($services);
?>
```

运行结果如图 6-14 所示。

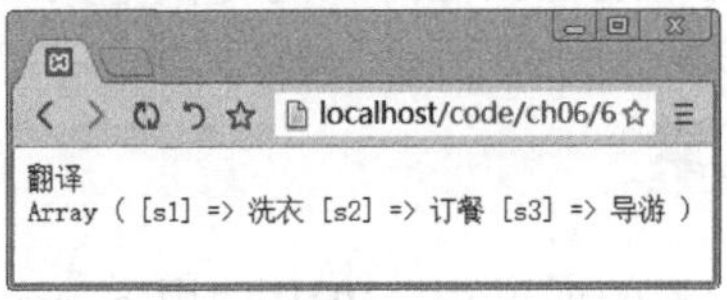


图 6-14　程序运行结果

【案例分析】

（1）数组$services 原本拥有 4 个数组元素。array_pop()从数组$services 的尾部删除了最后一个数组元素，并且直接把所删除的元素值返回，且赋值给了变量$deletedservices。最后通过 echo 输出$deletedservices，以及用 print_r()输出$services。

（2）array_ pop()函数仅仅删除目标数组的最后一个数组元素，格式如下：

```
array_ pop（目标数组）
```

这个例子中的数组是一个联合数组。

# 6.9 查询数组中的指定元素

数组是一个数据集合，能够在不同类型的数组和不同结构的数组内确定某个特定元素的存在是否是必要的。PHP 提供 in_array()、array_key_exists()、array_search()、array_keys()和

array_values()函数，按照不同方式查询数组元素。

下面通过实例介绍如何查询数字索引数组和联合索引数组，两者都是一维数组。

**【例 6.13】(实例文件：源文件\ch06\6.13.php)**

```
<?php
$roomtypes = array( '单床房','标准间','三床房','VIP 套房');
$prices_per_day = array('单床房'=> 298,'标准间'=> 268,'三床房'=> 198,'VIP 套房'=>
    368);

if(in_array( '单床房',$roomtypes)){echo '单床房元素在数组$roomtypes 中。<br/>';}
if(array_key_exists( '单床房',$prices_per_day)){echo '键名为单床房的元素在数组
    $prices_per_day 中。<br/>';}
if(array_search( 268,$prices_per_day)){echo '值为268 的元素在数组$prices_per_day 中。
    <br/>';}

    $prices_per_day_keys = array_keys($prices_per_day);
    print_r($prices_per_day_keys);
    $prices_per_day_values = array_values($prices_per_day);
    print_r($prices_per_day_values);
?>
```

运行结果如图 6-15 所示。

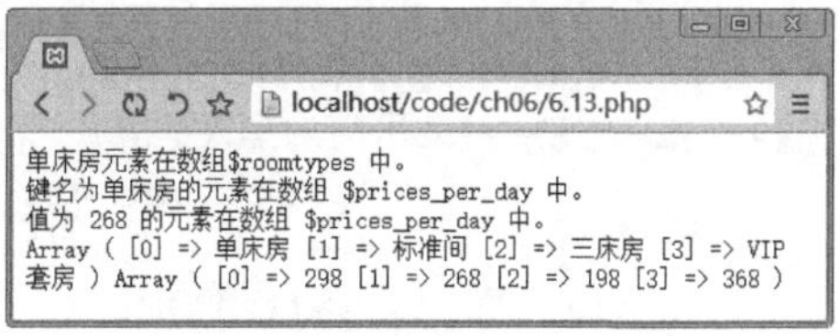


图 6-15　程序运行结果

**【案例分析】**

（1）数组$roomtypes 为一个数字索引数组。in_array('单床房',$roomtypes) 判定元素'单床房'是否在数组$roomtypes 中，如果在，就返回 true。if 语句得到返回值为真，以便打印表述。

（2）数组$prices_per_day 为一个联合索引数组。array_key_exists('单床房',$prices_per_day) 判定一个键值为'单床房'的元素是否在数组$prices_per_day 中，如果在，就返回 true。if 语句得到返回值为真，便打印表述。array_key_exists()是专门针对联合数组的“键名”进行查询的函数。

（3）array_search()是专门针对联合数组的“元素值”进行查询的函数。同样针对$prices_per_day 这个联合数组进行操作。array_search(268,$prices_per_day)判定一个元素值为 268 的元素是否在数组$prices_per_day 中，如果在，就返回 true。if 语句得到返回值为真，以便打印表述。

（4）函数 array_keys()用于取得数组“键值”，并把键值作为数组元素输出为一个数字索引数组的函数，主要用于联合索引数组。array_keys($prices_per_day)获得数组$prices_per_day

的键值，并把它赋值给变量$prices_per_day_keys 以构成一个数组。用 print_r()打印表述。函数 array_keys()虽然也可以取得数字索引数组的数字索引，但是这样做意义不大。

（5）函数 array_values()用于取得数组元素的“元素值”，并把元素值作为数组元素输出为一个数字索引数组的函数。array_values($prices_per_day) 获得数组$prices_per_day 的元素值，并把它赋值给变量$prices_per_day_values 构成一个数组。最后用 print_r()打印表述。

这几个函数只是针对一维数组，无法用于多维数组。它们在查询多维数组的时候，只会处理最外围的数组，其他内嵌的数组都作为数组元素处理，不会得到内嵌数组内的键值和元素值。

# 6.10 统计数组元素个数

统计数组元素的个数可以使用 count()函数。

下面通过实例介绍如何使用 count()函数统计数组元素的个数。

**【例 6.14】(实例文件：源文件\ch06\6.14.php)**

```
<?php
$prices_per_day = array('单床房'=> 298,'标准间'=> 268,'三床房'=> 198,'VIP 套房'=>
    368);
$roomtypesinfo = array( array( 'type'=>'单床房',
                               'info'=>'此房间为单人单间。',
                                        'price_per_day'=>298
                             ),
                              array( 'type'=>'标准间',
                               'info'=>'此房间为两床标准配置。',
                                        'price_per_day'=>268
                             ),
                              array( 'type'=>'三床房',
                               'info'=>'此房间备有三张床',
                                        'price_per_day'=>198
                             ),
                              array( 'type'=>'VIP 套房',
                               'info'=>'此房间为 VIP 两间内外套房',
                                        'price_per_day'=>368
                             )
                          );
echo count($prices_per_day).'个元素在数组$prices_per_day 中。<br/>';
echo count($roomtypesinfo).'个内嵌数组在二维数组$roomtypesinfo 中。<br/>';
echo count($roomtypesinfo,1).'个元素$roomtypesinfo 中。<br/>';
?>
```

运行结果如图 6-16 所示。

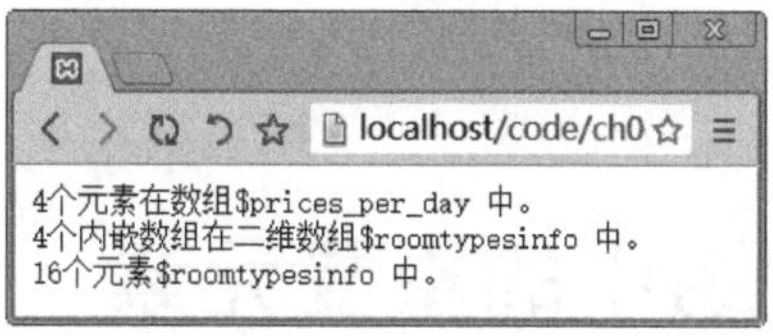


图 6-16　程序运行结果

**【案例分析】**

（1）数组$prices_per_day 通过 count()函数返回整数 4。因为数组$prices_per_day 有 4 个数组元素。

（2）数组$roomtypesinfo 为一个二维数组。count($roomtypesinfo)只统计了数组$roomtypesinfo 内的 4 个内嵌数组的数量，所以输出结果如图 6-16 所示。

（3）echo count($roomtypesinfo,1)这一语句中，count()函数设置了一个模式（mod）为整数“1”。这个模式（mod）设置为整数“1”的意义是，count 统计的时候要对数组内部所有的内嵌数组进行循环查询，所以最终的结果是所有内嵌数组的个数加上内嵌数组内元素的个数，即 4 个内嵌数组加上 12 个数组元素，即 16。

使用 array_count_values()函数对数组内的元素值进行统计，并且返回一个以函数值为“键值”、以函数值个数为“元素值”的数组。

下面通过实例介绍如何使用 array_count_values()函数统计数组的元素值个数。

**【例 6.15】(实例文件：源文件\ch06\6.15.php)**

```
<?php
$prices_per_day = array('单床房'=> 298,'标准间'=> 268,'三床房'=> 198,'四床房'=>
    198,'VIP 套房'=> 368);
print_r(array_count_values($prices_per_day));
?>
```

运行结果如图 6-17 所示。

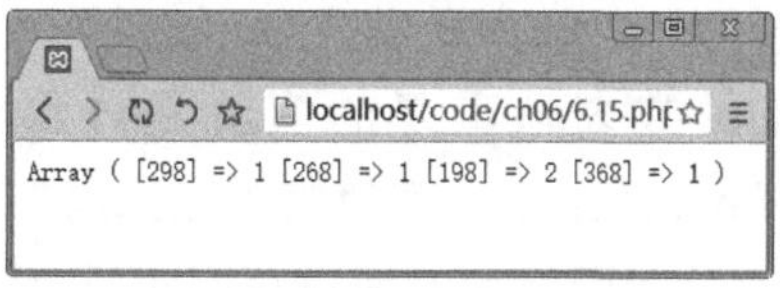


图 6-17　程序运行结果

**【案例分析】**

（1）数组$prices_per_day 为一个联合数组，通过 array_count_values($prices_per_day)统计数组内元素值的个数和分布，然后以键值和值的形式返回一个数组，如图 6-17 所示。元素值为 198 的元素有两个，虽然它们的键值完全不同。

（2）array_count_values()只能用于一维数组，因为它不能把内嵌的数组当作元素进行统计。

# 6.11 删除数组中的重复元素

可使用 array_unique()函数实现数组中元素的唯一性，也就是去掉数组中重复的元素。无论是数字索引数组还是联合索引数组，都是以元素值为准的。array_unique()函数返回具有唯一性元素值的数组。

下面通过实例介绍如何使用 array_unique()函数去掉数组中重复的元素。

【例 6.16】(实例文件：源文件\ch06\6.16.php)

```
<?php
$prices_per_day = array('单床房'=> 298,'标准间'=> 268,'三床房'=> 198,'四床房'=>
    198,'VIP 套房'=> 368);
$prices_per_day2 =array('单床房'=> 298,'标准间'=> 268,'四床房'=> 198,'三床房'=>
    198,'VIP 套房'=> 368);
print_r(array_unique($prices_per_day));
print_r(array_unique($prices_per_day2));
?>
```

运行结果如图 6-18 所示。

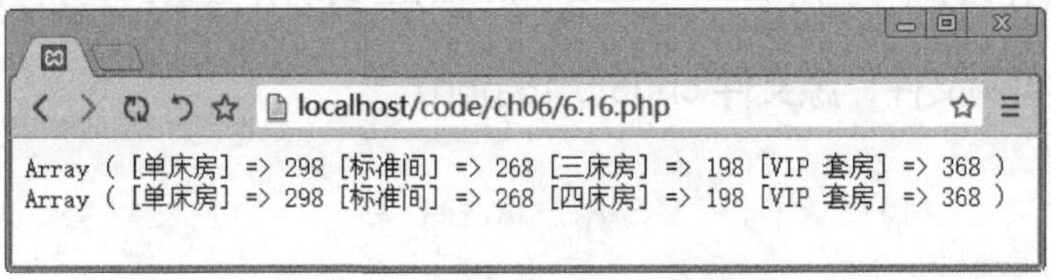


图 6-18　程序运行结果

【案例分析】

其中，数组$prices_per_day 为一个联合索引数组，通过 array_unique ($prices_per_day)去除重复的元素值。array_unique()函数去除重复的值就是去除第二个出现的相同值。由于$prices_per_day 与$prices_per_day2 数组中，键值为“三床房”和键值为“四床房”的 198 元素的位置正好相反，因此对两次输出所保留的值也正好相反。

# 6.12 调换数组中的键值和元素值

调换数组中的键值和元素值可以使用 array_flip()函数。

下面通过实例介绍如何使用 array_flip()函数调换数组中的键值和元素值，具体方法如下。

【例 6.17】(实例文件：源文件\ch06\6.17.php)

```
<?php
$prices_per_day = array('单床房'=> 298,'标准间'=> 268,'三床房'=> 198,'四床房'=>
    198,'VIP 套房'=> 368);
print_r(array_flip ($prices_per_day));
?>
```

运行结果如图 6-19 所示。

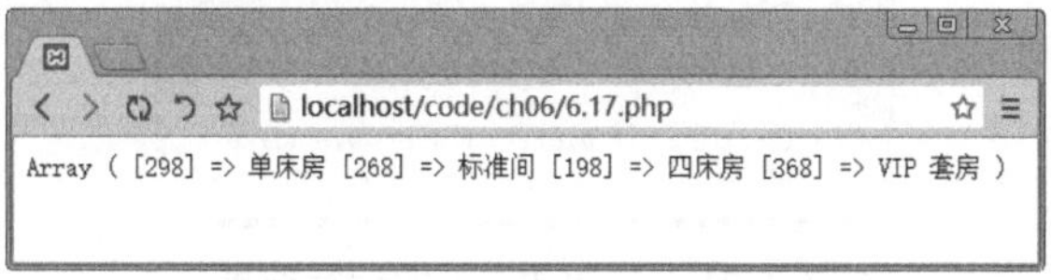


图 6-19　程序运行结果

其中，数组$prices_per_day 为一个联合索引数组，通过 array_flip ($prices_per_day)调换联合索引数组的键值和元素值，并且加以返回。但有意思的是，$prices_per_day 是一个拥有重复元素值的数组，且这两个重复元素值的“键名”是不同的。array_flip ()逐个调换每个数组元素的键值和元素值。原来的元素值变为键名以后，就有两个原先为键名、现在调换为元素值的数值与之对应。调换后，array_flip ()等于对原来的元素值（现在的键名）赋值。当 array_flip ()再次调换到原来相同的、现在为键名的值时，相当于对同一个键名再次赋值，则头一个调换时的赋值将会被覆盖，显示的是第二次的赋值。

# 6.13 PHP 8 的新变化 1——自动创建元素的顺序的改变

在 PHP 8 中，引用赋值时自动创建的数组元素或者对象属性的顺序和 PHP 7 版本相比发生了变化。下面举例说明。

【例 6.18】(实例文件：源文件\ch06\6.18.php)

```
<?php
$array = [];
$array["a"] =& $array["b"];
$array["b"] = 1;
var_dump($array);
?>
```

在 PHP 8 版本中，运行结果如图 6-20 所示。可见，PHP 8 产生的数组：["b" => 1, "a" => 1]。

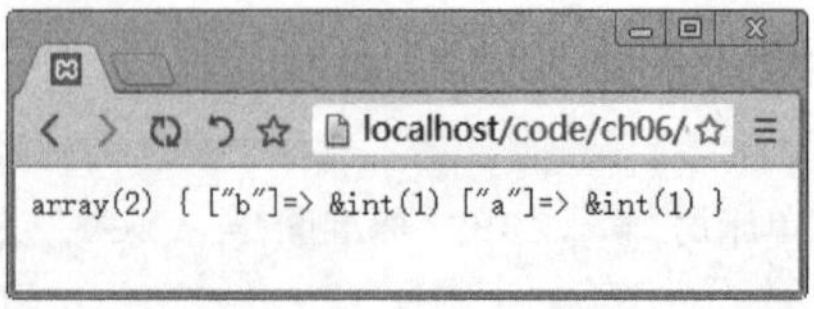


图 6-20　在 PHP 8 中的运行结果

在 PHP 7 版本中，运行结果如图 6-21 所示。可见，PHP 7 产生的数组：["a" => 1, "b" => 1]。

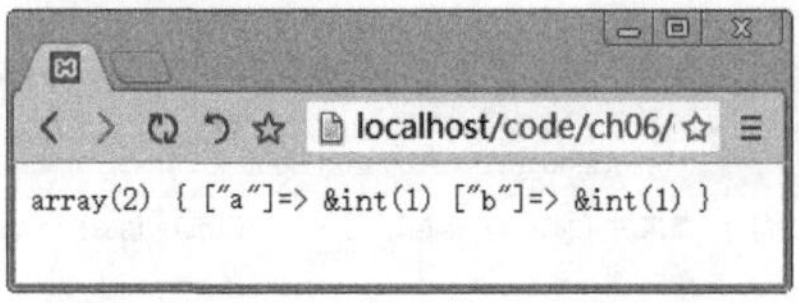


图 6-21　在 PHP 7 中的运行结果

# 6.14　PHP 8 的新变化 2——list()函数修改数组的改变

在 PHP 8 中，list()函数的功能发生了变化。具体改变说明如下。

### 1. 不再按照相反的顺序赋值

在 PHP 8 中，list()函数不再按照相反的顺序赋值，而在 PHP 5 中，list()函数按照相反的顺序赋值。

【例 6.19】(实例文件：源文件\ch06\6.19.php)

```
<?php
list($array[], $array[], $array[], $array[]) = [100, 200, 300,400];
var_dump($array);
?>
```

在 PHP 8 版本中，运行结果如图 6-22 所示。在 PHP 5 版本中，运行结果如图 6-23 所示。

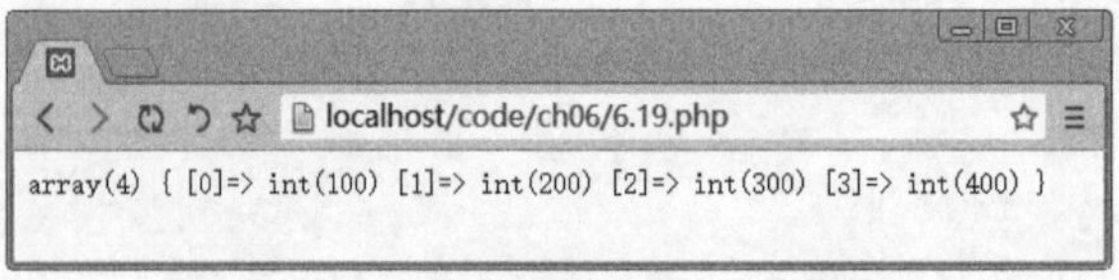


图 6-22　在 PHP 8 中的运行结果

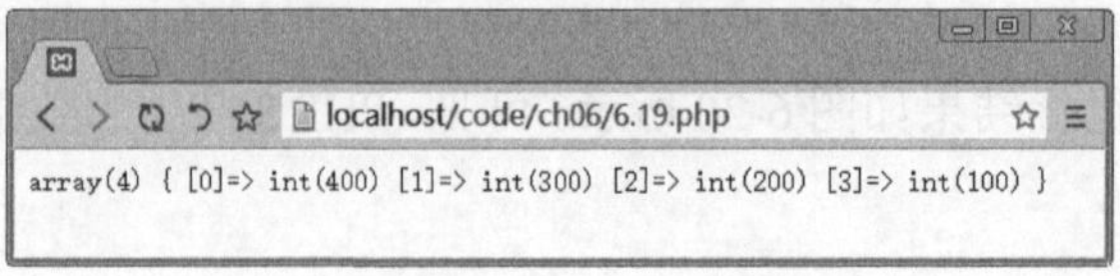


图 6-23　在 PHP 5 中的运行结果

从结果可以看出，虽然赋值没有变化，但是赋值的顺序发生了变化。在 PHP 8 中，返回的数组$array == [100, 200, 300,400]。在 PHP 5 中，返回的数组$array == [400, 300,200,100]。

### 2. 不再允许赋空值

在 PHP 8 中，list()不允许赋空值。

例如下面的代码都会报错：

```
list() = $a;
list(,,) = $a;
list($x, list(), $y) = $a;
```

而在 PHP 5 中，list()是允许赋空值的。

### 3. 不再支持字符串拆分功能

在 PHP 8 中，list()函数不再支持字符串拆分功能。

【例 6.20】(实例文件：源文件\ch06\6.20.php)

```
<?php
$string = "xy";
list($x, $y) = $string;
each "$x";
each "$y";
?>
```

在 PHP 8 中，运行报错信息如图 6-24 所示。

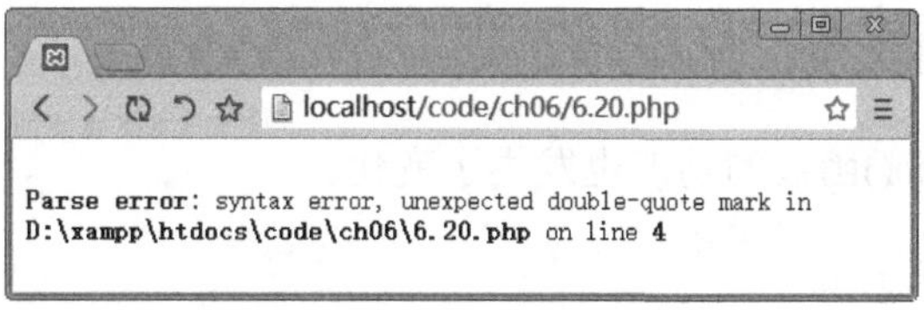


图 6-24 在 PHP 8 中的运行结果

在 PHP 5 中，上述代码最终的结果是：$x == "x" and $y == "y"。运行结果如图 6-25 所示。

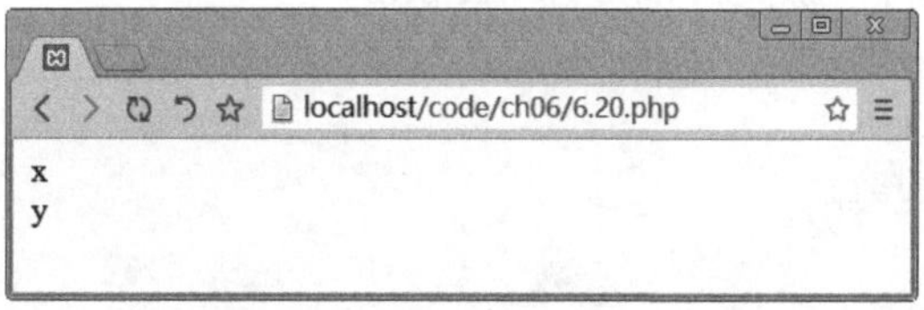


图 6-25 在 PHP 5 中的运行结果

### 4. 可以用于数组对象

在 PHP 8 中，list()也适用于数组对象。

【例 6.21】(实例文件：源文件\ch06\6.21.php)

```
<?php
list($a, $b, $c) = (object) new ArrayObject([100, 200, 300]);
echo "$a<br/>";
echo "$b<br/>";
echo "$c";
?>
```

在 PHP 8 中，上述代码最终的结果是：$a == 100 and $b == 200 and $c == 300。运行结果如图 6-26 所示。

在 PHP 5 中，上述代码最终的结果是：$a == null and $b == null and $c == null（不会有提示）。运行结果如图 6-27 所示。

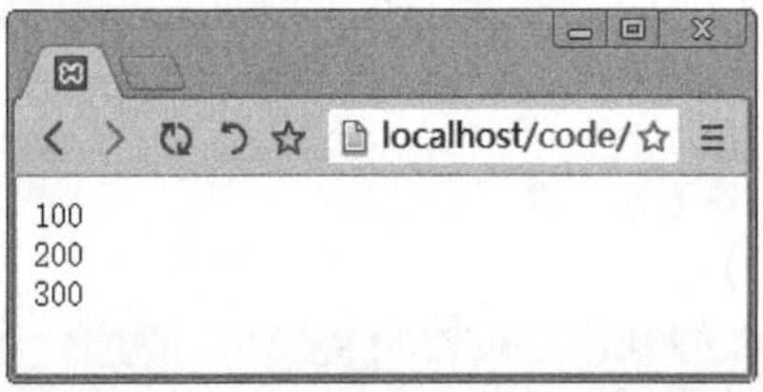


图 6-26　在 PHP 8 中的运行结果

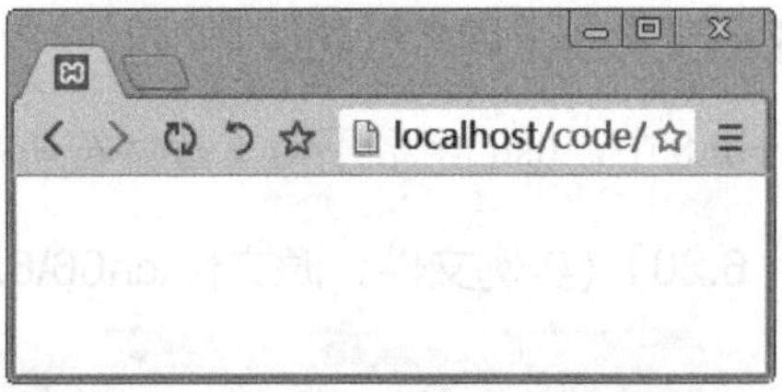


图 6-27　在 PHP 5 中的运行结果

# 6.15　PHP 8 的新变化 3——foreach()函数修改数组的改变

在 PHP 8 中，foreach()函数的功能也发生了变化。

### 1. 对内部指针失效

在 PHP 8 中，foreach()循环对数组内部指针不再起作用。

【例 6.22】(实例文件：源文件\ch06\6.22.php)

```
<?php
$array = [0, 1, 2];
foreach ($array as &$val)
{
    var_dump(current($array));
}
?>
```

在 PHP 8 中运行，结果会打印三次 int(0)，也就是说数组的内部指针并没有改变。运行结果如图 6-28 所示。

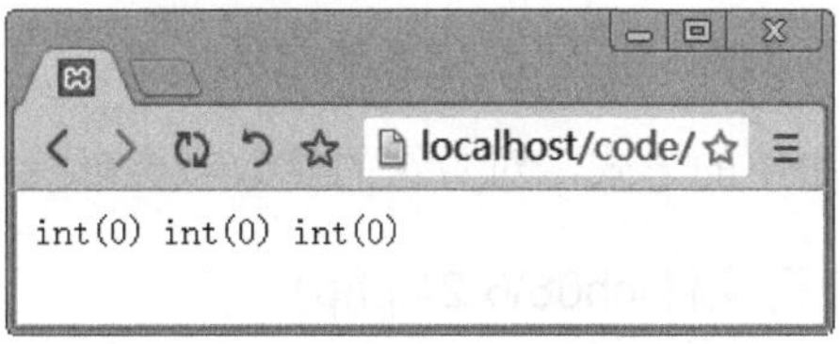


图 6-28　在 PHP 8 中的运行结果

在 PHP 5 中运行，结果会显示 int 1、int 2 和 boolean false。运行结果如图 6-29 所示。

图 6-29　在 PHP 5 中的运行结果

### 2. 按照值进行循环时，修改数组不再影响循环行为

在 PHP 8 中，foreach()按照值进行循环的时候，foreach 是对该数组的一个复制进行操作。这样在循环过程中对数组做的修改是不会影响循环行为的。

【例 6.23】(实例文件：源文件\ch06\6.23.php)

```
<?php
$array = [100,200,300];
$ref =& $array;
foreach ($array as $val) {
    unset($array[1]);
    echo "数组值: " . $val . "<br/>";
}
?>
```

在 PHP 8 中，上面的代码虽然在循环中把数组的第 2 个元素销毁掉了，还是会把数组的 3 个元素全部打印出来。结果如图 6-30 所示。

在 PHP 5 中，上面的代码只会把 2 个元素打印出来（100、300）。结果如图 6-31 所示。

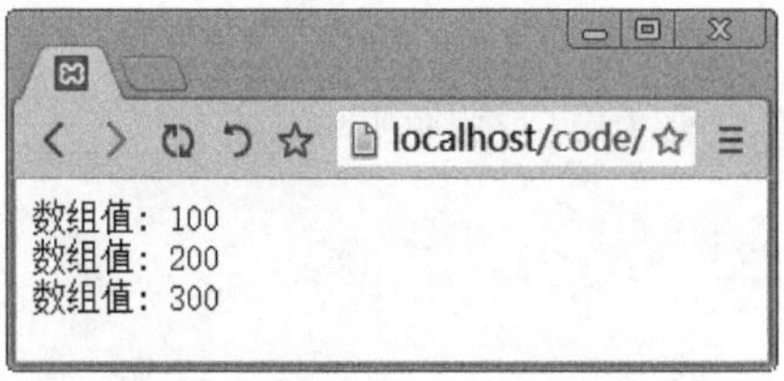


图 6-30　在 PHP 8 中的运行结果

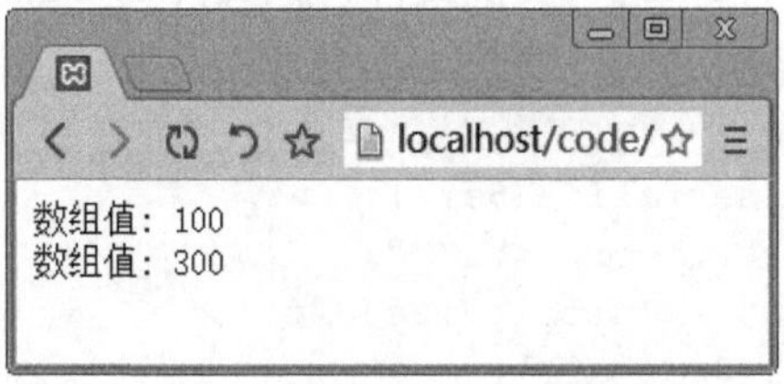


图 6-31　在 PHP 5 中的运行结果

### 3. 按照引用进行循环时，对数组的修改会影响循环

如果在循环的时候使用引用的方式，对数组的修改就会影响循环行为。

【例 6.24】（实例文件：源文件\ch06\6.24.php）

```
<?php
$array = [100];
foreach ($array as &$val) {
    echo "数组值：" . $val . "<br/>";
    $array[1] =200;
    $array[2] =300;
}
?>
```

在 PHP 8 中，追加的元素也会参与循环，结果会打印 100、200、300，如图 6-32 所示。

在 PHP 5 中，追加的元素不会参与循环，结果只会打印 100，如图 6-33 所示。

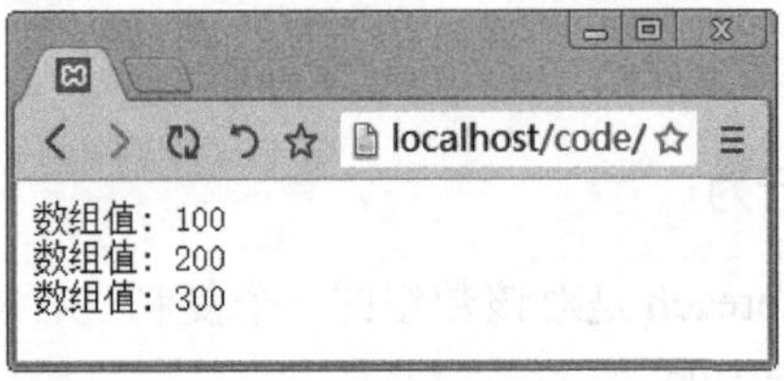


图 6-32　在 PHP 8 中的运行结果

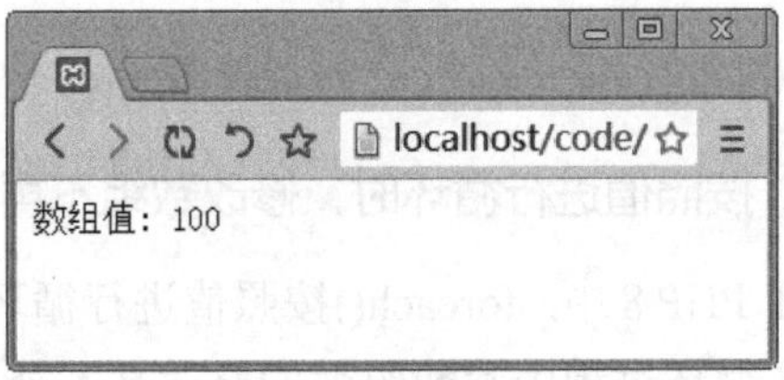


图 6-33　在 PHP 5 中的运行结果

# 6.16 实战演练——序列化和反序列化

数组的序列化（serialize）用来将数组的数据转换为字符串，以方便传递和数据库的存储。与之相对应的操作就是反序列化（unserialize），把字符串数据转换为数组加以使用。

数组的序列化主要通过 serialize()函数来完成。字符串的反序列化主要通过 unserialize()函数来完成。

下面通过实例介绍 serialize()函数和 unserialize()函数的使用方法和技巧。

【例 6.25】（实例文件：源文件\ch06\6.25.php）

```
<?php
$arr = array('王小明','李丽丽','方芳芳','刘小帅','张大勇','张明明');
$str = serialize($arr);
echo $str."<br/><br/>";
$new_arr = unserialize($str);
print_r($new_arr);
?>
```

运行结果如图 6-34 所示。

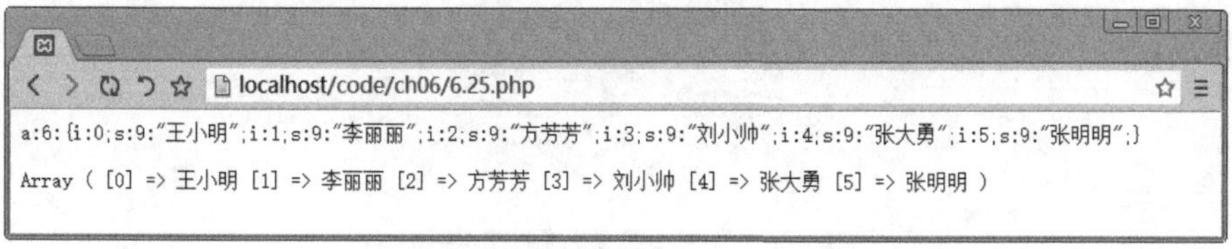


图 6-34　程序运行结果

serialize()和 unserialize()两个函数的使用比较简单，但是通过这样的方法对数组数据的存储和传递将会十分方便。比如，可以直接把序列化之后的数组数据存放在数据库的某个字段中。在使用时再通过反序列化进行处理。

# 6.17 高手甜点

### 甜点 1：数组的合并与联合的区别是什么？

对数组的合并使用 array_merge()函数，两个数组的元素可以合并为一个数组的元素。而数组的联合是指两个一维数组（一个作为关键字，一个作为数组元素值）联合成为一个新的联合索引数组。

### 甜点 2：如何快速清空数组？

在 PHP 中，快速清空数组的方法如下：

```
arr=array()          //理解为重新给变量赋一个空的数组
unset($arr)          //这才是真正意义上的释放，将资源完全释放
```

# 第 7 章 时间和日期

学习目标 | Objective

时间和日期对于很多应用来说都十分敏感，程序中很多情况下都是依靠时间和日期做出判断从而完成操作的。例如，在酒店商务网站中查看最新房价的情况，这和时间密不可分。本章将介绍日期和时间的获得及其格式化方面的内容。

内容导航 | Navigation

- 了解系统时间的设置方法
- 熟悉 UNIX 时间戳的概念
- 掌握获取当前时间戳的方法
- 掌握获取当前日期和时间的方法
- 掌握使用时间戳获取日期的方法
- 掌握检验日期有效性的方法
- 掌握输出格式化日期的方法
- 掌握比较时间大小的方法
- 掌握实现倒计时功能的方法

## 7.1 系统时区设置

这里的系统时区是指运行 PHP 的系统环境 常见的有 Windows 系统和 UNIX-like（类 UNIX）系统。对于时区的设置关系到运行应用的时间准确性。

### 7.1.1 时区划分

时区的划分是一个地理概念。从本初子午线开始向东和向西各有 12 个时区。比如北京时间是东八区，美国太平洋时间是西八区。在 Windows 系统里，这个操作比较简单。在时间时区的控制面板中设置就行了。在 Linux 这样的 UNIX-like 系统中，需要使用命令对时区进行设置。

### 7.1.2 时区设置

PHP 中日期和时间的默认设置是格林尼治时间（GMT）。在使用时间日期功能之前，需要对时区进行设置。在中国，可以使用“Asia/Hong_Kong”香港时间。

时区的设置方法主要有以下两种。

（1）修改 php.ini 文件的设置。找到“;date.timezone=”选项，将其值修改为 date.timezone = Asia/Hong_Kong，这样系统默认时间为东八区的时间。

（2）在应用程序中，直接使用函数 date_default_timezone_set()把时区设为 date_default_timezone_set("Asia/Hong_Kong")。这种方法比较灵活。

设置完成后，date()函数便可以正常使用，不会出现时差的问题。

## 7.2 PHP 日期和时间函数

本节开始学习 PHP 常用日期和时间函数的使用方法和技巧。

### 7.2.1 关于 UNIX 时间戳

在很多情况下，程序需要对日期进行比较、运算等操作。按照人们日常的计算方法，很容易知道 6 月 5 日和 6 月 8 日相差几天。然而，人们日常对日期的书写方式是 2012-3-8 或 2012 年 3 月 8 日星期五。这让程序如何运算呢？整型数据的数学运算好像对这样的描述并不容易处理。如果想知道 3 月 8 日和 4 月 23 日相差几天，就需要把月先转换为 30 天或 31 天，再对剩余天数进行加减。这是一个很麻烦的过程。

如果时间或者日期是一个连贯的整数，处理起来就很方便了。幸运的是，系统的时间正是以这种方式存储的，这种方式就是时间戳，也称为 UNIX 时间戳。UNIX 系统和 UNIX-like 系统把当下的时间存储为 32 位的整数，这个整数的单位是秒，而这个整数的开始时间为格林尼治时间的 1970 年 1 月 1 日的零点整。换句话说，就是现在的时间是 GMT1970 年 1 月 1 日的零点整到现在的秒数。

由于每一秒的时间都是确定的，这个整数就像章戳一样不可改变，因此就称为 UNIX 时间戳。

时间戳在 Windows 系统下也是成立的，但是与 UNIX 系统下不同的是，Windows 系统下的时间戳只能为正整数不能为负值。所以想用时间戳表示 1970 年 1 月 1 日以前的时间是不行的。

PHP 完全采用了 UNIX 时间戳，所以无论 PHP 在哪个系统下运行，都可以使用 UNIX 时间戳。

## 7.2.2　获取当前时间戳

获得当前时间的 UNIX 时间戳，以用于得到当前时间。要完成此操作，直接使用 time()函数即可。time()函数不需要任何参数，直接返回当前日期和时间。

**【例 7.1】(实例文件：源文件\ch07\7.1.php)**

```
<?php
$t1 =time();                          //获取当前时间戳
echo "当前时间戳为：".$t1;          //输出当前时间戳
?>
```

运行结果如图 7-1 所示。

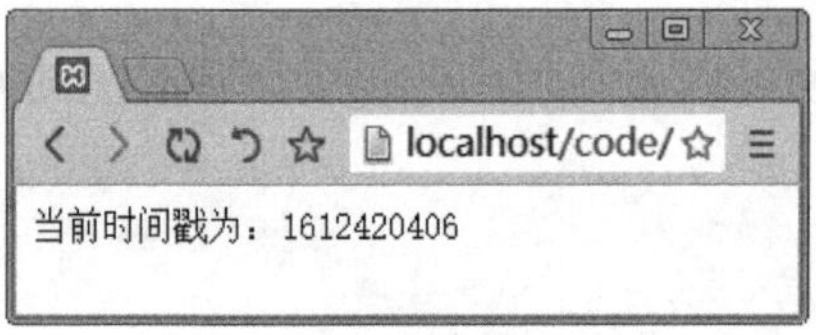


图 7-1　程序运行结果

**【案例分析】**

（1）图 7-1 所示的数字 1612420406 表示从 1970 年 1 月 1 日 0 点 0 分 0 秒到本程序执行时间隔的秒数。

（2）如果每隔一段时间刷新一次页面，获取的时间戳的值将会增加。这个数字会不断变大，即每过 1 秒，此值就会加 1。

## 7.2.3　获取当前日期和时间

可使用 date()函数返回当前日期，若在 date()函数中使用参数 U，则返回当前时间的 UNIX 时间戳；若使用参数 d，则直接返回当前月份的 01 到 31 日的两位数日期。

然而，date()函数有很多参数，具体含义如表 7-1 所示。

表 7-1　date()函数的参数及其含义

| 参数 | 含义 | 参数 | 含义 |
|---|---|---|---|
| a | 小写 am 或 pm | A | 大写 AM 或 PM |
| d | 01 到 31 的日期 | D | Mon 到 Sun 的简写星期 |
| e | 显示时区 | E | 无此参数 |
| f | 无此参数 | F | 月份的全拼单词 |

（续表）

| 参数 | 含义 | 参数 | 含义 |
|---|---|---|---|
| g | 12 小时格式的小时数（1~12） | G | 24 小时格式的小时数（0~23） |
| h | 12 小时格式的小时数（01~12） | H | 24 小时格式的小时数（00~23） |
| i | 分钟数（01~60） | I | Daylight |
| j | 一月中的天数（从 1~31） | J | 无此参数 |
| l | 一周中天数的全拼 | L | Leap year |
| m | 月份（从 01~12） | M | 三个字母的月份简写（从 Jan 至 Dec） |
| n | 月份（从 1~12） | N | 无此参数 |
| o | 无此参数 | O | 与格林尼治时间相差的时间 |
| s | 秒数（从 00~59） | S | 天数的序数表达（st、nd、rd、th） |
| t | 一个月中天数的总数（从 28~31） | T | 时区简写 |
| N | 无此参数 | U | 当前的 UNIX 时间戳 |
| w | 数字表示的周天（从 0-Sunday 至 6-Saturday） | W | ISO8601 标准一年中的周数 |
| y | 无此参数 | Y | 4 位数的公元纪年（从 1901~2038） |
| z | 一年中的天数（从 0~364） | Z | 以秒表现的时区（从–43200~50400） |

## 7.2.4 使用时间戳获取日期信息

如果相应的时间戳已经存储在数据库中，程序需要把时间戳转化为可读的日期和时间，才能满足应用的需要。PHP 中提供了 data()和 getdate()等函数来实现从时间戳到通用时间的转换。

### 1. data()函数

data()函数主要是将一个 UNIX 时间戳转化为指定的时间/日期格式。该函数的格式如下：

```
srting data(string format [时间戳整数])
```

此函数将会返回一个字符串。该字符串就是一个指定格式的日期时间，其中 format 是一个字符串，用来指定输出的时间格式。时间戳整数可以为空，如果为空，就表示为当前时间的 UNIX 时间戳。

format 参数由指定的字符构成，具体字符的含义如表 7-2 所示。

表 7-2　format 参数及含义

| format 字符 | 含义 |
| --- | --- |
| a | am 或 pm |
| A | AM 或 PM |
| d | 几日，两位数字，若不足两位则前面补零，例如 01~31 |
| D | 星期几，三个英文字母，例如 Fri |
| F | 月份，英文全名，例如 January |
| h | 12 小时制的小时，例如 01~12 |
| H | 24 小时制的小时，例如 00~23 |
| g | 12 小时制的小时，不足二位不补零，例如 1~12 |
| G | 24 小时制的小时，不足二位不补零，例如 0~23 |
| i | 分钟，例如 00~59 |
| j | 几日，二位数字，若不足二位不补零，例如 1~31 |
| l | 星期几，英文全名，例如 Friday |
| m | 月份，二位数字，若不足二位则在前面补零，例如 01~12 |
| n | 月份，二位数字，若不足二位则不补零，例如 1~12 |
| M | 月份，三个英文字母，例如 Jan |
| s | 秒，例如 00~59 |
| S | 字尾加英文序数，两个英文字母，例如 th、nd |
| t | 指定月份的天数，例如 28~31 |
| U | 总秒数 |
| w | 数字型的星期几，例如 0（星期日）至 6（星期六） |
| Y | 年，4 位数字，例如 1999 |
| y | 年，两位数字，例如 99 |
| z | 一年中的第几天，例如 0~365 |

下面通过实例来理解 format 参数的使用方法。

【例 7.2】(实例文件：源文件\ch07\7.2.php)

```
<?php date_default_timezone_set("PRC");
//定义一个当前时间的变量
$tt =time();
echo "目前的时间为：<br/>";
//使用不同的格式化字符测试输出效果
echo date ("Y 年 m 月 d 日[l]H 点 i 分 s 秒",$tt)."<br/>";
```

```
echo date ("y-m-d h:i:s a",$tt)."<br/>";
echo date ("Y-M-D H:I:S A",$tt)."<br/>";
echo date ("F,d,y l",$tt)." <br/>";
echo date ("Y-M-D H:I:S",$tt)." <br/>";
?>
```

运行结果如图 7-2 所示。

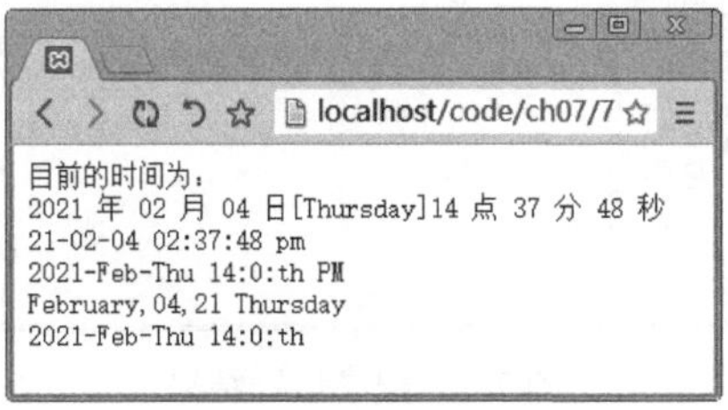


图 7-2　程序运行结果

【案例分析】

（1）date_default_timezone_set("PRC")语句的作用是设置默认时区为北京时间。如果不设置，将会显示安全警告信息。

（2）格式化字符的使用方法非常灵活，只要设置字符串中包含的字符，date()函数就能将字符串替换成指定的时间日期信息。利用上面的函数可以随意输出自己需要的日期。

### 2. getdate()函数

getdate()函数用于获取详细的时间信息，函数的格式如下：

```
array getdate（时间戳整数）
```

getdate()函数返回一个数组，包含日期和时间的各个部分。如果它的参数时间戳整数为空，就表示直接获取当前时间戳。

下面通过实例说明此函数的使用方法和技巧。

【例 7.3】(实例文件：源文件\ch07\7.3.php)

```
<?php date_default_timezone_set("PRC");
//定义一个时间的变量
$tm ="2021-08-08 08:08:08";
echo "时间为：". $tm. "<br/>";
//将格式转化为 Unix 时间戳
$tp =strtotime($tm);
echo "此时间的 Unix 时间戳为：".$tp. "<br/>";
$ar1 =getdate($tp);
echo "年为：". $ar1["year"]."<br/>";
echo "月为：". $ar1["mon"]."<br/>";
echo "日为：". $ar1["mday"]."<br/>";
echo "点为：". $ar1["hours"]."<br/>";
echo "分为：". $ar1["minutes"]."<br/>";
```

```
echo "秒为：". $ar1["seconds"]."<br/>";
?>
```

运行结果如图 7-3 所示。

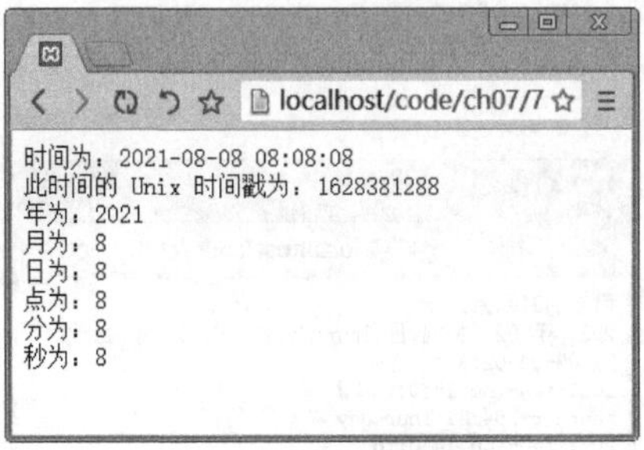


图 7-3　程序运行结果

## 7.2.5　检验日期的有效性

使用用户输入的时间数据的时候，会由于用户输入的数据不规范而导致程序运行出错。为了检查时间的合法有效性，需要使用 checkdate()函数对输入日期进行检测。它的格式为：

```
checkdate（月份，日期，年份）
```

此函数检查的项目是，年份是否在 0~32767 之间，月份是否在 1~12 之间，日期是否在相应的月份的天数内。下面通过实例来讲解如何检查日期的有效性。

【例 7.4】(实例文件：源文件\ch07\7.4.php)

```
<?php
if(checkdate(2,31,2019)){
   echo "这不可能。";
}else{
   echo "2 月没有 31 号。";
}
?>
```

运行结果如图 7-4 所示。

图 7-4　程序运行结果

## 7.2.6　输出格式化时间戳的日期和时间

可使用 strftime()把时间戳格式化为日期和时间，格式如下：

```
strftime（格式，时间戳）
```

其中，“格式”决定了如何把其后面的时间戳格式化并且输出。如果时间戳为空，那么将会使用系统当前的时间戳。

关于“格式”的代码描述如表 7-3 所示。

表 7-3 “格式”的代码描述

| 代码 | 描述 | 代码 | 描述 |
|---|---|---|---|
| %a | 周日期（缩简） | %A | 周日期 |
| %b 或%h | 月份（缩简） | %B | 月份 |
| %c | 标准格式的日期和时间 | %C | 世纪 |
| %d | 月日期（从 01~31） | %D | 日期的缩简格式（mm/dd/yy） |
| %e | 包含两个字符的字符串月日期（从'01'~'31'） | %G | 根据周数的年份（4 个数字） |
| %g | 根据周数的年份（2 个数字） | %H | 小时数（从 00~23） |
| %j | 一年中的天数（从 001~366） | %I | 小时数（从 1~12） |
| %m | 月份（从 01~12） | %M | 分钟（从 00~59） |
| %n | 新一行（同\n） | %P | am 或 pm |
| %p | am 或 pm | %R | 时间使用 24 小时制表示 |
| %r | 时间使用 am 或 pm 表示 | %S | 秒（从 00~59） |
| %t | Tab（同\t） | %T | 时间使用 hh:ss:mm 格式表示 |
| %u | 周天数（从 1-Monday 至 7-Sunday） | %U | 一年中的周数（从第一周的第一个星期天开始） |
| %w | 周天数（从 0-Sunday 至 6-Saturday） | %V | 一年中的周数（以至少剩余四天的这一周开始为第一周） |
| %x | 标准格式日期（无时间） | %W | 一年中的周数（从第一周的第一个星期一开始） |
| %y | 年份（2 个字符） | %X | 标准格式时间（无日期） |
| %z 和%Z | 时区 | %Y | 年份（4 个字符） |

下面通过实例介绍该函数的用法。

**【例 7.5】(实例文件：源文件\ch07\7.5.php)**

```
<?php
date_default_timezone_set("PRC");
echo(strftime("%b %d %Y %X", mktime(20,0,0,12,31,98)));
echo(gmstrftime("%b %d %Y %X", mktime(20,0,0,12,31,98)));
//输出当前日期、时间和时区
```

```
echo(gmstrftime("It is %a on %b %d, %Y, %X time zone: %Z",time()));
?>
```

运行结果如图 7-5 所示。

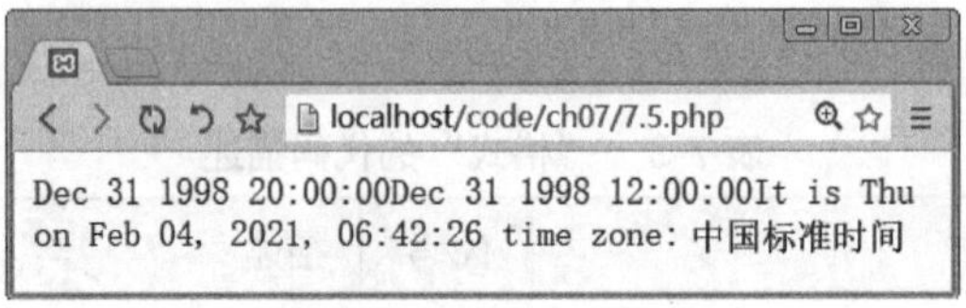


图 7-5　程序运行结果

## 7.2.7　显示本地化的日期和时间

由于世界上有不同的显示习惯和规范，因此日期和时间也会根据不同的地区显示为不同的形式。这就是日期和时间的本地化显示。

实现此操作需要使用到 setlocale()和 strftime()两个函数。后者已经介绍过。

可使用 setlocale()函数来改变 PHP 的本地化默认值，实现本地化的设置，格式为：

```
setlocale（目录，本地化值）
```

（1）“本地化值”是一个字符串，有一个标准格式：language_COUNTRY.chareacterset。比如，想把本地化设为美国，按照此格式为 en_US.utf8；如果想把本地化设为英国，按照此格式为 en_GB.utf8，如果想把本地化设为中国，且为简体中文，按照此格式为 zh_CN.gb2312 或者 zh_CN.utf8。

（2）“目录”是指 6 个不同的本地化目录，如表 7-4 所示。

表 7-4　本地化目录

| 目录 | 含义 |
|---|---|
| LC_ALL | 为后面其他的目录设定本地化规则的目录 |
| LC_COLLATE | 字符串对比目录 |
| LC_CTYPE | 字母划类和规则 |
| LC_MONETARY | 货币表示规则 |
| LC_NUMERIC | 数字表示规则 |
| LC_TIME | 日期和时间表示规则 |

这里要对日期时间进行本地化设置，需要使用到的目录是 LC_TIME。下面通过实例对日期时间本地化进行讲解。

【例 7.6】(实例文件：源文件\ch07\7.6.php)

```
<?php
date_default_timezone_set("PRC");
date_default_timezone_set("Asia/Hong_Kong");   //设置时区为中国时区
```

```
setlocale(LC_TIME, "zh_CN.gb2312");                  //设置时间的本地化显示方式
echo strftime("%Y-%m-%d %X %Z");                     //输出本地化的日期和时间
?>
```

运行结果如图 7-6 所示。

图 7-6　程序运行结果

【案例分析】

（1）date_default_timezone_set("Asia/Hong_Kong")设定时区为中国时区。

（2）setlocale(LC_TIME, "zh_CN.gb2312")设置时间的本地化显示方式为简体中文方式。

（3）strftime("%Y-%m-%d %X %Z")输出本地化的日期和时间。

## 7.2.8　将日期和时间解析为 UNIX 时间戳

使用给定的日期和时间操作 mktime()函数可以生成相应的 UNIX 时间戳，格式为：

```
mktime（小时，分钟，秒，月份，日期，年份）
```

在相应的时间和日期的部分输入相应位置的参数，即可得到相应的时间戳。下面通过实例介绍此函数的应用方法和技巧。

【例 7.7】(实例文件：源文件\ch07\7.7.php)

```
<?php
$timestamp = mktime(0,0,0,3,31,2021);     //获取指定日期的时间戳
echo $timestamp;                                //输出时间戳
?>
```

运行结果如图 7-7 所示。

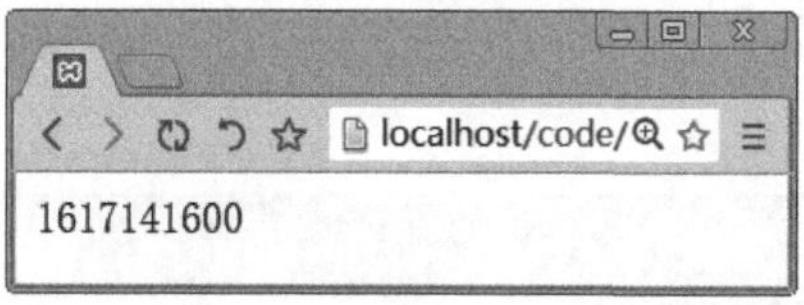


图 7-7　程序运行结果

其中，mktime(0,0,0,3,31,2021)使用的时间是 2021 年 3 月 31 日 0 点整。

## 7.2.9　日期和时间在 PHP 和 MySQL 数据格式之间的转换

日期和时间在 MySQL 中是按照 ISO8601 格式存储的。这种格式要求以年份打头，如

2012-03-08。从 MySQL 读取的默认格式也是这种格式。中国人是比较熟悉这种格式的，在中文应用中几乎不用转换就可以直接使用这种格式。

但是，在西方的表达方法中经常把年份放在月份和日期的后面，如 March 08, 2012。所以，在接触到国际，特别是符合英语使用习惯的项目时，需要把 ISO8601 格式的日期时间加以合适的转换。

有意思的是，为了解决这个英文使用习惯和 ISO8601 格式冲突的问题，MySQL 提供了把英文使用习惯的日期时间转换为符合 ISO8601 标准的两个函数，即 DATE_FOMAT()和 UNIX_TIMESTAMP()。这两个函数在 SQL 语言中使用，它们的具体用法将在介绍 MySQL 的部分详述。

# 7.3 实战演练 1——比较两个时间的大小

在比较两个时间的大小时，通过一定形式的时间和日期进行比较，或者不同格式的时间和日期进行比较，都不太方便。最方便的方法是把所有格式的时间都转换为时间戳，然后比较时间戳的大小。

下面通过实例来比较两个时间的大小。

【例 7.8】(实例文件：源文件\ch07\7.8.php)

```
<?php
$timestampA = mktime(0,0,0,3,31,2015);      //获取指定日期的时间戳
$timestampB = mktime(0,0,0,1,31,2016);
if($timestampA > $timestampB ){             //比较两个时间戳的大小
    echo "2015 年三月的时间戳数值大于 2016 年一月的。";
}elseif( $timestampA < $timestampB ){
    echo "2015 年三月的时间戳数值小于 2016 年一月的。";
}else{
    echo "两个时间相同。";
}
?>
```

运行结果如图 7-8 所示。

图 7-8　程序运行结果

# 7.4 实战演练 2——实现倒计时功能

对于未来的时间点实现倒计时，其实就是使用当下的时间戳和未来的时间点进行比较和运算。

下面通过实例来介绍如何实现倒计时功能。

【例 7.9】(实例文件：源文件\ch07\7.9.php)

```
<?php
$timestampfuture = mktime(0,0,0,12,12,2023);         //获取指定日期的时间戳
$timestampnow = time();                              //获取当前日期的时间戳
$timecount = $timestampfuture - $timestampnow;       //获取倒计时的时间差
$days = round($timecount/86400);                     //获取天数
echo "今天是".date('Y F d')." ,距离 2023 年 12 月 12 号的时间戳，还有".$days."天。";
?>
```

运行结果如图 7-9 所示。

localhost/code/ch0
今天是2021 February 04 ,距离 2023 年
12 月 12 号的时间戳，还有1041天。

图 7-9　程序运行结果

【案例分析】

(1) mktime()不带任何参数，所生成的时间戳是当前时间的时间戳。

(2) $timecount 是现在的时间戳距离未来时间点的时间戳的秒数。

(3) round($timecount/86400)，其中 86400 为一天的秒数，$timecount/86400 为得到天数，round()函数取约数而得到天数。

# 7.5 高手甜点

### 甜点 1：如何使用微秒?

有些时候，某些应用要求使用比秒更小的时间单位来表明时间。比如，在一段测试程序运行的程序中，可能要使用到微秒级的时间单位来表明时间，这时就需要使用函数 microtime(true)：

```
<?php
$timestamp = microtime(true);
```

```
echo $timestamp;
?>
```

当前时间下返回的结果为 1533202721.4948。时间戳精确到小数点后 4 位。

**甜点 2：定义时间和日期时出现警告怎么办?**

在运行 PHP 程序时，有时会出现这样的警告：PHP Warning: date(): It is not safe to rely on the system's timezone settings。出现上述警告是因为 PHP 所取的时间是格林尼治标准时间，和用户当地的时间会有出入，由于格林尼治标准时间和北京时间大概差 8 个小时，因此会弹出警告。可以使用下面方法中的任意一种来解决。

（1）在页头使用 date_default_timezone_set()设置默认时区为北京时间，即 <?php date_default_timezone_set("PRC"); ?>，例如本章例 7.2 中所示。

（2）在 php.ini 中设置 date.timezone 的值为 PRC，设置语句为 date.timezone=PRC，同时取消这一行代码的注释，即去掉前面的分号。

# 第 8 章 面向对象编程

学习目标 | Objective

面向对象（object-oriented）是现在编程的主流技术，PHP 编程也不例外。面向对象不同于面向过程（process-oriented)，它用类、对象、关系、属性等一系列概念来提高编程的效率。它主要的特性是可封装性、可继承性和多态性。本章主要讲解 PHP 面向对象编程的相关知识。

内容导航 | Navigation

- 了解类和对象的基本概念
- 熟悉 PHP 中类的基本操作
- 掌握构造方法和析构方法
- 掌握访问方法
- 掌握类的继承
- 掌握抽象类和接口的使用方法
- 掌握面向对象的多态性

## 8.1 类和对象的介绍

面向对象编程的主要优势就是把编程的重心从处理过程转移到了对现实世界实体的表达。这十分符合人们的思维方式。

类（classes）和对象（objects）并不难理解。试想一下，在日常生活中，自然人对事物的认识，一般是由看到的、感受到的实体（日常生活中的吃穿住行）归纳出来的，或者抽象出它们的类。比如，当看到楼下停的汽车中都是 Polo 或 QQ 的时候，人们自然会想到，这些都是“两厢车”，“两厢车”就是抽象出的类。这就是人们认识世界的过程。

然而程序员需要在计算机的世界中再造一个虚拟的“真实世界”。那么，在这里程序员就要像“造物主”一样思考，就是要先定义“类”，再由“类”产生一个个“实体”，也就是一个个“对象”。

请考虑这样的情况。过年的时候，有的地方要制作“点心”，点心一般会有鱼、兔、狗等生动的形状。而这些不同的形状是由不同的“模具”做出来的。那么，在这里鱼、兔、狗的一个个不同的点心就是实体，最先刻好的“模具”就是类。要明白，这个“模具”指的是被刻好的“形状”，而不是制作“模具”的材料。如果你能像造物主一样用意念制作出一个个点心，那么，你的意念的“形状”就是“模具”。

OOP 是 Object-Oriented Programming（面向对象编程）的缩写。对象（object）在 OOP 中是由属性和操作组成的。属性（attributes）就是对象的特性或与对象关联的变量。操作（operation）就是对象中的方法（method）或函数（function）。

由于 OOP 中最为重要的特性之一就是可封装性，因此对对象内部数据的访问只能通过对象的“操作”来完成，这也被称为对象的“接口”（interfaces）。因为类是对象的模板，所以类描述了对象的属性和方法。

另外，面向对象编程具有三大特点。

（1）封装性。将类的使用和实现分开管理，只保留类的接口，这样开发人员就不用知道类的实现过程，只需要知道如何使用类即可，从而大大地提高了开发的效率。

（2）继承性。“继承”是面向对象软件技术中的一个概念。如果一个类 A 继承自另一个类 B，就把这个 A 称为“B 的子类”，而把 B 称为“A 的父类”。继承可以使得子类具有父类的各种属性和方法，而不需要再次编写相同的代码。在令子类继承父类的同时，可以重新定义某些属性，并重写某些方法，即覆盖父类的原有属性和方法，使其获得与父类不同的功能。另外，还可以为子类追加新的属性和方法。继承可以实现代码的可重用性，简化对象和类的创建过程。另外，PHP 支持单继承，也就是一个子类只能有一个父类。

（3）多态性。多态是面向对象程序设计的重要特征之一，是扩展性在“继承”之后的又一重大表现。同一操作作用于不同的类的实例将产生不同的执行结果，即不同类的对象收到相同的消息时，得到不同的结果。

## 8.2 PHP 中类的操作

类是面向对象中最为重要的概念之一，是面向对象设计中最基本的组成模块。可以将类简单地看作一种数据结构，在类中的数据和函数称为类的成员。

### 8.2.1 类的声明

在 PHP 中，声明类的关键字是 class，声明格式如下：

```
<?php
权限修饰符   class 类名{
```

```
类的内容;
}
?>
```

其中，权限修饰符是可选项，常见的修饰符包括 public、private 和 protected。创建类时，可以省略权限修饰符，此时默认的修饰符为 public。public、private 和 protected 的区别如下：

（1）一般情况下，属性和方法的默认项是 public，这意味着属性和方法的各个项从类的内部和外部都可以访问。

（2）用关键字 private 声明的属性和方法则只能从类的内部访问，也就是只有类内部的方法才可以访问用此关键字声明的类的属性和方法。

（3）用关键字 protected 声明的属性和方法也是只能从类的内部访问，但是通过“继承”而产生的“子类”也是可以访问这些属性和方法的。

例如，定义一个 Student（学生）为公共类，代码如下：

```
public class Student
{
    //类的内容
}
```

## 8.2.2 成员属性

成员属性是指在类中声明的变量。在类中可以声明多个变量，所以对象中可以存在多个成员属性，每个变量将存储不同的对象属性信息，例如：

```
public class Student
{
    public $name;//类的成员属性
}
```

其中，成员属性必须使用关键词进行修饰，常见的关键词包括 public、protected 和 private。如果没有特定的意义，仍然需要用 var 关键词修饰。另外，在声明成员属性时可以不进行赋值操作。

## 8.2.3 成员方法

成员方法是指在类中声明的函数。在类中可以声明多个函数，所以对象中可以存在多个成员方法。类的成员方法可以通过关键字进行修饰，从而控制成员方法的使用权限。

以下是定义成员方法的例子：

```
class Student
{
    public $name;                        //类的成员属性
    function GetIp(){
                                         //方法的内容
```

```
    }
}
```

### 8.2.4 类的实例化

面向对象编程的思想是一切皆为对象。类是对一个事物抽象出来的结果，因此，类是抽象的。对象是某类事物中具体的那个，因此，对象就是具体的。例如，学生就是一个抽象概念，即学生类，但是姓名叫张三的学生就是学生类中一个具体的学生，即对象。

类和对象的关系可以描述为：类用来描述具有相同数据结构和特征的“一组对象”，“类”是“对象”的抽象，而“对象”是“类”的具体实例，即一个类中的对象具有相同的“型”，但其中每个对象却具有各不相同的“值”。

提示

类是具有相同或相仿结构、操作和约束规则的对象组成的集合，而对象是某一类的具体化实例，每一个类都是具有某些共同性的对象的抽象。

类的实例化格式如下：

```
$变量名=new 类名称([参数]);        //类的实例化
```

其中，new 为创建对象的关键字，$变量名返回对象的名称，用于引用类中的方法。参数是可选的，如果存在参数，就用于指定类的构造方法或用于初始化对象的值；如果没有定义构造函数参数，PHP 就会自动创建一个不带参数的默认构造函数。

如下面的例子所示：

```
class Student
{
    public $name;                  //类的成员属性
    function GetIp(){
       //方法的内容
    }
}
$lili=new 类名称();                //类的实例化
$liufei=new 类名称();              //类的实例化
$zhangming=new 类名称();           //类的实例化
$wangyi=new 类名称();              //类的实例化
```

上面的例子实例化了 4 个对象，并且这 4 个对象之间没有任何联系，只能说明它们源于同一个类。可见，一个类可以实例化多个对象，每个对象都是独立存在的。

### 8.2.5 访问类中的成员属性和方法

通过对象的引用可以访问类中的成员属性和方法，这里需要使用特殊的运算符号：“->”。具体的语法格式如下：

```
$变量名=new 类名称();              //类的实例化
```

```
$变量名->成员属性=值;            //为成员属性赋值
$变量名->成员属性;               //直接获取成员的属性值
$变量名->成员方法;               //访问对象中指定的方法
```

另外，用户还可以使用一些特殊的访问方法。

### 1. $this

$this 存在于类的每一个成员方法中，是一个特殊的对象引用方法。成员方法属于哪个对象，$this 引用就代表哪个对象，专门用于完成对象内部成员之间的访问。

### 2. 操作符“::”

操作符“::”可以在没有任何声明实例的情况下访问类中的成员。使用的语法格式如下：

```
关键字::变量名/常量名/方法名
```

其中，关键字主要包括 parent、self 和类名 3 种。parent 关键字表示可以调用父类中的成员变量、常量和成员方法。self 关键字表示可以调用当前类中的常量和静态成员。类名关键字表示可以调用本类中的常量变量和方法。

下面通过实例介绍类的声明和实例的生成。

**【例 8.1】(实例文件：源文件\ch08\8.1.php)**

```
<?php
//定义类
class guests{
     private $name;
     private $gender;
     function setname($name){
         $this->name = $name;
     }
//定义函数
     function getname(){
         return $this->name;
     }
     function setgender($gender){
         $this->gender = $gender;
     }
     function getgender(){
         return $this->gender;
     }
};
$xiaoming = new guests;   //生成实例
$xiaoming->setname("王小明");
$xiaoming->setgender("男");
$lili = new guests;
$lili->setname("李莉莉");
$lili->setgender("女");
echo $xiaoming->getname()."\t".$xiaoming->getgender()."<br/>";
```

```
echo $lili->getname()."\t".$lili->getgender();
?>
```

运行结果如图 8-1 所示。

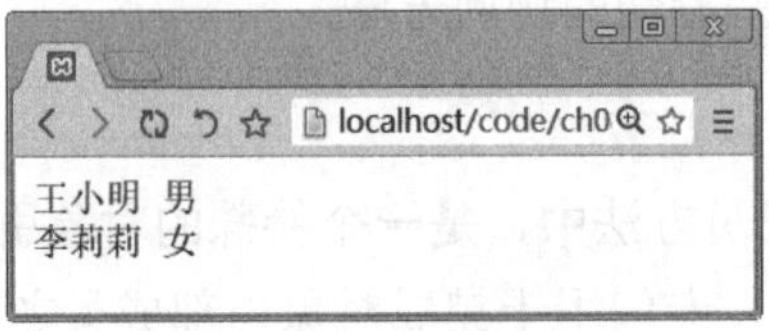


图 8-1　程序运行结果

**【案例分析】**

（1）用 class 关键字声明一个类，而这个类的名称是 guests。在大括号内写入类的属性和方法。其中 private $name、private $gender 为类 guests 的自有属性，用 private 关键字声明，也就是说只有在类内部的方法可以访问它们，类外部是不能访问的。

（2）function setname($name)、function getname()、function setgender($gender)和 function getgender()就是类方法，可以对 private $name、private $gender 这两个属性进行操作。$this 是对类本身的引用。用“->”连接类属性，格式如$this->name 和$this->gender。

（3）之后用 new 关键字生成一个对象，格式为$object = new Classname;，对象名是$xiaoming。当程序通过 new 生成一个类 guests 的实例，也就是对象$xiaoming 的时候，对象$xiaoming 就拥有了类 guests 的所有属性和方法。然后就可以通过“接口”，也就是这个对象的方法（也就是类的方法的副本）来对对象的属性进行操作。

（4）通过接口 setname($name)给实例$xiaoming 的属性$name 赋值为 XiaoMing，通过 setgender($gender)给实例$xiaoming 的属性$gender 赋值为 male。同样的道理，通过接口操作了实例$lili 的属性。最后通过接口 getname()、getgender()返回不同的两个实例的属性$name 和$gender，并且打印出来。

# 8.3 构造方法和析构方法

构造方法存在于每个声明的类中，主要作用是执行一些初始化的任务。如果类中没有直接声明构造方法，那么类会默认生成一个没有参数且内存为空的构造方法。

在 PHP 中，声明构造方法的方法有两种，在 PHP 5 版本之前，构造方法的名称必须与类名相同，这种构造方法的风格在 PHP 8 中已经被弃用。

从 PHP 5 版本开始，构造方法的名称必须以两个下划线开头，即“__construct”。具体的语法格式如下：

```
function __construct([mixed args]){
    //方法的内容
```

```
}
```

一个类只能声明一个构造方法。构造方法中的参数是可选的，如果没有传入参数，就使用默认参数为成员变量进行初始化。

在例 8.1 中，对实例$xiaoming 的属性$name 进行赋值，还需要通过使用接口 setname($name)进行操作，如$xiaoming->setname("XiaoMing")。如果想在生成实例$xiaoming 的同时就对此实例的属性$name 进行赋值，该怎么办呢？

这时就需要构造方法“_construct()”了。这个函数的特性是，当通过关键字 new 生成实例的时候，它就会被调用执行。它的用途就是经常对一些属性进行初始化，也就是给一些属性进行初始化的赋值。

下面通过实例介绍构造方法的使用方法和技巧。

**【例 8.2】(实例文件：源文件\ch08\8.2.php)**

```
<?php
class guests{                                   //定义类 guests
    private $name;
    private $gender;
    function __construct($name,$gender){        //定义函数 function __construct
        $this->name = $name;
        $this->gender = $gender;
    }
    function getname(){                          //定义函数 getname
        return $this->name;
    }
    function getgender(){                        //定义函数 getgender
        return $this->gender;
    }
};
$xiaoming = new guests("赵大勇","男");
$lili =  new guests("方芳芳","女");
echo $xiaoming->getname()."\t".$xiaoming->getgender()."<br/>";
echo $lili->getname()."\t".$lili->getgender();
?>
```

运行结果如图 8-2 所示。

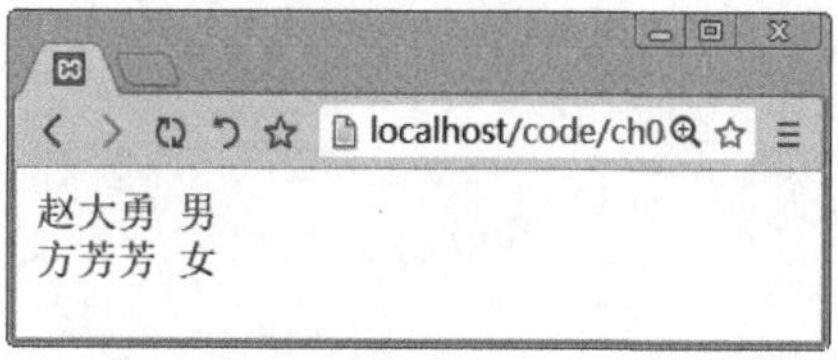


图 8-2 程序运行结果

要记住的是，构造方法是不能返回（return）值的。

有构造方法，就有它的反面“析构方法”（destructor）。它是在对象被销毁的时候被调用执行的。但是因为 PHP 在每个请求的最终都会把所有资源释放，所以析构方法的意义是有限的。具体使用的语法格式如下：

```
function __destruct(){
    //方法的内容，通常完成一些在对象销毁前的清理任务
}
```

PHP 具有垃圾回收机制，可以自动清除不再使用的对象，从而释放更多的内存。析构方法是在垃圾回收程序执行前被调用的方法，是 PHP 编程中的可选方法。

析构方法在执行某些特定行为时还是有用的，比如在对象被销毁时清空资源或者记录日志信息。

在以下两种情况下，析构方法可能被调用执行。

- 代码运行时，当所有对于某个对象的 reference（引用）被毁掉的情况下。
- 当代码执行到最后并且 PHP 停止请求的时候调用 destructor 函数。

# 8.4 访问方法

另一个很好用的函数是访问方法（accessor）。由于 OOP 思想并不鼓励直接从类的外部访问类的属性，以强调封装性，因此可以使用_get 和_set 方法来达到此目的，也就是说要使用访问函数。无论何时，类属性被访问和操作，访问方法都会被激发。通过使用它们可以避免直接对类属性的访问。

下面通过实例介绍访问方法的使用方法和技巧。

【例 8.3】（实例文件：源文件\ch08\8.3.php）

```
<?php
class guests{
    public $property;
    function _set($propName,$propValue){
        $this->$propName = $propValue;
    }
    function _get($propName){
        return $this->$propName;
    }
};
$xiaoshuai = new guests;
$xiaoshuai->name = "刘小帅";
$xiaoshuai->gender = "男性";
$dingdang = new guests;
$dingdang->name = "丁叮当";
$dingdang->gender = "女性";
$dingdang->age = 28;
echo $xiaoshuai->name." 是 ".$xiaoshuai->gender."<br/>";
echo $dingdang->name." 是一位 ".$dingdang->age." 岁 ".$dingdang->gender."<br/>";
```

```
?>
```

运行结果如图 8-3 所示。

图 8-3 程序运行结果

**【案例分析】**

（1）$xiaoshuai 为类 guest 的实例。直接添加属性 name 和 gender，并且赋值，如"$xiaoshuai->name = "刘小帅"; $xiaoshuai->gender = "男性";"，此时，类 guest 中的_set 函数被调用。$dingdang 实例为同样的过程。另外，$dingdang 实例添加了一个对象属性 age。

（2）echo 命令中用到的对象属性，如$xiaoshuai->name 等，则是调用了类 guest 中的_get 函数。

（3）此例中，_set 方法的格式为：

```
function _set($propName,$propValue){
    $this->$propName = $propValue;
}
```

_get 方法的格式为：

```
function _get($propName){
    return $this->$propName;
}
```

其中，$propName 为"属性名"，$propValue 为"属性值"。

# 8.5 类的继承

继承（inheritance）是 OOP 中最重要的特性与概念。父类拥有其子类的公共属性和方法。子类除了拥有父类具有的公共属性和方法以外，还拥有自己独有的属性和方法。

PHP 使用关键字 extends 来确认子类和父类，实现子类对父类的继承。具体的语法格式如下：

```
class 子类名称 extends 父类名称{
    //子类成员变量列表
    function 成员方法(){                    //子类成员方法
        //方法内容
    }
}
```

下面通过实例介绍类的继承方法。

【例 8.4】(实例文件：源文件\ch08\8.4.php)

```
<?php
class Vegetables{
    var $tomato ="西红柿";                                    //定义变量
    var $cucumber="黄瓜";
};
class VegetablesType extends Vegetables{           //类之间的继承
    var $potato="马铃薯";                              //定义子类的变量
    var $radish="萝卜";
};
$vegetables=new VegetablesType();                  //实例化对象
echo "蔬菜包括：".$vegetables->tomato."，".$vegetables->cucumber."，".$vegetables->
    potato."，".$vegetables-> radish;
?>
```

运行结果如图 8-4 所示。

图 8-4 程序运行结果

从结果可以看出，本实例创建了一个蔬菜父类，子类通过关键字 extends 继承了蔬菜父类中的成员属性，最后对子类进行实例化操作。

# 8.6 高级特性

本节将学习 PHP 中关于类的一些高级特性。

## 8.6.1 静态属性和方法

声明类属性或方法为 static（静态），就可以不实例化类而直接访问。静态属性不能通过一个类已实例化的对象来访问（但静态方法可以）。由于静态方法不需要通过对象即可调用，因此伪变量 $this 在静态方法中不可用。静态属性不可以由对象通过->操作符来访问。自 PHP 5.3.0 起，可以用一个变量来动态调用类，但该变量的值不能为关键字 self、parent 或 static。

静态属性不需要实例化就可以直接使用，调用格式为“类名::静态属性名”。同样地，静态方法也不需要实例化即可直接使用，调用格式为“类名::静态方法名”。

【例 8.5】(实例文件：源文件\ch08\8.5.php)

```
<?php
```

```
class Gushi {
    public static $my_static = '洛阳亲友如相问，一片冰心在玉壶。<br/>';
    public function staticValue() {
        return self::$my_static;
    }
}
print Gushi::$my_static;
$gushi = new Gushi();
print $gushi ->staticValue();
?>
```

运行结果如图 8-5 所示。

图 8-5　程序运行结果

## 8.6.2　final 类和方法

从 PHP 5 开始，新增了一个 final 关键字。如果父类中的方法被声明为 final，则子类无法覆盖该方法。如果一个类被声明为 final，则不能被继承。

### 1. final 方法不能被重写

如果希望类中的某个方法不能被子类重写，就可以设置该方法为 final 方法，只需要在方法前加上 final 修饰符即可。如果这个方法被子类重写，将会出现错误。

**【例 8.6】(实例文件：源文件\ch08\8.6.php)**

```
<?php
class Math{
    //计算两个数值的和
    public final function Sum($a,$b){
        return $a+$b;
    }
}
class M extends Math {
    public function Sum($a,$b) {   //重写 Sum 方法
        echo '这里先测试一下';
    }
}
$math = new M();
echo $math->Sum(10,20);
?>
```

运行结果如图 8-6 所示。从结果可以看出，final 方法不能被重写，否则会报错。

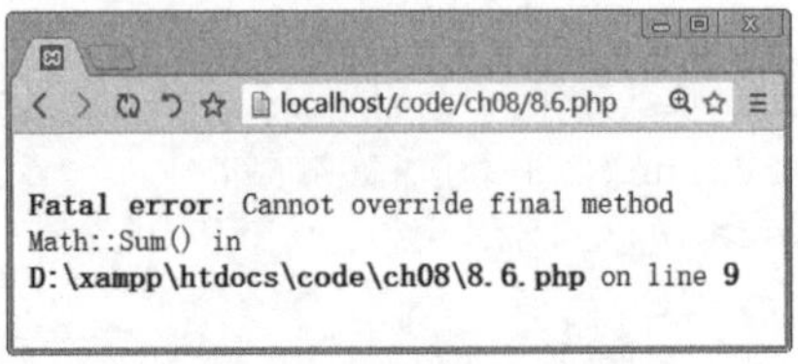


图 8-6　程序运行结果

#### 2. final 类不能被继承

final 关键词可以终止类的继承。final 类不能有子类，final 方法不能被覆盖。

【例 8.7】(实例文件：源文件\ch08\8.7.php)

```
<?php
final class Poth{
    public $aa = 9.99;
}
$poth = new Poth();
echo $poth;
//声明 M 类，它继承自 Poth 类，但执行时会出错，final 类不能被继承
class M extends Poth {

}
?>
```

运行结果如图 8-7 所示。

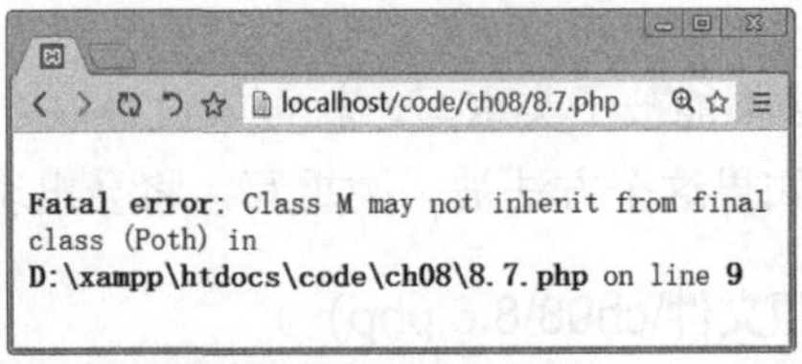


图 8-7　报错信息

## 8.7 抽象类和接口

抽象类和接口都是特殊的类，因为它们都不能被实例化。本章主要讲解两者的使用方法和技巧。

### 8.7.1　抽象类

抽象类只能作为父类使用，因为抽象类不能被实例化。抽象类使用关键字 abstract 来声明，具体的语法格式如下：

```
abstract class 抽象类名称{
    //抽象类的成员变量列表
    abstract function 成员方法 1(参数);                    //抽象类的成员方法
    abstract function 成员方法 2(参数);                    //抽象类的成员方法
}
```

抽象类和普通类的主要区别在于抽象类的方法没有方法内容，而且至少包含一个抽象方法。另外，抽象方法也必须使用关键字 abstract 来修饰，抽象方法后必须有分号。

【例 8.8】(实例文件：源文件\ch08\8.8.php)

```
<?php
abstract class MyObject{                              //定义抽象类
    abstract function service($getName,$price,$num);
}
class MyBook extends MyObject{
    function service($getName,$price,$num){
        echo '您购买的商品是'.$getName.'，商品的价格是：'.$price.' 元。';
        echo '您购买的数量为：'.$num.' 本。';
    }
}
class MyComputer extends MyObject{                    //继承抽象类
    function service($getName,$price,$num){
        echo '您购买的商品是'.$getName.'，该商品的价格是：'.$price.' 元。';
        echo '您购买的数量为：'.$num.' 本。';
    }
}
$book = new MyBook();
$computer = new MyComputer();
$book -> service('《PHP 8 从入门到精通》',99,15);
echo '<p>';
$computer -> service('MySQL 8 从零开始学',79,10);
?>
```

运行结果如图 8-8 所示。

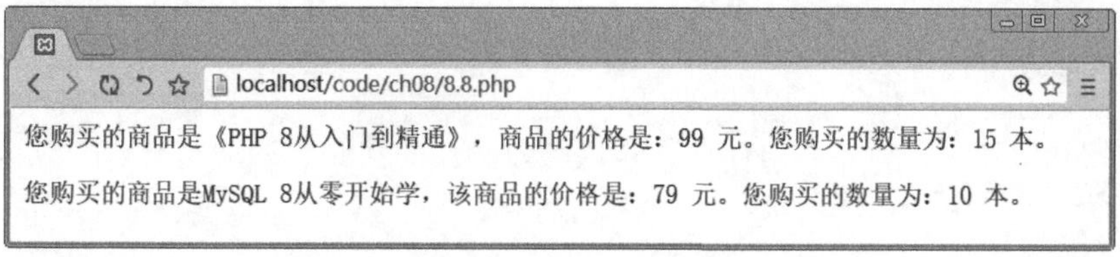


图 8-8　程序运行结果

## 8.7.2　接口

继承特性简化了对象和类的创建，增加了代码的可重用性。但是 PHP 只支持单继承，如果想实现多继承，就需要使用接口。PHP 可以实现多个接口。

接口类通过关键字 interface 来声明。接口中不能声明变量，只能使用关键字 const 声明为常量的成员属性，接口中声明的方法必须是抽象方法，并且接口中所有的成员都必须具有public访问权限。具体的使用语法格式如下：

```
interface 接口名称{                                    //使用 interface 关键字声明接口
    //常量成员                                         //接口中的成员只能是常量
    //抽象方法                                         //成员方法必须是抽象方法
}
```

与继承使用extends关键字不同的是，实现接口使用的是implement关键字：

```
class 接口类 implement 接口名称{}
```

实现接口的类必须实现接口中声明的所有方法，除非这个类被声明为抽象类。

**【例 8.9】(实例文件：源文件\ch08\8.9.php)**

```
<?php
interface Maxmin{
    //这两个方法必须在子类中继承，修饰符必须为 public
    public function getMax();
    public function getMin();
}
class msm implements Maxmin {
    private $aa = 33;
    private $bb = 66;
    //具体实现接口声明的方法
    public function getMax(){
        return $this->bb;
    }
    public function getMin(){
        return $this->aa;
    }
    //这里还可以有自己的方法
    public function getOther(){
        return '这里是自己的方法';
    }
}
$msm = new msm();
echo $msm->getMax();
echo '<br/>';
echo $msm->getMin();
echo '<br/>';
echo $msm->getOther();
?>
```

运行结果如图8-9所示。

图 8-9 程序运行结果

通过上述实例，可以总结出如下要点：

- 在 PHP 中，类的继承只能是单独继承，即由一个父类（基类）继承，而且可以一直继承下去。PHP 不支持多方继承，即不能由一个以上的父类继承，即类 C 不能同时继承类 A 和类 B。
- 由于 PHP 支持多方继承，为了对特定类的功能进行拓展，可以使用接口（interface）来实现类似于多方继承的好处。接口用 interface 关键字声明，并且单独设置接口方法。
- 一个类可以继承于一个父类，同时使用一个或多个接口。类还可以直接继承于某个特定的接口。
- 类、类的属性和方法的访问都可以通过访问修饰符进行控制。访问修饰符放在属性和类的前面，public 表示公共属性或方法，private 表示自有属性或方法，protected 表示可继承属性或方法。
- 关键字 final 放在特定的类前面，表示此类不能再被继承。final 放在某个类方法前面，表示此方法不能在继承后被“覆写”或重新定义。

# 8.8 面向对象的多态性

多态性是指同一操作作用于不同类的实例，将产生不同的执行结果，即不同类的对象收到相同的消息时，得到不同的结果。在 PHP 中，实现多态的方法有两种，包括通过继承实现多态和通过接口实现多态。

## 8.8.1 通过继承实现多态

通过继承可以实现多态的效果，下面通过一个实例来理解实现多态的方法。

【例 8.10】(实例文件：源文件\ch08\8.10.php)

```
<?php
abstract class Vegetables{                              //定义抽象类Vegetables
    abstract function go_Vegetables();                  //定义抽象方法go_Vegetables
}
class Vegetables_potato extends Vegetables{     //马铃薯类继承蔬菜类
    public function go_Vegetables(){             //重写抽象方法
```

```
        echo "我们开始种植马铃薯" ;                    //输出信息
    }
}
class Vegetables_radish extends Vegetables{      //萝卜类继承蔬菜类
    public function go_Vegetables(){               //重写抽象方法
        echo "我们开始种植萝卜" ;
    }
}
function change($obj){                           //自定义方法根据对象调用不同的方法
    if($obj instanceof Vegetables ){
        $obj->go_Vegetables();
    }else{
        echo "传入的参数不是一个对象";                //输出信息
    }
}
echo "实例化 Vegetables_potato: ";
change(new Vegetables_potato());               //实例化 Vegetables_potato
echo "<br/>";
echo "实例化 Vegetables_radish: ";
change(new Vegetables_radish ());              //实例化 Vegetables_radish
?>
```

运行结果如图 8-10 所示。

图 8-10　程序运行结果

从结果可以看出，本实例创建了一个抽象类 Vegetables，用于表示各种蔬菜的种植方法，然后让子类继承这个 Vegetables。

## 8.8.2　通过接口实现多态

下面通过接口的方式实现和上面实例一样的效果。

**【例 8.11】(实例文件：源文件\ch08\8.11.php)**

```
<?php
interface Vegetables{                                     //定义接口 Vegetables
    public function go_Vegetables();                             //定义接口方法
}
class Vegetables_potato implements Vegetables{
    // Vegetables_potato 实现 Vegetables 接口
    public function go_Vegetables(){                      //定义 go_Vegetables 方法
        echo "我们开始种植马铃薯" ;                           //输出信息
    }
}
```

```
class Vegetables_radish implements Vegetables{
    // Vegetables_radish 实现 Vegetables 接口
    public function go_Vegetables(){                    //定义 go_Vegetables 方法
        echo "我们开始种植萝卜" ;                          //输出信息
    }
}
function change($obj){                               //自定义方法根据对象调用不同的方法
    if($obj instanceof Vegetables ){
        $obj->go_Vegetables();
    }else{
        echo "传入的参数不是一个对象";                      //输出信息
    }
}
echo "实例化 Vegetables_potato: ";
change(new Vegetables_potato());                    //实例化 Vegetables_potato
echo "<br/>";
echo "实例化 Vegetables_radish: ";
change(new Vegetables_radish ());                   //实例化 Vegetables_ radish
?>
```

运行结果如图 8-11 所示。

图 8-11　程序运行结果

从结果可以看出，本实例创建了一个接口 Vegetables，然后定义一个空方法 go_Vegetables()，接着定义 Vegetables_potato 和 Vegetables_radish 子类继承接口 Vegetables。最后通过 instanceof 关键字检查对象是否属于接口 Vegetables。

# 8.9 匿名类

PHP 支持通过 new class 来实例化一个匿名类。所谓匿名类，是指没有名称的类，只能在创建时用 new 语句来声明它们。

**【例 8.12】(实例文件：源文件\ch08\8.12.php)**

```
<?php
interface Logger {
    public function log(string $msg);
}

class Application {
    private $logger;
```

```
    public function getLogger(): Logger {
        return $this->logger;
    }

    public function setLogger(Logger $logger) {
        $this->logger = $logger;
    }
}

$app = new Application;
// 使用 new class 创建匿名类
$app->setLogger(new class implements Logger {
    public function log(string $msg) {
        print($msg);
    }
});

$app->getLogger()->log("北方有佳人，绝世而独立。一顾倾人城，再顾倾人国。宁不知倾城与倾国？
    佳人难再得。");
?>
```

在 PHP 8 中，运行结果如图 8-12 所示。在 PHP 5 中，上述代码将会报错。

图 8-12　使用匿名类

# 8.10 PHP 8 的新变化 1——使用 Attributes（注解）

Attributes 即注解，它提供了一种向类添加元数据的方法，无需解析文档块。

符号为#[]，使用格式如下：

```
#[param('value1','value2')]
```

Attributes 可定义多个，也可写成数组形式：

```
#[
    param('value1','value2'),
    param2('value3','value4'),
]
```

上述两种形式还可以混合使用。

下面通过案例来学习 Attributes 的使用方法，代码如下：

```
<?php
#[Name1("苹果")]
#[Goods1("name1", "price1")]
#[
    Params2("name2", "price2"),
    Name2("香蕉")
]
function newAttributes($arg = ''){}

$obj = new ReflectionFunction('newAttributes');
$attributes = $obj->getAttributes();
echo'<pre>';
echo($attributes[1]->getName().'<br>');
print_r($attributes[2]->getArguments());
?>
```

上述代码的输出内容如下：

```
Goods1
Array
(
    [0] => name2
    [1] => price2
)
```

# 8.11 PHP 8 的新变化 2——支持 static 返回类型

尽管 PHP 已经可以返回 self，但是直到 PHP 8 版本，static 才是有效的返回类型。考虑到 PHP 具有动态类型的性质，此功能对于 PHP 开发项目将非常有用。

下面举例说明：

```
<?php
class MyTest {
    public $_name = '苹果';
    public function getStatic(): static {
        return new static();
    }
}

$obj = new MyTest();

var_dump($obj->getStatic()->_name);
?>
```

运行上述程序会输出 string(6) "苹果"。

# 8.12 PHP 8 的新变化 3——新增 WeakMap 特性

PHP 8 新增 WeakMap 特性，也就是常说的弱映射。WeakMap 允许创建对象到任意值的映射，同时也不会阻止作为键的对象被垃圾回收。如果某个对象键被垃圾回收，对应键值对将从集合中移除。这一新特性非常有用，因为这样一来，开发者就不必担心代码存在内存泄露了。弱映射通常使用在将数据与单个对象实例关联起来，而不强制它们保持活动状态，引用的对象会在失效时自动被垃圾回收。

下面通过实例来理解 WeakMap 特性。

首先定义一个商品类和库房的类，然后看数组中使用情况。

```php
<?php
class Goods{
    public $name;
    public function __construct($name){
        $this->name=$name;
    }
}

class Storeroom{
    public $rooms=[];
    public function __construct(){
        $this->rooms=[];
    }
    public function addGoods(Goods $goods){
        $this->rooms[$goods->name]=$goods;
    }
}

$storeroom=new Storeroom();
$juicer=new Goods("果汁机");
$shaver=new Goods("剃须刀");

$storeroom->addGoods($juicer);
$storeroom->addGoods($shaver);

print count($storeroom->rooms);
echo "<br />";
unset($shaver);
print count($storeroom->rooms);
echo "<br />";
$storeroomShaver=$storeroom->rooms['剃须刀'];
echo $storeroomShaver->name;
?>
```

运行程序输出结果如下：

```
2
2
剃须刀
```

从结果可以看出，在使用数组时，将商品实例加入库房时，加入的是其克隆体，所以两者互相没有什么干扰。这里虽然使用了 unset($shaver)，但是没有对数组中的值产生了什么影响。

如果想实现当对应的商品实例消失的时候，对其引用的类能自动感知。就像商品和库房的关系，如果商品销毁了，比如 unset($shaver)，则对应的库房会被清除出来。注意这里把库房清除时，对应的商品是没事的，依旧存在。

下面就通过 WeakMap 来实现上述功能。代码如下：

```php
<?php
class Goods{
    public $name;
    public function __construct($name){
        $this->name=$name;
    }
}

class Storeroom{
    // 注意这里的数据类型
    public WeakMap $rooms;
    public function __construct(){
        // 这里一定要对其进行实例化
        $this->rooms=new WeakMap();
    }
    public function addGoods(Goods $goods){
        // 这里一定要以 Object 为索引
        $this->rooms[$goods]=$goods->name;
    }
}

$storeroom=new Storeroom();
$juicer=new Goods("果汁机");
$shaver=new Goods("剃须刀");

$storeroom->addGoods($juicer);
$storeroom->addGoods($shaver);

print count($storeroom->rooms);
echo "<br />";
// 删除其引用
unset($shaver);
print count($storeroom->rooms);
?>
```

运行程序输出结果如下：

```
2
1
```

# 8.13 PHP 8 的新变化 4——提升构造器属性

构造函数属性升级是 PHP 8 中的一种新语法，允许从构造函数直接进行类属性声明和构造函数赋值.

在 PHP 8 之前的版本中，如下代码：

```
class Goods {
    public string $name;
    public function __construct(string $name) {
        $this->name = $name;
    }
}
```

在 PHP 8 版本中，可以直接进行类属性声明和构造函数赋值，如下代码：

```
class Goods {
    public function __construct(public string $name;) {
        echo $this->name;
    }
}
```

在 PHP 8 版本中，构造器属性和标准属性可以混合使用，如下代码：

```
class Goods {
    private $uid;
    public function __construct(public $name,$uid) {
        $this->uid = $uid;
    }
}
```

在 PHP 8 中，不能定义重复的属性，例如以下代码是错误的：

```
class Goods {
    public string $name;
    public function __construct(public string $name) {}
}
```

# 8.14 PHP 8 的新变化 5——空安全运算符

PHP 8 新增了空安全运算符?->，常用于类中属性和方法的返回值。空安全运算符的作用是：如果全等于 NULL 则断开并返回 NULL，如果不全等于 NULL 则往后继续执行。空安全运算符可以大幅度减少代码量，且不会出现因为 NULL 操作导致的错误了。

下面通过案例来学习空安全运算符的使用方法。

先定义一个商品类，代码如下：

```
class Goods{

    public $name;
    public $city;

    public function __construct(){
       $this->name=$this;
       $this->city='上海';
    }

    public function getAddress(){
       return $this;
    }
}

$gds=new Goods();
```

在 PHP 8 之前的版本中，需要通过 if 进行层层判断是否为 NULL，代码如下：

```
if($gds!==null){
    $name = $gds->name;

    if($name!==null){
        $address = $name->getAddress();

         if($address!=null){
             $city = $address->city;

             if($city!==null){
                 var_dump($city);
             }
         }
    }
}
```

运行上述程序输出结果为：string(6) "上海"。在 PHP 8 版本中，只需要一行代码即可实现上述功能：

```
echo $gds?->name?->getAddress()?->city
```

# 8.15 PHP 8 的新变化 6——新增 Stringable 接口

PHP 8 引入了新的 Stringable 接口，只要某个类实现了__toString 方法，即被视作自动实现了 Stringable 接口，而不必显式声明实现该接口。

例如以下代码：

```
<?php
declare(strict_types=1);
class Foo {
    public function __toString() {
        return '实现了 Stringable 接口';
    }
}
$obj = new Foo;
var_dump($obj instanceof Stringable);
exit;
?>
```

程序运行后输出内容如下：

```
bool(true)
```

# 8.16 PHP 8 的新变化 7——重写方法时允许可变参数

在 PHP 8 版本中，在子类中重写父类方法时，任何数量的参数都可以被替换成可变参数，只要对应参数类型是兼容的即可。

例如以下代码：

```
<?php
declare(strict_types=1);
class A {
    public function method(int $many, string $parameters, $here) {
    }


}
class B extends A {
    public function method(...$everything) {//重写方法时替换成可变参数
        var_dump($everything);
    }
}
```

```
$b = new B();
$b->method('重写方法时替换成可变参数!');
exit;
?>
```

运行程序输出结果如下：

```
array(1) { [0]=> string(28) "重写方法时替换成可变参数!" }
```

# 8.17 高手甜点

### 甜点 1：理解“(a < b) ? a : b;”的含义。

这是条件控制语句，是 if 语句的单行表示方法。它的具体格式是：

```
(条件判断语句)? 判断为 true 的行为 : 判断为 false 的行为;
```

if 语句的单行表示方式的好处是，可以直接对条件判断结果的返回值进行处理，比如可以直接把返回值赋值给变量。对于$varible = ( a < b)? a : b;，若 a<b 的结果为 true，则此语句返回 a，并且直接赋值给$varible；若 a<b 的结果为 false，则此语句返回 b，并且直接赋值给$varible。

这种表示方法可以节约代码的编码量，更重要的是可以提高代码执行的效率。由于 PHP 代码执行是对代码由上至下的一个过程，所以代码的行数越少，越能节约代码读取的时间。在一行语句中就能对情况做出判断，并且对代码返回值进行处理，这无疑是一种效率相当高的代码组织方式。

### 甜点 2：说明抽象类和类的不同之处。

抽象类是类的一种，通过在类的前面增加关键字 abstract 来表示。抽象类是仅仅用来继承的类。通过 abstract 关键字声明，就是告诉 PHP，这个类不再用于生成类的实例，仅仅是用来被其子类继承。可以说抽象类只关注于类的继承。抽象方法就是在方法前面添加关键字 abstract 声明的方法。抽象类中可以包含抽象方法。一个类中只要有一个方法通过关键字 abstract 声明为抽象方法，则整个类都要声明为抽象类。然而，特定的某个类即便不包含抽象方法，也可以通过 abstract 声明为抽象类。

### 甜点 3：PHP 8 中获取对象类名的新办法。

PHP 8 中可以使用 $object::class 获取对象的类名，其返回结果和 get_class($object)一样。例如：

```
declare(strict_types=1);
class MyTest {
}
$mytest = new MyTest ();
var_dump($mytest::class);
var_dump(get_class($mytest));
exit;
```

# 第 9 章 错误处理和异常处理

学习目标 | Objective

当 PHP 代码运行时，会发生各种错误：可能是语法错误，通常是程序员造成的编码错误或错别字；可能是拼写错误或语言中缺少的功能（可能由于浏览器差异）；可能是由于来自服务器或用户的错误输出而导致的错误。当然，也可能是由于许多其他不可预知的因素。本章主要讲解错误处理和异常处理。

内容导航 | Navigation

- 了解常见的错误和异常
- 掌握处理错误的方法
- 掌握处理异常的方法
- 掌握隐藏错误消息的技巧

## 9.1 常见的错误和异常

错误和异常是编程中经常出现的问题。本节将主要介绍常见的错误和异常。

### 1. 拼写错误

拼写代码时要求程序员要非常仔细，并且还需要认真地检查编写完成的代码，否则会出现不少编写上的错误。

另外，PHP 中常量和变量都是区分大小写的，例如把变量名 abc 写成 ABC，就会出现语法错误。PHP 中的函数名、方法名、类名不区分大小写，但建议使用与定义时相同的名字。魔术常量不区分大小写，但是建议全部大写，包括__LINE__、__FILE__、__DIR__、__FUNCTION__、__CLASS__、__METHOD__、__NAMESPACE__。知道这些规则，就可以避免大小写的错误。

另外，编写代码时有时需要输入中文字符，编程人员容易在输完中文字符后忘记切换输入法，从而导致输入中文的小括号、分号或者引号等出现错误，当然，这种错误输入在大多数编程软件中显示的颜色会跟正确的输入显示的颜色不一样，比较容易发现，但还是应该细心以减少错误的出现。

### 2. 单引号和双引号的混用

单引号、双引号在 PHP 中没有特殊的区别，都可以用来创建字符串。但是必须使用同一种单或双引号来定义字符串，如 'Hello" 和 "Hello' 为非法的字符串定义。单引号串和双引号串在 PHP 中的处理是不相同的。双引号串中的内容可以被解释和被替换，而单引号串中的内容总被认为是普通字符。

另外，缺少单引号或者双引号也是经常出现的问题，例如：

```
echo "错误处理的方法;
```

缺少双引号的话，运行时会提示错误。

### 3. 括号使用混乱

首先需要说明的是，在 PHP 中，括号包含两种语义，既可以是分隔符，也可以是表达式，例如：

- 分隔符的作用比较常用，比如（1+4）*4 等于 20。
- 在(function(){})();中，function 之前的一对括号作为分隔符，后面的括号表示立即执行这个方法。

另外，由于括号的使用层次比较多，因此可能会导致括号不匹配的错误，如以下代码所示：

```
if((($a==$b)and($b==$c))and($c==$d){          //此处缺少一个括号
    echo "正确的括号使用方法！"
}
```

### 4. 等号与赋值符号混淆

等号与赋值符号混淆的错误一般出现在 if 语句中，而且这种错误在 PHP 中不会产生错误信息，所以在查找错误时往往不容易被发现，例如：

```
if(s =1)
    echo ("没有找到相关信息");
```

上面的代码在逻辑上是没有问题的，它的运行结果是将 1 赋值给了 s，如果成功就弹出对话框，而不是对 s 和 1 进行比较，这不符合开发者的本意。

### 5. 缺少美元符号

在 PHP 中，设置变量时需要使用美元符号“$”，如果不添加美元符号，就会引起解析错误，如以下代码所示：

```
for($s =1;$s<=10;s++){                              //缺少一个变量的美元符号
    echo ("缺少美元符号！");
}
```

需要修改 s++为$s++。如果$s<=10;缺少美元符号，就会进入无限循环状态。

### 6. 调用不存在的常量和变量

调用没有声明的常量或变量将会触发 NOTICE 错误。例如，在下面的代码中，输出时错误书写了变量的名称。

```
<?php
$abab= "错误处理的方法"                              //缺少一个变量的美元符号
echo $abba;
?>
```

如果运行程序，就会出现如图 9-1 所示的错误。

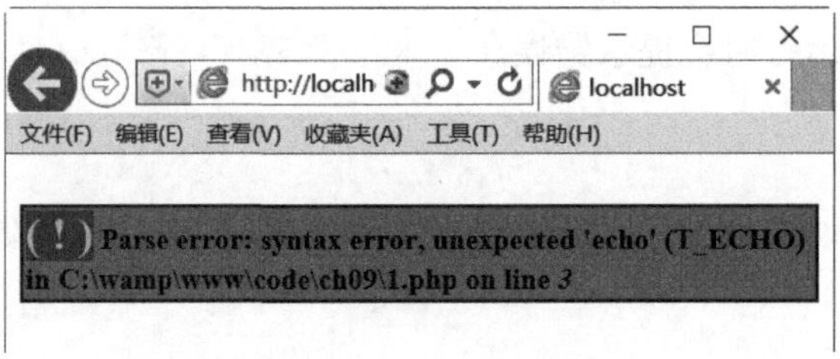


图 9-1　调用不存在的变量

### 7. 调用不存在的文件

如果调用不存在的文件，程序将会停止运行，例如：

```
<?php
include("mybook.txt");                              //调用一个不存在的文件
?>
```

运行后将会弹出如图 9-2 所示的错误提示信息。

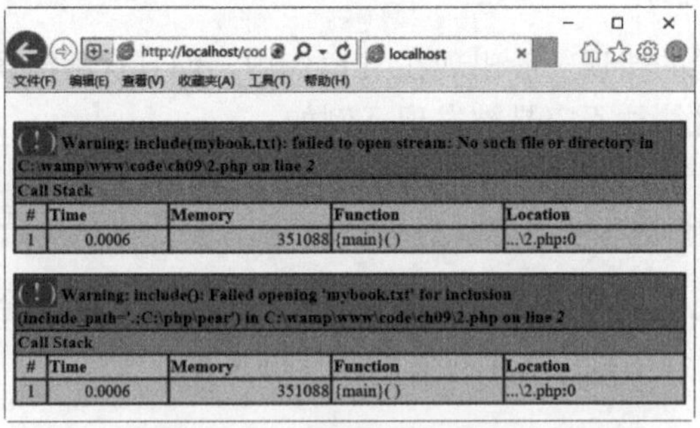


图 9-2　调用不存在的文件

### 8. 环境配置的错误

环境配置不当也会给运行带来错误，例如操作系统、PHP 配置文件和 PHP 的版本等，如果配置不正确，就会提示文件无法打开、操作权限不具备和服务器无法连接等错误信息。

首先，不同的操作系统采用不同的路径格式，这些会导致程序运行错误。其次，PHP 在不同的操作系统上的功能也会有差异，数据库的运行也会在不同的操作系统中有问题出现等。另外，PHP 的配置也很重要，由于各个计算机的配置方法不尽相同，当程序的运行环境发生变化时，也会出现这样或那样的问题。最后是 PHP 的版本问题，PHP 的高版本在一定程度上可以兼容低版本，但是高版本编写的程序到低版本的环境中运行，会出现意想不到的问题，这些都是由于环境配置的不同而引起的错误。

#### 9. 数据库服务器连接错误

由于 PHP 应用于动态网站的开发，因此经常会对数据库进行基本的操作，在操作数据库之前，需要连接数据库服务，如果用户名或者密码设置不正确，或者数据库不存在，或者数据库的属性不允许访问等，就会在程序运行中出现错误。

例如，在连接数据库的过程中，以下代码的密码编写是错误的。

```
<?php
$conn=mysqli_connect("localhost","root","root");        //连接 MySQL 服务器
?>
```

运行后将会弹出如图 9-3 所示的错误提示信息。

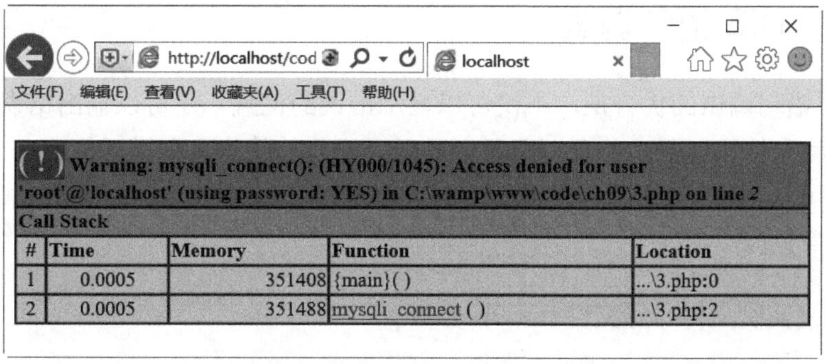


图 9-3 无法连接数据库

# 9.2 错误处理

常见的错误处理方法包括使用错误处理机制、使用 DIE 语句调试、自定义错误和错误触发器等。本节将讲解如何处理程序中的错误。

## 9.2.1 php.ini 中的错误处理机制

在前面的实例中，错误提示会显示错误的信息，如错误文件的行号等，这是 PHP 最基本

的错误报告机制。php.ini 文件规定了错误的显示方式，包括配置选项的名称、默认值和表述的含义等。常见的错误配置选项的内容如表 9-1 所示。

表 9-1　常见的 php.ini 文件中控制错误显示的配置选项含义

| 名称 | 默认值 | 含义 |
|---|---|---|
| display_errors | On | 设置错误作为 PHP 的一部分输出。开发的过程中可以采用默认的设置，但是为了安全考虑，在生产环境中还是设置为 Off 比较好 |
| error_reporting | E_ALL | 这个设置会显示所有的出错信息。这种设置会让一些无害的提示也显示，所以可以设置 error_reporting 的默认值为 error_reporting = E_ALL & ~E_NOTICE，这样只会显示错误和不良编码 |
| error_log | null | 设置记录错误日志的文件。默认情况下将错误发送到 Web 服务器日志，用户也可以指定写入的文件 |
| html_errors | On | 控制是否在错误信息中采用 HTML 格式 |
| log_errors | Off | 控制是否应该将错误发送到主机服务器的日志文件 |
| display_startup_errors | Off | 控制是否显示 PHP 启动时的错误 |
| track_errors | Off | 设置是否保存最近一个警告或错误信息 |

## 9.2.2　应用 DIE 语句调试

使用 DIE 语句调试的优势是，不仅可以显示错误的位置，还可以输出错误信息。一旦出现错误，程序将会终止运行，并在浏览器上显示出错之前的信息和错误信息。

在 9.1 节中曾经介绍调用不存在的文件时会提示错误信息，如果运用 DIE 调试，就会输出自定义的错误信息。

【例 9.1】(实例文件：源文件\ch09\9.1.php)

```
<?php
if(!file_exists("welcome.txt")){      //判断文件是否存在
    die("文件不存在");
}
else{
    $file=fopen("welcome.txt","r");
}
?>
```

运行后结果如图 9-4 所示。

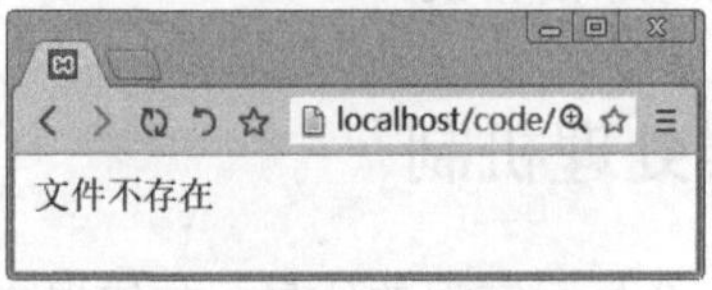


图 9-4　应用 DIE 语句调试

与基本的错误报告机制相比，使用 DIE 语句调试显得更有效，这是由于它采用了一个简单的错误处理机制在错误之后终止了脚本。

## 9.2.3 自定义错误和错误触发器

简单地终止脚本并不是恰当的方式。本节将讲解如何自定义错误和错误触发器。创建一个自定义的错误处理器非常简单，用户可以创建一个专用函数，然后在 PHP 中发生错误时调用该函数。

自定义的错误函数的语法格式如下：

```
error_function(error_level,error_message,error_file,error_line,error_context)
```

该函数必须至少包含 error_level 和 error_message 两个参数，另外 3 个参数（error_file、error_line 和 error_context）是可选的。各个参数的具体含义如表 9-2 所示。

表 9-2 各个参数的含义

| 参数 | 含义 |
|---|---|
| error_level | 必需参数，为用户定义的错误规定错误报告级别，必须是一个整数 |
| error_message | 必需参数，为用户定义的错误规定错误消息 |
| error_file | 可选参数，规定错误在其中发生的文件名 |
| error_line | 可选参数，规定错误发生的行号 |
| error_context | 可选参数，规定一个数组，包含当错误发生时在用的每个变量以及它们的值 |

参数 error_level 定义错误规定的报告级别，这些错误报告级别是错误处理程序旨在处理的错误的不同类型。具体的级别值和含义如表 9-3 所示。

表 9-3 错误的级别值和含义

| 数值 | 常量 | 含义 |
|---|---|---|
| 2 | E_WARNING | 非致命的 run-time 错误，不暂停脚本执行 |
| 8 | E_NOTICE | run-time 通知，脚本发现可能有错误发生，也可能在脚本正常运行时发生 |
| 256 | E_USER_ERROR | 致命的用户生成的错误，类似于程序员使用 PHP 函数 trigger_error()设置的 E_ERROR |
| 512 | E_USER_WARNING | 非致命的用户生成的警告，类似于程序员使用 PHP 函数 trigger_error()设置的 E_WARNING |
| 1024 | E_USER_NOTICE | 用户生成的通知，类似于程序员使用 PHP 函数 trigger_error()设置的 E_NOTICE |

（续表）

| 数值 | 常量 | 含义 |
|---|---|---|
| 4096 | E_RECOVERABLE_ERROR | 可捕获的致命错误，类似于 E_ERROR，但可被用户定义的处理程序捕获 |
| 8191 | E_ALL | 所有错误和警告 |

下面通过实例来讲解如何自定义错误和错误触发器。

首先创建一个处理错误的函数：

```
function customError($errno, $errstr)
{
    echo "<b>错误:</b> [$errno] $errstr<br/>";
    echo "终止程序";
    die();
}
```

上面的代码是一个简单的错误处理函数。当它被触发时，会取得错误级别和错误消息。然后输出错误级别和消息，并终止程序。

创建了一个错误处理函数后，下面需要确定在何时触发该函数。在 PHP 中，使用 set_error_handler() 函数设置用户自定义的错误处理函数。该函数用于创建运行时的用户自己的错误处理方法。该函数会返回旧的错误处理程序，若失败，则返回 null。具体的语法格式如下：

```
set_error_handler(error_function,error_types)
```

其中，error_function 为必需参数，规定发生错误时运行的函数。error_types 是可选参数，如果不选择此参数，就表示默认值为 E_ALL。

在本例中，由于针对所有错误来使用自定义错误处理程序，具体的代码如下：

```
set_error_handler("customError");
```

下面通过尝试输出不存在的变量来测试这个错误处理程序。

**【例 9.2】(实例文件：源文件\ch09\9.2.php)**

```
<?php
//定义错误函数
function customError($errno, $errstr){
    echo "<b>错误:</b> [$errno] $errstr";
}
//设置错误函数的处理
set_error_handler("customError");
//触发自定义错误函数
echo($test);
?>
```

运行后结果如图 9-5 所示。

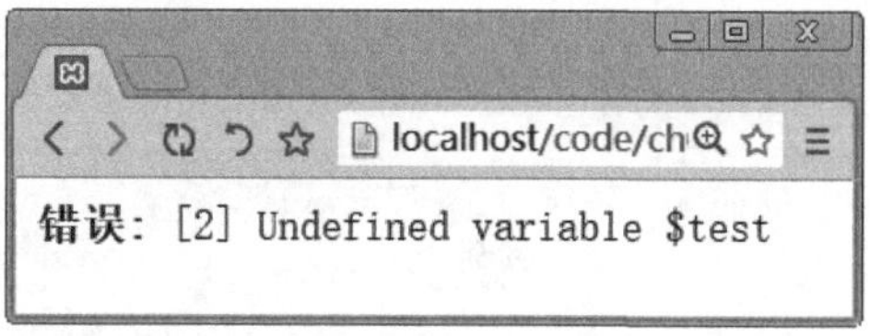


图 9-5 自定义错误

在脚本中用户输入数据的位置，当用户的输入无效时，需要触发错误。在 PHP 中，这个任务由 trigger_error()完成。

trigger_error()函数创建用户自定义的错误消息。trigger_error()用于在用户指定的条件下触发一个错误消息。它与内建的错误处理器一同使用，也可以与由 set_error_handler()函数创建的用户自定义函数一起使用。如果指定了一个不合法的错误类型，该函数返回 false，否则返回 true。

trigger_error()函数的具体语法格式如下：

```
trigger_error(error_message,error_types)
```

其中，error_message 为必需参数，规定错误消息，长度限制为 1024 个字符。error_types 为可选参数，规定错误消息的错误类型，可能的值为 E_USER_ERROR、E_USER_WARNING 和 E_USER_NOTICE。

**【例 9.3】(实例文件：源文件\ch09\9.3.php)**

```
<?php
$test=5;
if ($test>4){
    trigger_error("Value must be 4 or below");   //创建自定义错误信息
}
?>
```

运行后结果如图 9-6 所示。由于 test 数值为 5，因此将会发生 E_USER_WARNING 错误。

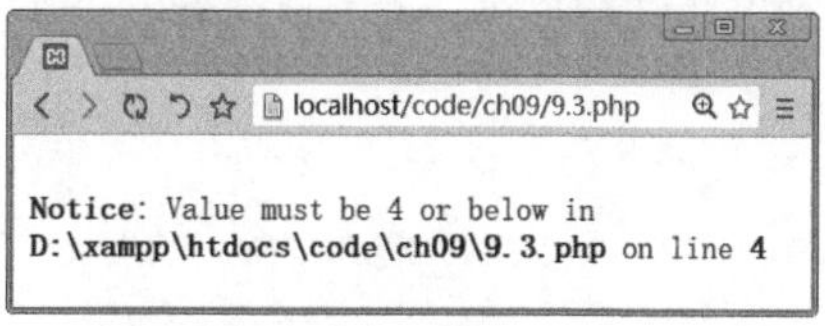


图 9-6 trigger_error() 函数

下面通过实例来讲解 trigger_error() 函数和自定义函数一起使用的处理方法。

**【例 9.4】(实例文件：源文件\ch09\9.4.php)**

```
<?php
//定义错误函数
function customError($errno, $errstr){
    echo "<b>错误:</b> [$errno] $errstr";
}
```

```
//设置错误函数的处理
set_error_handler("customError",E_USER_WARNING);
// trigger_error 函数
$test=5;
if ($test>4){
    trigger_error("Value must be 4 or below",E_USER_WARNING);
}
?>
```

运行后结果如图 9-7 所示。

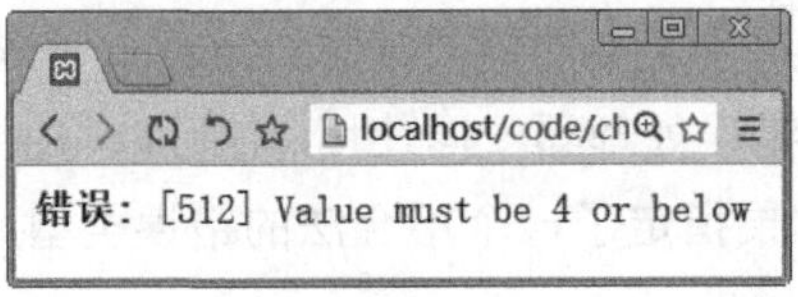
localhost/code/ch
错误: [512] Value must be 4 or below

图 9-7　自定义函数和 trigger_error() 函数

## 9.2.4　错误记录

默认情况下，根据 php.ini 中的 error_log 配置，PHP 向服务器的错误记录系统或文件发送错误记录。通过使用 error_log() 函数，用户可以向指定的文件或远程目的地发送错误记录。

通过电子邮件向用户自己发送错误消息，也是一种获得指定错误通知的好办法。下面通过实例的方式来讲解。

【例 9.5】(实例文件：源文件\ch09\9.5.php)

```
<?php
//定义错误函数
function customError($errno, $errstr){
    echo "<b>错误:</b> [$errno] $errstr <br/>";
    echo "错误记录已经发送完毕";
     error_log("错误: [$errno] $errstr",1, "someone@example.com", "From:
    webmastere@example.com ");
}
//设置错误函数的处理
set_error_handler("customError",E_USER_WARNING);
// trigger_error 函数
$test=5;
if ($test>4){
    trigger_error("Value must be 4 or below",E_USER_WARNING);
}
?>
```

运行后结果如图 9-8 所示。在指定的 someone@example.com 邮箱中将收到同样的错误信息。

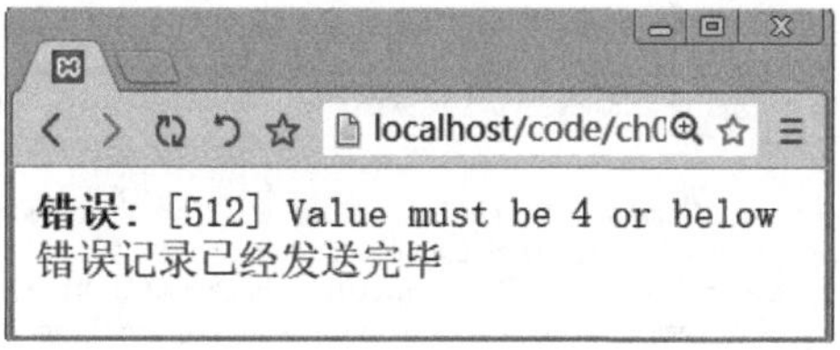


图 9-8　error_log 函数

# 9.3 异常处理

异常（Exception）用于在指定的错误发生时改变脚本的正常流程。PHP 8 提供了一种新的面向对象的错误处理方法。本节将讲解异常处理的方法和技巧。

## 9.3.1 异常的基本处理方法

异常处理用于在指定的错误（异常）情况发生时改变脚本的正常流程。当异常被触发时，通常会发生以下动作：

- 当前代码状态被保存。
- 代码执行被切换到预定义的异常处理器函数。
- 根据情况，处理器也许会从保存的代码状态重新开始执行代码，终止脚本执行，或从代码中另外的位置继续执行脚本。

当异常被抛出时，其后的代码不会继续执行，PHP 会尝试查找匹配的 catch 代码块。如果异常没有被捕获，而且又没有使用 set_exception_handler()做相应的处理，就会发生一个严重的错误，并且输出 Uncaught Exception（未捕获异常）的错误消息。

下面的实例抛出一个异常，同时不去捕获它。

**【例 9.6】(实例文件：源文件\ch09\9.6.php)**

```
<?php
//创建带有异常的函数
function checkNum($number){
    if($number>1){
        throw new Exception("Value must be 1 or below");
    }
    return true;
}
//抛出异常
checkNum(2);
?>
```

运行后结果如图 9-9 所示。由于没有捕获异常，因此出现了下面的错误提示消息。

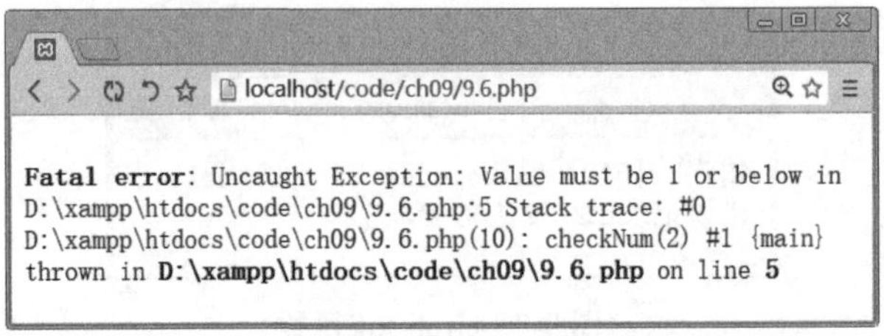


图 9-9　没有捕获异常

如果想避免出现上面的错误，需要创建适当的代码来处理异常。处理异常的程序应当包括如下几个部分。

- try 代码块：使用异常的函数应该位于 try 代码块内。若没有触发异常，则代码将照常继续执行。但是如果异常被触发，就会抛出一个异常。
- throw 代码块：这里规定如何触发异常。每一个 throw 必须对应至少一个 catch。
- catch 代码块：catch 代码块会捕获异常，并创建一个包含异常信息的对象。

【例 9.7】(实例文件：源文件\ch09\9.7.php)

```
<?php
//创建可抛出一个异常的函数
function checkNum($number){
    if($number>1){
        throw new Exception("数值必须小于或等于 1");
    }
    return true;
}
//在 try 代码块中触发异常
try{
    checkNum(2);
    //如果没有异常，则会显示以下信息
    echo '没有任何异常';
}
//捕获异常
catch(Exception $e){
    echo '异常信息：' .$e->getMessage();
}
?>
```

运行后结果如图 9-10 所示。由于抛出异常后捕获了异常，因此出现了下面的提示消息。

图 9-10　捕获异常

**【案例分析】**

（1）首先创建 checkNum()函数，用于检测数字是否大于 1。如果是，则抛出一个异常。
（2）在 try 代码块中调用 checkNum()函数。
（3）checkNum()函数中的异常被抛出。
（4）catch 代码块接收到该异常，并创建一个包含异常信息的对象（$e）。
（5）通过从这个 exception 对象调用 $e->getMessage()，输出来自该异常的错误消息。

## 9.3.2 自定义的异常处理器

创建自定义的异常处理程序非常简单。只需要创建一个专门的类，当 PHP 中发生异常时，调用该类的函数即可。当然，该类必须是 exception 类的一个扩展。

这个自定义的 exception 类继承了 PHP 的 exception 类的所有属性，用户可向其添加自定义的函数。

下面通过实例讲解如何创建自定义的异常处理器。

**【例 9.8】(实例文件：源文件\ch09\9.8.php)**

```
<?php
class customException extends Exception{
    public function errorMessage(){
        //错误消息
        $errorMsg = '异常发生的行： '.$this->getLine().' in '.$this->getFile()
  .': <b>'.$this->getMessage().'</b>不是一个有效的邮箱地址';
        return $errorMsg;
    }
}
$email = "someone@example.321com";
try
{
    //检查是否符合条件
    if(filter_var($email, FILTER_VALIDATE_EMAIL) === FALSE)  {
        //如果邮件地址无效，则抛出异常
        throw new customException($email);
    }
}
catch (customException $e){
    //显示自定义的消息
    echo $e->errorMessage();
}
?>
```

运行后结果如图 9-11 所示。

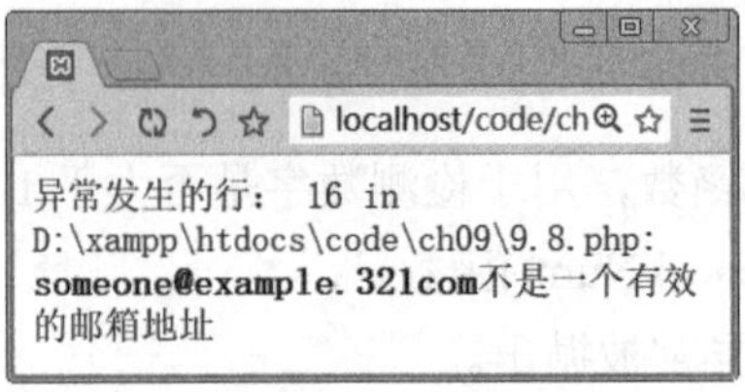


图 9-11　自定义异常处理器

**【案例分析】**

（1）customException()类是作为旧的 exception 类的一个扩展而创建的。这样它就继承了旧类的所有属性和方法。

（2）创建 errorMessage()函数。如果 Email 地址不合法，则该函数返回一条错误消息。

（3）把$email 变量设置为不合法的 Email 地址字符串。

（4）执行 try 代码块，由于 Email 地址不合法，因此抛出一个异常。

（5）catch 代码块捕获异常，并显示错误消息。

### 9.3.3　处理多个异常

在上面的实例中只是检查了邮箱地址是否有效。如果用户想检查邮箱是否为雅虎邮箱，或检查邮箱是否有效等，就会出现多个可能发生异常的情况。用户可以使用多个 if…else 代码块，或一个 switch 代码块，或者嵌套多个异常。这些异常能够使用不同的 exception 类，并返回不同的错误消息。

**【例 9.9】（实例文件：源文件\ch09\9.9.php）**

```
<?php
class customException extends Exception{
    public function errorMessage(){
        //定义错误信息
        $errorMsg = '错误消息的行：'.$this->getLine().' in '.$this->getFile()
.': <b>'.$this->getMessage().'</b> 不是一个有效的邮箱地址';
        return $errorMsg;
    }
}
$email = "someone@yahoo.com";
try{
    //检查是否符合条件
    if(filter_var($email, FILTER_VALIDATE_EMAIL) === FALSE)
    {
        //如果邮箱地址无效，则抛出异常
        throw new customException($email);
    }
    //检查邮箱是否是雅虎邮箱
    if(strpos($email, "yahoo") !== FALSE){
```

```
        throw new Exception("$email 是一个雅虎邮箱");
    }
}
catch (customException $e) {
    echo $e->errorMessage();
}
catch(Exception $e) {
    echo $e->getMessage();
}
?>
```

运行后结果如图 9-12 所示。上面的代码测试了两种条件，如果任一条件不成立，则抛出一个异常。

图 9-12 处理多个异常

**【案例分析】**

(1) customException()类是作为旧的 exception 类的一个扩展而创建的。这样它就继承了旧类的所有属性和方法。

(2) 创建 errorMessage()函数。若 email 地址不合法，则该函数返回一个错误消息。

(3) 执行 try 代码块，在第一个条件下不会抛出异常。

(4) 由于 email 含有字符串 yahoo，因此第二个条件会触发异常。

(5) catch 代码块会捕获异常，并显示恰当的错误消息。

## 9.3.4 设置顶层异常处理器

所有未捕获的异常都可以通过顶层异常处理器来处理。顶层异常处理器使用 set_exception_ handler()函数来实现。

set_exception_handler()函数设置用户自定义的异常处理函数。该函数用于创建运行期间用户自己的异常处理方法。该函数会返回旧的异常处理程序，若失败，则返回 null。具体的语法格式如下：

```
set_exception_handler(exception_function)
```

其中 exception_function 参数为必需参数，规定未捕获的异常发生时调用的函数，该函数必须在调用 set_exception_handler()函数之前定义。这个异常处理函数需要一个参数，即抛出的 exception 对象。

**【例 9.10】(实例文件：源文件\ch09\9.10.php)**

```
<?php
```

```
function myException($exception){          //定义顶层的异常处理程序
    echo "<b>异常是:</b> " , $exception->getMessage();
}
set_exception_handler('myException');
throw new Exception('正在处理未被捕获的异常');  //抛出异常信息
?>
```

运行后结果如图 9-13 所示。上面的代码不存在 catch 代码块，而是触发顶层的异常处理程序。用户应该使用此函数来捕获所有未被捕获的异常。

图 9-13　顶层异常处理器

# 9.4 PHP 8 的新变化 1——改变了错误的报告方式

PHP 8 改变了大多数错误的报告方式，现在大多数错误被作为 Error 异常抛出。

这种 Error 异常可以像普通异常一样被 try/catch 块所捕获。如果没有匹配的 try/catch 块，则调用异常处理函数（set_exception_handler()）进行处理。如果尚未注册异常处理函数，则按照传统方式处理：被报告为一个致命错误（Fatal Error）。

Error 类并不是从 Exception 类扩展出来的，所以使用 catch (Exception $e) { ... }这样的代码是捕获不到 Error 的。用户可以使用 catch (Error $e) { ... }这样的代码，或者通过注册异常处理函数（set_exception_handler()）来捕获 Error。

**【例 9.11】(实例文件：源文件\ch09\9.11.php)**

```
<?php
class Mathtions           //定义一个类 Mathtions
{
    protected $n = 10;       //定义变量
    // 求余数运算，除数为 0，抛出异常
    public function dotion(): string
    {
        try {
            $value = $this->n % 0;
            return $value;
        } catch (DivisionByZeroError $e) {
            return $e->getMessage();
        }
    }
}
$aa = new Mathtions();
print($aa->dotion());
?>
```

运行结果如图 9-14 所示。

图 9-14 程序运行结果

# 9.5 PHP 8 的新变化 2——优化异常处理

PHP 8 在异常方面有了新的变化。

### 1. 新增内置异常类 ValueError

在 PHP 8 版本之前，当传递值到函数时，如果是一个无效类型，则会导致警告。在 PHP 8 版本中，如果是无效类型，则会抛出异常 ValueError。PHP 8 新增的内置异常类 ValueError 继承自 Exception 基类。

例如，以下程序运行时将会抛出异常 ValueError。

```
<?php
declare(strict_types=1);
/**
 * 传递数组到 array_rand，类型正确，但是 array_rand 期望传入的是非空数组
 * 所以会抛出 ValueError 异常
 */
array_rand([], 0);
 /**
 * json_decode 的深度参数必须是有效的正整型值，
 * 所以这里也会抛出 ValueError 异常
 */
json_decode('{}', true, -1);
?>
```

### 2. throw 表达式

在异常中，可以将 throw 用作表达式，例如：

```
    $value = $nullableValue ?? throw new InvalidArgumentException();
```

### 3. 捕获异常而不存储到变量

现在可以编写 catch(Exception)代码块来捕获异常，而不将其存储在变量中。如果用不到异常信息，可以不设变量，从而减少内存消耗。

```
<?php
```

```
declare(strict_types=1);
$nullableValue = null;
try {
    $value = $nullableValue ?? throw new \InvalidArgumentException();
} catch (\InvalidArgumentException) {
    var_dump("发生过异常！");
}
exit;
?>
```

# 9.6 实战演练——处理异常或错误

错误处理也叫意外处理。通过使用 try…throw…catch 结构和一个内置函数 Exception()来“抛出”和“处理”错误或异常。

下面通过打开文件的实例介绍意外的处理方法和技巧。

**【例 9.12】(实例文件：源文件\ch9\9.12.php)**

```
<?php
$DOCUMENT_ROOT = $_SERVER['DOCUMENT_ROOT'];                //定义变量
@$fp = fopen("$DOCUMENT_ROOT/book.txt",'rb');              //打开指定文件 book.txt
//判断文件是否存在，不存在则抛出异常
try{
    if (!$fp){
        throw new Exception("文件路径有误或找不到文件。");
    }
}catch(Exception $exception){
    echo $exception->getMessage();
    echo "在文件". $exception->getFile()."的".$exception->getLine()."行。<br/>";
}
?>
```

运行结果如图 9-15 所示。

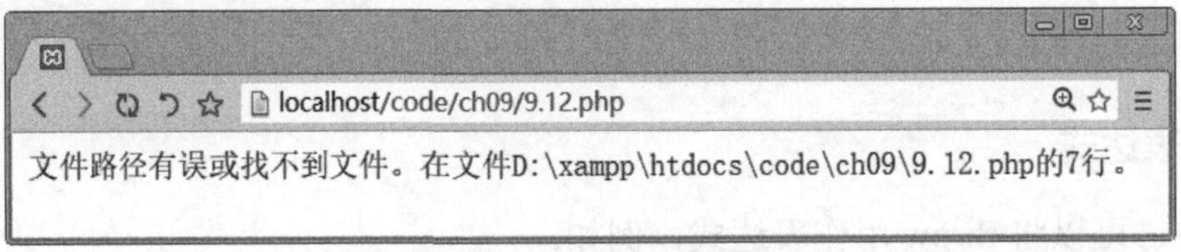


图 9-15　程序运行结果

**【案例分析】**

(1) fopen()函数打开$DOCUMENT_ROOT/book.txt 文件进行读取，但是由于 book.txt 文件不存在，因此$fp 为 false。

(2) try 区块判断$fp 为 false 时抛出一个异常。此异常直接通过 new 关键字生成 Exception()

类的实例。异常信息是传入参数定义的“文件路径有误或找不到文件”。

（3）catch 区块通过处理传入的 Exception()类实例显示出错误信息、错误文件、错误发生行。这些是通过直接调用 Exception()类实例$exception 的内置类方法获得的。错误信息由 getMessage()生成，错误文件由 getFile()生成，错误发生行由 getLine()生成。

# 9.7 高手甜点

### 甜点 1：处理异常有什么规则？

在处理异常时，读者需要掌握以下规则：

（1）需要进行异常处理的代码应该放入 try 代码块内，以便捕获潜在的异常。
（2）每个 try 或 throw 代码块必须至少拥有一个对应的 catch 代码块。
（3）使用多个 catch 代码块可以捕获不同种类的异常。
（4）可以在 try 代码块内的 catch 代码块中再次抛出（re-thrown）异常。

### 甜点 2：PHP 8 在异常处理方面有什么新变化？

PHP 8 改变了大多数错误的报告方式。不同于 PHP 5 的传统错误报告机制，现在大多数错误被作为 Error 异常抛出。这种 Error 异常可以像普通异常一样被 try/catch 块所捕获。如果没有匹配的 try/catch 块，则按照传统方式处理：被报告为一个致命错误（Fatal Error）。

# 第 10 章 PHP 与 Web 页面交互

学习目标 | Objective

PHP 是一种专门用于 Web 开发的服务器端脚本语言。从这个描述可以知道，PHP 要打交道的对象主要有服务器（Server）和基于 Web 的 HTML（超文本标识语言）。使用 PHP 处理 Web 应用时，需要把 PHP 代码嵌入 HTML 文件中。每次当这个 HTML 网页被访问的时候，其中嵌入的 PHP 代码就会被执行，并且返回给请求浏览器以生成 HTML 网页。换句话说，在上述过程中，PHP 就是用来被执行且生成 HTML 的。本章主要讲解 PHP 与 Web 页面的交互操作技术。

内容导航 | Navigation

- 了解使用动态内容
- 掌握表单与 PHP 的联系
- 掌握表单设计的方法
- 掌握传递数据的方法
- 掌握获取表单数据的方法
- 掌握对 URL 传递的参数进行编码的方法

## 10.1 使用动态内容

为什么要使用动态内容呢？因为动态内容可以给网站使用者不同的和实时变化的内容，极大地提高网站的可用性。如果 Web 应用都只是使用静态内容，则 Web 编程完全不用引入 PHP、JSP 和 ASP 等服务器端脚本语言。通俗地说，使用 PHP 语言的主要原因之一就是使用动态内容。

下面介绍使用动态内容的案例。此例中，在不涉及变量和数据类型的情况下，将使用 PHP 中的一个内置函数来获得动态内容。此动态内容就是使用 date()函数获得 Web 服务器的时间。

【例 10.1】(实例文件：源文件\ch10\10.1.php)

```
<HTML>
<HEAD>
<h2>
PHP 告诉我们时间。
</h2>
</HEAD>
<BODY>
<?php date_default_timezone_set("PRC");
echo "现在的时间为：";
echo date("H:i:s Y m d");
?>
</BODY>
</HTML>
```

运行结果如图 10-1 所示。过一段时间再次运行上述 PHP 页面，即可看到显示的内容发生了动态的变化，如图 10-2 所示。

图 10-1　程序运行结果

图 10-2　时间发生变化

【案例分析】

(1) “PHP 告诉我们时间。”是 HTML 中的代码“<HEAD><h2> PHP 告诉我们时间。</h2></HEAD>”所生成的。后面的“现在的时间为：12:09:14 2021 02 05”是由“<?php echo "现在的时间为： "; echo date("H:i:s Y m d"); ?> ”生成的。

(2) 因为 date()函数动态生成的时间是实时更新的，所以再次打开或刷新此文件，PHP 代码将被再次执行，所输出的时间也会发生改变。

(3) 通过 date()函数处理系统时间，得到动态内容。时间处理是 PHP 中一项重要的功能。

# 10.2 表单与 PHP

无论是一般的企业网站还是复杂的网络应用，都离不开数据的添加。通过 PHP 服务器端脚本语言，程序可以处理那些通过浏览器对 Web 应用进行数据调用或添加的请求。

回忆一下平常使用的网站数据输入功能，无论是 Web 邮箱还是 QQ 留言，都经常要填一些表格，再由这些表格把数据发送出去，而完成这个工作的部件就是“表单（form）”。

虽然表单（form）是 HTML 语言的内容，但是 PHP 与 form 变量的衔接是无缝的。PHP 关心的是怎么获得和使用 form 中的数据。由于PHP 功能强大，因此可以很轻松地对它们进行处理。

处理表单数据的基本过程是：数据从 Web 表单（form）发送到 PHP 代码，经过处理再生成 HTML 输出。它的处理原理是：当 PHP 处理一个页面的时候，会检查 URL、表单数据、上传文件、可用 cookie、Web 服务器和环境变量，如果有可用信息，就可以通过 PHP 访问自动全局变量数组$_GET、$_POST、$_FILES、$_COOKIE、$_SERVER 和$_ENV 得到。

# 10.3 表单设计

表单是一个比较特殊的组件，在 HTML 中有着比较特殊的功能与结构。本节了解一下表单的基本元素。

## 10.3.1 表单的基本结构

表单的基本结构是由<form></form>标识包裹的区域，例如：

```
<HTML>
<HEAD></HEAD>
<BODY>
<form action=" " method=" " enctype=" " >
  ......
</form>
</BODY>
</HTML>
```

其中，<form>标识内必须包含属性。action 指定数据所要发送的对象文件，method 指定数据传输的方式。如果在进行上传文件等操作，还要定义 enctype 属性以指定数据类型。

## 10.3.2 文本框

文本框是 form 输入框中最为常见的元素。下面通过例子讲解文本框的使用方法。

步骤 01 在网站根目录下创建 phpform 文件夹，然后在其下创建文件 formdemo.html，文件代码如下：

```
<HTML>
<HEAD>
</HEAD>
<BODY>
<form action="formdemohandler.php" method="post">
<h3>输入一个信息（比如名称）：</h3>
```

```
<input type="text" name="name" size="10" />
</form>
</BODY>
</HTML>
```

步骤 02 在 phpform 文件夹下创建文件 formdemohandler.php，文件代码如下：

```
<?php
$name = $_POST['name'];
echo $name;
?>
```

运行 formdemo.html，结果如图 10-3 所示。

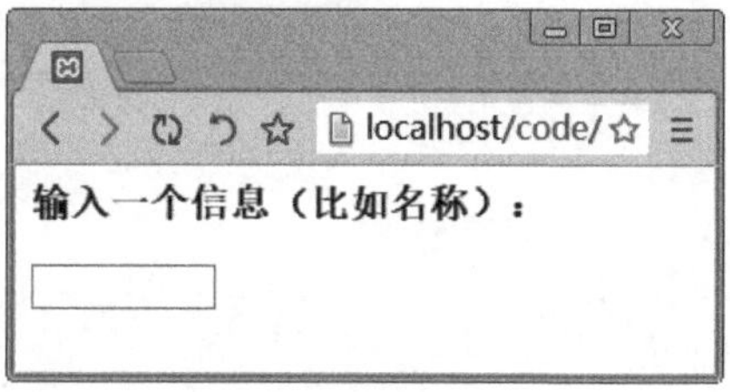


图 10-3　程序运行结果

【案例分析】

（1）<input type="text" name="name" size="10" />语句定义了 form 的文本框。定义一个输入框为文本框的必要因素为：

```
<input type="text" ...... />
```

其他的属性则如实例中一样，可以定义文本框的 name 属性，以确认此文本框的唯一性，定义 size 属性以确认此文本框的长度。

（2）在 formdemohandler.php 文件中，使文本框的 name 值为 'name'。

## 10.3.3　选项框

复选框可用于选择一项或者多项。通过修改 formdemo 的例子加以说明，具体操作如下：

步骤 01 在 phpform 文件夹下修改文件 formdemo.html。

```
<HTML>
<HEAD></HEAD>
<BODY>
<form action="formdemohandler.php" method="post">
<h3>输入一个信息（比如名称）：</h3>
<input type="text" name="name" size="10" />
<h3>确认此项（可复选）：</h3>
<input type="checkbox" name="achecked" checked="checked" value="1" />
选择此项传递的 A 项的 value 值。
<input type="checkbox" name="bchecked"  value="2" />
```

```
选择此项传递的 B 项的 value 值。
<input type="checkbox" name="cchecked"  value="3" />
选择此项传递的 C 项的 value 值。
</form>
</BODY>
</HTML>
```

步骤 02 在 phpform 文件夹下修改文件 formdemohandler.php。

```
<?php
$name = $_POST['name'];
if(isset($_POST['achecked'])){
    $achecked = $_POST['achecked'];
}
if(isset($_POST['bchecked'])){
    $bchecked = $_POST['bchecked'];
}
if(isset($_POST['cchecked'])){
    $cchecked = $_POST['cchecked'];

    $aradio = $_POST['aradio'];
    $aselect = $_POST['aselect'];
    echo $name."<br/>";
    if(isset($achecked) and $achecked == 1){
       echo "选项 A 的 value 值已经被正确传递。<br/>";
    }else{
       echo "选项 A 没有被选择，其 value 值没有被传递。<br/>";
    }
    if(isset($bchecked) and $bchecked == 2){
       echo "选项 B 的 value 值已经被正确传递。<br/>";
    }else{
       echo "选项 B 没有被选择，其 value 值没有被传递。<br/>";
    }
    if(isset($cchecked) and $cchecked == 3){
       echo "选项 C 的 value 值已经被正确传递。<br/>";
    }else{
    echo "选项 C 没有被选择，其 value 值没有被传递。<br/>";
    }
}
?>
```

步骤 03 运行 formdemo.html，结果如图 10-4 所示。

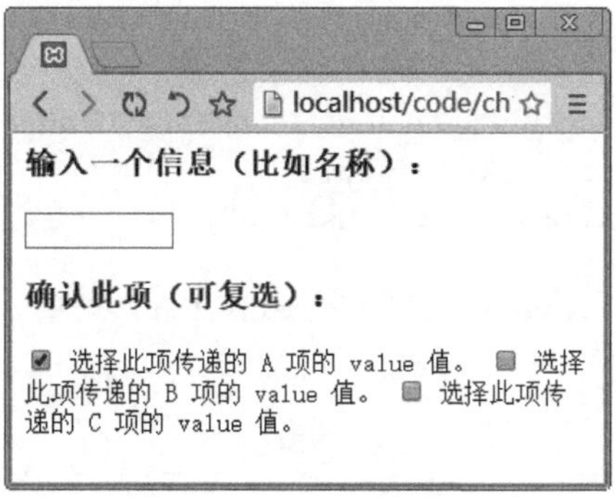


图 10-4　程序运行结果

【案例分析】

（1）<input type="checkbox" name="achecked" checked="checked" value="1" />语句定义了复选框。定义一个 input 标识为复选框时需指定类型为 checkbox：

```
<input type="checkbox" ...... />
```

定义为复选框之后，还需要定义复选框的 name 属性，以确定在服务器端程序的唯一性；定义 value 属性，以确定此单选项所要传递的值；定义 checked 属性，以确定复选框的默认状态，若为 checked 则默认为选择；若不定义此项，则默认为不选择。

（2）在 formdemohandler.php 文件中，使选项的 name 值为'achecked'、'bchecked'、'cchecked'并且根据 value 值做出判断。

## 10.3.4　单选按钮

下面通过案例来介绍如何使用单选按钮，仍然通过修改 formdemo 的例子加以说明，具体步骤如下：

步骤 01　在 phpform 文件夹下修改文件 formdemo.html。

```
<HTML>
<HEAD></HEAD>
<BODY>
<form action="formdemohandler.php" method="post">
......
<h3>单选一项：</h3>
<input type="radio"  name="aradio" value="a1" />蓝天
<input type="radio"  name="aradio" value="a2" checked="checked" />白云
<input type="radio"  name="aradio" value="a3" />大海
</form>
</BODY>
</HTML>
```

步骤 02　在 phpform 文件夹下修改文件 formdemohandler.php。

```
<?php
```

```
$aradio = $_POST['aradio'];
echo $name;
......
if(isset($achecked) and $cchecked == 3){
    echo "选项 C 的 value 值已经被正确传递。<br/>";
}else{
    echo "选项 C 没有被选择，其 value 值没有被传递。<br/>";
}
if($aradio == 'a1'){
    echo "蓝天";
}else if($aradio == 'a2'){
    echo "白云";
}else{
    echo "大海";
}
?>
```

步骤 03 运行 formdemo.html，结果如图 10-5 所示。

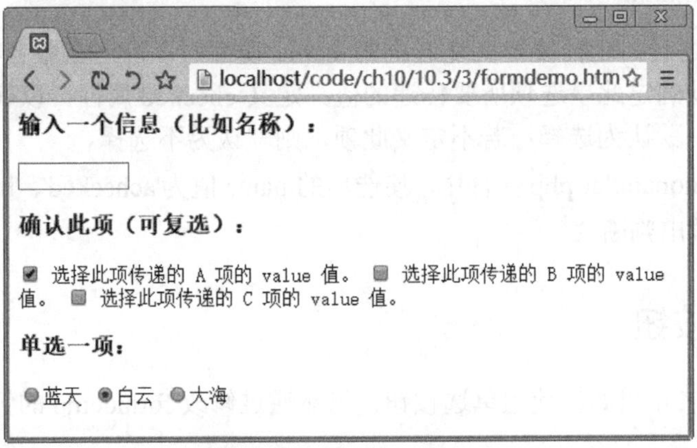


图 10-5　程序运行结果

【案例分析】

（1）<input type="radio"  name="aradio" value="a1" />语句定义了一个单选按钮。后面的<input type="radio"  name="aradio" value="a2" checked="checked" />和<input type="radio" name="aradio" value="a3" />定义了另外两个单选按钮。

定义一个 input 标识为单选按钮时，需指定类型为 radio：

```
<input type="radio" ...... />
```

定义为单选按钮之后，还需要定义单选按钮的 name 属性，以确定在服务器端程序的唯一性；定义 value 属性，以确定此单选按钮所要传递的值；定义 checked 属性，以确定单选按钮的默认状态，若为 checked 则默认为选择；若不定义此项，默认为不选择。

（2）在 formdemohandler.php 文件中，使单选按钮的 name 值为"aradio"，然后 if 语句通过对 aradio 传递的不同值做出判断，打印不同的值。

## 10.3.5 下拉列表

下面通过实例来介绍下拉列表的使用方法和技巧，仍然通过修改 formdemo 的例子加以说明，具体步骤如下：

步骤 01 在 phpform 文件夹下修改文件 formdemo.html，添加如下代码：

```
<HTML>
<HEAD></HEAD>
<BODY>
<form action="formdemohandler.php" method="post">
 ......
   <h3>在下拉菜单中选择一项：</h3>
    <select name="aselect" size="1">
       <option value="hainan">海南</option>
       <option value="qingdao" selected>青岛</option>
       <option value="beijing">北京</option>
       <option value="xizang">西藏</option>
    </select>
</form>
</BODY>
</HTML>
```

步骤 02 在 phpform 文件夹下修改文件 formdemohandler.php。

```
<?php
......
    $aselect = $_POST['aselect'];

    echo $name."<br/>";
    ......
}else{
    echo "大海";
}
if($aselect == 'hainan'){
    echo "海南";
}else if($aselect == 'qingdao'){
    echo "青岛";
}else if($aselect == 'beijing'){
    echo "北京";
}else{
    echo "郑州";
}

?>
```

步骤 03 运行 formdemo.html，结果如图 10-6 所示。

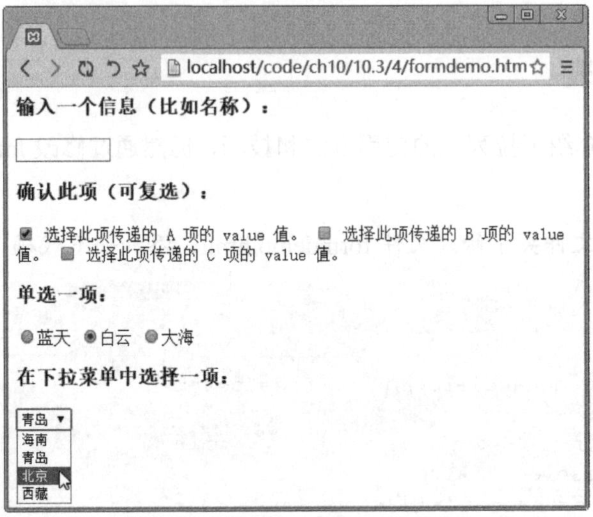


图 10-6　程序运行结果

【案例分析】

（1）下拉列表是通过<select></select>标识表示的，而下拉列表中的选项是通过包含在其中的<option></option>标识表示的。<select>标识中，name 定义下拉列表的 name 属性，以确认它的唯一性。<option>标识中，value 定义需要传递的值。

（2）在 formdemohandler.php 文件中，使选项的 name 值为"aselect"。然后，if 语句通过对 aselect 传递的不同值做出判断，并打印不同的值。

## 10.3.6　重置按钮

重置按钮用来重置所有的表单输入数据。对于重置按钮的使用，仍然通过修改 formdemo 的例子加以说明，具体步骤如下：

步骤 01　在文件夹下修改文件 formdemo.html。

```
<HTML>
<HEAD></HEAD>
<BODY>
<form action="formdemohandler.php" method="post">
    ......
    <h3>单击此按钮重置所有信息：</h3>
    <input type="RESET" value="重置">
</form>
</BODY>
</HTML>
```

步骤 02　运行 formdemo.html，结果如图 10-7 所示。

步骤 03　单击“重置”按钮，页面中所有输入数据被重置为默认值，如图 10-8 所示。

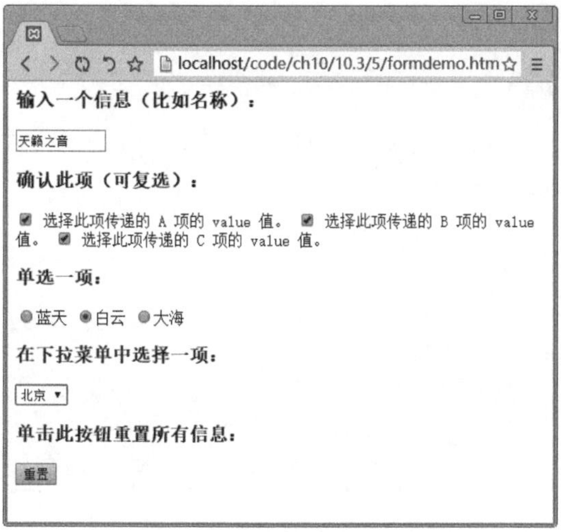


图 10-7　程序运行结果

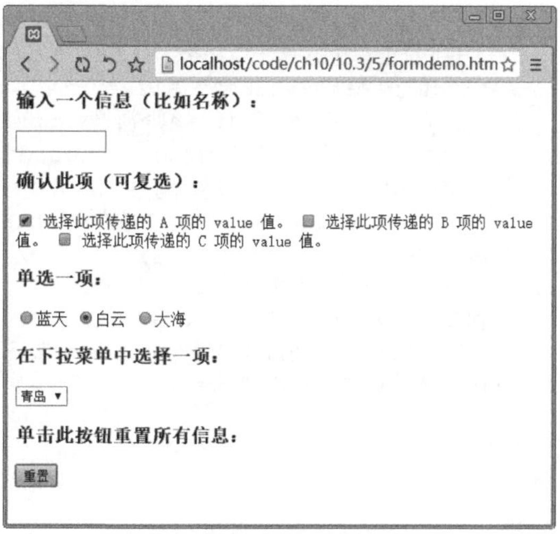


图 10-8　重置为默认值

由<input type="RESET" value="重置">语句可见，重置按钮是<input />标识的一种。定义一个 input 标识为单选项的必要因素为：

```
<input type="reset" ...... />
```

value 属性是按钮所显示的字符。

## 10.3.7　提交按钮

到现在为止，前面程序中 form 中的所有元素都已经设置完成，并且在相应的 PHP 文件中做了处理。这个时候，要想把 HTML 页面中所有的数据发送出去，提供给相应的 PHP 文件进行处理，就需要使用 submit 按钮，也就是“提交”按钮。下面添加“提交”按钮，并且提交数据。

步骤 01　修改文件 formdemo.html，最终代码如下：

```
<HTML>
<HEAD></HEAD>
<BODY>
<form action="formdemohandler.php" method="post">
  <h3>输入一个信息（比如名称）：</h3>
  <input type="text" name="name" size="10" />
  <h3>确认此项（可复选）：</h3>
  <input type="checkbox" name="achecked" checked="checked" value="1" />
  选择此项传递的 A 项的 value 值。
  <input type="checkbox" name="bchecked"  value="2" />
  选择此项传递的 B 项的 value 值。
  <input type="checkbox" name="cchecked"  value="3" />
  选择此项传递的 C 项的 value 值。
   <h3>单选一项：</h3>
   <input type="radio"  name="aradio" value="a1" />蓝天
   <input type="radio"  name="aradio" value="a2" checked="checked" />白云
```

```
    <input type="radio"  name="aradio" value="a3" />大海
    <h3>在下拉菜单中选择一项：</h3>
     <select name="aselect" size="1">
        <option value="hainan">海南</option>
        <option value="qingdao" selected>青岛</option>
        <option value="beijing">北京</option>
        <option value="xizang">西藏</option>
     </select>
     <h3>单击此按钮重置所有信息：</h3>
    <input type="RESET" value="重置" />
    <h3>单击此按钮提交所有信息到 formdemohandler.php 文件：</h3>
    <input type="submit" value="提交" />
</form>
</BODY>
</HTML>
```

步骤 02 在 phpform 文件夹下修改文件 formdemohandler.php，最终代码如下：

```
<?php
$name = $_POST['name'];
if(isset($_POST['achecked'])){
    $achecked = $_POST['achecked'];
}
if(isset($_POST['bchecked'])){
    $bchecked = $_POST['bchecked'];
}
if(isset($_POST['cchecked'])){
    $cchecked = $_POST['cchecked'];
}
$aradio = $_POST['aradio'];
$aselect = $_POST['aselect'];
echo $name."<br/>";
if(isset($achecked) and $achecked == 1){
    echo "选项 A 的 value 值已经被正确传递。<br/>";
}else{
    echo "选项 A 没有被选择，其 value 值没有被传递。<br/>";
}
if(isset($bchecked) and $bchecked == 2){
    echo "选项 B 的 value 值已经被正确传递。<br/>";
}else{
    echo "选项 B 没有被选择，其 value 值没有被传递。<br/>";
}
if(isset($cchecked) and $cchecked == 3){
    echo "选项 C 的 value 值已经被正确传递。<br/>";
}else{
    echo "选项 C 没有被选择，其 value 值没有被传递。<br/>";
}

if($aradio == 'a1'){
    echo "蓝天<br/>";
}else if($aradio == 'a2'){
    echo "白云<br/>";
}else{
```

```
    echo "大海<br/>";
}

if($aselect == 'hainan'){
    echo "海南<br/>";
}else if($aselect == 'qingdao'){
    echo "青岛<br/>";
}else if($aselect == 'beijing'){
    echo "北京<br/>";
}else{
    echo "郑州";
}
?>
```

步骤 03 运行 formdemo.html，结果如图 10-9 所示。

步骤 04 单击“提交”按钮，页面跳转到 formdemohandler.php，输出结果如图 10-10 所示。

图 10-9　程序运行结果

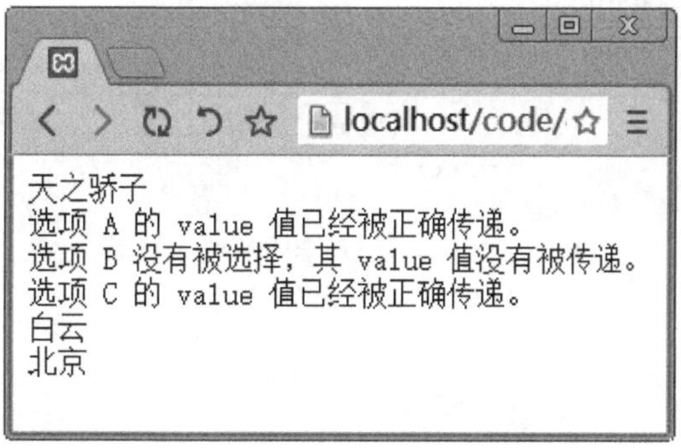


图 10-10　提交数据

# 10.4 传递数据的两种方法

数据传递的常用方法有 POST 和 GET 两种，本节介绍这两种方法的使用技巧。

## 10.4.1 用 POST 方式传递数据

表单传递数据是通过 POST 和 GET 两种方式进行的。在定义表单属性的时候，要在 method 属性上定义使用哪种数据传递方式。

<form action="URI" method="post">定义了表单在把数据传递给目标文件的时候使用的是 POST 方式。<form action="URI" method="get">则定义了表单在把数据传递给目标文件的时候

使用的是 GET 方式。

POST 是比较常见的表单提交方式。通过 POST 方式提交的变量不受特定变量大小的限制，并且被传递的变量不会在浏览器地址栏里以 URL 的方式显示出来。

## 10.4.2 用 GET 方式传递数据

GET 方式比较有特点。通过 GET 方式提交的变量有大小限制，不能超过 100 个字符。它的变量名和与之相对应的变量值，都会以 URL 的方式显示在浏览器地址栏里。所以，若传递大而敏感的数据，一般不使用此方式。

使用 GET 方式传递数据，通常使用 URL 连接来进行。下面对此操作进行讲解。

步骤 01 在网站根目录下建立 getparam.php 文件，输入以下代码并保存。

```
<?php
if(!$_GET['u'])
{
    echo '参数还没有输入。';
}else{
    $user=$_GET['u'];
    switch ($user){
        case 1:
            echo "用户是王小明";
            break;
        case 2:
            echo "用户是李丽丽";
            break;
    }
}
?>
```

步骤 02 在浏览器地址栏中输入“http://localhost/getparam.php?u”，并按【Enter】键确认，运行结果如图 10-11 所示。

步骤 03 在浏览器地址栏中输入“http://localhost/getparam.php?u=1”，并按【Enter】键确认，运行结果如图 10-12 所示。

步骤 04 在浏览器地址栏中输入“http://localhost/getparam.php?u=2”，并按【Enter】键确认，运行结果如图 10-13 所示。

图 10-11 程序运行结果 1

图 10-12 程序运行结果 2

图 10-13 程序运行结果 3

【案例分析】

（1）在 URL 中，GET 方式通过“？”号后面的数组元素的键名（这里是“u”）来获得元素值。

（2）对元素赋值，使用“=”号。

（3）switch 条件语句做出判断并返回结果。

# 10.5 PHP 获取表单传递数据的方法

如果表单使用 POST 方式传递数据，则 PHP 要使用全局变量数组$_POST[]来读取所传递的数据。

表单中元素传递数据给$_POST[]全局变量数组，其数据以关联数组中的数组元素形式存在。以表单元素的名称属性为键名，以表单元素的输入数据或传递的数据为键值。

比如前面 formdemohandler.php 文件中$name = $_POST['name'];语句就是读取名为 name 的文本框中的数据。此数据以 name 为键名，以文本框输入的数据为键值。

再如$achecked = $_POST['achecked']语句，读取名为 achecked 的复选框传递的数据。此数据以 achecked 为键名，以复选框传递的数据为键值。

如果表单使用 GET 方式传递数据，则 PHP 要使用全局变量数组$_GET[]来读取所传递的数据。与$_POST[]相同，表单中元素传递数据给$_GET[]全局变量数组，其数据以关联数组中的数组元素形式存在。以表单元素的名称属性为键名，以表单元素的输入数据或传递的数据为键值。

# 10.6 PHP 对 URL 传递的参数进行编码

PHP 对 URL 中传递的参数进行编码，既可以实现对所传递数据的加密，又可以对无法通过浏览器传递的字符进行传递。要实现此操作，一般使用 urlencode()和 rawurlencode()函数。而对此过程的反向操作就是使用 urldecode()和 rawurldecode()函数。

下面对此操作进行讲解，具体步骤如下：

步骤 01 在网站根目录下建立 urlencode.php 文件，输入以下代码并保存。

```
<?php
$user = '王小明 刘晓莉';                                              //定义变量
$link1 = "index.php?userid=".urlencode($user)."<br/>";              //对字符串进行编码
$link2 = "index.php?userid=".rawurlencode($user)."<br/>";           //对字符串进行编码
echo $link1.$link2;
//对编码的反向操作
```

```
echo urldecode($link1);
echo urldecode($link2);
echo rawurldecode($link2);
?>
```

步骤02 在浏览器地址栏中输入“http://localhost/urlencode.php”，并按【Enter】键确认，运行结果如图 10-14 所示。

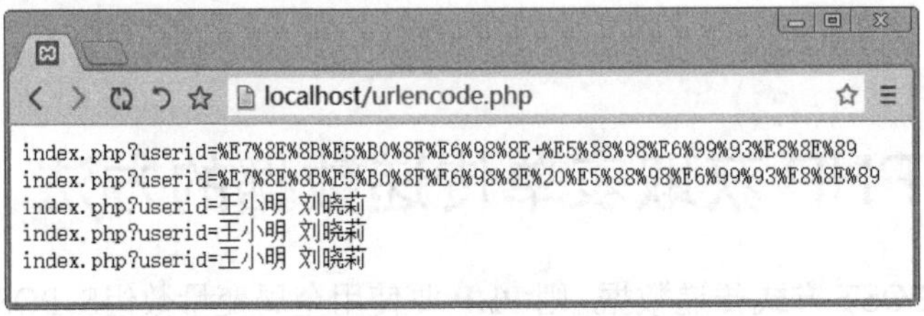


图 10-14　程序运行结果

【案例分析】

（1）在$link1 变量的赋值中，使用 urlencode()函数对一个中文字符串$user 进行编码。

（2）在$link2 变量的赋值中，使用 rawurlencode()函数对一个中文字符串$user 进行编码。

（3）这两种编码函数的区别在于对空格的处理，urlencode()函数将空格编码为“+”号，而 rawurlencode()函数将空格编码为“%20”加以表述。

（4）urldecode()函数实现对编码的反向操作。

# 10.7 实战演练——PHP 与 Web 表单的综合应用

本节进行处理表单数据的讲解。下面实例将假设一名网络浏览者在某酒店网站上登记房间，具体步骤如下：

步骤01 在网站根目录下建立一个 HTML 文件 form.html，输入以下代码并保存。

```
<HTML>
<HEAD><h2>GoodHome 在线订房表。</h2></HEAD>
<BODY>
<form action="formhandler.php" method="post">
<table>
<tr bgcolor="#3399FF">
    <td>客人姓名:</td>
    <td><input type="text" name="customername" size="10" /></td>
</tr>
<tr bgcolor="#CCCCCC" >
    <td>到达时间:</td>
    <td><input type="text" name="arrivaltime" size="3" />天内</td>
</tr>
```

```
<tr bgcolor="#3399FF" >
    <td>联系电话:</td>
    <td><input type="text" name="phone" size="15" /></td>
</tr>
<tr bgcolor="#666666" >
    <td align="center"><input type="submit" value="确认订房信息" /></td>
</tr>
</table>
</form>
</BODY>
</HTML>
```

步骤 02 在浏览器地址栏中输入“http://localhost/form.html”，并按【Enter】键确认，运行结果如图 10-15 所示。

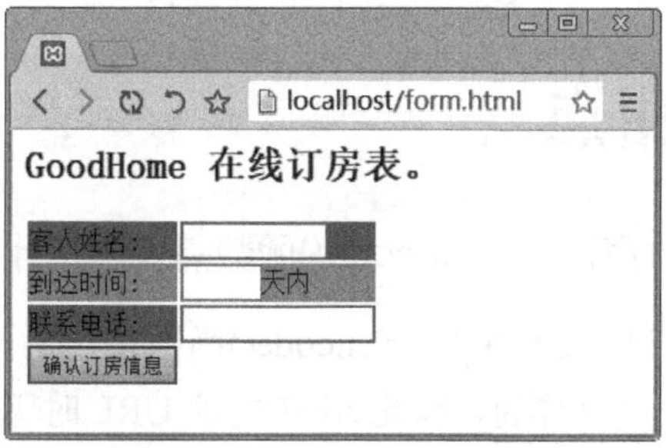


图 10-15 在线订房表首页

步骤 03 在相同目录下建立一个 PHP 文件 formhandler.php，输入以下代码并保存。

```
<?php
$customername = $_POST['customername'];
$arrivaltime = $_POST['arrivaltime'];
$phone = $_POST['phone'];
echo '<p>订房确认信息:</p>';
echo '客人 '.$customername.',您会在 '.$arrivaltime.' 内到达。您的联系电话是 '.$phone.'。
    ';
?>
```

步骤 04 回到在浏览器中打开的 form.html 页面。在表单中输入数据，【客人姓名】为“王小明”、【到达时间】为“3”、【联系电话】为“1361XXXX123”，单击【确认订房信息】按钮，浏览器会自动跳转到 formhandler.php 页面，显示结果如图 10-16 所示。

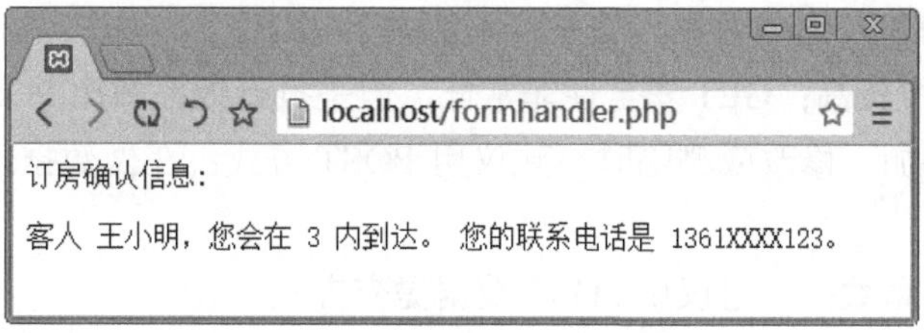


图 10-16 生成订房信息

【案例分析】

（1）在 form.html 中 form 通过 POST 方法（method）把 3 个<input type="text" …. />中的文本数据发送给 formhandler.php。

（2）在 formhandler.php 中，读取数组$_POST 中的具体变量$_POST['customername']、$_POST['arrivaltime']和$_POST['phone']，并赋值给本地变量$customername、$arrivaltime 和$phone。然后，通过 echo 命令使用本地变量把信息生成 HTML 后输出给浏览器。

（3）要提到的是，代码“echo'客人 '.$customername.'，您将会在 '.$arrivaltime.' 天内到达。您的联系电话是 '.$phone.'。';”中的“.”是字符串连接操作符，它把不同部分的字符串连接在一起。在使用 echo 命令的时候经常会用到它。

## 10.8 高手甜点

### 甜点 1：使用 urlencode()和 rawurlencode()函数需要注意什么？

如果配合 JS 处理页面信息，就要注意 urlencode()函数使用后“+”号与 JS 的冲突。由于 JS 中“+”号是字符串类型的连接操作符，因此 JS 在处理 URL 时无法识别其中的“+”号。这时可以使用 rawurlencode()函数对其进行处理。

### 甜点 2：理解 GET 和 POST 的区别和联系。

GET 和 POST 两者的区别与联系如下：

（1）POST 是向服务器传送数据；GET 是从服务器上获取数据。

（2）POST 通过 HTTP POST 机制将表单内各个字段与其内容放置在 HTML HEADER 中，一起传送到 ACTION 属性所指的 URL 地址，用户看不到这个过程；GET 是把参数数据队列添加到提交表单的 ACTION 属性所指的 URL 中，值和表单内各个字段一一对应，在 URL 中可以看到。

（3）对于 GET 方式，服务器端用 Request.QueryString 获取变量的值；对于 POST 方式，服务器端用 Request.Form 获取提交的数据。

（4）POST 传送的数据量较大，一般默认为不受限制，但理论上，IIS4 中最大量为 80KB，IIS5 中为 100KB；GET 传送的数据量较小，不能大于 2KB。

（5）POST 安全性较高；GET 安全性非常低，但是执行效率却比 POST 方法好。

（6）在做数据添加、修改或删除时，建议用 POST 方式；在做数据查询时，建议用 GET 方式。

（7）对于机密信息数据，建议用 POST 数据提交方式。

# 第 11 章 文件与目录操作

学习目标 | Objective

在前面的章节中已经实现了使用 form 发送数据给 PHP，PHP 再处理数据并输出 HTML 给浏览器。在这样的流程里，数据会直接被 PHP 代码处理成 HTML。如果想把数据存储起来，并在需要的时候读取和处理，该怎么办呢？这就是本章需要解决的问题。在 PHP 开发网站的过程中，文件的操作大致分为对普通文件的操作和对数据库文件的操作。本章主要讲解如何对普通文件进行写入和读取、目录的操作、文件的上传等操作。

内容导航 | Navigation

- 掌握文件的基本操作方法
- 掌握目录的操作方法
- 掌握文件的上传方法
- 掌握访客计算器的制作方法

## 11.1 文件操作

在不使用数据库系统的情况下，数据可以通过文件（file）来实现数据的存储和读取。这个数据存取的过程也是 PHP 处理文件的过程。这里涉及的文件是文本文件（text file）。

### 11.1.1 文件数据的写入

对于一个文件的“读”或“写”操作，基本步骤如下：

步骤 01 打开文件。

步骤 02 从文件里读取数据，或者向文件内写入数据。

步骤 03 关闭文件。

打开文件的前提是，文件必须是存在的。如果不存在，则需要建立一个文件，并且在所在的系统环境中，代码应该对文件具有“读”或“写”的权限。

以下实例介绍 PHP 如何处理文件数据。在这个实例中需要把客人订房填写的信息保存到文件中，以便以后使用。

【例 11.1】(实例文件：源文件\ch11\11.1.html 和 11.1.php)

步骤 01 在 PHP 文件同目录下建立一个名称为 booked.txt 的文本文件，然后创建 11.1.html，写入如下代码：

```
<html>
<HEAD><h2>GoodHome 在线订房表（文件存储）。</h2></HEAD>
<BODY>
<form action="11.1.php" method="post">
<table>
<tr bgcolor="#3399FF" >
    <td>客户姓名:</td>
    <td><input type="text" name="customername" size="20" /></td>
</tr>
<tr bgcolor="#CCCCCC" >
    <td>客户性别: </td>
    <td>
     <select name="gender">
        <option value="m">男</option>
        <option value="f">女</option>
     </select>
  </td>
 </tr>
<tr bgcolor="#3399FF" >
    <td>到达时间:</td>
    <td>
     <select name="arrivaltime">
        <option value="1">一天后</option>
        <option value="2">两天后</option>
        <option value="3">三天后</option>
        <option value="4">四天后</option>
        <option value="5">五天后</option>
     </select>
 </td>
 </tr>
<tr bgcolor="#CCCCCC" >
    <td>电话:</td>
    <td><input type="text" name="phone" size="20" /></td>
</tr>
<tr bgcolor="#3399FF" >
    <td>email:</td>
    <td><input type="text" name="email" size="30" /></td>
</tr>
```

```
<tr bgcolor="#666666" >
    <td align="center"><input type="submit" value="确认订房信息" /></td>
</tr>
</table>
</form>
</BODY>
</HTML>
```

步骤 02 在 11.1.html 文件的同目录下创建 11.1.php 文件，代码如下：

```
<?php
$DOCUMENT_ROOT = $_SERVER['DOCUMENT_ROOT'];
$customername = trim($_POST['customername']);
$gender = $_POST['gender'];
$arrivaltime = $_POST['arrivaltime'];
$phone = trim($_POST['phone']);
$email = trim($_POST['email']);

if( $gender == "m"){
    $customer = "先生";
}else{
    $customer = "女士";
}

$date = date("H:i:s Y m d");
$string_to_be_added = $date."\t".$customername."\t".$customer." 将在
    ".$arrivaltime." 天后到达\t 联系电话: ".$phone."\t Email: ".$email ."\n";
$fp = fopen("$DOCUMENT_ROOT/booked.txt",'ab');
if(fwrite($fp, $string_to_be_added, strlen($string_to_be_added))){
    echo $customername."\t".$customer." ,您的订房信息已经保存。我们会通过 Email 和电话
    和您联系。";
}else{
    echo "信息存储出现错误。";
}
fclose($fp);
?>
```

步骤 03 运行 11.1.html 文件，最终效果如图 11-1 所示。

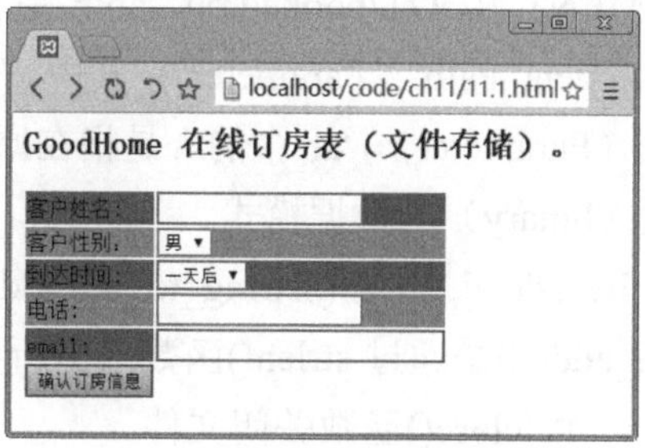


图 11-1 程序运行效果

步骤 04 在表单中输入数据，【客户姓名】为“李莉莉”、【客户性别】为“女”、【到达时间】

为“三天后”、【电话】为“159XXXXX266”。单击【确认订房信息】按钮，浏览器会自动跳转到 formfilehandler.php 页面，并且同时会把数据写入 booked.txt。如果之前没有创建 booked.txt 文件，则 PHP 会自动创建。运行结果如图 11-2 所示。

图 11-2　程序运行结果

连续写入几次不同的数据，保存到 booked.txt 中。用写字板打开 booked.txt，运行结果如图 11-3 所示。如果不能写入信息，需要检查是否有向硬盘的文件写入信息的权限。

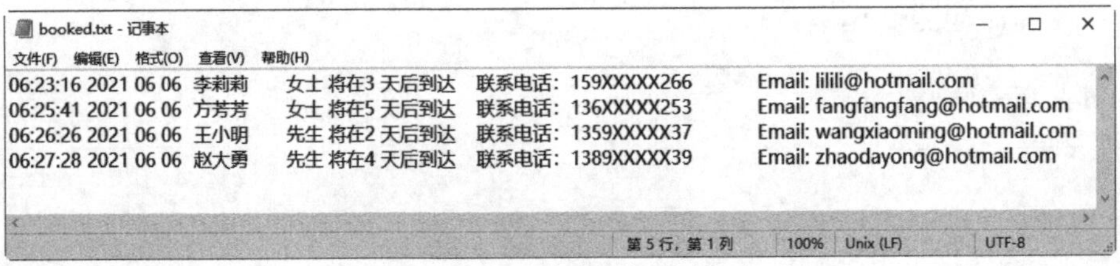


图 11-3　打开 booked.txt

**【案例分析】**

（1）其中，代码$DOCUMENT_ROOT = $_SERVER['DOCUMENT_ROOT'];通过使用超全局数组$_SERVER 来确定本系统文件的根目录。在 Windows 桌面开发环境中的目录是 c:/wamp/www/。

（2）$customername、$arrivaltime、$phone 这 3 个变量为 form4file.html 通过 POST 方法给 formfilehandler.php 传递的数据。

（3）$date 为用 date()函数处理的写入信息时的系统时间。

（4）$string_to_be_added 是要写入 booked.txt 文件的字符串数据。它的格式是通过“\t”和“\n”完成的。“\t”是 tab，“\n”是换新行。

（5）$fp = fopen("$DOCUMENT_ROOT/booked.txt",'ab'); 是 fopen()函数打开文件并赋值给变量$fp。fopen()函数的格式是 fopen("Path", "Parameter")。其中，"$DOCUMENT_ROOT/booked.txt"是路径（Path），'ab'是参数（Parameter）。'ab'中的 a 是指在原有文件上继续写入数据，b 则是规定了写入的数据是二进制（binary）的数据模式。

（6）fwrite($fp, $string_to_be_added, strlen($string_to_be_added));是对已经打开的文件进行写入操作。strlen($string_to_be_added)是通过 strlen()函数给出所要写入字符串数据的长度。

（7）在写入操作完成之后，用 fclose()函数关闭文件。

## 11.1.2 文件数据的读取

到目前为止，数据写入到了文件中，而且文件也可以直接被打开，以查看数据，并对数据进行其他操作。但是，学习 PHP 的一个重要目的是要通过浏览器对数据进行读取和使用。那么如何读取数据并且通过浏览器进行展示呢？

下面通过实例对文件数据的读取进行了解。

**【例 11.2】(实例文件：源文件\ch11\11.2.php)**

```
<?php
//确认文件路径
$DOCUMENT_ROOT = $_SERVER['DOCUMENT_ROOT'];
//确认文件是否存在
@$fp = fopen("$DOCUMENT_ROOT/booked.txt",'rb');
if(!$fp){
    echo "没有订房信息。";
    exit;
}
//循环输出文件内容
while (!feof($fp)){
    $order = fgets($fp, 2048);
    echo $order. "<br/>";
}
fclose($fp);      //关闭文件
?>
```

运行结果如图 11-4 所示。

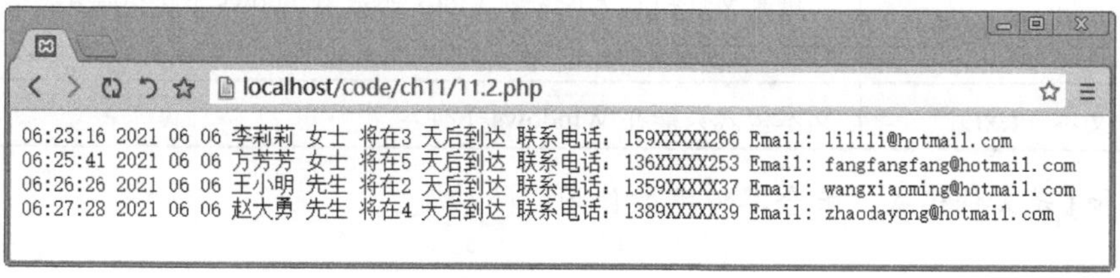


图 11-4　程序运行结果

**【案例分析】**

（1）$DOCUMENT_ROOT = $_SERVER['DOCUMENT_ROOT'];确认文件位置。

（2）fopen()通过参数 rb 打开 booked.txt 文件进行二进制读取。读取内容赋值给变量$fp。$fp 前的@符号用来排除错误提示。

（3）if 语句表示，如果变量$fp 为空，则显示“没有订房信息。”且退出。

（4）在 while 循环中，!feof($fp)表示只要不到文件尾，就继续 while 循环。循环中 fgets()读取变量$fp 中的内容并赋值给$order。

（5）fgets()中 2048 的参数表示允许读取的最长字节数为 2048-1=2047 字节。

（6）最后 fclose()关闭文件。

无论是读文件还是写文件，其实文件在用 fopen 打开的时候就确定了文件模式，即打开某个特定的文件是用来做什么的。fopen()中的参数及其用途如表 11-1 所示。

表 11-1　fopen()中的参数及其用途

| 参数 | 意义 | 说明 |
| --- | --- | --- |
| r | 读取 | 打开文件用于读取，且从文件头开始读取 |
| r+ | 读取 | 打开文件用于读取和写入，且从文件头开始读取和写入 |
| w | 写入 | 打开文件用于写入，且从文件头开始写入。如果文件已经存在，则清空原有内容；如果文件不存在，则创建此文件 |
| w+ | 写入 | 打开文件用于写入和读取，且从文件头开始写入。如果文件已经存在，则清空原有内容；如果文件不存在，则创建此文件 |
| x | 谨慎写入 | 打开文件用于写入，且从文件头开始写入。如果文件已经存在，则不会被打开，同时 fopen 返回 false，且 PHP 生成警告 |
| x+ | 谨慎写入 | 打开文件用于写入和读取，且从文件头开始写入。如果文件已经存在，则不会被打开，同时 fopen 返回 false，且 PHP 生成警告 |
| a | 添加 | 打开文件仅用于添加写入，且在已存在的内容之后写入。如果文件不存在，则创建此文件 |
| a+ | 添加 | 打开文件用于添加写入和读取，且在已存在的内容之后写入。如果文件不存在，则创建此文件 |
| b | 二进制（binary） | 二进制文件模式无论是在 Linux 还是 Windows 下都可使用，一般情况下选择二进制模式 |
| t | 文本（text） | 文本模式只能在 Windows 下使用 |

注：b 和 t 是文件模式，配合其他参数使用。

# 11.2 目录操作

在 PHP 中，利用相关函数可以实现对目录的操作。常见目录操作函数的使用方法和技巧如下。

1. string getcwd ( void )

该函数主要用于获取当前的工作目录，返回的是字符串。下面举例说明此函数的使用方法。

【例 11.3】(实例文件：源文件\ch11\11.3.php)

```
<?php
$d1=getcwd();          //获取当前路径
echo getcwd();         //输出当前目录
?>
```

运行结果如图 11-5 所示。

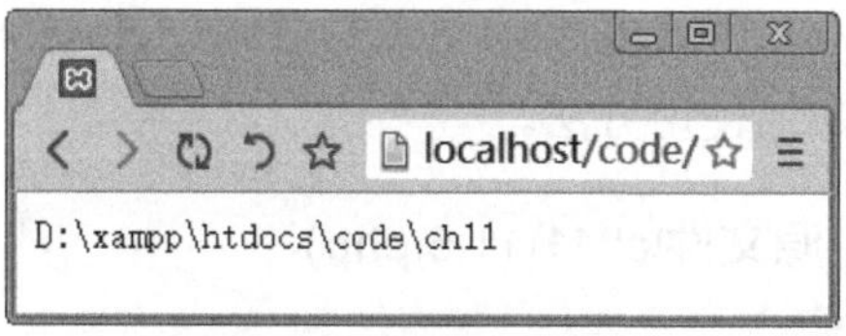


图 11-5　程序运行效果

2. array scandir ( string directory, [int sorting_order])

返回一个 array，包含 directory 中的文件和目录。如果 directory 不是一个目录，则返回布尔值 FALSE，并产生一条 E_WARNING 级别的错误。默认情况下，返回值是按照字母顺序升序排列的。如果使用了可选参数 sorting_order（设为 1），则按照字母顺序降序排列。

下面举例说明此函数的使用方法。

【例 11.4】(实例文件：源文件\ch11\11.4.php)

```
<?php
$dir='D:\xampp\htdocs\code\ch11';       //定义指定的目录
$files1 = scandir($dir);                //列出指定目录中的文件和目录
$files2 = scandir($dir, 1);
print_r($files1);                       //输出指定目录中的文件和目录
print_r($files2);
?>
```

运行结果如图 11-6 所示。

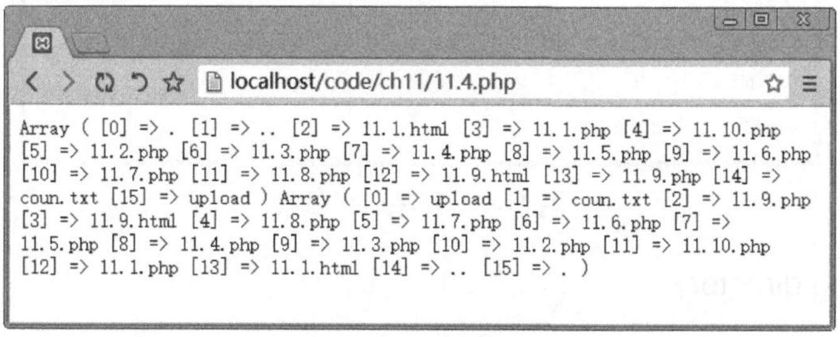


图 11-6　程序运行效果

3. new dir(string directory)

此函数模仿面向对象机制，将指定的目录名转换为一个对象并返回，使用说明如下：

```
class dir {
    dir ( string directory)
```

```
    string path
    resource handle
    string read ( void )
    void rewind ( void )
    void close ( void )
}
```

其中，handle 属性的含义为目录句柄，path 属性的含义为打开目录的路径，read(void)函数的含义为读取目录，rewind(void)函数的含义为复位目录，close(void)函数的含义为关闭目录。

下面通过实例说明此函数的使用方法。

【例 11.5】(实例文件：源文件\ch11\11.5.php)

```
<?php
$d2 = dir('D:\xampp\htdocs\code\ch11');              // 定义目录
echo "Handle: ".$d2->handle."<br/>\n";               // 输出目录句柄
echo "Path: ".$d2->path."<br/>\n";                    // 输出目录的路径
while (false !== ($entry = $d2->read())) {
    echo $entry."<br/>\n";
}
$d2->close();
?>
```

运行结果如图 11-7 所示。

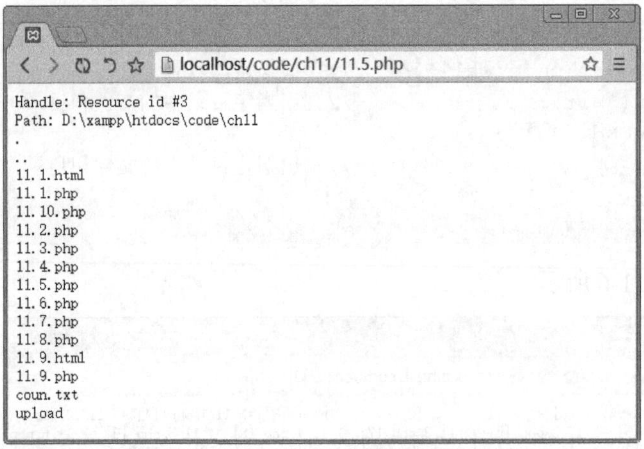


图 11-7　程序运行效果

4. chdir（string directory）

此函数将 PHP 的当前目录改为 directory。下面举例说明此函数的使用方法。

【例 11.6】(实例文件：源文件\ch11\11.6.php)

```
<?php
// 获取当前目录
echo getcwd() . "<br/>";
```

```
// 修改当前目录
chdir("upload");
// 获取修改后的当前目录
echo getcwd();
?>
```

运行结果如图 11-8 所示。

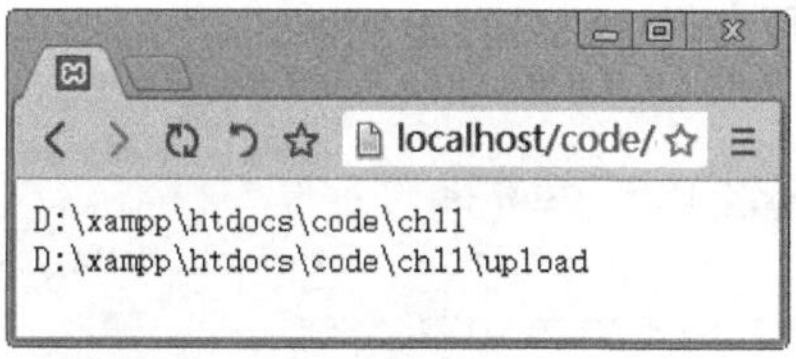


图 11-8　程序运行效果

### 5. void closedir ( resource dir_handle)

此函数主要用于关闭由 dir_handle 指定的目录流，另外，目录流必须之前已经被 opendir()打开。

### 6. resource opendir( string path)

此函数返回一个目录句柄，其中 path 为要打开的目录路径。如果 path 不是一个合法的目录或者因为权限限制或文件系统错误而不能打开目录，则返回 False 并产生一个 E_WARNING 级别的 PHP 错误信息。如果不想输出错误，可以在 opendir()前面加上“@”符号。

**【例 11.7】(实例文件：源文件\ch11\11.7.php)**

```
<?php
$dir = "D:/xampp/htdocs/code/ch11/";
// 打开一个目录，然后读取目录中的内容
if (is_dir($dir)) {
    if ($dh = opendir($dir)) {
        while (($file = readdir($dh)) !== false) {
            print "filename: $file : filetype: " . filetype($dir . $file) . "\n";
        }
        closedir($dh);
    }
}
```

运行结果如图 11-9 所示。

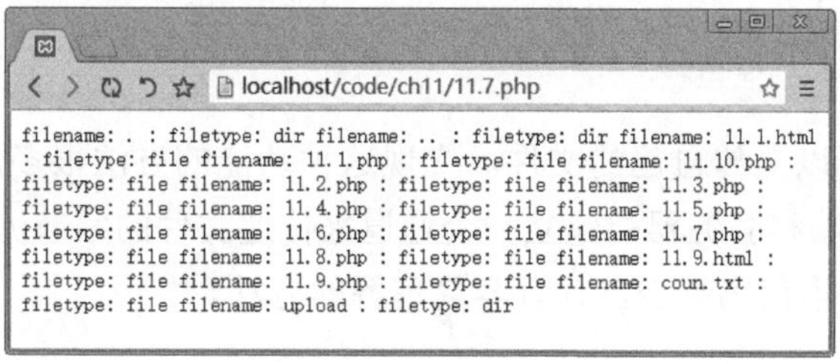


图 11-9　程序运行效果

其中，is_dir()函数主要判断给定文件名是否是一个目录，readdir()函数从目录句柄中读取条目，closedir()函数关闭目录句柄。

7. string readdir ( resource dir_handle)

该函数主要是返回目录中下一个文件的文件名。文件名以在文件系统中的排序返回。

【例 11.8】(实例文件：源文件\ch11\11.8.php)

```
<?php
// 注意在 4.0.0-RC2 之前不存在“!==”运算符
if ($handle = opendir(' D:\xampp\htdocs\code\ch11')) {
    echo "Directory handle: $handle\n";
    echo "Files:\n";
    /* 这是正确遍历的目录方法 */
    while (false !== ($file = readdir($handle))) {
        echo "$file\n";
    }
    closedir($handle);
}
?>
```

运行结果如图 11-10 所示。

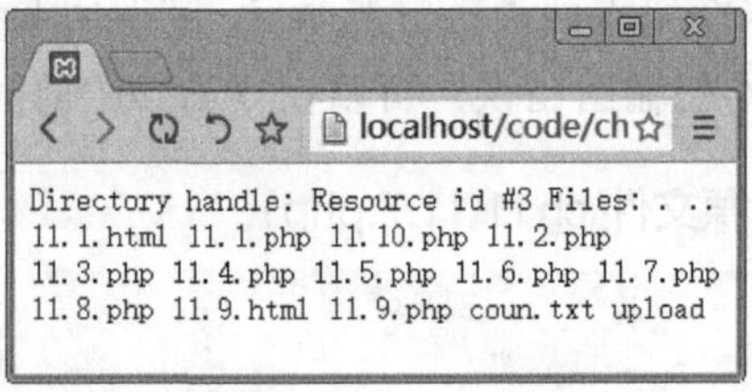


图 11-10　程序运行效果

在遍历目录时，有的读者会经常写出下面错误的遍历方法。

```
/* 这是错误的遍历目录的方法 */
while ($file = readdir($handle)) {
    echo "$file\n";
}
```

# 11.3 文件的上传

在网络上，用户可以上传自己的文件。实现这种功能的方法很多，用户把一个文件上传到服务器，需要在客户端和服务器端建立一个通道来传递文件的字节流，并在服务器进行上传操作。下面介绍一种使用代码最少，并且容易理解的方法。

## 11.3.1 全局变量$_FILES

通过使用 PHP 的全局变量$_FILES，用户可以从客户计算机向远程服务器上传文件。全局变量 $_FILES 是一个二维数组，用于接收上传文件的信息，它会保存表单中 type 值为 file 的提交信息，有 5 个主要列，具体含义如下：

（1）$_FILES["file"]["name"]：存放上传文件的名称。

（2）$_FILES["file"]["type"]：存放上传文件的类型。

（3）$_FILES["file"]["size"]：存放上传文件的大小，以字节为单位。

（4）$_FILES["file"]["tmp_name"]：存放存储在服务器的文件的临时全路径。

（5）$_FILES["file"]["error"]：存放文件上传导致的错误代码。

在$_FILES["file"]["tmp_name"]中，/tmp 目录是默认的上传临时文件的存放地点，此时用户必须将文件从临时目录中删除或移到其他位置，如果没有，则上传的文件会自动被删除。可见，无论上传是否成功，程序最后都会自动删除临时目录中的文件。所以在删除前，需要将上传的文件复制到其他位置，这样才算真正完成了上传文件的过程。

另外，$_FILES["file"]["error"]中返回的错误代码的常量对应的数值的含义如下：

（1）UPLOAD_ERR_OK=0：表示没有发生任何错误。

（2）UPLOAD_ERR_INI_SIZE=1：表示上传文件的大小超过了约定值。

（3）UPLOAD_ERR_FORM_SIZE =2：表示上传文件的大小超过了 HTML 表单隐藏域属性的 MAX_FILE_SIZE 元素所规定的最大值。

（4）UPLOAD_ERR_PARTIAL =3：表示文件只被部分上传。

（5）UPLOAD_ERR_NO_FILE =4：表示没有上传任何文件。

## 11.3.2 文件上传

在 PHP 中，使用 move_uploaded_file()函数可以将上传的文件移动到新位置。语法格式如下：

```
move_uploaded_file(file,newloc)
```

其中，file 为需要移动的文件，newloc 参数为文件的新位置。如果 file 指定的上传文件是合法的，则文件被移动到 newloc 指定的位置；如果 file 指定的上传文件不合法，则不会出现任何操作，move_uploaded_file()函数将返回 false；如果 file 指定的上传文件是合法的，但出于某些原因无法移动，不会出现任何操作，move_uploaded_file()函数将返回 false，此外还会发出一条警告。

提示

move_uploaded_file()函数只能用于通过 HTTP POST 上传文件。如果目标文件已经存在，将会被覆盖。

下面通过案例来学习上传图片文件的方法和技巧。

【例 11.9】(实例文件：源文件\ch11\11.9.html 和 11.9.php)

步骤 01 首先创建一个获取上传文件的页面，文件名为 11.9.html，代码如下：

```
<html>
<head>
<title>上传图片文件</title>
</head>
<body>
<form action="11.9.php" method="post" enctype="multipart/form-data">
    <label for="file">文件名：</label>
    <input type="file" name="file" id="file"><br/>
    <input type="submit" name="submit" value="上传">
</form>
</body>
</html>
```

其中，<form action="11.9.php" method="post" enctype="multipart/form-data">语句中的 method 属性表示提交信息的方式是 post，即采用数据块；action 属性表示处理信息的页面为 11.9.php；ENCTYPE="multipart/form-data"表示以二进制的方式传递提交的数据。

步骤 02 接着创建一个实现文件上传功能的文件。为了设置和保存上传文件的路径，用户需要在创建文件的目录下新建一个名称为“upload”的文件夹。然后新建 11.9.php 文件，代码如下：

```
<?php
// 允许上传的图片后缀
$allowedExts = array("gif", "jpeg", "jpg", "png");
$temp = explode(".", $_FILES["file"]["name"]);
echo $_FILES["file"]["size"];
$extension = end($temp);      // 获取文件后缀名
if ((($_FILES["file"]["type"] == "image/gif")
|| ($_FILES["file"]["type"] == "image/jpeg")
|| ($_FILES["file"]["type"] == "image/jpg")
|| ($_FILES["file"]["type"] == "image/pjpeg")
|| ($_FILES["file"]["type"] == "image/x-png")
|| ($_FILES["file"]["type"] == "image/png"))
&& ($_FILES["file"]["size"] < 204800)    // 小于 200 kb
&& in_array($extension, $allowedExts))
{
    if ($_FILES["file"]["error"] > 0)
    {
        echo "错误：: " . $_FILES["file"]["error"] . "<br/>";
    }
    else
    {
        echo "上传文件名: " . $_FILES["file"]["name"] . "<br/>";
```

```
        echo "文件类型: " . $_FILES["file"]["type"] . "<br/>";
        echo "文件大小: " . ($_FILES["file"]["size"] / 1024) . " kB<br/>";
        echo "文件临时存储的位置: " . $_FILES["file"]["tmp_name"] . "<br/>";

        // 判断当期目录下的 upload 目录是否存在该文件
        // 如果没有 upload 目录，你需要创建它，upload 目录权限为 777
        if (file_exists("upload/" . $_FILES["file"]["name"]))
        {
            echo $_FILES["file"]["name"] . " 文件已经存在。 ";
        }
        else
        {
            // 如果 upload 目录不存在该文件则将文件上传到 upload 目录下
            move_uploaded_file($_FILES["file"]["tmp_name"], "upload/" .
    $_FILES["file"]["name"]);
           echo "文件存储在: " . "upload/" . $_FILES["file"]["name"];
        }
    }
}
else
{
    echo "非法的文件格式";
}
?>
```

访问 11.9.html 网页，结果如图 11-11 所示。单击“浏览”按钮，即可选择需要上传的文件，最后单击“上传”按钮，即可跳转到 11.9.php 文件，如图 11-12 所示，实现了文件的上传操作。

图 11-11　上传文件

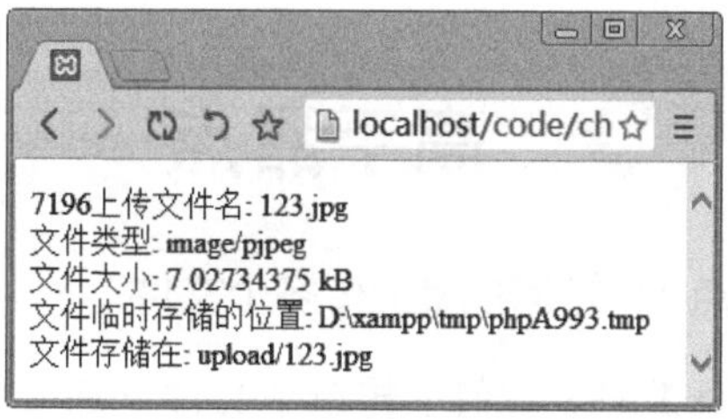


图 11-12　上传文件的信息

# 11.4 实战演练——编写文本类型的访客计算器

下面通过对文本文件的操作，利用相关函数编写一个简单的文本类型的访客计算器。这里需要创建一个内容为空的 coun.txt 文本文件，然后放在和 11.10.php 文件同目录下。

**【例 11.10】(实例文件：源文件\ch11\11.10.php)**

```
<?php
```

```
if ($fp=fopen("coun.txt","r")){
//只读方式打开 coun.txt 文件
    echo "coun.txt 文件打开成功！<br/>";
}
@$num=fgets($fp,12);                               //读取 11 位数字
if ($num=="") $num=0;
//如果文件的内容为空，初始化为 0
$num++;                                            //浏览次数加一
@fclose($fp);                                      //关闭文件
$fp=fopen("coun.txt", "w");                         //只写方式打开 coun.txt 文件
fwrite($fp,$num);                                   //写入加一后的结果
fclose($fp);                                        //关闭文件
echo "您是第".$num."位浏览者!";                        //浏览器输出浏览次数
?>
```

程序第一次运行的结果如图 11-13 所示。

图 11-13　程序运行效果

由结果可以看出，该程序首先打开一个 coun.txt 文本文件，用于保存浏览次数。打开这个文件，然后初始化数据为 0，并实现加一操作。

# 11.5 高手甜点

### 甜点 1：如何批量上传多个文件？

本章讲解了如何上传单个文件，那么如何上传多个文件呢？用户只需要在表单中使用复选框，以数组方式提交语法即可。

提交的表单语句如下：

```
<form method="post" action="11.3.1.php" enctype="multipart/form-data">
    <table border=0 cellspacing=0 cellpadding=0 align=center width="100%">
        <input name="userfile[]" type="file"  value="浏览 1" >
        <input name=" userfile[]" type="file"  value="浏览 2" >
        <input name="f userfile[]" type="file"  value="浏览 3" >
        <input type="submit" value="上传" name="B1">
    </table>
</form>
```

### 甜点 2：如何从文件中读取一行？

在 PHP 网站开发中，支持从文件指针中读取一行。使用 string fgets(int handle, [int length]) 函数即可实现上述功能。其中，int handle 是要读入数据的文件流指针，fopen()函数返回数值；int length 设置读取的字符个数，读入的字符个数为 length-1。如果没有指定 length，则默认为 1024 字节。

# 第 12 章 图形图像处理

学习目标 | Objective

PHP不仅可以输出纯HTML，还可以创建及操作多种不同图像格式的图像文件，包括GIF、PNG、JPG、WBMP和XPM等。更方便的是，PHP可以直接将图像流输出到浏览器。要处理图像，需要在编译PHP时加上图像函数的GD库，另外还可以使用第三方的图形库。本章将讲解图形图像的处理方法和技巧。

内容导航 | Navigation

- 掌握在PHP中加载GD库的方法
- 掌握图形图像创建的基本方法
- 掌握JpGraph库的使用方法
- 掌握3D饼形图的制作方法

## 12.1 在PHP中加载GD库

PHP中的图形图像处理功能要求有一个库文件的支持，这就是GD库。PHP 8自带此库。

在Windows 10系统环境下，默认的PHP配置文件没有打开GD库，删除php.ini中;extension_dir = "ext"和;extension=gd前面的“;”即可启用，修改后的结果如图12-1所示。重启PHP服务，即可完成GD库的开启。

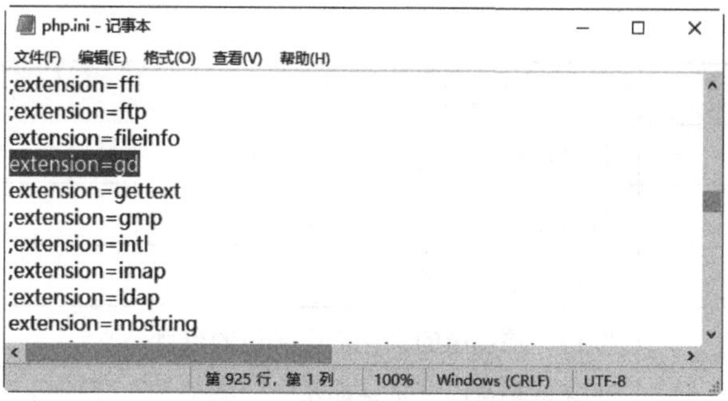


图 12-1　修改 php.ini 配置文件

PHP 中常用图像函数的功能如表 12-1 所示。

**表 12-1　图像函数的功能**

| 函数 | 功能 |
| --- | --- |
| gd_info | 取得当前安装的 GD 库的信息 |
| getimagesize | 取得图像大小 |
| image_type_to_mime_type | 取得 getimagesize、exif_read_data、exif_thumbnail、exif_imagetype 所返回的图像类型的 MIME 类型 |
| image2wbmp | 以 WBMP 格式将图像输出到浏览器或文件 |
| imagealphablending | 设定图像的混色模式 |
| imageantialias | 是否使用 antialias 功能 |
| imagearc | 画椭圆弧 |
| imagechar | 水平地画一个字符 |
| imagecharup | 垂直地画一个字符 |
| imagecolorallocate | 为一幅图像分配颜色 |
| imagecolorallocatealpha | 为一幅图像分配颜色 |
| imagecolorat | 取得某像素的颜色索引值 |
| imagecolorclosest | 取得与指定的颜色最接近的颜色索引值 |
| imagecolorclosestalpha | 取得与指定的颜色最接近的颜色 |
| imagecolorclosesthwb | 取得与给定颜色最接近的色度的黑白色索引 |
| imagecolordeallocate | 取消图像颜色的分配 |
| imagecolorexact | 取得指定颜色的索引值 |
| imagecolorexactalpha | 取得指定颜色的索引值 |
| imagecolormatch | 使一幅图像中调色板版本的颜色与真彩色版本更能匹配 |
| imagecolorresolve | 取得指定颜色的索引值或有可能得到的最接近的替代值 |

（续表）

| 函数 | 功能 |
| --- | --- |
| imagecolorresolvealpha | 取得指定颜色的索引值或有可能得到的最接近的替代值 |
| imagecolorset | 给指定调色板索引设定颜色 |
| imagecolorsforindex | 取得某索引的颜色 |
| imagecolorstotal | 取得一幅图像的调色板中颜色的数目 |
| imagecolortransparent | 将某个颜色定义为透明色 |
| imagecopy | 复制图像的一部分 |
| imagecopymerge | 复制并合并图像的一部分 |
| imagecopymergegray | 用灰度复制并合并图像的一部分 |
| imagecopyresampled | 重采样复制部分图像并调整大小 |
| imagecopyresized | 复制部分图像并调整大小 |
| imagecreate | 新建一个基于调色板的图像 |
| imagecreatefromgd2 | 从 GD2 文件或 URL 新建一幅图像 |
| imagecreatefromgd2part | 从给定的 GD2 文件或 URL 中的部分新建一幅图像 |
| imagecreatefromgd | 从 GD 文件或 URL 新建一幅图像 |
| imagecreatefromgif | 从 GIF 文件或 URL 新建一幅图像 |
| imagecreatefromjpeg | 从 JPEG 文件或 URL 新建一幅图像 |
| imagecreatefrompng | 从 PNG 文件或 URL 新建一幅图像 |
| imagecreatefromstring | 从字符串中的图像流新建一幅图像 |
| imagecreatefromwbmp | 从 WBMP 文件或 URL 新建一幅图像 |
| imagecreatefromxbm | 从 XBM 文件或 URL 新建一幅图像 |
| imagecreatefromxpm | 从 XPM 文件或 URL 新建一幅图像 |
| imagecreatetruecolor | 新建一个真彩色图像 |
| imagedashedline | 画一个虚线 |
| imagedestroy | 销毁一幅图像 |
| imageellipse | 画一个椭圆 |
| Imagefill | 区域填充 |
| imagefilledarc | 画一个椭圆弧并填充 |
| imagefilledellipse | 画一个椭圆并填充 |
| imagefilledpolygon | 画一个多边形并填充 |
| imagefilledrectangle | 画一个矩形并填充 |

（续表）

| 函数 | 功能 |
|---|---|
| imagefilltoborder | 区域填充到指定颜色的边界为止 |
| imagefontheight | 取得字体高度 |
| imagefontwidth | 取得字体宽度 |
| imageftbbox | 取得使用 FreeType 2 字体的文本的范围 |
| imagefttext | 使用 FreeType 2 字体将文本写入图像 |
| imagegd | 将 GD 图像输出到浏览器或文件 |
| imagegif | 以 GIF 格式将图像输出到浏览器或文件 |
| imagejpeg | 以 JPEG 格式将图像输出到浏览器或文件 |
| imageline | 画一条直线 |
| imagepng | 将调色板从一幅图像复制到另一幅 |
| imagepolygon | 画一个多边形 |
| imagerectangle | 画一个矩形 |
| imagerotate | 用给定角度旋转图像 |
| imagesetstyle | 设定画线的风格 |
| imagesetthickness | 设定画线的宽度 |
| imagesx | 取得图像宽度 |
| imagesy | 取得图像高度 |
| imagetruecolortopalette | 将真彩色图像转换为调色板图像 |
| imagettfbbox | 取得使用 TrueType 字体的文本的范围 |
| imagettftext | 用 TrueType 字体向图像写入文本 |

# 12.2 图形图像的典型应用案例

本节讲解图形图像的经典使用案例。

## 12.2.1 创建一个简单的图像

使用 GD2 库文件，就像使用其他库文件一样。由于它是 PHP 的内置库文件，不需要在 PHP 文件中再用 include 等函数进行调用。下面实例介绍图像的创建方法。

【例 12.1】(实例文件：源文件\ch12\12.1.php)

```
<?php
$im = imagecreate(200,300);                          //创建一个画布
$white = imagecolorallocate($im, 8,2,133);           //设置画布的背景颜色为蓝色
imagegif($im);                                       //输出图像
?>
```

运行程序，结果如图 12-2 所示。本实例使用 imagecreate()函数创建了一个宽 200 像素、高 300 像素的画布，并设置画布的 RGB 值为(8, 2,133)，最后输出一个 GIF 格式的图像。

图 12-2　程序运行效果

提示

使用 imagecreate(200,300)函数创建基于普通调色板的画布，支持 256 色，其中 200、300 为图像的宽度和高度，单位为像素。

上面的实例只是把图片输出到页面，那么如果保存需要的图片文件呢？下面通过实例介绍图像文件的创建方法。

【例 12.2】(实例文件：源文件\ch12\12.2.php)

```
<?php
$ysize =200;
$xsize =300;
$theimage = imagecreatetruecolor($xsize,$ysize);                //创建图片画布大小
$color2 = imagecolorallocate($theimage, 8,2,133);               //定义颜色 color2
$color3 = imagecolorallocate($theimage, 230,22,22);             //定义颜色 color3
imagefill($theimage, 0, 0,$color2);
imagearc($theimage,100,100,150,200,0,270,$color3);              //创建一个弧线
imagejpeg($theimage,"newimage.jpeg");                         //生成 jpeg 格式的图片
//输出 png 格式的图片
header('content-type: image/png');
imagepng($theimage);
imagedestroy($theimage);                                      //清除对象，释放资源
?>
```

运行程序，结果如图 12-3 所示。同时，在程序文件夹下生成一个名为 newimage.jpeg 的图片，

其内容与页面显示相同。

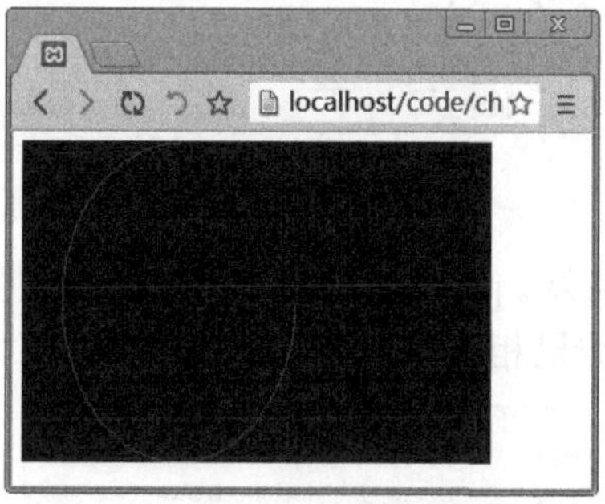

图 12-3 程序运行效果

**【案例分析】**

（1）其中，imagecreatetruecolor()函数是用来创建图片画布的。它需要两个参数，一个是 x 轴的大小，另一个是 y 轴的大小。$xsize =200;和$ysize =300;分别设定了两个参数的大小。$theimage=imagecreatetruecolor($xsize,$ysize);语句使用这两个参数生成画布，并且赋值为$theimage。

（2）imagearc($theimage,100,100,150,200,0,270,$color3);语句使用 imagearc()函数在画布上创建一个弧线。参数说明：$theimage 为目标画布；“100,100”为弧线中心点的 x、y 坐标；“150,200”为弧线的宽度和高度；“0,270”为顺时针画弧线的起始度数和终点度数，在 0 到 360 度之间；$color3 为画弧线所使用的颜色。

（3）imagejpeg()函数是生成 JPEG 格式的图片的函数。imagejpeg($theimage,"newimage.jpeg");语句把画布对象$theimage 生成一个名为 newimage.jpeg 的 JPEG 图片文件，并且直接存储在当前路径下。

（4）同时，header('content-type: image/png');和 imagepng($theimage);向页面输出 PNG 格式的图片。

（5）最后，清除对象，释放资源。

## 12.2.2 使用 GD2 函数在照片上添加文字

上面创建了一张图片。如果想在图片上添加文字，就需要修改图片，具体的过程为先读取一张图片，然后修改这张图片。

**【例 12.3】(实例文件：源文件\ch12\12.3.php)**

```
<?php
$theimage = imagecreatefromjpeg('newimage.jpeg');      //读取图像并赋值给 theimage
$color1 = imagecolorallocate($theimage, 255,255,255); //创建颜色 color1
$color3 = imagecolorallocate($theimage, 230,22,22);   //创建颜色 color3
imagestring($theimage,5,60,100,'Text added to this image.',$color1); //向图片添加
    字符串
```

```
//处理输出到页面的 PNG 图片
header('content-type: image/png');
imagepng($theimage);
imagepng($theimage,'textimage.png');      //创建 PNG 格式图片
imagedestroy($theimage);                  //清除对象，释放资源
?>
```

运行程序，结果如图 12-4 所示。同时，在程序所在的文件夹下生成一个名为 newimage.jpeg 的图片，其内容与页面显示的结果相同。

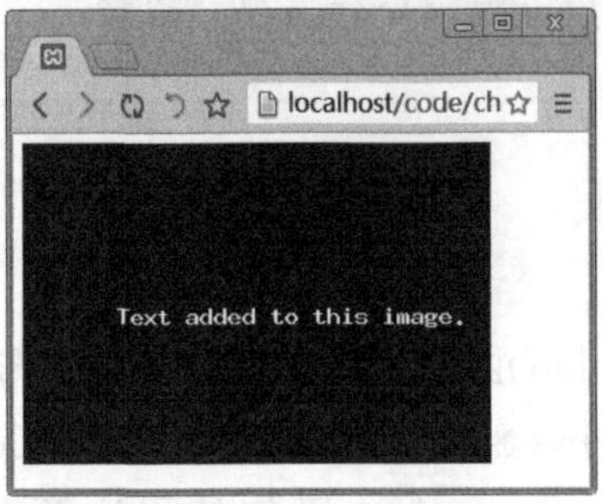


图 12-4　程序运行效果

**【案例分析】**

（1）imagecreatefromjpeg('newimage.jpeg');语句中的 imagecreatefromjpeg()函数从当前路径下读取 newimage.jpeg 图形文件，并且传递给$theimage 变量作为对象，以待操作。

（2）选取颜色后，imagestring($theimage,5,60,100,'Text added to this image.',$color1);语句中的 imagestring()函数向对象图片添加字符串'Text added to this image.'。在这些参数中，$theimage 为对象图片；“5”为字体类型，这个字体类型的参数从 1 到 5 代表不同的字体；“60,100”为字符串添加的起始 x 与 y 的坐标；'Text added to this image.'为要添加的字符串，现在的情况下只支持 asc 字符；$color1 为写字的颜色。

（3）header('content-type: image/png');和 imagepng($theimage);语句共同处理输出到页面的 PNG 图片。之后 imagepng($theimage,'textimage.png');语句就创建文件名为 textimage.png 的 PNG 图片，并保存在当前路径下。

### 12.2.3　使用 TrueType 字体处理中文生成图片

字体处理在很大程度上是 PHP 图形处理经常要面对的问题。imagestring()函数默认的字体是十分有限的。这就要引进字体库文件，而 TrueType 字体是字体中极其常用的格式。比如在 Windows 下，打开 C:\WINDOWS\Fonts 目录，就会出现很多字体文件，其中绝大部分是 TrueType 字体，如图 12-5 所示。

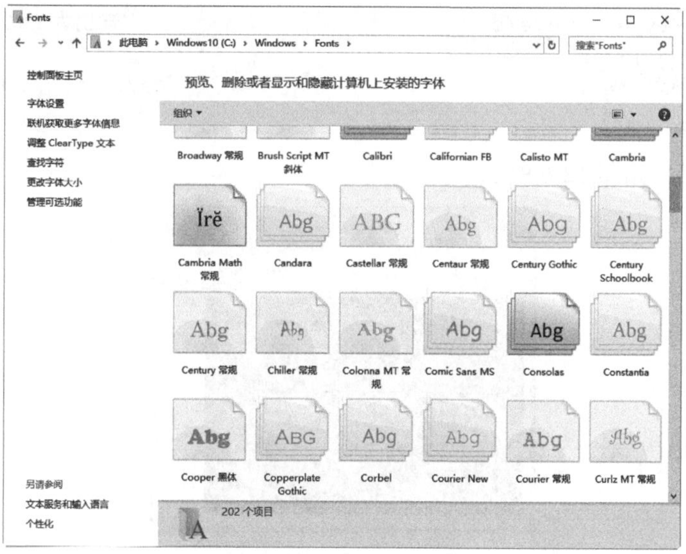


图 12-5　系统中的字体

PHP 使用 GD2 库，在 Windows 环境下，需要给出 TrueType 字体所在的文件夹路径，如在文件开头使用以下语句：

```
putenv('GDFONTPATH=C:\WINDOWS\Fonts');
```

使用 TrueType 字体也可以直接使用 imagettftext()函数，即使用 ttf 字体的 imagestring()函数，格式为：

```
imagettftext（图片对象，字体大小，文字显示角度，起始 x 坐标，起始 y 坐标，文字颜色，字体名称，
    文字信息）
```

另一个很重要的问题是，GD 库中的 imagettftext()函数默认无法支持中文字符，并无法添加到图片上去。这是因为 GD 库的 imagettftext()函数对于字符的编码采用的是 UTF-8 编码格式，而简体中文的默认格式为 GB2312。

下面介绍一个例子。

步骤 01　把 C:\WINDOWS\Fonts 下的字体文件 simhei.ttf 复制到和文件 12.4.php 同一目录下。

步骤 02　在网站目录下建立 12.4.php，输入以下代码并保存。

```
<?php
$ysize =200;
$xsize =300;
$theimage = imagecreatetruecolor($xsize,$ysize);      //创建画布、填充颜色 color2
$color2 = imagecolorallocate($theimage, 8,2,133);     //定义颜色 color2
$color3 = imagecolorallocate($theimage, 230,22,22);   //定义颜色 color3
imagefill($theimage, 0, 0,$color2);                   //给画布填充颜色 color2
$fontname='simhei.ttf';                        //将黑体字的路径赋值给变量 fontname
$zhtext = "这是一个把中文用黑体显示的图片。";
$text = iconv("GB2312", "UTF-8", $zhtext);     //中文编码转换为 UTF-8
imagettftext($theimage,12,0,20,100,$color3,$fontname,$text); //将字符串写到画布上
```

```
header('content-type: image/png');                          //输出为 PNG 格式
imagepng($theimage);
imagedestroy($theimage);                                     //清除对象，释放资源
?>
```

运行程序，结果如图 12-6 所示。

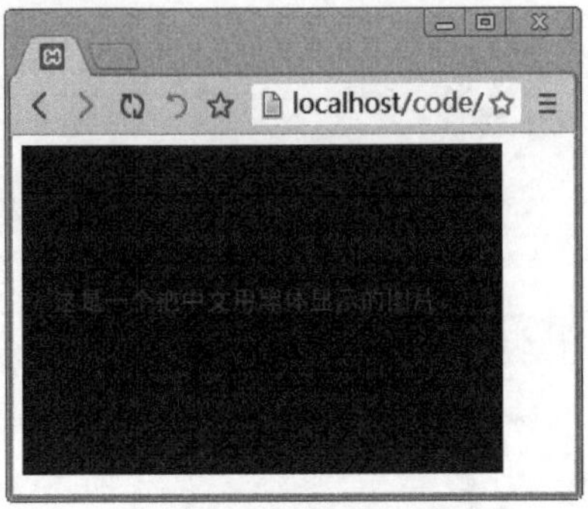


图 12-6　程序运行效果

**【案例分析】**

（1）imagefill($theimage, 0, 0,$color2);语句用于创建画布、填充颜色。

（2）$fontname='simhei.ttf';语句确认当前目录下的黑体字的 ttf 文件，并且把路径赋值给$fontname 变量。

（3）$zhtext 中为中文字符，编码为 GB2312。为了转换此编码为 UTF-8，使用$text =iconv("GB2312", "UTF-8", $zhtext);语句把$zhtext 中的中文编码转换为 UTF-8，并赋值给$text 变量。

（4）imagettftext($theimage,12,0,20,100,$color3,$fontname,$text);语句按照 imagettftext()函数的格式分别确认了参数。$theimage 为目标图片，“12”为字符的大小，“0”为显示的角度，“20,100”为字符串显示的初始 x 和 y 的值，$fontname 为已经设定的黑体，$text 为已经转换为 UTF-8 格式的中文字符。

# 12.3　JpGraph 库的使用

JpGraph 是一个功能强大且十分流行的 PHP 外部图片处理库文件，它建立在内部库文件 GD2 库之上。它的优点是建立了很多方便操作的对象和函数，能够大大简化使用 GD 库对图片进行处理的编程过程。

## 12.3.1 JpGraph 的安装

JpGraph 的安装就是 PHP 对 JpGraph 类库的调用，可以采用多种形式。但是，首先都需要到 JpGraph 的官方网站下载类库文件的压缩包。到 http://jpgraph.net/download/下载最新的压缩包。解压以后，如果是 Linux 系统，可以把它放置在 lib 目录下，并且使用下面的语句重命名此类库的文件夹：

```
ln -s jpgraph-4.x jpgraph
```

如果是 Windows 系统，在本机 xampp 的环境下，则可以把类库文件夹放在 www 目录下，或者放置在项目的文件夹下，如图 12-7 所示。

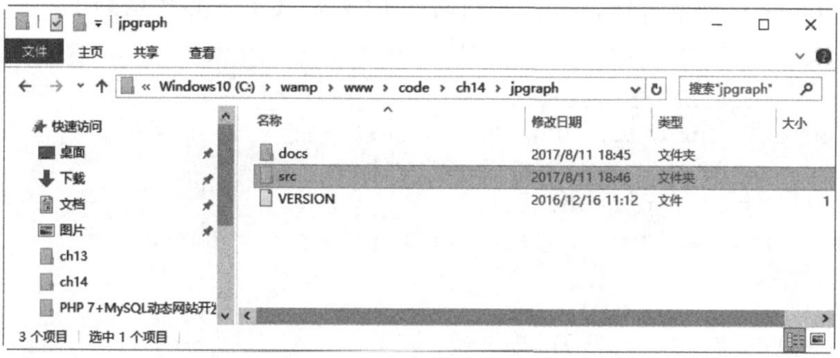


图 12-7 JpGraph 库的文件夹

其中各个文件的含义如下：

（1）docs 文件夹：包含 JpGraph 的开发文档。

（2）src 文件夹：图表生成所依赖的代码包，其子目录 Examples 里有许多实例。

（3）src\Examples 文件夹：里面包含许多实例，使用它们可以制作各种各样的图表。

（4）docs\chunkhtml 文件夹：里面有许多案例并附有图表。

在程序中引用的时候，直接使用 require_once()命令，并且指出 JpGraph 类库相对于此应用的路径。

在本机环境下，把 jpgraph 文件夹放置在 D:\xampp\htdocs\code\ch12 文件夹下。在应用程序的文件中加载此库，使用 require_once ('jpgraph/src/jpgraph.php');即可。

## 12.3.2 JpGraph 的配置

使用 JpGraph 类前，需要对 PHP 系统的一些限制性参数进行修改。具体修改以下 3 个方面的内容。

- 需要到 php.ini 中修改内存限制，memory_limit 至少为 32MB，本机环境为 memory_limit = 512MB。
- 最大执行时间 max_execution_time 要增加，即 max_execution_time = 120。

- 用“;”号注释掉 output_buffering 选项。

# 12.4 制作圆形统计图

JpGraph 库安装设置生效以后，就可以使用此类库了。由于 JpGraph 有很多实例，因此读者可以轻松地通过实例来学习。

下面通过圆形统计图的例子来了解 JpGraph 类的使用方法和技巧，具体步骤如下：

步骤 01 找到安装过的 jpgraph 类库文件夹，在其下的 src 文件夹下找到 Examples 文件夹。找到 balloonex1.php 文件，将其复制到 ch12 文件夹下。其代码如下：

```
<?php
// content="text/plain; charset=utf-8"
// $Id: balloonex1.php,v 1.5 2002/12/15 16:08:51 aditus Exp $
date_default_timezone_set('Asia/Chongqing');
require_once ('jpgraph/jpgraph.php');
require_once ('jpgraph//jpgraph_scatter.php');

// Some data
$datax = array(1,2,3,4,5,6,7,8);
$datay = array(12,23,95,18,65,28,86,44);
// Callback for markers
// Must return array(width,color,fill_color)
// If any of the returned values are "" then the
// default value for that parameter will be used.
function FCallback($aVal) {
    // This callback will adjust the fill color and size of
    // the datapoint according to the data value according to
    if( $aVal < 30 ) $c = "blue";
    elseif( $aVal < 70 ) $c = "green";
    else $c="red";
    return array(floor($aVal/3),"",$c);
}

// Setup a basic graph
$graph = new Graph(400,300,'auto');
$graph->SetScale("linlin");
$graph->img->SetMargin(40,100,40,40);
$graph->SetShadow();
$graph->title->Set("Example of ballon scatter plot");
// Use a lot of grace to get large scales
$graph->yaxis->scale->SetGrace(50,10);

// Make sure X-axis as at the bottom of the graph
$graph->xaxis->SetPos('min');
```

```
// Create the scatter plot
$sp1 = new ScatterPlot($datay,$datax);
$sp1->mark->SetType(MARK_FILLEDCIRCLE);

// Uncomment the following two lines to display the values
$sp1->value->Show();
$sp1->value->SetFont(FF_FONT1,FS_BOLD);

// Specify the callback
$sp1->mark->SetCallback("FCallback");

// Setup the legend for plot
$sp1->SetLegend('Year 2002');

// Add the scatter plot to the graph
$graph->Add($sp1);

// ... and send to browser
$graph->Stroke();

?>
```

步骤 02 修改 require_once('jpgraph/jpgraph.php');为 require_once('jpgraph/src/jpgraph.php');，修改 require_once('jpgraph/jpgraph_scatter.php');为 require_once('jpgraph/src/jpgraph_scatter.php');，以此载入本机 JpGraph 类库。

步骤 03 运行 balloonex1.php，结果如图 12-8 所示。

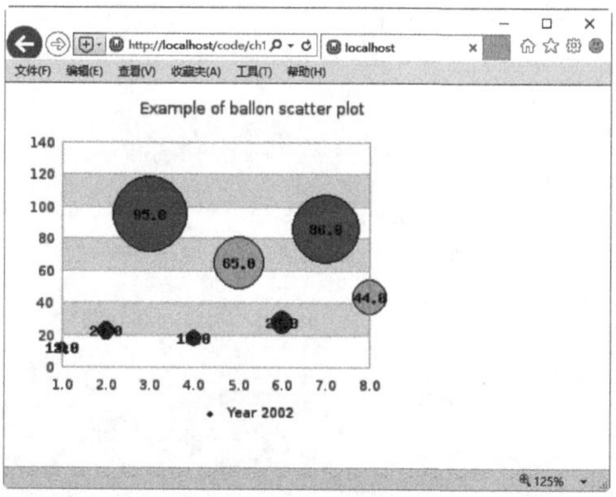


图 12-8 balloonex1.php 页面的效果

## 【案例分析】

（1）require_once('jpgraph/src/jpgraph.php');语句和 require_once('jpgraph/src/jpgraph_scatter.php'); 语句加载了 JpGraph 基本类库 jpgraph.php 和圆形图类库 jpgraph_bar.php。

（2）$datax 和$datay 定义了两组要表现的数据。

（3）function FCallback($aVal){}函数定义了不同数值范围内的图形的颜色。

（4）$graph = new Graph(400,300,'auto');语句生成图形。$graph->SetScale("linlin");生成刻度。$graph->img->SetMargin(40,100,40,40);设置图形边框。$graph->SetShadow();设置阴影。$graph->title->Set("Example of ballon scatter plot");设置标题。$graph->xaxis->SetPos('min');设置x轴的位置为初始值。

（5）$sp1 = new ScatterPlot($datay,$datax);生成数据表示图。$sp1->mark->SetType(MARK_FILLEDCIRCLE);设置数据表示图的类型。$sp1->value->Show();展示数据表示图。$sp1->value->SetFont(FF_FONT1,FS_BOLD);设定展示图的字体。$sp1->SetLegend('Year 2002');设置标题。

（6）$graph->Add($sp1);添加数据展示图到整体图形中。

（7）$graph->Stroke();语句表示把此图传递到浏览器中显示。

# 12.5 实战演练——制作 3D 饼形统计图

本节通过 3D 饼形图例程的介绍来了解 JpGraph 类的使用方法和技巧。

步骤 01 找到安装过的 jpgraph 类库文件夹，在其下的 src 文件夹下找到 Examples 文件夹。找到 pie3dex3.php 文件，将其复制到 ch12 文件夹下。打开查看，代码如下：

```
<?php
require_once('jpgraph/ jpgraph.php');
require_once('jpgraph/jpgraph_pie.php');
require_once('jpgraph/jpgaph_pie3d.php');
$data = array(20,27,45,75,90);
$graph = new PieGraph(450,200);
$graph->SetShadow();
$graph->title->Set("Example 1 3D Pie plot");
$graph->title->SetFont(FF_VERDANA,FS_BOLD,18);
$graph->title->SetColor("darkblue");
$graph->legend->Pos(0.5,0.8);
$p1 = new PiePlot3d($data);
$p1->SetTheme("sand");
$p1->SetCenter(0.4);
$p1->SetAngle(30);
$p1->value->SetFont(FF_ARIAL,FS_NORMAL,12);
$p1->SetLegends(array("Jan","Feb","Mar","Apr","May","Jun","Jul",
"Aug","Sep","Oct"));
$graph->Add($p1);
$graph->Stroke();
?>
```

步骤 02 修改 require_once('jpgraph/jpgraph.php');为 require_once('jpgraph/src/jpgraph.php');，修

改 require_once('jpgraph/jpgraph_pie.php');为 require_once('jpgraph/src/jpgraph_pie.php');，修改 require_once('jpgraph/jpgraph_pie3d.php');为 require_once('jpgraph/src/jpgraph_pie3d. php');，目的是载入本机 JpGraph 类库。

步骤 03 运行 pie3dex3.php，结果如图 12-9 所示。

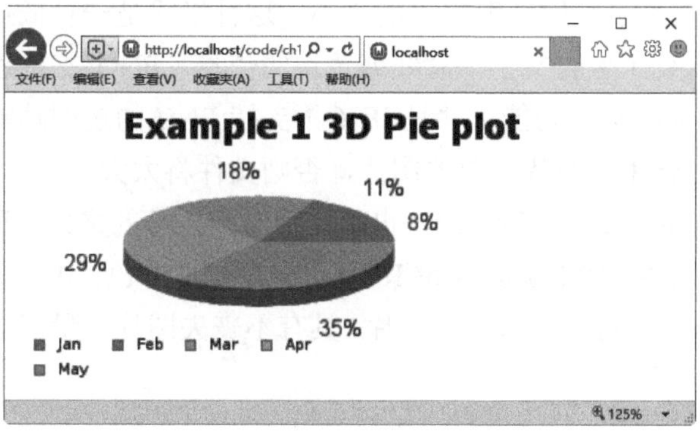


图 12-9 pie3dex3.php 页面的效果

【案例分析】

（1）require_once('jpgraph/src/jpgraph.php');语句 require_once('jpgraph/jpgraph_pie.php');和 require_once('jpgraph/jpgraph_pie3d.php');语句加载了 JpGraph 基本类库 jpgraph.php、饼形图类库 jpgraph_ pie.php 和 3D 饼形图类库 jpgraph_ pie3d.php。

（2）$data 定义了要表现的数据。

（3）$graph = new PieGraph(450,200);生成图形。$graph->SetShadow();设定阴影。

（4）$graph->title->Set("Example 1 3D Pie plot");设定标题。$graph->title->SetFont(FF_VERDANA,FS_BOLD,18);设定字体和字体大小。$graph->title->SetColor("darkblue");设定颜色。$graph->legend->Pos(0.5,0.8);设定图例在整个图形中的位置。

（5）$p1 = new PiePlot3d($data);生成饼形图。$p1->SetTheme("sand");设置饼形图模板。$p1->SetCenter(0.4);设置饼形图的中心。$p1->SetAngle(30);设置饼形图角度。$p1->value->SetFont(FF_ARIAL,FS_NORMAL,12);设置字体。$p1->SetLegends(array("Jan",...,"Oct"));设置图例文字信息。

（6）$graph->Add($p1);向整个图形添加饼形图。$graph->Stroke();把此图传递到浏览器进行显示。

# 12.6 高手甜点

## 甜点 1：不同格式的图片在使用上有何区别？

JPEG 格式是一个标准。JPEG 格式经常用来存储照片和拥有很多颜色的图片。它不强调压缩，强调的是对图片信息的保存。如果使用图形编辑软件缩小 JPEG 格式的图片，那么它原本所包含的一部分数据就会丢失，并且这种数据的丢失通过肉眼可以察觉到。这种格式不适合包含简单图形颜色或文字的图片。

PNG 格式是指 Portable Network Graphics，这种图片格式用来取代 GIF 格式。同样，图片使用 PNG 格式的大小要小于使用 GIF 格式的大小。这种格式是一种低损失压缩的网络文件格式。这种格式的图片适合于包含文字、直线或色块的信息。PNG 支持透明、伽马校正等，但是 PNG 不像 GIF 一样支持动画功能，并且 IE 6 不支持 PNG 的透明功能。低损压缩意味着压缩比不高，所以它不适合用于照片这类的图片，否则文件将太大。

GIF 是指 Graphics Interchange Format，也是一种低损压缩的格式，适合用于包含文字、直线或色块的信息的图片。它使用的是 24 位 RGB 色彩中的 256 色。由于色彩有限，因此也不适合用于照片一类的大图片。对于其适合的图片，具有不丧失图片质量却能大幅压缩图片大小的优势。另外，它支持动画。

**甜点 2：如何选择自己想要的 RGB 颜色呢?**

可以使用 Photoshop 里面的颜色选取工具获取想要的颜色。如果使用的是 Linux 系统，可以使用开源的工具 GIMP 中的颜色选取工具来获取想要的颜色。

# 第 13 章 Cookie 和会话管理

## 学习目标 | Objective

HTTP Web 协议是无状态协议，对于事务处理没有记忆能力。缺少状态意味着如果后续处理需要前面的信息，则它必须重传，这样可能导致每次连接传送的数据量增大。客户端与服务器进行动态交互的 Web 应用程序出现之后，HTTP 无状态的特性严重阻碍了这些应用程序的实现，毕竟交互是需要承前启后的，简单的购物车程序也需要知道用户到底在之前选择了什么商品。于是，两种用于保持 HTTP 连接状态的技术就应运而生了，一个是 Cookie，另一个是 Session。其中，Cookie 将数据存储在客户端，并显示永久的数据存储；Session 将数据存储在服务器端，保证数据在程序的单次访问中持续有效。本章将讲解 Cookie 和 Session 的使用方法和应用技巧。

## 内容导航 | Navigation

- 掌握 Cookie 的基本操作方法
- 熟悉 Session 的基本概念
- 熟悉 Cookie 和 Session 的区别和联系
- 掌握会话管理的基本操作

## 13.1 Cookie 的基本操作

本节介绍 Cookie 的含义和基本用法。

### 13.1.1 什么是 Cookie

Cookie 常用于识别用户。Cookie 是服务器留在用户计算机中的小文件。每当相同的计算机通过浏览器请求页面时，它同时会发送 Cookie。

Cookie 的工作原理是：当一个客户端浏览器连接到一个 URL 时，它会首先扫描本地存储的 Cookie，如果发现其中有和 URL 相关联的 Cookie，就会把它们返回给服务器端。

Cookie 通常应用于以下几个方面：

（1）在页面之间传递变量。因为浏览器不会保存当前页面上的任何变量信息，如果页面被关闭，那么页面上的所有变量信息也会消失。通过 Cookie，可以把变量值在 Cookie 中保存下来，然后另外的页面可以重新读取这个值。

（2）记录访客的一些信息。利用 Cookie 可以记录客户曾经输入的信息或者记录访问网页的次数。

（3）把所查看的页面保存在 Cookie 临时文件夹中，可以提高以后的浏览速度。

用户可以通过 header 以如下格式在客户端生成 Cookie：

```
Set-cookie:NAME = VALUE;[expires=DATE;][path=PATH;][domain=DOMAIN_NAME;]
    [secure]
```

NAME 为 Cookie 的名称，VALUE 为 Cookie 的值，expires=DATE 为到期日，path=PATH、domain=DOMAIN_NAME 为与某个地址相对应的路径和域名，secure 表示 Cookie 不能通过单一的 HTTP 连接传递。

## 13.1.2 创建 Cookie

通过 PHP，用户能够创建 Cookie。创建 Cookie 使用 setcookie()函数，语法格式如下：

```
setcookie（名称，cookie 值，到期日，路径，域名，secure）
```

其中的参数与 set-cookie 中的参数意义相同。

提示

setcookie()函数必须位于<html>标签之前。

在下面的例子中将创建名为 user 的 Cookie，为它赋值为“Cookie 保存的值”，并且规定此 Cookie 在一小时后过期。

**【例 13.1】(实例文件：源文件\ch13\13.1.php)**

```
<?php
setcookie("user", " Cookie 保存的值", time()+3600);
?>
<html>
<body>
</body>
</html>
```

运行上述程序，会在 Cookies 文件夹下自动生成一个 Cookie 文件，有效期为一个小时，在 Cookie 失效后，Cookies 文件自动被删除。

提示

如果用户没有设置 Cookie 的到期时间，则在关闭浏览器时会自动删除 Cookie 数据。

## 13.1.3 读取 Cookie

那么如何取回 Cookie 的值呢？在 PHP 中，使用$_COOKIE 变量取回 Cookie 的值。下面通过实例讲解如何取回上面创建的名为 user 的 Cookie 的值，并把它显示在页面上。

【例 13.2】(实例文件：源文件\ch13\13.2.php)

```
<?php
// 输出一个 Cookie
echo $_COOKIE["user"];
// 显示所有的 Cookie
print_r($_COOKIE);
?>
```

程序运行效果如图 13-1 所示。

用户可以通过 isset()函数来确认是否已设置 Cookie。下面通过实例来讲解。

【例 13.3】(实例文件：源文件\ch13\13.3.php)

```
<?php
if (isset($_COOKIE["user"]))                              //如果 Cookie 文件存在
    echo "Welcome " . $_COOKIE["user"] . "!<br/>";
else                                                       //如果 Cookie 文件不存在
    echo "Welcome guest!<br/>";
?>
```

程序运行效果如图 13-2 所示。

图 13-1 程序运行效果

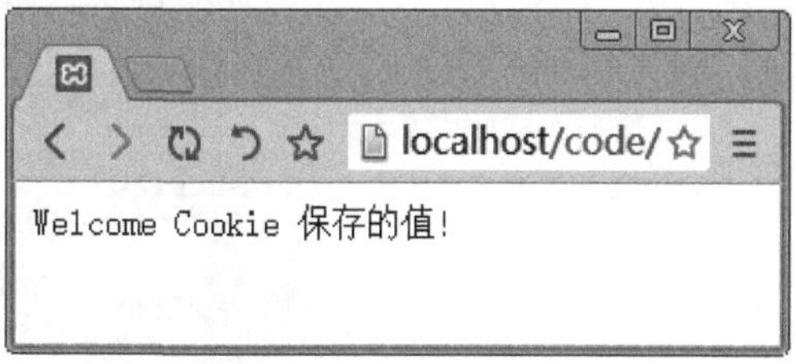


图 13-2 程序运行效果

## 13.1.4 删除 Cookie

常见的删除 Cookie 的方法有两种，包括在浏览器中手动删除和使用函数删除。

### 1. 在浏览器中手动删除

由于 Cookie 自动生成的文本会存在于 IE 浏览器的 Cookies 临时文件夹中，在浏览器中删除 Cookie 文件是比较快捷的方法，具体的操作步骤如下：

步骤 01 在浏览器的菜单栏中选择“工具”→“Internet 选项”命令，如图 13-3 所示。

步骤 02 打开【Internet 选项】对话框，在【常规】选项卡中单击【删除】按钮，如图 13-4 所示。

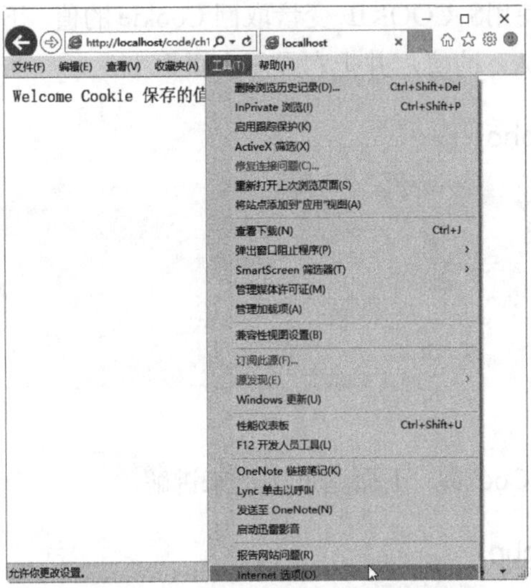


图 13-3 【Internet 选项】命令

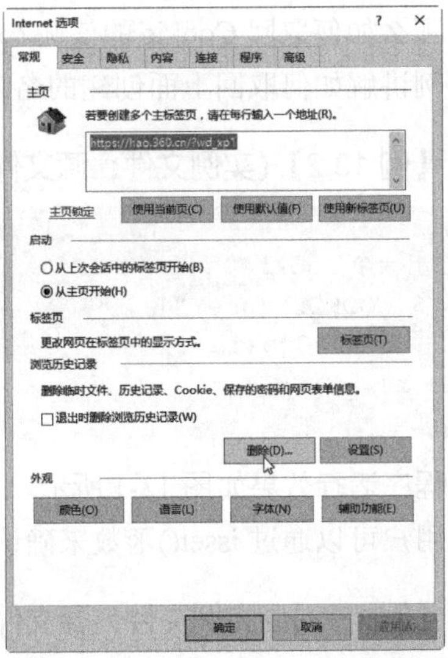


图 13-4 【Internet 选项】对话框

步骤 03 打开【删除浏览历史记录】对话框，选中【Cookie 和网站数据】复选框，单击【删除】按钮即可，如图 13-5 所示。返回【Internet 选项】对话框，单击【确定】按钮即可完成删除 Cookie 的操作。

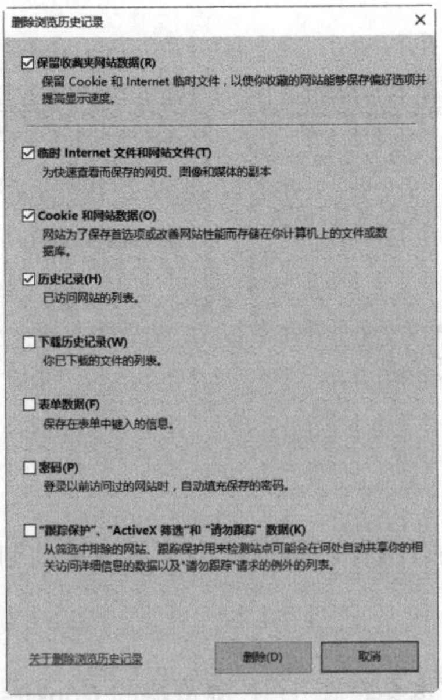


图 13-5 【删除浏览历史记录】对话框

#### 2. 使用函数删除

删除 Cookie 仍然使用 setcookie()函数。当删除 Cookie 时，将第二个参数设置为空，第三个参数的过期时间设置为小于系统的当前时间即可。

【例 13.4】(实例文件：源文件\ch13\13.4.php)

```
<?php
//将 Cookie 的过期时间设置为比当前时间减少 10 秒
setcookie("user", "", time()-10);
?>
```

在上面的代码中，time()函数返回的是当前的系统时间，把过期时间减少 10 秒，这样过期时间就会变成过去的时间，从而删除 Cookie。如果将过期时间设置为 0，也可以直接删除 Cookie。

## 13.2 认识 Session

本节介绍 Session 的一些基本概念和使用方法。

### 13.2.1 什么是 Session

HTTP 是无状态协议，也就是说 HTTP 的工作过程是请求与回应的简单过程，所以 HTTP 没有一个内置的方法来存储这个过程中各方的状态。比如，当同一个用户向服务器发出两个不同的请求时，虽然服务器端都会给以相应的回应，但是它并没有办法知道这两个动作是由同一个用户发出的。

由此，会话（Session）管理应运而生。通过使用一个会话，程序可以跟踪用户的身份和行为，并且根据这些状态数据给用户以相应的回应。

### 13.2.2 Session 的基本功能

在 PHP 中，每一个 Session 都有一个 ID。这个 SessionID 是一个由 PHP 随机生成的加密数字。这个 SessionID 通过 Cookie 存储在客户端浏览器中，或者直接通过 URL 传递到客户端，如果在某个 URL 后面看到一长串加密的数字，则这很有可能就是 SessionID 了。

SessionID 就像一把钥匙，用来注册到 Session 变量中，而这些 Session 变量存储在服务器端。SessionID 是客户端唯一存在的会话数据。

使用 SessionID 打开服务器端相对应的 Session 变量，跟用户相关的会话数据便一目了然。默认情况下，服务器端的 Session 变量数据以文件的形式加以存储，但是会话变量数据也经常通过数据库进行保存。

### 13.2.3 Cookie 与 Session

在浏览器中，有些用户出于安全性的考虑，关闭了其浏览器的 Cookie 功能。这种情况下 Cookie 将不能正常工作。

使用 Session 可以不需要手动设置 Cookie，PHP Session 可以自动处理。可以使用会话管理及 PHP 中的 session_get_cookie_params()函数来访问 Cookie 的内容。这个函数将返回一个数组，包括 Cookie 的生存周期、路径、域名、secure 等。它的格式为：

```
session_get_cookie_params（生存周期、路径、域名、secure）
```

### 13.2.4 在 Cookie 或 URL 中存储 SessionID

PHP 默认情况下会使用 Cookie 来存储 SessionID。但是如果客户端浏览器不能正常工作，就需要用 URL 方式传递 SessionID。如果将 php.ini 中的 session.use_trans_sid 设置为启用的状态，就可以自动通过 URL 来传递 SessionID。

不过通过 URL 传递 SessionID 会产生一些安全问题。如果这个连接被其他用户复制并使用，有可能造成用户判断错误。其他用户可能使用 SessionID 访问目标用户的数据。

或者也可以通过程序把 SessionID 存储到常量 SID 中，然后通过一个连接进行传递。

## 13.3 会话管理

一个完整的会话包括创建会话、注册会话变量、使用会话变量和删除会话变量。下面介绍有关会话管理的基本操作。

### 13.3.1 创建会话

常见的创建会话方法有 3 种，包括 PHP 自动创建、使用 session_start()函数创建和使用 session_register()函数创建。

#### 1. PHP 自动创建

用户可以在 php.ini 中设定 session.auto_start 为启用。但是使用这种方法的同时，不能把 Session 变量对象化。应定义此对象的类，必须在创建会话之前加载，然后新创建的会话才能加载此对象。

#### 2. 使用 session_start()函数

这个函数首先检查当前是否已经存在一个会话，如果不存在，它将创建一个全新的会话，并且这个会话可以访问超全局变量$_SESSION 数组。如果已经有一个存在的会话，则函数会直接使用这个会话加载已经注册过的会话变量，然后使用。

session_start()函数的语法格式如下：

```
bool session_start(void);
```

提示　session_start()函数必须位于<html>标签之前。

【例 13.5】(实例文件：源文件\ch13\13.5.php)

```
<?php
session_start();
?>
<html>
<body>
</body>
</html>
```

上面的代码会向服务器注册用户的会话，以便可以开始保存用户信息，同时会为用户会话分配一个 UID。

#### 3. 使用 session_register()函数

在使用 session_register()函数之前，需要在 php.ini 文件中将 register_globals 设置为 on，然后需要重启服务器。session_register()函数通过为会话登录一个变量来隐含地启动会话。

## 13.3.2　注册会话变量

会话变量被启动后，全部保存在数组$_SESSION 中。用户可以通过对$_SESSION 数组赋值来注册会话变量。

例如，启动会话，创建一个 Session 变量并赋予 xiaoli 的值，代码如下：

```
<?php
session_start();                        //启动 Session
$_SESSION['name']='xiaoli';             //声明一个名为 name 的变量，并赋值 xiaoli
?>
```

这个会话变量值会在此会话结束或被注销后失效，或者还会根据 php.ini 中的 session.gc_maxlifetime（当前系统设置的 1440 秒，也就是 24 小时）设置会话最大生命周期数，过期则失效。

## 13.3.3　使用会话变量

使用会话变量，首先要判断会话变量是否存在一个会话 ID，如果不存在，就需要创建一个，并且能够通过$_SESSION 变量进行访问。如果已经存在，就将这个已经注册的会话变量载入以供用户使用。

在访问$_SESSION 数组时，先要使用 isset()或 empty()来确定$_SESSION 中会话变量是否为空。

如下面的代码所示：

```
<?php
if (! empty ($_SESSION['session_name']) )          //判断会话变量是否为空
    $ssvalue=$_SESSION['session_name'];             //声明一个名为 ssvalue 的变量
?>
```

下面通过实例讲解存储和取回$_SESSION 变量的方法。

【例 13.6】(实例文件：源文件\ch13\13.6.php)

```
<?php
session_start();
// 存储会话变量的值
$_SESSION['views']=1;
?>
<html>
<body>
<?php
//读取会话变量的值
echo "浏览量=". $_SESSION['views'];
?>
</body>
</html>
```

程序运行效果如图 13-6 所示。

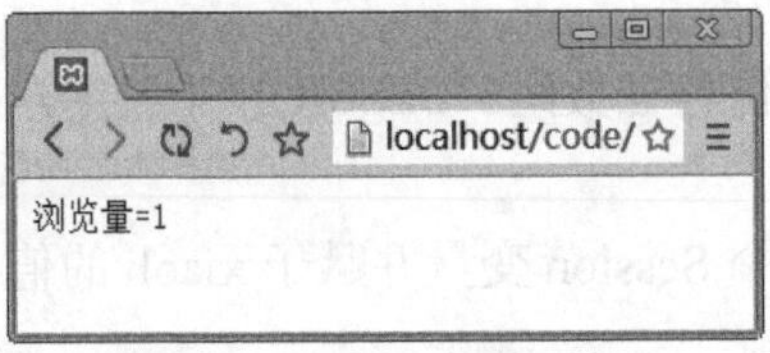


图 13-6　程序运行效果

## 13.3.4　注销和销毁会话变量

注销会话变量使用 unset()函数即可，如 unset（$_SESSION['name']），不再需要使用 PHP 4 中的 session_unrgister()或 session_unset()。unset()函数用于释放指定的 Session 变量，代码如下：

```
<?php
unset($_SESSION['views']);
?>
```

如果要注销所有会话变量，只需要向$_SESSION 赋值一个空数组就可以了，如$_SESSION =

array()。注销完成后，使用 session_destory()销毁会话即可，其实就是清除相应的 SessionID。其代码如下：

```
<?php
session_destroy();
?>
```

# 13.4 实战演练——会话管理的综合应用

下面通过一个综合案例讲解会话管理的综合应用。

步骤 01 在网站根目录下建立一个文件夹，名为 session。

步骤 02 在 session 文件夹下建立 opensession.php，输入以下代码并保存。

```
<?php
session_start();
$_SESSION['name'] = "王小明";
echo "会话变量为:".$_SESSION['name'];
?>
<a href='usesession.php'>下一页</a>
```

步骤 03 在 session 文件夹下建立 usesession.php，输入以下代码并保存。

```
<?php
session_start();
echo "会话变量为:".$_SESSION['name']."<br/>";
echo $_SESSION['name'].",你好。";
?>
<a href='closesession.php'>下一页</a>
```

步骤 04 在 session 文件夹下建立 closesession.php，输入以下代码并保存。

```
<?php
session_start();
unset($_SESSION['name']);
if (isset($_SESSION['name'])){
    echo "会话变量为:".$_SESSION['name'];
}else{
    echo "会话变量已注销。";
}
session_destroy();
?>
```

步骤 05 运行 opensession.php 文件，结果如图 13-7 所示。

步骤 06 单击页面中的“下一页”链接，运行结果如图 13-8 所示。

步骤 07 单击页面中的“下一页”链接，运行结果如图 13-9 所示。

图 13-7　程序运行结果

图 13-8　程序运行结果

图 13-9　程序运行结果

# 13.5 高手甜点

### 甜点 1：如果浏览器不支持 Cookie，怎么办？

如果应用程序涉及不支持 Cookie 的浏览器，必须采取其他方法在应用程序中从一个页面向另一个页面传递信息。一种方式是从表单传递数据。

下面的表单在用户单击“提交”按钮时，向 welcome.php 提交了用户输入：

```
<html>
<body>
<form action="welcome.php" method="post">
Name: <input type="text" name="name" />
Age: <input type="text" name="age" />
<input type="submit" />
</form>
</body>
</html>
```

要取回 welcome.php 中的值，可以设置如下代码：

```
<html>
<body>
Welcome <?php echo $_POST["name"]; ?>.<br/>
You are <?php echo $_POST["age"]; ?> years old.
</body>
</html>
```

### 甜点 2：Cookie 的生命周期是多久？

如果 Cookie 不设定失效时间，就表示它的生命周期为未关闭浏览器前的时间段，一旦浏览器关闭，Cookie 就会自动消失。

如果设定了过期时间，那么浏览器会把 Cookie 保存到硬盘中，在超过有效期前，用户打开 IE 浏览器会依然有效。

由于浏览器最多存储 300 个 Cookie 文件，每个 Cookie 文件最大支持 4KB，因此一旦超过容量的限制，浏览器就会自动随机地删除 Cookie。

# 第 14 章 MySQL 数据库的基本操作

学习目标 | Objective

MySQL 是一个小型关系数据库管理系统，与其他大型数据库管理系统（如 Oracle、DB2、SQL Server 等）相比，MySQL 规模小、功能有限，但是它体积小、速度快、成本低，且提供的功能对稍微复杂的应用来说已经够用，这些特性使得 MySQL 成为世界上最受欢迎的开放源代码数据库。由于 XAMPP 集成环境已经安装好了 MySQL 数据库，通过 phpMyAdmin 即可管理 MySQL 数据库，更重要的是，操作非常简单。下面重点学习 MySQL 数据库的基本操作方法。

内容导航 | Navigation

- 掌握 phpMyAdmin 管理程序的方法
- 掌握为 MySQL 管理账号加上密码的方法
- 掌握创建数据库和数据表的方法
- 掌握 MySQL 数据库和数据表的基本操作
- 掌握 MySQL 语句的基本操作

## 14.1 启动 phpMyAdmin 管理程序

phpMyAdmin 是一套使用 PHP 程序语言开发的管理程序，它采用网页形式的管理界面。如果要正确执行这个管理程序，就必须在网站服务器上安装 PHP 与 MySQL 数据库。

步骤 01 如果要启动 phpMyAdmin 管理程序，只要单击桌面右下角的 XAMPP 图标，打开 XAMPP 控制面板窗口，单击【Admin】按钮，如图 14-1 所示。

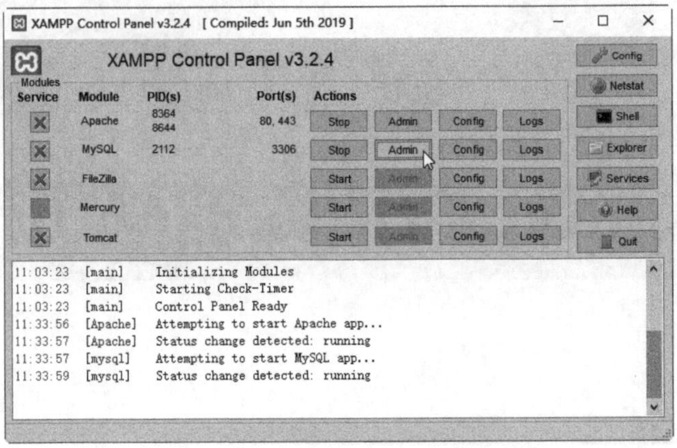


图 14-1 XAMPP 控制面板窗口

步骤 02 默认情况下，MySQL 数据库的管理员用户名为 root，密码为空，所以 phpMyAdmin 启动后直接进入 phpMyAdmin 的主界面。如图 14-2 所示。用户也可以直接在浏览器的地址栏中输入“http://localhost/phpmyadmin/”后，按【Enter】键即可进入 phpMyAdmin 的主界面。

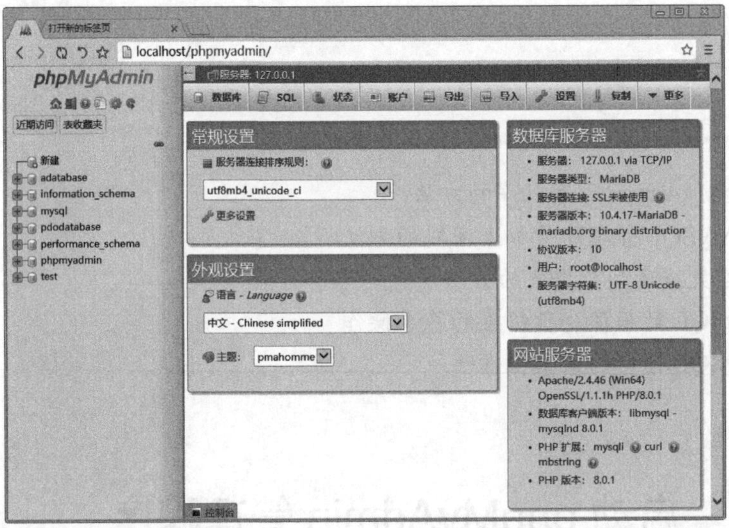


图 14-2 phpMyAdmin 的工作界面

# 14.2 创建数据库和数据表

这里以在 MySQL 中创建一个商品管理数据库 commodity 为例，并添加一个商品信息表 goods。

步骤 01 在 phpMyAdmin 的主界面的左侧中单击“新建”按钮，在右侧的文本框中输入要创建数据库的名称 commodity，选择排序规则为 utf8_general_ci，如图 14-3 所示。

步骤 02 单击【创建】按钮，即可创建新的数据库 company，如图 14-4 所示。

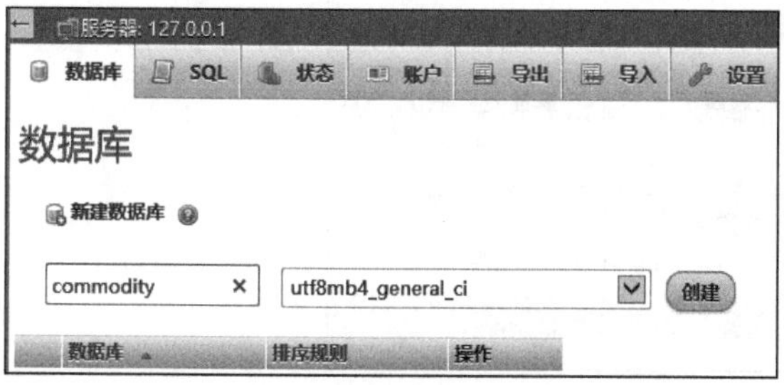


图 14-3　输入要创建数据库的名称

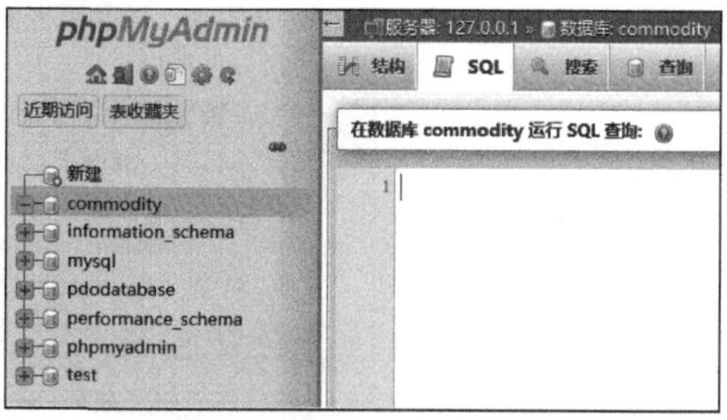


图 14-4　创建数据库 company

步骤 03 输入添加的数据表名称 goods 和字段数，然后单击【执行】按钮，如图 14-5 所示。

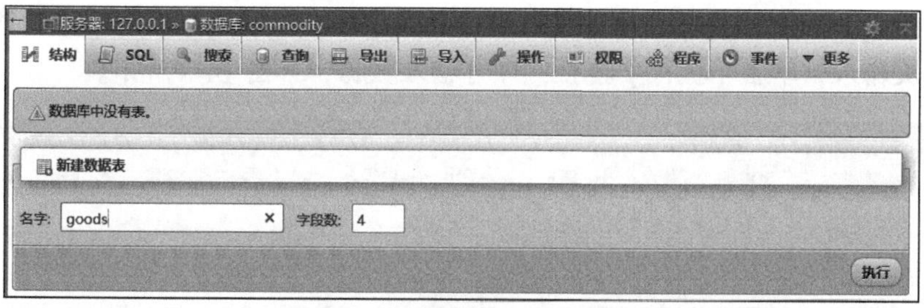


图 14-5　新建数据表 goods

步骤 04 输入数据表中的各个字段和数据类型，如图 14-6 所示。

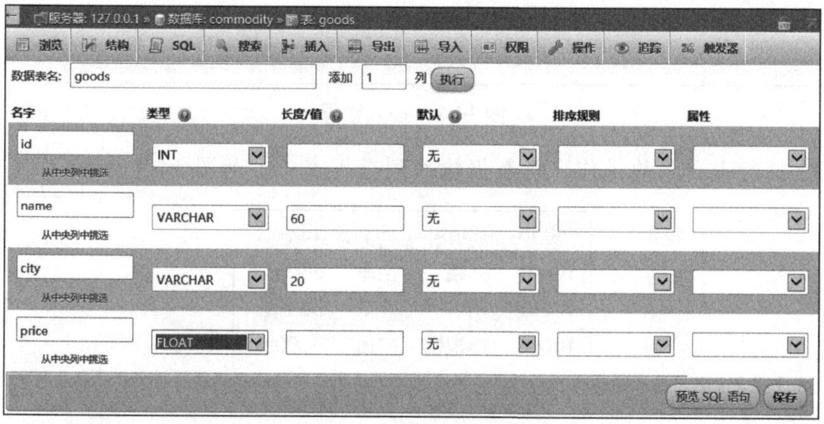


图 14-6　添加数据表字段

步骤 05 单击【保存】按钮，在打开的界面中可以查看已经完成的 goods 数据表，如图 14-7 所示。

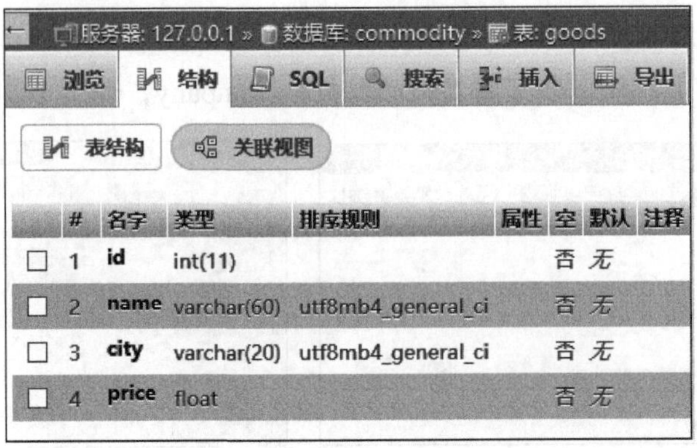


图 14-7　goods 数据表信息

添加数据表后，还需要添加具体的数据，具体的操作步骤如下：

步骤 01　选择 goods 数据表，选择菜单上的【插入】链接。依照字段的顺序，将对应的数值依次输入，单击【执行】按钮，即可插入数据，如图 14-8 所示。

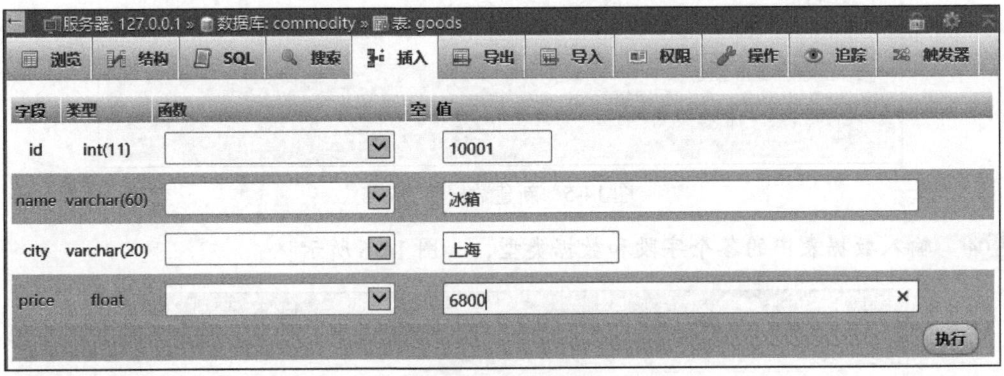


图 14-8　插入数据

步骤 02　重复执行上一步的操作，将数据输入到数据表中，如图 14-9 所示。

| id | name | city | price |
|---|---|---|---|
| 10001 | 冰箱 | 上海 | 6800 |
| 10002 | 洗衣机 | 北京 | 8800 |
| 10003 | 电视机 | 广州 | 5800 |

图 14-9　输入更多的数据

# 14.3　为 MySQL 管理账号加上密码

在 MySQL 数据库中的管理员账号为 root，为了保护数据库账号的安全，可以为管理员账号加密。具体的操作步骤如下：

步骤 01 进入 phpMyAdmin 的管理主界面。单击【权限】链接，设置管理员账号的权限，如图 14-10 所示。

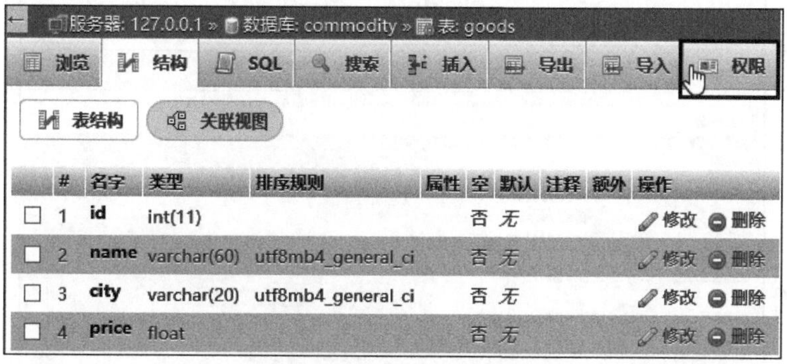


图 14-10　单击【权限】链接

步骤 02 进入的窗口中可以看到 root 用户和本机 localhost，单击“修改权限”链接，如图 14-11 所示。

图 14-11　单击【修改权限】链接

步骤 03 进入账户窗口，单击【修改密码】链接，如图 14-12 所示。

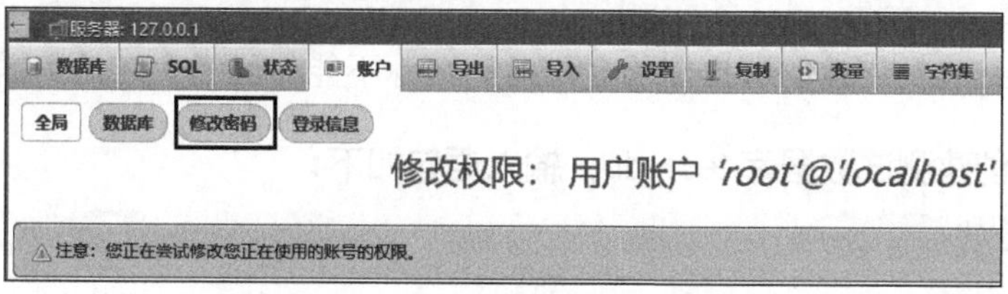


图 14-12　单击【修改密码】链接

步骤 04 在打开的界面中的【密码】文本框中输入所要使用的密码，如图 14-13 所示。单击【执行】按钮，即可添加密码。

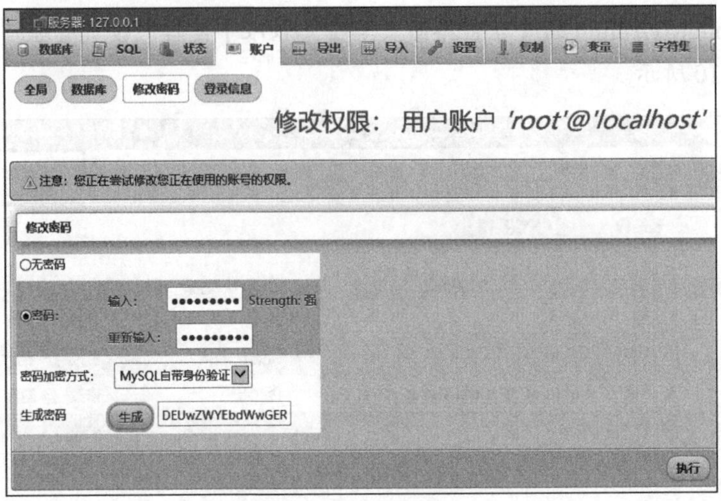


图 14-13　添加密码

# 14.4 MySQL 数据库的基本操作

本节将详细介绍数据库的基本操作。

## 14.4.1　创建数据库

创建数据库是在系统磁盘上划分一块区域，用于数据的存储和管理。如果管理员在设置权限的时候为用户创建了数据库，就可以直接使用，否则需要自己创建数据库。MySQL 中创建数据库的基本 SQL 语法格式为：

```
CREATE DATABASE database_name;
```

database_name 为要创建的数据库的名称，该名称不能与已经存在的数据库重名。

**【例 14.1】创建测试数据库 test_db，输入语句如下：**

```
CREATE DATABASE test_db;
```

在 phpMyAdmin 主界面中单击【SQL】链接，在窗口中输入需要执行的 SQL 语句，然后单击【执行】按钮即可，如图 14-14 所示。

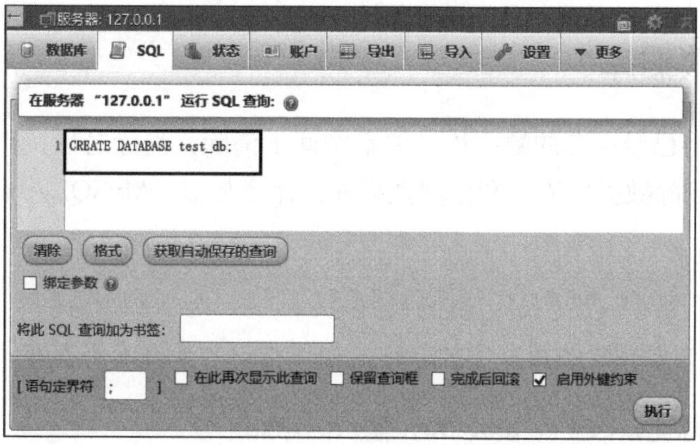


图 14-14　执行 SQL 语句

## 14.4.2　查看数据库

数据库创建好之后，可以使用 SHOW CREATE DATABASE 声明查看数据库的定义。

**【例 14.2】查看创建好的数据库 test_db 的定义，输入语句如下：**

```
SHOW CREATE DATABASE test_db;
*************************** 1. row ***************************
       Database: test_db
Create Database: CREATE DATABASE `test_db` /*!40100 DEFAULT CHARACTER SET utf8 */
```

可以看到，如果数据库创建成功，将显示数据库的创建信息。

再次使用 SHOW DATABASES;语句来查看当前所有存在的数据库，输入语句如下：

```
SHOW databases;
```

执行结果如图 14-15 所示。可以看到，数据库列表中包含刚刚创建的数据库 test_db 和其他已经存在的数据库名称。

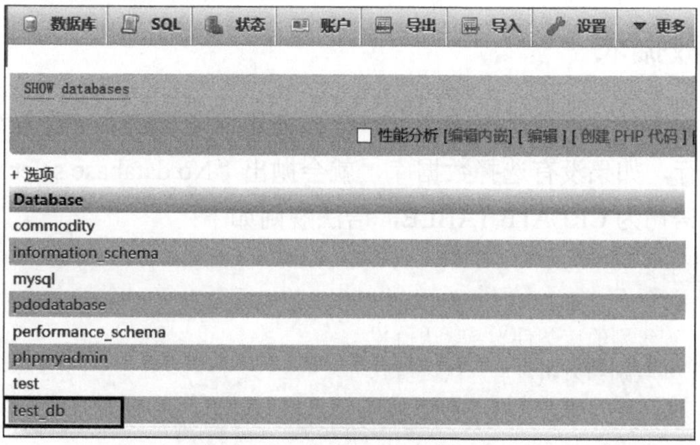


图 14-15　创建数据库 test_db

### 14.4.3 删除数据库

删除数据库是将已经存在的数据库从磁盘空间上清除，清除之后，数据库中的所有数据也将一同被删除。删除数据库语句和创建数据库的命令相似，MySQL 中删除数据库的基本语法格式为：

```
DROP DATABASE database_name;
```

database_name 为要删除的数据库的名称，如果指定的数据库不存在，删除就会出错。

**【例 14.3】删除测试数据库 test_db，输入语句如下：**

```
DROP DATABASE test_db;
```

语句执行完毕之后，数据库 test_db 将被删除，再次使用 SHOW CREATE DATABASE test_db;查看数据库的定义，执行结果给出一条错误信息“#1049 - Unknown database 'test_db'”，即数据库 test_db 已不存在，删除成功。

> 提示
>
> 使用 DROP DATABASE 命令时要非常谨慎，在执行该命令时，MySQL 不会给出任何提醒及确认信息。DROP DATABASE 声明删除数据库后，数据库中存储的所有数据表和数据也将一同被删除，而且不能恢复。

## 14.5 MySQL 数据表的基本操作

本节将详细介绍数据表的基本操作，主要包括创建数据表、查看数据表结构、修改数据表、删除数据表。

### 14.5.1 创建数据表

数据表属于数据库，在创建数据表之前，应该使用语句“USE <数据库名>”指定操作是在哪个数据库中进行，如果没有选择数据库，就会抛出“No database selected”的错误。

创建数据表的语句为 CREATE TABLE，语法规则如下：

```
CREATE  TABLE <表名>
(
字段名 1，数据类型 [列级别约束条件] [默认值]，
字段名 2，数据类型 [列级别约束条件] [默认值]，
……
[表级别约束条件]
);
```

使用 CREATE TABLE 创建表时，必须指定以下信息：

（1）要创建的表的名称，不区分大小写，不能使用 SQL 语言中的关键字，如 DROP、ALTER、INSERT 等。

（2）数据表中每一列（字段）的名称和数据类型，如果创建多个列，要用逗号隔开。

**【例 14.4】创建员工表 tb_emp1，结构如表 14-1 所示。**

表 14-1　tb_emp1 表结构

| 字段名称 | 数据类型 | 备注 |
| --- | --- | --- |
| id | INT | 员工编号 |
| name | VARCHAR(25) | 员工名称 |
| deptId | INT | 所在部门编号 |
| salary | FLOAT | 工资 |

首先创建数据库，SQL 语句如下：

```
CREATE DATABASE test_db;
```

在 phpMyAdmin 主界面中选择数据库 test_db，然后创建 tb_emp1 表，SQL 语句为：

```
CREATE TABLE tb_emp1
(
     id      INT,
     name   VARCHAR(25),
     deptId  INT,
     salary  FLOAT
);
```

语句执行后，即可创建数据表 tb_emp1。

## 14.5.2　查看数据表

使用 SQL 语句创建好数据表之后，可以查看表结构的定义，以确认表的定义是否正确。在 MySQL 中，查看表结构可以使用 DESCRIBE 和 SHOW CREATE TABLE 语句。本节将针对这两个语句分别进行详细的讲解。

DESCRIBE/DESC 语句可以查看表的字段信息，其中包括字段名、字段数据类型、是否为主键、是否有默认值等。语法规则如下：

```
DESCRIBE 表名;
```

或者简写为：

```
DESC 表名;
```

【例 14.5】使用 DESC 查看表 tb_emp1 的表结构：

```
DESC tb_emp1;
```

执行结果如图 14-16 所示。

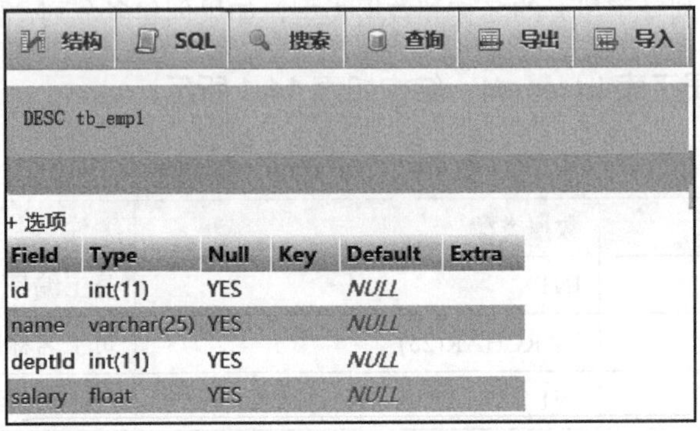


图 14-16　查看数据表 tb_emp1 的结构

其中，各个字段的含义分别解释如下：

（1）Field：表示该列字段的名称。

（2）Type：表示该列的数据类型。

（3）Null：表示该列是否可以存储 NULL 值。

（4）Key：表示该列是否已编制索引。PRI 表示该列是表主键的一部分；UNI 表示该列是 UNIQUE 索引的一部分；MUL 表示在列中某个给定值允许出现多次。

（5）Default：表示该列是否有默认值，如果有的话，则值是多少。

（6）Extra：表示可以获取的与给定列有关的附加信息，例如 AUTO_INCREMENT 等。

## 14.5.3　修改数据表

MySQL 通过 ALTER TABLE 语句来修改表结构，具体的语法规则如下：

```
ALTER[IGNORE] TABLE 数据表名 alter_spec[, alter_spec]…
```

其中，alter_spec 子句定义要修改的内容，语法如下：

```
slter_spercification:
  ADD [COLUMN] create_definition [FIRST|AFTER column_name]  //添加新字段
  | ADD INDEX [index_name](index_col_name,…)              //添加索引名称
  | ADD PRIMARY KEY (index_col_name,…)                     //添加主键名称
  | ADD UNIQUE[index_name](index_col_name,…)              //添加唯一索引
  | ALTER [COLUMN] col_name{SET DEFAULT literal |DROP DEFAULT}//修改字段名称
  | CHANGE [COLUMN] old_col_name create_definition          //修改字段类型
  | MODIFY [COLUMN] create_definition                    //添加子句定义类型
  | DROP [COLUMN] col_name                                 //删除字段名称
  | DROP  PRIMARY KEY                                         //删除主键名称
  | DROP INDEX idex_name                                      //删除索引名称
```

```
  | RENAME [AS] new_tbl_name                              //更改表名
  | table_options
```

【例 14.6】将数据表 tb_emp1 中 name 字段的数据类型由 VARCHAR(22)修改成 VARCHAR(30)。

输入如下 SQL 语句并执行：

```
ALTER TABLE tb_emp1 MODIFY name VARCHAR(30);
```

### 14.5.4 删除数据表

删除数据表就是将数据库中已经存在的表从数据库中删除。注意，在删除表的同时，表的定义和表中所有的数据均会被删除。因此，在进行删除操作前，最好对表中的数据进行备份，以免造成无法挽回的后果。

在 MySQL 中，使用 DROP TABLE 可以一次删除一个或多个没有被其他表关联的数据表，语法格式如下：

```
DROP TABLE [IF EXISTS]表1, 表2,…表n;
```

其中，"表 *n*"指要删除的表的名称，后面可以同时删除多个表，只需将要删除的表名依次写在后面，相互之间用逗号隔开即可。如果要删除的数据表不存在，则 MySQL 会提示一条错误信息："ERROR 1051 (42S02): Unknown table '表名'"。参数"IF EXISTS"用于在删除前判断删除的表是否存在，加上该参数后，再删除表的时候，如果表不存在，SQL 语句可以顺利执行，但是会发出警告（warning）。

【例 14.7】删除数据表 tb_emp1 的 SQL 语句如下：

```
DROP TABLE IF EXISTS tb_emp1;
```

## 14.6 MySQL 语句的操作

本节讲解 MySQL 语句的基本操作。

### 14.6.1 插入记录

使用基本的 INSERT 语句插入数据时，要求指定表名称和插入到新记录中的值。基本语法格式为：

```
INSERT INTO table_name (column_list) VALUES (value_list);
```

table_name 指定要插入数据的表名，column_list 指定要插入数据的列，value_list 指定每个列对应插入的数据。注意，使用该语句时字段列和数据值的数量必须相同。

在 MySQL 中，可以一次性插入多行记录，各行记录之间用逗号隔开即可。

**【例 14.8】创建数据表 tmp1，定义数据类型为 TIMESTAMP 的字段 ts，向表中插入值 '19950101010101'、'950505050505'、'1996-02-02 02:02:02'、'97@03@03 03@03@03'、121212121212、NOW()，SQL 语句如下：**

```
CREATE TABLE tmp1( ts TIMESTAMP);
```

向表中插入多条数据的 SQL 语句如下：

```
INSERT INTO tmp1 (ts) values ('19950101010101'),
('950505050505'),
('1996-02-02 02:02:02'),
('97@03@03 03@03@03'),
(121212121212),
( NOW() );
```

## 14.6.2 查询记录

MySQL 从数据表中查询数据的基本语句为 SELECT 语句。SELECT 语句的基本格式是：

```
SELECT
        {* | <字段列表>}
        [
            FROM <表 1>,<表 2>...
            [WHERE <表达式>
            [GROUP BY <group by definition>]
            [HAVING <expression> [{<operator> <expression>}...]]
            [ORDER BY <order by definition>]
            [LIMIT [<offset>,] <row count>]
        ]
SELECT [字段 1,字段 2,…,字段 n]
FROM [表或视图]
WHERE [查询条件];
```

其中，各条子句的含义如下：

（1）{* | <字段列表>}包含星号通配符和字段列表，表示查询的字段，其中字段列至少包含一个字段名称。如果要查询多个字段，则多个字段之间用逗号隔开，最后一个字段后不要加逗号。

（2）FROM <表 1>,<表 2>...，表 1 和表 2 表示查询数据的来源，可以是单个或者多个。

（3）WHERE 子句是可选项，如果选择该项，将限定查询行必须满足的查询条件。

（4）GROUP BY <字段>，该子句告诉 MySQL 如何显示查询出来的数据，并按照指定的字段分组。

（5）[ORDER BY <字段 >]，该子句告诉 MySQL 按什么样的顺序显示查询出来的数据，可以进行的排序有：升序（ASC）、降序（DESC）。

（6）[LIMIT [<offset>,] <row count>]，该子句告诉 MySQL 每次显示查询出来的数据条数。

本章将使用样例表 person，创建语句如下：

```
CREATE TABLE person
(
id      INT UNSIGNED NOT NULL AUTO_INCREMENT,
name    CHAR(40) NOT NULL DEFAULT '',
age     INT NOT NULL DEFAULT 0,
info    CHAR(50) NULL,
PRIMARY KEY (id)
);
```

插入演示数据，SQL 语句如下：

```
INSERT INTO person (id ,name, age , info)
VALUES (1,'Green', 21, 'Lawyer'),
(2, 'Suse', 22, 'dancer'),
(3,'Mary', 24, 'Musician');
```

**【例 14.9】从 person 表中获取 name 和 age 两列，SQL 语句如下：**

```
SELECT name, age FROM person;
```

## 14.6.3　修改记录

表中有数据之后，接下来可以对数据进行更新操作，MySQL 中使用 UPDATE 语句更新表中的记录，可以更新特定的行或者同时更新所有的行。基本语法结构如下：

```
UPDATE table_name
SET column_name1 = value1,column_name2=value2,…,column_namen=valuen
WHERE (condition);
```

column_name1,column_name2,…,column_name*n* 为指定更新的字段的名称；value1, value2,…,value*n* 为相对应的指定字段的更新值；condition 指定更新的记录需要满足的条件。更新多列时，每个“列-值”对之间用逗号隔开，最后一列之后不需要逗号。

**【例 14.10】在 person 表中，更新 id 值为 1 的记录，将 age 字段值改为 15，将 name 字段值改为 LiMing，SQL 语句如下：**

```
UPDATE person SET age = 15, name='LiMing' WHERE id = 1;
```

## 14.6.4　删除记录

从数据表中删除数据使用 DELETE 语句，DELETE 语句允许 WHERE 子句指定删除条件。

DELETE 语句基本语法格式如下：

```
DELETE FROM table_name [WHERE <condition>];
```

table_name 指定要执行删除操作的表; [WHERE <condition>]为可选参数，指定删除条件，如果没有 WHERE 子句，DELETE 语句将删除表中的所有记录。

【例 14.11】在 person 表中，删除 id 等于 1 的记录，SQL 语句如下：

```
DELETE FROM person WHERE id = 1;
```

# 14.7 高手甜点

### 甜点 1：每一个表中都要有一个主键吗？

并不是每一个表中都需要主键，一般来说，在多个表之间进行连接操作时需要用到主键。因此，并不需要为每个表建立主键，而且有些情况最好不使用主键。

### 甜点 2：如何导出指定的数据表？

如果用户想导出指定的数据表，在 phpMyAdmin 的管理主界面单击【导出】链接，在选择导出方式时，选择“自定义-显示所有可用的选项”，然后在【数据表】列表中选择需要导出的数据表即可，如图 14-17 所示。

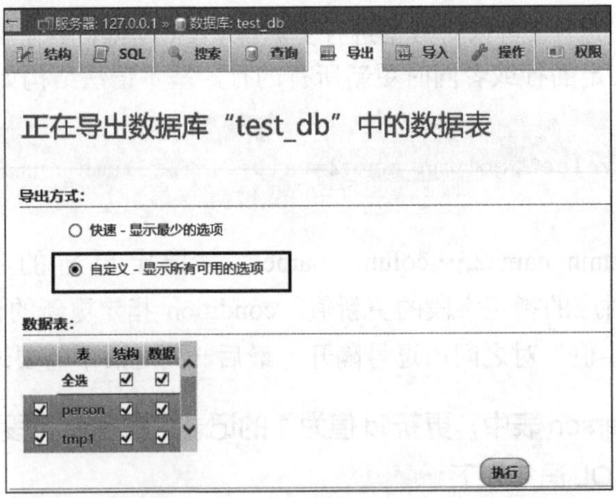


图 14-17　设置导出方式

# 第 15 章 PHP 操作 MySQL 数据库

学习目标 | Objective

PHP 是一种简单、面向对象、解释型、健壮、安全、性能非常高、独立于架构、可移植的动态脚本语言。而 MySQL 是快速和开源的网络数据库系统。PHP 和 MySQL 的结合是目前 Web 开发的黄金组合，那么 PHP 是如何操作 MySQL 数据库的呢？本章将学习使用 PHP 操作 MySQL 数据库的各种函数和技巧。

内容导航 | Navigation

- 熟悉 PHP 访问 MySQL 数据库的一般步骤
- 熟悉数据库连接前的准备方法
- 掌握 PHP 操作 MySQL 数据库的基本操作
- 掌握添加动态用户信息的方法
- 掌握查询数据信息的方法

## 15.1 PHP 访问 MySQL 数据库的一般步骤

通过 Web 访问数据库的工作过程一般分为以下几个步骤。

（1）用户使用浏览器对某个页面发出 HTTP 请求。

（2）服务器端接收到请求，并发送给 PHP 程序进行处理。

（3）PHP 解析代码。在代码中有连接 MySQL 数据库命令和请求特定数据库的某些特定数据的 SQL 命令。根据这些代码，PHP 打开一个和 MySQL 的连接，并且发送 SQL 命令到 MySQL 数据库。

（4）MySQL 接收到 SQL 语句之后加以执行。执行完毕后，返回执行结果到 PHP 程序。

（5）PHP 执行代码并根据 MySQL 返回的请求结果数据生成特定格式的 HTML 文件，且传递给浏览器。HTML 经过浏览器渲染成为用户请求的展示结果。

# 15.2 连接数据库前的准备工作

默认情况下，从 PHP 5 开始不再自动开启对 MySQL 的支持，而是放到扩展函数库中，所以用户需要在扩展函数库中开启 MySQL 函数库。

首先打开 php.ini，找到“;extension=php_mysqli”，去掉该语句前的分号“;”，如图 15-1 所示。保存 php.ini 文件，重新启动 IIS 或 Apache 服务器即可。

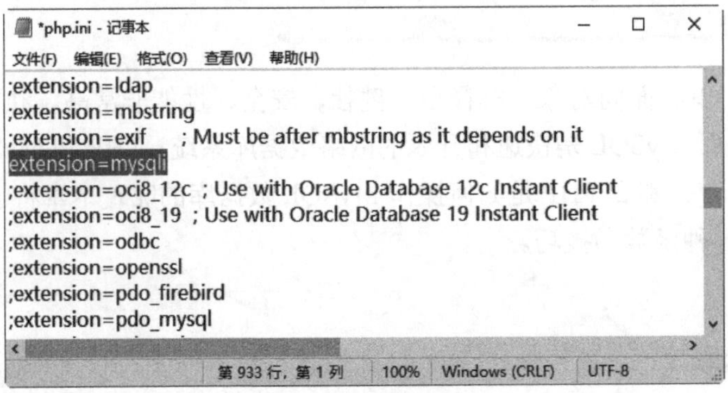


图 15-1 修改 PHP.ini 文件

配置文件设置完成后，可以通过 phpinfo()函数来检查是否配置成功，如果显示出的 PHP 环境配置信息中有 mysql 的项目，就表示已经开启了对 MySQL 数据库的支持，如图 15-2 所示。

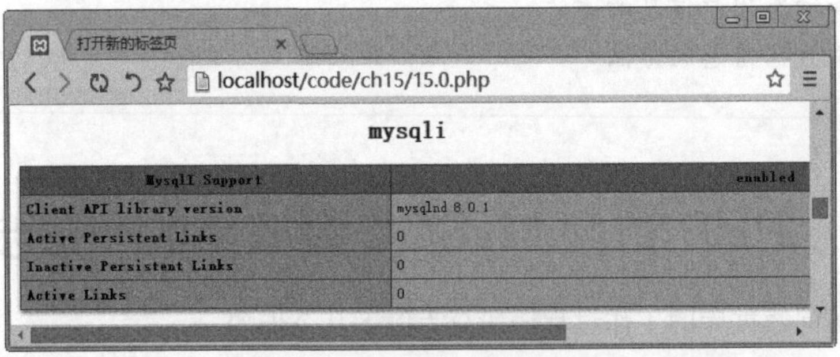


图 15-2 PHP 的环境配置页面

# 15.3 访问数据库

PHP 和 MySQL 数据库是开发动态网站的黄金搭档，本节将讲解 PHP 如何访问 MySQL 数据库。

## 15.3.1 使用 mysqli_connect()函数连接 MySQL 服务器

PHP 使用 mysqli_connect()函数连接 MySQL 数据库。

mysqli_connect()函数的格式如下：

```
mysqli_connect('MYSQL 服务器地址', '用户名', '用户密码', '要连接的数据库名')
```

【例 15.1】(实例文件：源文件\ch15\15.1.php)

```
<?php
$db=mysqli_connect('localhost','root','753951','adatabase'); //连接数据库
?>
```

该语句通过此函数连接到 MySQL 数据库，并且把此连接生成的对象传递给名为$db 的变量，也就是对象$db。其中，“MySQL 服务器地址”为 localhost，“用户名”为 root，“用户密码”为本环境 root 设定的密码 753951，“要连接的数据库名”为 adatabase。

默认情况下，MySQL 服务的端口号为 3306，如果采用默认的端口号，可以不用指定；如果采用了其他的端口号，比如采用 3308 端口，则需要特别指定，例如 127.0.0.1:3308，表示 MySQL 服务于本地机器的 3308 端口。

提示 其中，localhost 换成本地地址或者 127.0.0.1 都能实现同样的效果。

如果数据库连接失败，PHP 会发出警告信息，如图 15-3 所示。

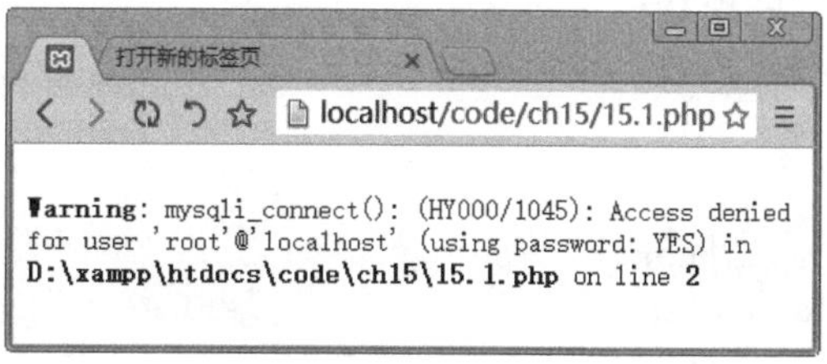


图 15-3　警告信息

警告信息中，提示用 root 账号无法连接到数据库服务器，并且该警告并不会停止脚本的继续执行。可见，这样的提示信息会暴露数据库连接的敏感问题，不利于数据库的安全性。如果想提高安全性，避免错误信息的输出，可以加上@屏蔽错误信息，然后加上 die()函数进行屏蔽的错误处理机制。

【例 15.2】(实例文件：源文件\ch15\15.2.php)

```
<?php
$db=@mysqli_connect('localhost','root','666666','adatabase')
or die("无法连接到服务器"); //连接数据库
print("成功连接到服务器");
mysqli_close($db);
?>
```

如果数据库连接失败，PHP 会发出警告信息，如图 15-4 所示。这是安全连接 MySQL 数据库服务器的方法。

图 15-4　警告信息

## 15.3.2　使用 mysqli_select_db()函数更改默认的数据库

连接到数据库以后，如果需要更改默认的数据库，可以使用函数 mysqli_select_db()。它的格式为：

```
mysqli_select_db(数据库服务器连接对象，更改后数据库名)
```

在 15.3.1 小节实例中的$db = mysqli_connect('localhost','root','753951','adatabase');语句已经通过传递参数值 adatabase 确定了需要操作的默认数据库。如果不传递此参数，mysqli_connect()函数只提供“MYSQL 服务器地址”“用户名”和“用户密码”，一样可以连接到 MySQL 数据库服务器并且以相应的用户登录。如果上例的语句变为 $db = mysqli_connect('localhost','root','753951');，一样可以成立。但是，在这样的情况下，必须继续选择具体的数据库来进行操作。

如果把 15.1.php 文件中的语句：

```
$db = mysqli_connect('localhost','root','753951','adatabase');
```

修改为以下两个语句：

```
$db = mysqli_connect('localhost','root','753951');
mysqli_select_db($db,'adatabase');
```

程序运行效果将完全一样。

在新的语句中, mysqli_select_db($db,'adatabase');语句确定了“数据库服务器连接对象”为$db，“目标数据库名”为 adatabase。

## 15.3.3　使用 mysqli_close()函数关闭 MySQL 连接

在连接数据库时，可以使用 mysqli_connect()函数。与之相对应，在完成了一次对服务器的使用的情况下，需要关闭此连接，以免对 MySQL 服务器中的数据进行误操作，并对资源进行释放。一个服务器的连接也是一个对象型的数据类型。

mysqli_close()函数的格式为：

```
mysqli_close(需要关闭的数据库连接对象)
```

在 15.3.2 小节的实例程序中，mysqli_close($db);语句关闭了“需要关闭的数据库连接对象”为$db 对象。

### 15.3.4 使用 mysqli_query()函数执行 SQL 语句

使用 mysqli_query()函数执行 SQL 语句，需要向此函数中传递两个参数，一个是 MySQL 数据库服务器连接对象；另一个是以字符串表示的 SQL 语句。mysqli_query()函数的格式如下：

```
mysqli_query(数据库服务器连接对象，SQL 语句)
```

在运行本实例前，用户可以参照前面章节的知识在 MySQL 服务器上创建 adatabase 数据库，添加数据表 user，数据表 user 主要包括 Id（工号）、Name（姓名）、Age（年龄）、Gender（性别）和 Info（个人信息）字段。

**【例 15.3】(实例文件：源文件\ch15\15.3.php)**

```
<?php
$db=@mysqli_connect('localhost','root','753951','adatabase')
or die("无法连接到服务器");  //连接数据库
//执行插入数据操作
$sq = "insert into user(Id,Name,Age,Gender,Info)
  values(1,'lili',17,'female','She is a 17 years lady'),
         (2,'xiaoming',19,'female','She is a 19 years lady'),
         (3,'huahua',20,'female','She is a 20 years lady'),
         (4,'fangfang',18,'female','She is a 18 years lady')";
$result = mysqli_query($db,$sq); //$result 为 boolean 类型
if ($result)  {
    echo "插入数据成功! <br/>";
} else {
    echo "插入数据失败! <br/>";
}
// 执行更新数据操作
$sq = "update user set Name='张芳' where Name='fangfang'";
$result = mysqli_query($db,$sq);
if($result) {
    echo "更新数据成功!<br/>";
} else {
    echo "更新数据失败!<br/>";
}
// 执行查询数据操作
$sq = "select * from user";
$result = mysqli_query($db,$sq);//如果查询成功，$result 为资源类型，保存查询结果集

mysqli_close($db);
?>
```

程序执行后的结果如图 15-5 所示。

图 15-5　程序运行结果

可见，mysqli_query()函数执行 SQL 语句之后会把结果返回。上例中倒数第 2 行代码就是返回结果并且赋值给$result 变量。

## 15.3.5　获取查询结果集中的记录数

使用 mysqli_num_rows()函数获取查询结果包含的数据记录的条数，只需要给出返回的数据对象即可。语法格式如下：

```
mysqli_num_rows(result);
```

其中 result 指查询结果对象，此函数只对 select 语句有效。

如果想获取查询、插入、更新和删除操作所影响的行数，需要使用 mysqli_affected_rows 函数。mysqli_affected_rows()函数返回前一次 MySQL 操作所影响的行数。语法格式如下：

```
mysqli_affected_rows(connection)
```

其中，connection 为必需参数，表示当前的 MySQL 连接。如果返回结果为 0，就表示没有受影响的记录；返回结果为–1，则表示查询返回错误。

下面通过实例来讲解它们的使用方法和区别。

**【例 15.4】（实例文件：源文件\ch15\15.4.php）**

```
<?php
$db=@mysqli_connect('localhost','root','753951','adatabase')
or die("无法连接到服务器");  //连接数据库
//执行查询数据操作
$sq = "select * from user";
$result = mysqli_query($db,$sq);//如果查询成功，$result 为资源类型，保存查询结果集
echo"查询结果有".mysqli_num_rows($result)."条记录" <br/>;//输出查询记录集的行数
// 执行更新数据操作
$sq = "update user set Name='mingming' where Name='张芳'";
$result = mysqli_query($db,$sq);
echo "更新了".mysqli_affected_rows($db). "条记录";  //输出更新记录集的行数
mysqli_close($db);
?>
```

程序执行后的结果如图 15-6 所示。

图 15-6　程序运行结果

## 15.3.6　获取结果集中的一条记录作为枚举数组

执行 select 查询操作后，使用 mysqli_fetch_rows()函数可以从查询结果中取出数据。如果想逐行取出每条数据，可以结合循环语句循环输出。

mysqli_fetch_rows()函数的语法格式如下：

```
mysqli_fetch_rows (result);
```

其中，result 指查询结果对象。

**【例 15.5】(实例文件：源文件\ch15\15.5.php)**

```
<?php
$db=@mysqli_connect('localhost','root','753951','adatabase')
or die("无法连接到服务器");   //连接数据库
//执行查询数据操作
$sq = "select * from user";
$result = mysqli_query($db,$sq);//如果查询成功，$result 为资源类型，保存查询结果集
?>
<table width="370" border="1" cellspacing="0" cellpadding="0">
  <tr><th>编号</th><th>姓名</th><th>年龄</th><th>性别</th><th>个人信息</th></tr>
<?php
  while($row = mysqli_fetch_row($result)){//逐行获取结果集中的记录，并显示在表格中
?>
  <tr>
    <td><?php echo $row[0] ?></td>                    <!-- 显示第一列 -->
    <td><?php echo $row[1] ?></td>                    <!-- 显示第二列 -->
    <td><?php echo $row[2] ?></td>                    <!-- 显示第三列 -->
    <td><?php echo $row[3] ?></td>                    <!-- 显示第四列 -->
    <td><?php echo $row[4] ?></td>                    <!-- 显示第五列 -->
</tr>
<?php }
mysqli_close($db);
?>
```

程序执行后的结果如图 15-7 所示。

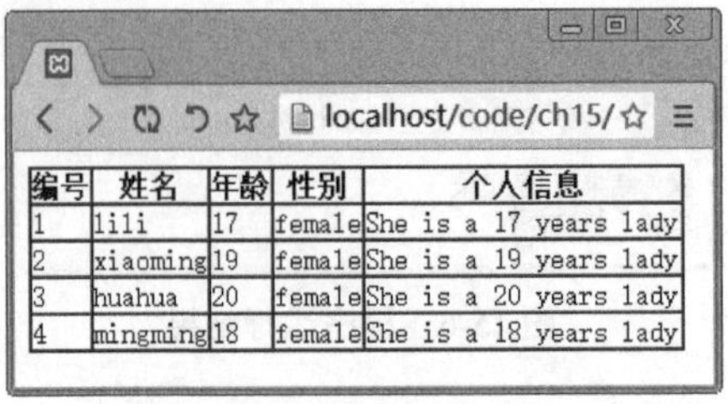


图 15-7 程序运行结果

## 15.3.7 获取结果集中的记录作为关联数组

使用 mysqli_fetch_assoc()函数从数组结果集中获取信息，只要确定 SQL 请求返回的对象就可以了。语法格式如下：

```
mysqli_ fetch_assoc (result);
```

此函数与 mysqli_fetch_rows()函数的不同之处就是返回的每一条记录都是关联数组。注意，该函数返回的字段名是区分大小写的。

【例 15.6】(实例文件：源文件\ch15\15.6.php)

```
<?php
while($row = mysqli_fetch_assoc($result)) {              // 逐行获取结果集中的记录
?>
  <tr>
    <td><?php echo $row["Id"] ?></td>           <!-- 获取当前行“Id”字段值 -->
    <td><?php echo $row["Name"] ?></td>         <!-- 获取当前行“Name”字段值 -->
    <td><?php echo $row["Age"] ?></td>          <!-- 获取当前行“Age”字段值 -->
    <td><?php echo $row["Gender"] ?></td>       <!-- 获取当前行“Gender”字段值 -->
    <td><?php echo $row["Info"] ?></td>         <!-- 获取当前行“Info”字段值 -->
  </tr>
<?php }
mysqli_close($db);
?>
```

$row = mysqli_fetch_assoc($result);语句直接从$result 结果中取得一行，并且以关联数组的形式返回给$row。由于获得的是关联数组，因此在读取数组元素的时候要通过字段名称确定数组元素。

## 15.3.8 获取结果集中的记录作为对象

使用 mysqli_fetch_object()函数从结果中获取一行记录作为对象。语法格式如下：

```
mysqli_fetch_object (result);
```

【例 15.7】(实例文件：源文件\ch15\15.7.php)

```
<?php
```

```
while($row = mysqli_fetch_object($result)) {    // 逐行获取结果集中的记录
?>
  <tr>
    <td><?php echo $row->Id ?></td>                <!-- 获取当前行"Id"字段值 -->
    <td><?php echo $row->Name ?></td>              <!-- 获取当前行"Name"字段值 -->
    <td><?php echo $row->Age ?></td>               <!-- 获取当前行"Age"字段值 -->
    <td><?php echo $row->Gender ?></td>            <!-- 获取当前行"Gender"字段值 -->
    <td><?php echo $row->Info ?></td>              <!-- 获取当前行"Info"字段值 -->
  </tr>
<?php }
mysqli_close($db);
?>
```

该程序的整体运行结果和上一节实例相同。不同的是，这里的程序采用了对象和对象属性的表示方法，但是最后输出的数据结果是相同的。

## 15.3.9 使用 mysqli_fetch_array()函数获取结果集记录

mysqli_fetch_array()函数的语法格式如下：

```
mysqli_fetch_ array (result[,resuilt_type])
```

参数 resuilt_type 是可选参数，表示一个常量，可以选择 MYSQL_ASSOC（关联数组）、MYSQL_NUM（数字数组）和 MYSQL_BOTH（二者兼有），本参数的默认值为 MYSQL_BOTH。

**【例 15.8】(实例文件：源文件\ch15\15.8.php)**

```
<?php
while($row = mysqli_fetch_array($result)) {     // 逐行获取结果集中的记录
?>
  <tr>
    <td><?php echo $row["Id"] ?></td>            // 使用字段名做索引显示字段值
    <td><?php echo $row["1"] ?></td>             // 使用数字做索引显示字段值
    <td><?php echo $row["Age"] ?></td>
    <td><?php echo $row["3"] ?></td>
    <td><?php echo $row["Info"] ?></td>
  </tr>
<?php }
mysqli_close($db);
?>
```

## 15.3.10 使用 mysqli_free_result()函数释放资源

释放资源的函数为 mysqli_free_result()，函数的格式为：

```
mysqli_free_result(SQL 请求所返回的数据库对象)
```

在一切操作都基本完成以后，程序通过 mysqli_free_result($result);语句释放了 SQL 请求所返回的对象$result 所占用的资源。

# 15.4 实战演练 1——PHP 操作数据库

下面以通过 Web 向 user 数据库请求数据为例，介绍如何使用 PHP 函数处理 MySQL 数据库数据，具体步骤如下：

步骤 01 在网址主目录下创建 phpmysql 文件夹。

步骤 02 在 phpmysql 文件夹下建立文件 htmlform.html，输入如下代码：

```
<html>
<head>
    <meta charset="UTF-8">
    <title>Finding User</title>
</head>
<body>
   <h2>从数据表 user 中查询数据</h2>
  <form action="formhandler.php" method="post">
     姓名：
     <input name="username" type="text" size="20"/> <br />
     <input name="submit" type="submit" value="搜索"/>
  </form>
</body>
</html>
```

步骤 03 在 phpmysql 文件夹下建立文件 formhandler.php，输入如下代码：

```
<?php
$username = $_POST['username'];
if(!$username){
    echo "Error: There is no data passed.";
    exit;
}

$username = addslashes($username);
@ $db = mysqli_connect('localhost','root','','adatabase');
if(mysqli_connect_errno()){
    echo "Error: Could not connect to mysql database.";
    exit;
}

$q = "SELECT * FROM user WHERE name = '".$username."'";
$result = mysqli_query($db,$q);
$rownum = mysqli_num_rows($result);
for($i=0; $i<$rownum; $i++){
    $row = mysqli_fetch_assoc($result);
    echo "编号:".$row['Id']."<br />";
```

```
    echo "姓名:".$row['Name']."<br />";
    echo "年龄:".$row['Age']."<br />";
    echo "性别:".$row['Gender']."<br />";
    echo "个人信息:".$row['Info']."<br />";
}
mysqli_free_result($result);
mysqli_close($db);
?>
```

步骤 04 运行 htmlform.html，结果如图 15-8 所示。

步骤 05 在输入框中输入用户名 lili，单击搜索按钮，页面跳转至 formhandler.php，并且返回请求结果，如图 15-9 所示。

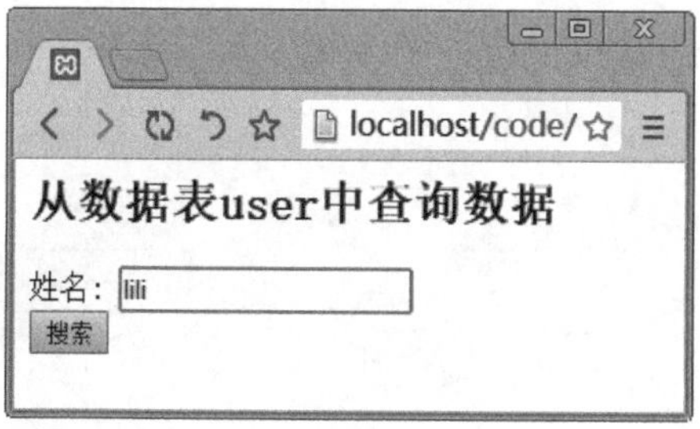


图 15-8　htmlform.html 页面

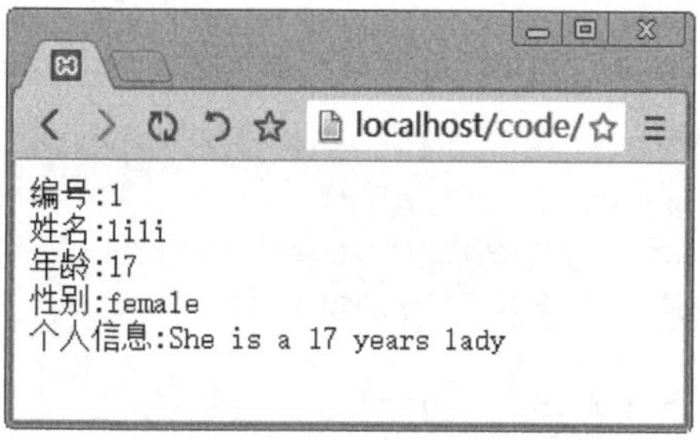


图 15-9　formhandler.php 页面

# 15.5 实战演练 2——使用 insert 语句动态添加用户信息

在前面的实例中，程序通过 form 查询了特定用户名的用户信息。本节将介绍使用其他 SQL 语句实现 PHP 的数据请求。

下面实例通过使用 adatabase 的 user 数据库表格添加新的用户信息，具体操作步骤如下。

步骤 01 在 phpmysql 文件夹下建立文件 insertform.html，并且输入如下代码：

```
<html>
<head>
    <meta charset="UTF-8">
    <title>添加用户信息</title>
</head>
<body>
  <h2>向数据表 user 中添加新数据</h2>
  <form action="insertformhandler.php" method="post">
   选择性别:
     <select name="gender">
       <option value="male">man</option>
       <option value="female">woman</option>
```

```
    </select><br />
  输入名字：
    <input name="username" type="text" size="20"/> <br/>
  输入编号：
     <input name="id" type="text" size="20"/> <br/>
   输入年龄：
    <input name="age" type="text" size="3"/> <br/>
   输入个人信息：
    <input name="info" type="text" size="60"/> <br/>
    <input name="submit" type="submit" value="新增"/>
  </form>
</body>
</html>
```

步骤02 在 phpmysql 文件夹下建立文件 insertformhandler.php，并且输入如下代码：

```
<?php
$id = $_POST['id'];
$username = $_POST['username'];
$gender = $_POST['gender'];
$age = $_POST['age'];
$info = $_POST['info'];
if(!$id and !$username and !$gender and !$age and !$info){
    echo "Error: There is no data passed.";
    exit;
}
if(!$id and !$username or !$gender or !$age or !$info){
    echo "Error: Some data did not be passed.";
    exit;
}
$id = addslashes($id);
$username = addslashes($username);
$gender = addslashes($gender);
$age = addslashes($age);
$info = addslashes($info);
@ $db = mysqli_connect('localhost','root','');
mysqli_select_db($db,'adatabase');
if(mysqli_connect_errno()){
    echo "Error: Could not connect to mysql database.";
    exit;
}
$q = "INSERT INTO user( Id,Name, Age, Gender,Info) VALUES
    ('$id','$username',$age,'$gender', '$info')";
if( !mysqli_query($db,$q)){
    echo "新数据添加失败！";
}else{
    echo "新数据添加成功！";
};
mysqli_close($db);
?>
```

步骤 03 运行 insertform.html，运行结果如图 15-10 所示。

步骤 04 输入数据后，单击新增按钮，页面跳转至 insertformhandler.php，如图 15-11 所示。

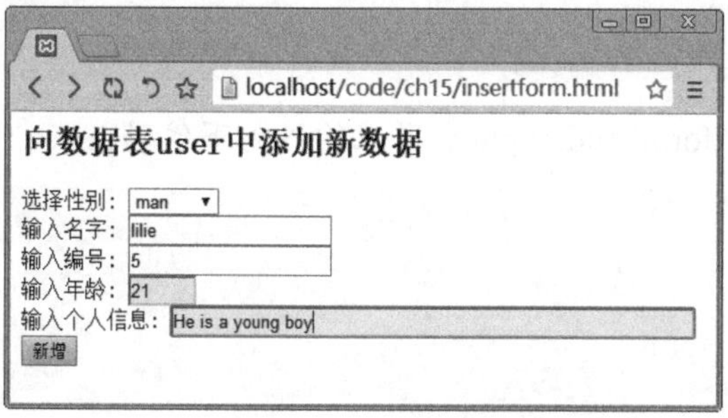

图 15-10　insertform.html 运行结果

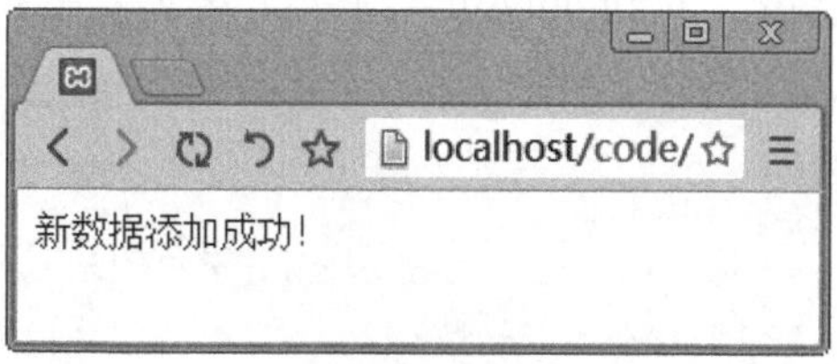


图 15-11　insertformhandler.php 页面

**【案例分析】**

这时数据库 user 表格中就添加了一条新的数据。

（1）在 insertform.html 文件中建立了 user 表格中每个字段信息的输入框。

（2）在 insertformhandler.php 文件中建立 MySQL 连接。生成连接对象等操作都与前面的程序相同。只是改变了 SQL 请求语句的内容为$q = " INSERT INTO user( Id,Name, Age, Gender,Info) VALUES ('$id','$username',$age,'$gender', '$info')";插入语句。

（3）其中，Name、Gender、Info 字段为字符串型，所以'$username'、'$gender'、'$info' 这 3 个变量要以字符串形式加入。

# 15.6 实战演练 3——使用 select 语句查询数据信息

本节案例讲解如何使用 select 语句查询数据信息，具体操作步骤如下。

步骤 01 在 phpmysql 文件夹下建立文件 selectform.html，并且输入如下代码：

```
<html>
<head>
   <title>Finding User</title>
</head>
<body>
  <h2>Finding users from mysql database.</h2>
  <form action="selectformhandler.php" method="post">
     Select gender:
     <select name="gender">
       <option value="male">man</option>
       <option value="female">woman</option>
```

```
    </select><br/>
    <input name="submit" type="submit" value="Find"/>
  </form>
</body>
</html>
```

步骤02 在 phpmysql 文件夹下建立文件 selectformhandler.php，并且输入如下代码：

```
<?php
$gender = $_POST['gender'];
if(!$gender){
    echo "Error: There is no data passed.";
    exit;
}
$gender = addslashes($gender);
@ $db = mysqli_connect('localhost','root','');
mysqli_select_db($db,'adatabase');
if(mysqli_connect_errno()){
    echo "Error: Could not connect to mysql database.";
    exit;
}
$q = "SELECT * FROM user WHERE gender = '".$gender."'";
$result = mysqli_query($db,$q);
$rownum = mysqli_num_rows($result);
for($i=0; $i<$rownum; $i++){
    $row = mysqli_fetch_assoc($result);
    echo "编号:".$row['Id']."<br/>";
    echo "姓名:".$row['Name']."<br/>";
    echo "年龄:".$row['Age']."<br/>";
    echo "性别:".$row['Gender']."<br/>";
    echo "个人信息:".$row['Info']."<br/>";
}
mysqli_free_result($result);
mysqli_close($db);
?>
```

步骤03 运行 selectform.html，结果如图 15-12 所示。

步骤04 选择用户性别后，单击搜索按钮，页面跳转至 selectformhandler.php，返回信息如图 15-13 所示。

图 15-12 selectform.html 运行结果

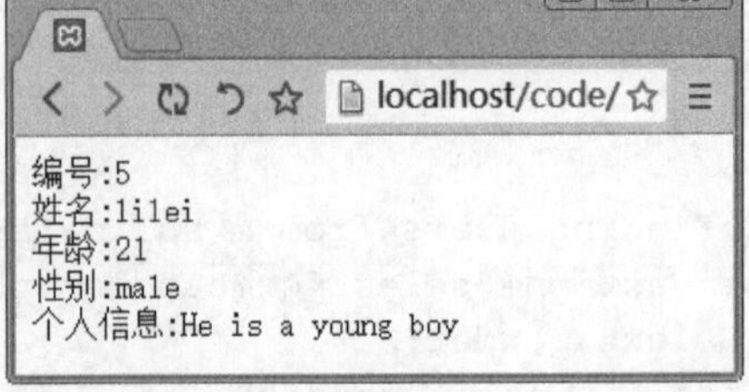


图 15-13 selectformhandler.php 页面

这样程序就给出了所有 Gender 为 female 的用户信息。

# 15.7 高手甜点

### 甜点 1：修改 php.ini 文件后仍然不能调用 MySQL 数据库怎么办？

有时候修改 php.ini 文件不能保证一定可以加载 MySQL 函数库。此时，如果使用 phpinfo()函数不能显示 MySQL 的信息，说明配置失败了，需要重新按照 15.2 节的内容检查配置是否正确，如果正确，就把 PHP 安装目录下的 libmysql.dll 库文件直接复制到系统的 system32 目录下，然后重新启动 IIS 或 Apache，最好再次使用 phpinfo()进行验证，即可看到 MySQL 信息，表示此时已经配置成功。

### 甜点 2：为什么尽量省略 MySQL 语句中的分号？

在 MySQL 语句中，每一行的命令都使用分号（;）作为结束，但是，当一行 MySQL 被插入 PHP 代码中时，最好把后面的分号省略掉。这主要是因为 PHP 也是以分号作为一行结束的，额外的分号有时会让 PHP 的语法分析器搞不明白，所以还是省略掉比较好。在这种情况下，虽然省略了分号，但是 PHP 在执行 MySQL 命令时会自动加上。

另外，还有不要加分号的情况。当用户想把字段竖着排列显示、而不是像通常那样横着排列时，可以用 G 来结束一行 SQL 语句，这时就用不上分号了，例如：

```
SELECT * FROM paper WHERE USER_ID =1G
```

# 第 16 章

# PDO 数据库抽象类库

学习目标 | Objective

PHP 的数据库抽象类的出现是 PHP 发展过程中重要的一步。PDO 扩展为 PHP 访问数据库定义了一个轻量级、一致性的接口，提供了一个数据访问抽象层。PDO 随 PHP 5.1 发行，在 PHP 5.0 的 PECL 扩展中也可以使用，但无法运行于之前的 PHP 版本中。本章将讲解 PDO 数据库抽象类库的使用方法。

内容导航 | Navigation

- 熟悉 PDO 的基本概念
- 熟悉 PDO 的安装方法
- 掌握 PDO 操作 MySQL 数据库的方法
- 掌握 PDO 的 prepare 表述

## 16.1 PDO 概述

随着 PHP 应用的快速增长和 PHP 开发跨平台应用的出现，使用不同的数据库是十分常见的。PHP 需要支持从 MySQL、MS SQL 到 Oracle 数据库的多种数据库。

如果只是通过单一的接口针对单一的数据库编写程序，比如用 MySQL 函数处理 MySQL 数据库，用其他函数处理 Oracle 数据库，会在很大程度上增添 PHP 程序在数据库方面的灵活性并提高编程的复杂性和工作量。

如果通过 PHP 开发一个跨数据库平台的应用，比如对于一类数据需要到两个不同的数据库中提取，在使用传统方法的情况下，只有两个不同的数据库连接程序，并且要对两个数据库连接的工作过程进行协调。

为了解决这个问题，程序员开发出了“数据库抽象层”。通过这个抽象层，把数据处理业务逻辑和数据库连接区分开来。也就是说，无论 PHP 连接的是什么数据库，都不影响 PHP 业务逻辑程序。这样对于一个应用来说，可以采用若干不同的数据库支持方案。

PDO 就是 PHP 中最为主流的实现“数据库抽象层”的数据库抽象类。PDO 类是 PHP 5 中中最为突出的功能之一。PHP 5 版本以前，PHP 都只能通过针对 MySQL 的类库、针对 PostgreSQL 的类库、针对 MS SQL 的类库等实现针对性的数据库连接。

PDO 通过数据库抽象层实现了以下特性：

- 灵活性：可以在 PHP 运行期间直接加载新的数据库，而不需要在使用新的数据库时重新设置和编译。
- 面向对象：这个特性完全配合了 PHP 5，通过对象来控制数据库的使用。
- 速度极快：由于 PDO 使用 C 语言编写并且编译进 PHP，因此比那些用 PHP 编写的抽象类要快得多。

# 16.2 PDO 的安装

由于 PDO 类库是 PHP 自带的类库，因此要使用 PDO 类库，只需要在 php.ini 中把关于 PDO 类库的语句前面的注释符号去掉即可。

首先启用 extension=php_pdo.dll 类库，这个类库是 PDO 类库本身。然后设置不同的数据库驱动类库选项。extension=php_pdo_mysql.dll 适用于 MySQL 数据库的连接。如果使用 MS SQL，可以启用 extension=php_pdo_mssql.dll 类库。如果使用 Oracle 数据库，可以启用 extension=php_pdo_oci.dll 类库。除了这些外，还有支持 PgSQL 和 SQLite 等的类库。

本机环境下启用的类库为 extension=pdo_mysql。

# 16.3 使用 PDO 操作 MySQL

在本环境下使用的数据库是 MySQL，所以在使用 PDO 操作数据库之前，首先需要连接到 MySQL 服务器和特定的 MySQL 数据库。

实现这个操作是通过 PDO 类库内部的构造函数来完成的。PDO 构造函数的结构是：

```
PDO::__constuct(DSN, username, password, driver_options)
```

其中，DSN 是一个“数据源名称”，username 是接入数据源的用户名，password 是用户密码，driver_options 是特定连接要求的其他参数。

DSN 是一个字符串，字符串由“数据库服务器类型”“数据库服务器地址”和“数据库名称”组合得到。它们组合的格式为：

```
'数据库服务器类型:host=数据库服务器地址;dbname=数据库名称'
```

driver_options 是一个数组，它有很多选项。

- PDO::ATTR_AUTOCOMMIT：此选项定义 PDO 在执行时是否注释每条请求。
- PDO::ATTR_CASE：通过此选项可以控制在数据库中取得的数据的字母大小写。具体来说就是，可以通过 PDO:: CASE_UPPER 使所有读取的数据字母变为大写，可以通过 PDO::CASE_LOWER 使所有读取的数据字母变为小写，可以通过 PDO:: CASE_NATURL 使用特定的在数据库中发现的字段。
- PDO::ATTR_EMULATE_PREPARES: 使用此选项可以利用 MySQL 的请求缓存功能。
- PDO::ATTR_ERRMODE：使用此选项定义 PDO 的错误报告模型。具体的 3 种模式分别为 PDO:: ERRMODE_EXCEPTION（例外模式）、PDO:: ERRMODE_SILENT（沉默模式）和 PDO:: ERRMODE_WARNING（警报模式）。
- PDO::ATTR_ORACLE_NULLS: 使用此选项，在使用 Oracle 数据库时，会把空字符串转换为 NULL 值。一般情况下，此选项为默认关闭。
- PDO::ATTR_PERSISTENT: 使用此选项来确定此数据库连接是否可持续。但是其默认值为 false，不启用。
- PDO:: ATTR_PREFETCH: 此选项确定是否要使用数据库 prefetch 功能。此功能是在用户取得一条记录操作之前就取得多条记录，以准备给下一次请求数据操作提供数据，并且减少了执行数据库请求的次数，提高了效率。
- PDO:: ATTR_TIMEOUT: 此选项设置超时时间为多少秒, 但是 MySQL 不支持此功能。
- PDO::DEFAULT_FETCH_MODE: 此选项可以设定默认的 fetch 模型, 包括以联合数据的形式取得数据, 或者以数字索引数组的形式取得数据, 或者以对象的形式取得数据。

### 16.3.1 连接 MySQL 数据库的方法

当建立一个连接对象的时候，只需要使用 new 关键字生成一个 PDO 的数据库连接实例。例如使用 MySQL 作为数据库生成一个数据库连接，代码如下：

```
<?php
$dbms='mysql';                          //数据库类型
$host='localhost';                      //数据库主机名
$dbName=' pdodatabase ';                //使用的数据库
$user='root';                           //数据库连接用户名
$pass=' ';                              //对应的密码
$dsn="$dbms:host=$host;dbname=$dbName";
$dbh = new PDO($dsn, $user, $pass); //初始化一个 PDO 对象
?>
```

另外，用户也可以使用简洁的方式连接数据库，代码如下：

```
$dbconnect = new PDO('mysql:host=localhost;dbname=pdodatabase','root','753951')
```

## 16.3.2 使用 PDO 时的 try catch 错误处理结构

使用 PDO 的时候，经常伴随着 PHP 中的 try catch 处理异常机制进行编码，如下所示：

```
<?php
try {
   $dbconnect = new PDO($dsn, $user, $pass);
} catch (PDOException $exception) {
   echo "Connection error message: " . $exception->getMessage();
}
?>
```

使用这样的结构，PDO 可以配合其他的对象属性获得更多的信息。

以下案例通过对数据库请求的错误处理来说明此结构。具体步骤如下：

步骤 01 在 MySQL 数据库中建立 pdodatabase 数据库，并且在 SQL 编辑框中执行以下 SQL 语句：

```
CREATE TABLE IF NOT EXISTS `user` (
  `id` int(10) NOT NULL AUTO_INCREMENT,
  `name` varchar(30) DEFAULT NULL,
  `age` int(10) NOT NULL,
  `gender` varchar(10) NOT NULL,
  `info` varchar(255) NOT NULL,
  PRIMARY KEY (`id`)
) ENGINE=MyISAM  DEFAULT CHARSET=utf8 AUTO_INCREMENT=8 ;
```

插入数据，SQL 语句如下：

```
INSERT INTO `user` (`id`, `name`, `age`, `gender`, `info`) VALUES
(1, 'wangxiaoming', 32, 'male', 'He is a man'),
(2, 'lilili', 23, 'female', 'She is a woman'),
(3, 'fangfanfang', 18, 'female', 'She is a 18 years old lady.'),
(7, 'liuxiaoyong', 17, 'male', 'He is a young boy.');
```

至此，数据库 pdodatabase 和数据库表格 user 以及其中的数据都已创建。

步骤 02 在网站下建立 pdodemo.php 文件，输入如下代码：

```
<?php
$dbms='mysql';                          //数据库类型
$host='localhost';                      //数据库主机名
$dbName=' pdodatabase ';                //使用的数据库
$user='root';                           //数据库连接用户名
$pass='123456';                         //对应的密码
$dsn="$dbms:host=$host;dbname=$dbName";
try {
    $dbconnect = new PDO($dsn, $user, $pass);
} catch (PDOException $exception) {
```

```
    echo "Connection error message: " . $exception->getMessage();
}
?>
```

步骤 03 运行 pdodemo.php 网页，结果如图 16-1 所示。

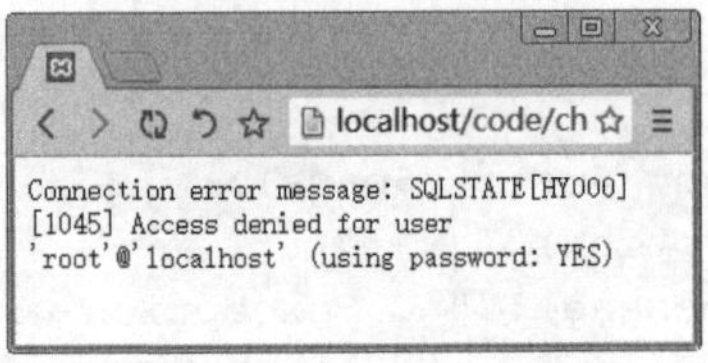


图 16-1　程序运行结果

**【案例分析】**

（1）在创建 PDO 实例的过程中，由于密码是错误的，因此 PDO 通过 try catch 结构抛出错误信息。

（2）在 pdodemo.php 文件中，catch (PDOException $exception){}使用了 PDOException 类。前面提到的 PDO::ATTR_ERRMODE 选项的 PDO:: ERRMODE_EXCEPTION 例外模式使用 PDOException 类来抛出错误信息，如果有错误产生，就会即时终止程序执行，并输出错误信息。这个类在此程序中的实例是$exception。

以上是建立 PDO 数据库连接的发生错误时获得错误信息的方法。那么如果 SQL 请求在执行的过程中出错，其错误信息应当如何获取呢？下面就介绍此方法。具体步骤如下：

步骤 01 在网站下建立 pdodemo2.php 文件，输入代码如下：

```
<?php
try {
    $dbconnect = new
    PDO('mysql:host=localhost;dbname=pdodatabase','root','753951');
} catch (PDOException $exception) {
    echo "Connection error message: " . $exception->getMessage();
}
$sqlquery = "SELECT * FROM users";
$dbconnect->exec($sqlquery);
echo $dbconnect->errorCode()."<br/>";
print_r($dbconnect->errorInfo());
?>
```

步骤 02 运行 pdodemo2.php 网页，结果如图 16-2 所示。

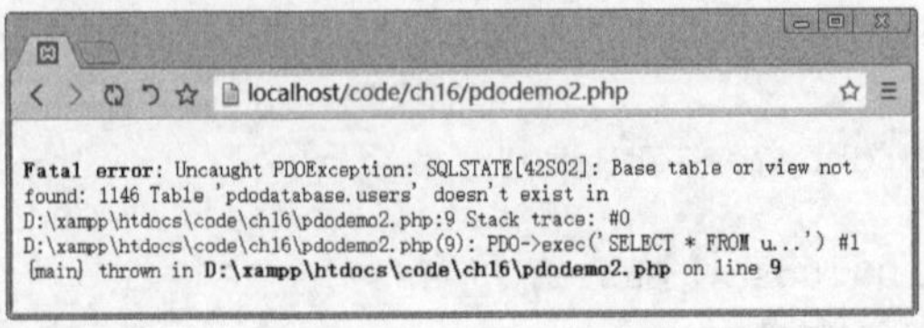


图 16-2　程序运行结果

【案例分析】

（1）$sqlquery 定义了 SQL 请求语句。$dbconnect->exec($sqlquery);语句通过实例$dbconnect 的实例方法 exec()执行$sqlquery 的 SQL 请求语句。

（2）由于$sqlquery 定义的 SQL 请求语句中'users'不正确（应为'user'），因此$dbconnect->errorCode();语句直接输出 SQL 请求的错误代码 42S02，表示目标数据表不存在。

（3）$dbconnect-> errorInfo();语句则获得错误的所有信息，包括错误代码。但是由于类方法 error::Info()返回的是一个数字索引数组，因此使用 print_r()显示。此数组拥有 3 个数组元素。第一个元素为遵循 SQL 标准的状态码。第二个元素为遵循数据库标准的错误代码。第三个元素为具体的错误信息。

（4）实例$dbconnect 其实是使用 PDO 类的类方法 PDOStatment::errorCode()来获得 SQL 错误代码的。错误信息则是通过 PDO 类的类方法 PDOStatment:: errorInfo()来获得的。

## 16.3.3 使用 PDO 执行 SQL 的选择语句

PDO 执行 SQL 的选择语句会返回结果对象，可以通过 foreach 来遍历对象内容。下面介绍此内容，具体步骤如下：

步骤 01 在网站下建立 pdoselect.php 文件，输入如下代码：

```
<?php
try {
    $dbconnect = new
    PDO('mysql:host=localhost;dbname=pdodatabase','root','753951');
} catch (PDOException $exception) {
    echo "Connection error message: " . $exception->getMessage();
}
$sqlquery = "SELECT * FROM user";
$result = $dbconnect->query($sqlquery);
foreach ($result as $row){
    $name = $row['name'];
    $gender = $row['gender'];
    $age = $row['age'];
    echo "user $name , is $gender ,and is $age years old. <br/>";
}
?>
```

步骤 02 运行 pdoselect.php 网页，结果如图 16-3 所示。

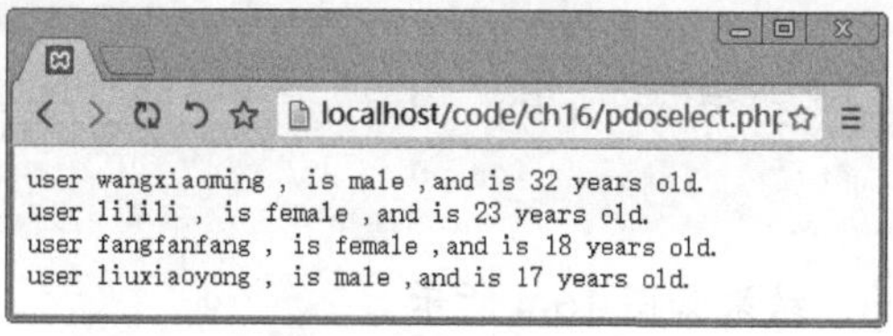


图 16-3 程序运行结果

【案例分析】

（1）其中，$sqlquery 定义了 SQL 请求语句。$dbconnect->query($sqlquery);语句通过实例$dbconnect 的实例方法 query()执行$sqlquery 的 SQL 请求语句。在执行 SQL 语句的 select 操作时，一定要使用 query()方法，而不能使用执行其他操作时使用的 exec()方法。

（2）foreach ($result as $row)语句以默认的方法获取$result 这一返回数据对象的所有数据，并且以关联数组的形式表现出来。

### 16.3.4 使用 PDO 获取返回数据的类方法

当使用 select 语句向数据库请求数据以后，query()方法会返回一个包含所有请求数据的对象。如何对这个对象的数据进行读取操作，我们将通过下面的类方法来讲解。

通过 fetch()方法读取请求所返回的数据对象的一条记录。fetch 方法是 PDOStatement::fetch()类方法在实例化之后的运用。可以选择 fetch_style 的选项作为其参数。例如，PDO::FETCH_ASSOC 选项是把返回的数据读取为关联数组，PDO::FETCH_NUM 选项是把返回的数据读取为数字索引数组，PDO_FETCH_BOTH 选项是把返回的数据读取为数组，包括数字索引数组和关联数组；PDO::FETCH_OBJ 选项是把返回的数据读取为一个对象，不同字段的数据作为其对象属性。

通过 fetchAll()方法读取请求所返回的数据对象的所有记录。

下面通过例子来讲解 fetch()方法的使用技巧。

步骤 01 在网站下建立 pdofetch.php 文件，输入如下代码：

```
<?php
try {
    $dbconnect = new
    PDO('mysql:host=localhost;dbname=pdodatabase','root','753951');
} catch (PDOException $exception) {
    echo "Connection error message: " . $exception->getMessage();
}
$sqlquery = "SELECT * FROM user";
$result = $dbconnect->query($sqlquery);
$rownum = $result->rowCount();
echo "总共有".$rownum." 个用户:<br/>";
while ($row = $result->fetch(PDO::FETCH_ASSOC)){
    $name = $row['name'];
    $gender = $row['gender'];
    $age = $row['age'];
    echo "user $name , is $gender ,and is $age years old. <br/>";
}
?>
```

步骤 02 运行 pdofetch.php，结果如图 16-4 所示。

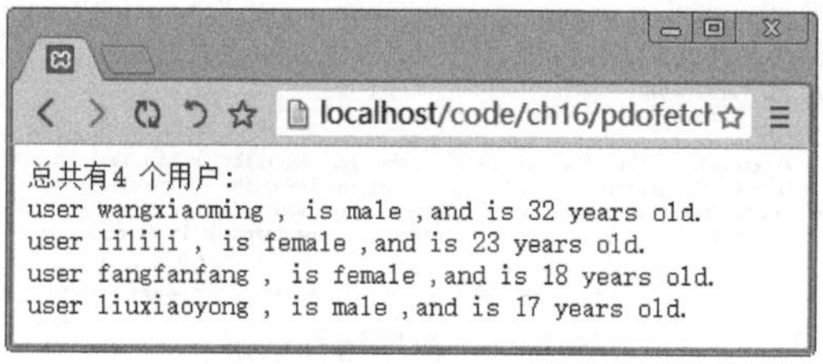


图 16-4　程序运行结果

**【案例分析】**

（1）其中，$sqlquery 定义了 SQL 请求语句。$dbconnect->query($sqlquery);语句通过实例$dbconnect 的实例方法 query()执行$sqlquery 的 SQL 请求语句。返回对象为$result。

（2）$row = $result->fetch(PDO::FETCH_ASSOC)语句直接以关联数组的方式取得$result 的一条记录，并且赋值给$row。

（3）使用 while 循环按照输出格式打印。

以下实例介绍 fetchAll()方法的使用技巧。

步骤 01　在网站下建立 pdofetchall.php 文件，输入如下代码：

```
<?php
try {
    $dbconnect = new
    PDO('mysql:host=localhost;dbname=pdodatabase','root','753951');
} catch (PDOException $exception) {
    echo "Connection error message: " . $exception->getMessage();
}
$sqlquery = "SELECT * FROM user";
$result = $dbconnect->query($sqlquery);
$rownum = $result->rowCount();
echo "总共有".$rownum." 个用户:<br/>";
$rowall = $result->fetchAll();
foreach ($rowall as $row){
    $id = $row[0];
    $name = $row[1];
    $gender = $row[3];
    $age = $row[2];
    $info = $row['info'];
    echo "ID: $id . User $name , is $gender ,and is $age years old. and info:
    $info<br/>";
}
?>
```

步骤 02　运行 pdofetchall.php 网页，结果如图 16-5 所示。

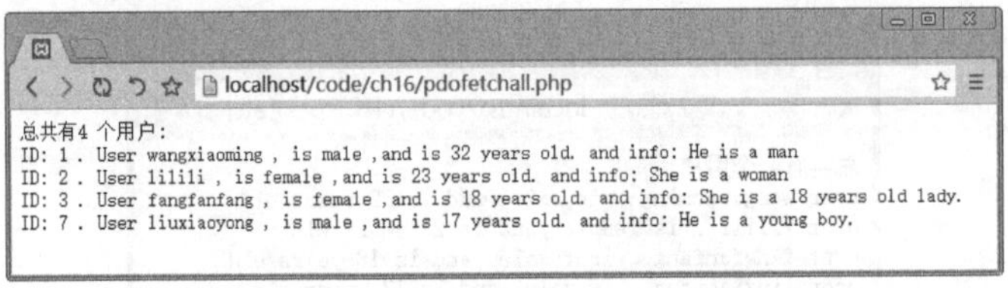


图 16-5　程序运行结果

**【案例分析】**

（1）其中，$sqlquery 定义了 SQL 请求语句。$dbconnect->query($sqlquery);语句通过实例$dbconnect 的实例方法 query()执行$sqlquery 的 SQL 请求语句，返回对象为$result。rowCount()方法用于返回数据对象的记录条数。

（2）$rowall = $result->fetchAll();语句取得$result 的所有记录，并且赋值给$rowall。然后使用 foreach 循环遍历数组元素。

（3）由于 fetchAll()方法用于读取$result 对象为数字索引数组和关联数组两种类型，因此在遍历的时候可以使用两种方式指定数组元素。

### 16.3.5　使用 PDO 执行 SQL 的添加、修改语句

使用 PDO 执行添加和修改的 SQL 命令不同于 Select 操作。以下实例介绍此方面的内容。

步骤 01　在网站下建立 pdoinsertupdate.php 文件，输入如下代码：

```
<?php
try {
    $dbconnect = new
    PDO('mysql:host=localhost;dbname=pdodatabase','root','753951');
} catch (PDOException $exception) {
    echo "Connection error message: " . $exception->getMessage();
}
$sqlquery = "INSERT INTO user (id,name,age,gender,info )VALUES
    (NULL,'zhangdaguang', '39', 'male', 'he is a middle-age male.')";
if($dbconnect->exec($sqlquery)){
    echo "新数据插入成功！<br />";
}
$sqlquery2 = "UPDATE user SET age='45' WHERE name='zhangdaguang'";
if($dbconnect->exec($sqlquery2)){
    echo "数据更新成功";
}
?>
```

步骤 02　运行 pdoinsertupdate.php，结果如图 16-6 所示。

图 16-6 程序运行结果

**【案例分析】**

（1）其中，$sqlquery 定义了 insert 的 SQL 请求语句。$dbconnect->exec($sqlquery);语句通过实例$dbconnect 的实例方法 exec()执行$sqlquery 的 SQL 请求语句，若正确执行，则提示新数据插入成功。

（2）$sqlquery2 定义了 update 的 SQL 请求语句。$dbconnect->exec($sqlquery2);语句通过实例$dbconnect 的实例方法 exec()执行$sqlquery 的 SQL 请求语句，若正确执行，则提示数据更新成功。

## 16.3.6 使用 PDO 执行 SQL 的删除语句

删除一个记录也使用 exec()类方法。下面通过实例来讲解这方面的内容。

步骤 01 在网站下建立 pdodelete.php 文件，输入如下代码：

```
<?php
try {
    $dbconnect = new
    PDO('mysql:host=localhost;dbname=pdodatabase','root','753951');
} catch (PDOException $exception) {
    echo "Connection error message: " . $exception->getMessage();
}
$sqlquery = "DELETE FROM user WHERE name = 'zhangdaguang'";
if($dbconnect->exec($sqlquery)){
    echo "一条数据被删除了！";
}
?>
```

步骤 02 运行 pdoidelete.php，结果如图 16-7 所示。

图 16-7 程序运行结果

其中，$sqlquery 定义了 delete 的 SQL 请求语句。$dbconnect->exec($sqlquery);语句通过实例$dbconnect 的实例方法 exec()执行$sqlquery 的 SQL 请求语句，若正确执行，则提示数据被删除了。

# 16.4 实战演练——PDO 的 prepare 表述

当执行一个 SQL 语句时，需要 PDO 对语句进行执行。正常情况下可以逐句执行。每执行一句，都需要 PDO 首先对语句进行解析，然后传递给 MySQL 执行。这都需要 PDO 的工作。如果是不同的 SQL 语句，这就是必要的过程。但是如果是同一种 SQL 语句，如 insert，语句结构都一样，只是每一项具体的数值不同，在这种情况下，PDO 的 prepare 表述就只提供改变的变量值，而不改变 SQL 语句，以起到减少解析过程、节省资源、提高效率的作用。

使用 prepare 表述需要使用两个方法，一个是 prepare()方法，另一个是 execute()方法。下面通过实例介绍此方面的内容。

步骤 01 在网站下建立 pdoprepare.php 文件，输入如下代码：

```
<?php
try {
    $dbconnect = new
    PDO('mysql:host=localhost;dbname=pdodatabase','root','753951');
} catch (PDOException $exception) {
    echo "Connection error message: " . $exception->getMessage();
}
$sqlquery = "INSERT INTO user SET id = :id, name = :name, age = :age,gender
    = :gender ,info = :info ";
$prepareddb = $dbconnect->prepare($sqlquery);
if($prepareddb->execute(array(
  ':id'=> 'NULL',
  ':name'=> 'lixiaoyun',
  ':age'=> '16',
  ':gender'=> 'female',
  ':info'=> 'She is a school girl.'
  ))){
    echo "A new user, lixiaoyun, has been inserted.<br/>";
}
if($prepareddb->execute(array(
  ':id'=> 'NULL',
  ':name'=> 'liuxiaoyu',
  ':age'=> '18',
  ':gender'=> 'male',
  ':info'=> 'he is a school boy.'
  ))){
    echo "A new user, liuxiaoyu, has been inserted.<br/>";
}
?>
```

步骤 02 运行 pdoprepare.php，结果如图 16-8 所示。

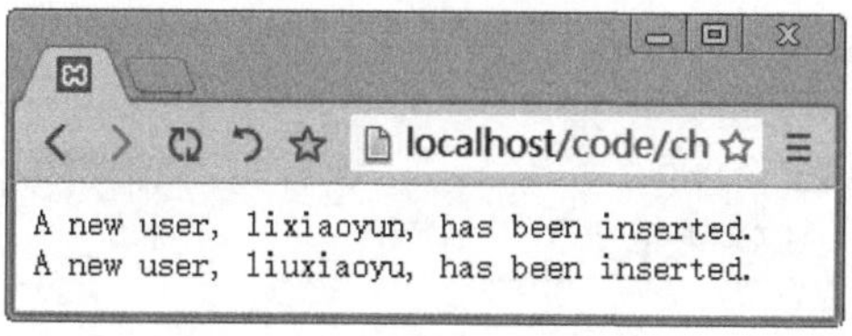


图 16-8 程序运行结果

【案例分析】

（1）其中，$sqlquery 定义了 insert 的 SQL 请求语句。这个请求语句定义了字段的变量，如 id = :id、name = :name 等。

（2）$dbconnect->prepare($sqlquery)语句使用 prepare()类方法表述 prepare，并且赋值给对象$prepareddb。$prepareddb->execute(array(……))语句使用 execute()类方法执行 SQL 语句。在 execute()类方法中，通过一个数组为 SQL 请求语句中定义的变量赋值。其中，变量值为键值，具体值为数组元素。

（3）$prepareddb->execute(array(……))语句可以很方便地重复使用，只要修改数组中的元素值即可。

# 16.5 高手甜点

### 甜点 1：PDO 中的事务如何处理?

在 PDO 中，同样可以实现事务处理的功能，具体使用方法如下：

- 开启事务：使用 beginTransaction()方法将关闭自动提交模式，直到事务提交或者回滚以后才恢复。
- 提交事务：使用 commit()方法完成事务的提交操作，若成功则返回 TRUE，否则返回 FALSE。
- 事务回滚：使用 rollBack()方法执行事务的回滚操作。

### 甜点 2：如何通过 PDO 连接 MS SQL Server 数据库?

通过 PDO 可以实现和 MS SQL Server 数据库的连接操作。下面通过实例来讲解具体的连接方法，代码如下：

```
<?php
header("Content-Type:text/html;charset=utf-8");            //设置页面的编码风格
$host='PC-201405212233';                                     //设置主机名称
$user='sa';                                                  //设置用户名
$pwd='123456';                                               //设置密码
$dbName='mydatabase';                                        //设置需要连接的数据库
$dbms='mssql';//
```

```
$dsn="mssql:host=$host;dbname-$dbName";
try{
    $pdo=new PDO($dsn,$user,$pwd);                          //利用 try…catch 捕获异常情况
    echo " 成功连接 MS SQL Server 数据库 "
}catch (Exception $e) {
    die("错误提示！".$e->getMessage())
}
?>
```

# 第 17 章 安全加密技术

学习目标 | Objective

目前，网站数据的安全性问题始终是一个困扰网站开发者的问题。在 PHP 程序开发过程中，通过使用一些加密函数可以保护数据不被窃取。当然，通过 PHP 的加密扩展库能进一步满足网站管理员的需求。

内容导航 | Navigation

- 掌握 md5()函数的使用方法
- 掌握 crypt()函数的使用方法
- 掌握 sha1()函数的使用方法
- 掌握 Mhash 扩展库的使用方法

## 17.1 使用加密函数

在 PHP 中，常用的加密函数包括 md5()函数、sha1()函数和 crypt()函数。本节将主要介绍这些加密函数的使用方法和技巧。

### 17.1.1 md5()函数

MD5 是 Message-Digest Algorithm 5（信息-摘要算法）的缩写，它的作用是把任意长度的信息作为输入值，并将其换算成一个 128 位长度的“指纹信息”或“报文摘要”值来代表这个输入值，并以换算后的值作为结果。

md5()函数就是使用的 MD5 算法，其语法格式如下：

```
string md5(string str[,bool raw_output]);
```

上述代码中的参数 str 为需要加密的字符串；参数 raw_output 是可选的，默认值为 false，若设置为 true，则该函数将返回一个二进制形式的密文。

【例 17.1】(实例文件：源文件\ch17\17.1.php)

```
<?php
echo '使用 md5()函数加密字符串 mypssword：';
echo md5('mypssword');
?>
```

程序运行结果如图 17-1 所示。

localhost/code/
使用 md5()函数加密字符串 mypssword：
65212d691c3109fd01d2737510335425

图 17-1 程序运行结果

> 提示
> 目前很多网站用户注册的密码都是首先使用 MD5 进行加密，然后将密码保存到数据库中。当用户登录时，程序把用户输入的密码计算成 MD5 值，然后和数据库中保存的 MD5 值进行对比，这种方法可以保护用户的个人隐私，提高安全性。

## 17.1.2 crypt()函数

crypt()函数主要完成单向加密功能，返回使用 DES、Blowfish 或 MD5 算法加密的字符串。其语法格式如下：

```
string crypt()(string str,string salt);
```

其中的参数 str 为需要加密的字符串；参数 salt 表示加密时使用的干扰串。

> 提示
> 因为 crypt()函数是单向加密函数，所以没有对应的解密函数。

在不同的操作系统上，该函数的行为不同，某些操作系统支持一种以上的算法类型。在安装时，PHP 会检查什么算法可用以及使用什么算法。具体的算法依赖于 salt 参数的格式和长度。通过增加由使用特定加密方法的特定字符串所生成的字符串数量，salt 可以使加密更安全。

crypt()函数支持 4 种算法和长度，如表 17-1 所示。

表 17-1 crypt()函数支持的 4 种算法和 salt 参数的长度

| 算 法 | salt 参数的长度 |
| --- | --- |
| CRYPT_STD_DES | 2-character（默认） |
| CRYPT_EXT_DES | 9-character |
| CRYPT_MD5 | 12-character（以$1$开头） |
| CRYPT_BLOWFISH | 16-character（以$2$开头） |

【例 17.2】(实例文件：源文件\ch17\17.2.php)

```
<?php
$str = '时间是一切财富中最宝贵的财富。';          //声明字符串变量$str
echo '$str 加密前的值为：'.$str;
$cry = crypt($str,'st');                          //对变量$str 加密
echo '<p>$str 加密后的值为：'.$cry;                //输出加密后的变量
?>
```

程序运行结果如图 17-2 所示。

图 17-2 程序运行结果

## 17.1.3 sha1()函数

sha1()函数使用的是 SHA 算法，SHA 是 Secure Hash Algorithm（安全哈希算法）的缩写，该算法和 MD5 算法类似。sha1()函数的语法格式如下：

```
string sha1()(string str[,bool raw_output]);
```

其中的参数 str 为需要加密的字符串；参数 raw_output 是可选的，默认为 false，此时该函数返回一个 40 位的十六进制数，如果 raw_output 为 true，则返回一个 20 位的二进制数。

【例 17.3】(实例文件：源文件\ch17\17.3.php)

```
<?php
echo '使用 md5()函数加密字符串 mypassword：';
echo md5('mypassword'). '<br />';
echo '使用 sha1()函数加密字符串 mypassword：';
echo sha1 ('mypassword');
?>
```

程序运行结果如图 17-3 所示。

图 17-3 程序运行结果

# 17.2 使用加密扩展库

除了可以使用上面 3 个常见的加密函数以外，读者还可以使用功能更全面的加密扩展库 Mhash。Mhash 库支持 MD5、SHA 和 CRC32 等多种散列算法，可以使用 mhash_count()函数和 mhash_hash_name()函数来显示。

【例 17.4】(实例文件：源文件\ch17\17.4.php)

```
<?php
$num = mhash_count();                                //函数返回最大的 hash id
echo "Mhash 库支持的算法有：";
for($i = 0; $i <= $num; $i++){
    echo $i."=>".mhash_get_hash_name($i)."  ";       //输出每一个 hash id 的名称
}
?>
```

程序运行结果如图 17-4 所示。

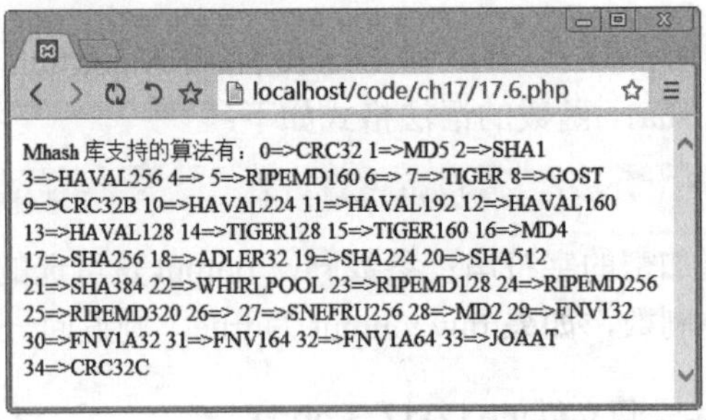


图 17-4　程序运行结果

Mhash 加密库中包含 5 个函数，除了上面实例中的 2 个函数以外，另外 3 个函数分别如下。

（1）mhash_get_block_size()函数，该函数主要用来获取参数 hash 的区块大小，语法规则如下：

```
int mhash_get_block_size(int hash)
```

（2）mhash()函数，该函数返回一个哈希值，语法规则如下：

```
string mhash(int hash,string data[,string key])
```

其中参数 hash 为要使用的算法，参数 data 为要加密的数据，参数 key 是加密时需要的密钥。

（3）mhash_keygen_s2k()函数，该函数将根据参数 password 和 salt 返回一个长度为 1 字节的 key 值，参数 hash 为要使用的算法。其中 salt 为一个固定 8 字节的值，如果用户给出的数值小于 8 字节，将用 0 补齐。

【例 17.5】(实例文件：源文件\ch17\17.5.php)

```
<?php
$str = '流浪在拉萨街头，我是世间最美的情郎';
$hash = 3;
$password = '121';
$salt = '1234';
$key = mhash_keygen_s2k(1,$password,$salt,10);
$str_mhash = bin2hex(mhash($hash,$str,$key));
echo "流浪在拉萨街头，我是世间最美的情郎 校验码是：".$str_mhash;
?>
```

程序运行结果如图 17-5 所示。该实例使用 mhash_keygen_s2k()函数生成一个验证码，然后使用 bin2hex()函数将二进制结果转换为十六进制。

图 17-5 程序运行结果

# 17.3 高手甜点

### 甜点 1：对称加密和非对称加密的区别是什么？

对称加密技术的特点如下：

(1) 加密方和解密方使用同一个密钥。
(2) 加密和解密的速度比较快，适合数据比较长时使用。
(3) 密钥传输的过程不安全，且容易被破解，密钥管理也比较麻烦。

非对称加密技术的特点如下：

(1) 每个用户拥有一对密钥加密：公钥和私钥。
(2) 公钥加密，私钥解密；私钥加密，公钥解密。
(3) 公钥传输的过程不安全，易被窃取和替换。
(4) 由于公钥使用的密钥长度非常长，因此公钥加密速度非常慢，一般不使用其加密。
(5) 某一个用户用其私钥加密，其他用户用其公钥解密，实现数字签名的作用。

由于非对称加密算法的运行速度比对称加密算法的速度慢很多，当需要加密大量的数据时，建议采用对称加密算法，提高加解密速度。对称加密算法不能实现签名，因此签名只能使用非对称算法。

由于对称加密算法的密钥管理是一个复杂的过程，密钥的管理直接决定着它的安全性，因此当数据量很小时，可以考虑采用非对称加密算法。

**甜点 2：crypt()函数中的干扰串长度如何规定？**

默认情况下，crypt()函数中使用两个字符的 DES 干扰串，若系统使用的是 MD5，则会用一个 12 个字符的干扰串。读者可以通过 CRYPT_SALT_LENGTH 变量来查看当前的干扰串的长度。

# 第 18 章 PHP 与 XML 技术

学习目标 | Objective

XML 作为一种跨平台的通用语言，越来越受重视。XML 是一种标准化的文本格式，可以在 Web 上表示结构化信息，利用它可以存储有复杂结构的数据信息。XML 是 HTML 的补充，但 XML 并不是 HTML 的替代品。在现代的 Web 网页开发中，XML 将被用来描述、存储数据，而 HTML 则用来格式化和显示数据。本章主要讲解 PHP 与 XML 技术的相关应用。

内容导航 | Navigation

- 熟悉 XML 的基本概念
- 掌握 XML 的语法
- 掌握 XML 转换为 HTML 输出的方法
- 熟悉在 PHP 中创建 XML 的方法
- 掌握使用 SimpleXML 扩展的方法
- 掌握动态创建 XML 文档的方法

## 18.1 XML 的概念

随着互联网的发展，为了控制网页显示样式，增加了一些描述如何显现数据的标记，例如 <center>、<b>等标记。但随着 HTML 的不断发展，W3C 组织意识到 HTML 存在一些无法避免的问题。

- 不能解决所有解释数据的问题，例如影音文件或化学公式、音乐符号等其他形式的内容。
- 效能问题，需要下载整份文件才能开始对文件做搜寻的动作。
- 扩充性、弹性、易读性均不佳。

为了解决以上问题，专家们使用 SGML 精简制作，并依照 HTML 的发展经验创建了一套使用起来规则严谨但是简单的描述数据语言——XML。

XML（eXtensible Markup Language，可扩展标记语言）是 W3C 推荐的参考通用标记语言，同样也是 SGML 的子类，可以定义自己的一组标记。它具有下面几个特点：

- XML 是一种元标记语言，所谓“元标记语言”，是指开发者可以根据需要定义自己的标记。例如，开发者可以定义标记<book><name>，任何满足 XML 命名规则的名称都可以作为标记，这就为不同应用程序的应用打开了大门。
- 允许通过使用自定义格式，标识、交换和处理数据库可以理解的数据。
- 基于文本的格式，允许开发人员描述结构化数据并在各种应用之间发送和交换这些数据。
- 有助于在服务器之间传输结构化数据。
- XML 使用的是非专有的格式，不受版权、专利、商业秘密或其他种类的知识产权的限制。XML 的功能是非常强大的，同时对于人类或计算机程序来说都容易阅读和编写，因而成为交换语言的首选。网络带给人类的最大好处是信息共享，可以在不同的计算机之间发送数据，而 XML 用来告诉我们“数据是什么”，利用 XML 可以在网络上交换任何信息。

**【例 18.1】(实例文件：源文件\ch18\18.1.xml) 编写一个 XML 文件：**

```
<?xml version="1.0" encoding="gb2312"?>
<电器>
   <家用电器>
      <品牌>小天鹅洗衣机</品牌>
      <购买时间>2019-10-01</购买时间>
      <价格  币种="人民币">899 元</价格>
   </家用电器>
   <家用电器>
      <品牌>海尔冰箱</品牌>
      <购买时间>2019-08-16</购买时间>
      <价格  币种="人民币">3990</价格>
   </家用电器>
</电器>
```

此处需要将文件保存为XML文件。该文件中每个标记都是用汉语编写的，是自定义标记。整个电器可以看作一个对象，该对象包含多个家用电器，家用电器是用来存储电器相关信息的，也可以说家用电器对象是一种数据结构模型。在页面中没有对数据的样式进行修饰，而只是告诉我们数据结构是什么、数据是什么。

在 IE 浏览器中的浏览效果如图 18-1 所示。整个页面以树形结构显示，通过单击“-”可以关闭整个树形结构，单击“+”可以展开树形结构。

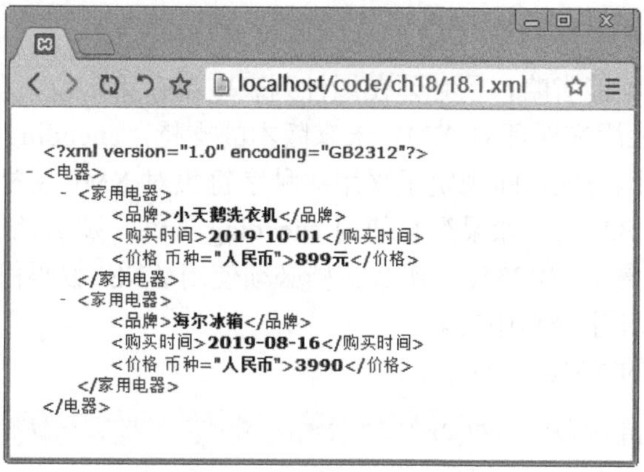


图 18-1　XML 文件的显示

# 18.2 XML 语法基础

XML 是标记语言，可支持开发者为 Web 信息设计自己的标记。XML 比 HTML 强大得多，没有固定的标记，而是允许定义数量不限的标记来描述文档中的资料，允许嵌套的信息结构。

## 18.2.1　XML 文档的组成和声明

一个完整的 XML 文档由声明、元素、注释、字符引用和处理指令组成。所有这些 XML 文档的组成部分都是通过元素标记来指明的。可以将 XML 文档分为 3 部分，如图 18-2 所示。

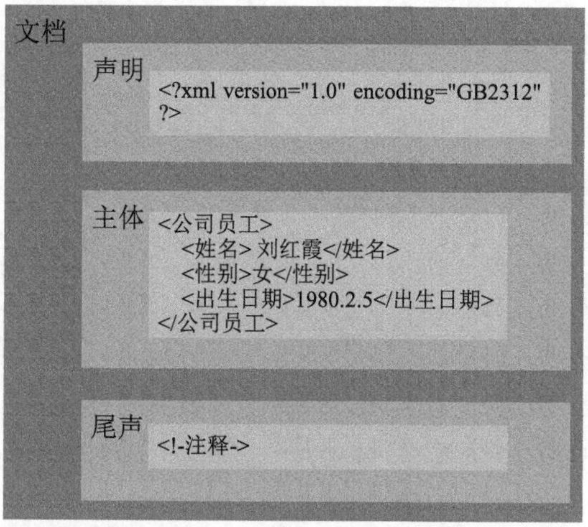


图 18-2　XML 文档的组成

XML 声明必须作为 XML 文档的第一行，前面不能有空白、注释或其他的处理指令。完整的声明格式如下：

```
<?xml version="1.0" encoding="编码" standalone="yes/no" ?>
```

其中，version 属性不能省略，且必须在属性列表中排在第一位，指明所采用的 XML 的版本号，值为 1.0；该属性用来保证对 XML 未来版本的支持。encoding 属性是可选属性；该属性指定了文档采用的编码方式，即规定了采用哪种字符集对 XML 文档进行字符编码，常用的编码方式为 UTF-8 和 GB2312。如果没有使用 encoding 属性，那么该属性的默认值是 UTF-8，如果 encoding 属性值设置为 GB2312，那么文档必须使用 ANSI 编码保存，文档的标记以及标记内容只可以使用 ASCII 字符和中文。

使用 GB2312 编码的 XML 声明如下：

```
<?xml version="1.0" encoding="GB2312" ?>
```

XML 文档主体必须有根元素。所有的 XML 必须包含可定义根元素的单一标记对。所有其他的元素都必须处于这个根元素内部。所有的元素均可拥有子元素。子元素必须被正确地嵌套于它们的父元素内部。根标记以及根标记内容共同构成 XML 文档主体。没有文档主体的 XML 文档将不会被浏览器或其他 XML 处理程序所识别。

注释可以提高文档的可读性，尽管 XML 解析器通常会忽略文档中的注释，但位置适当且有意义的注释可以大大提高文档的可读性。所以 XML 文档中不用于描述数据的内容都可以包含在注释中。注释以“<!--”开始，以“-->”结束。在起始符和结束符之间为注释内容，注释内容可以是符合注释规则的任何字符串。

**【例 18.2】(实例文件：源文件\ch18\18.2.xml)**

```
<?xml version="1.0" encoding="GB2312"?>
<!--这是一个优秀学生名单-->
<学生名单>
<学生>
    <姓名>张三</姓名>
    <学号>21</学号>
    <性别>男</性别>
</学生>
<学生>
    <姓名>李四</姓名>
    <学号>22</学号>
    <性别>女</性别>
</学生>
</学生名单>
```

在上面的代码中，第一句是一个 XML 声明。“<学生>”标记是“<学生名单>”标记的子元素，而“<姓名>”标记和“<学号>”标记是“<学生>”的子元素。“<!--…-->”是一个注释。

在 IE 浏览器中的浏览效果如图 18-3 所示。页面中显示了一个树形结构，并且数据层次感非常强。

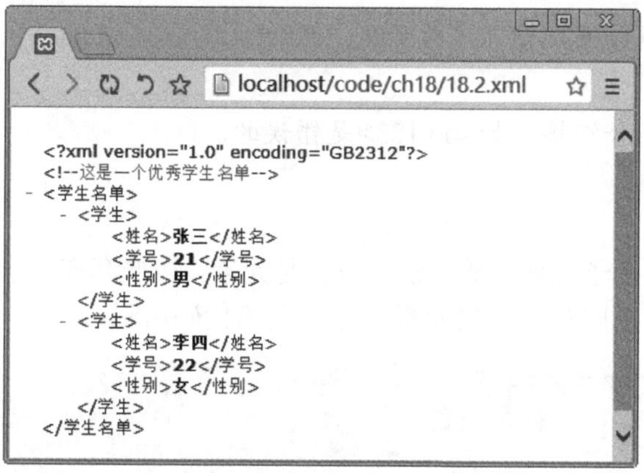


图 18-3　XML 文档

## 18.2.2　XML 元素介绍

元素是以树形分层结构排列的，可以嵌套在其他元素中。

### 1. 元素类别

在 XML 文档中，元素分为非空元素和空元素两种类型。一个 XML 非空元素是由开始标记、结束标记和标记之间的数据构成的。开始标记和结束标记用来描述标记之间的数据。标记之间的数据被认为是元素的值。非空元素的语法结构如下：

```
<开始标记>文本内容</结束标记>
```

而空元素就是不包含任何内容的元素, 即开始标记和结束标记之间没有任何内容的元素。其语法结构如下：

```
<开始标记></结束标记>
```

可以把元素内容为文本的非空元素转换为空元素，例如：

```
<hello>下午好</hello>
```

<hello>是一个非空元素，如果把非空元素的文本内容转换为空元素的属性，那么转换后的空元素可以写为：

```
<hello content="下午好"></hello>
```

### 2. 元素命名规范

XML 元素命名规则与 Java、C 等命名规则类似，也是一种对大小写敏感的语言。XML 元素命名时必须遵循下列规则：

- 元素名中可以包含字母、数字和其他字符，如<place>、<地点>、<no123>等。元素名中虽然可以包含中文，但是在不支持中文的环境中将不能够解释包含中文字符的 XML 文档。

- 元素名中不能以数字或标点符号开头，例如<123no>、<.name>、<?error>元素名称都是非法名称。
- 元素名中不能包含空格，如<no 123>是错误的。

### 3．元素嵌套

元素的内容可以包含子元素。子元素本身也是元素，被嵌套在上层元素之内。如果子元素嵌套了其他元素，那么它同时也是父元素，如下面的代码所示：

```
<?xml version="1.0" encoding="GB2312" ?>
<students>
  <student>
    <name>张三</name>
    <age>20</age>
  </student>
  ...
</students>
```

<student>是<students>的子元素，同时也是<name>和<age>的父元素，而<name>和<age>是<student>的子元素。

### 4．元素实例

【例 18.3】(实例文件：源文件\ch18\18.3.xml)

```
<?xml version="1.0" encoding="GB2312" ?>
<通讯录>
  <!--"记录"标记中包含姓名、地址、电话和电子邮件 -->
  <记录 date="2018/2/1">
    <姓名>张三</姓名>
    <地址>中州大道 1 号</地址>
    <电话>0371-12345678</电话>
    <电子邮件>rose@tom.com</电子邮件>
  </记录>
  <记录 date="2018/3/12">
    <姓名>李四</姓名>
    <地址>邯郸市工农大道 2 号</地址>
    <电话>123456</电话>
  </记录>
  <记录 date="2018/6/23">
    <姓名>闫阳</姓名>
    <地址>长春市幸福路 6 号</地址>
    <电话>0431-123456</电话>
    <电子邮件>yy@sina.com</电子邮件>
  </记录>
</通讯录>
```

在文档代码中，第一行是 XML 声明，声明该文档是 XML 文档，并声明文档所遵守的版本号以及文档使用的字符编码集。在这个例子中，遵循的是 XML 1.0 版本规范，字符编码是

GB2312 编码方式。<记录>是<通讯录>的子元素，但<记录>标记同时是<姓名>和<地址>等标记的父元素。

在 IE 浏览器中的浏览效果如图 18-4 所示。页面中显示了一个树形结构，每个标记中间包含相应的数据。

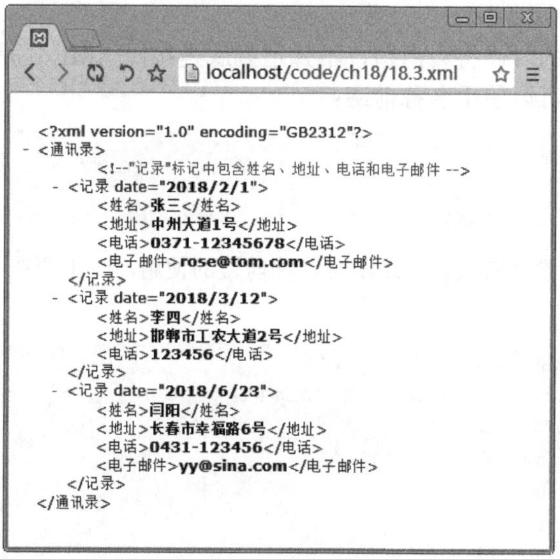


图 18-4　程序运行结果

## 18.2.3　实体引用

有些字符在 XML 中有特殊的意义，而这些字符需要转义。比如在<name> </name>之间无法直接使用用于编写标签的符号“<”和“>”。如果直接在标签内使用，如<name>天地一斗<天地二斗</name>，那么在 XML 执行时便会出错。因为 XML 不知道标签的结尾从哪里开始。

要解决这个问题，只能用另一种方式来表示此符号，使所有符号在 XML 中合法，这样就不会使 XML 发生字符确认的混淆。这种表示方法就是“实体引用”。一些实体引用如下：

```
"<"为"&lt;", ">"为"&gt;" , "&"为"&amp;" , "'"为"&apos;", """为"&qout;"
```

则：

```
<name>天地一斗< 天地二斗</name>
```

可以表示为：

```
<name>天地一斗 &lt; 天地二斗</name>
```

XML 对空格符不做多余处理，保留输入的情况。

## 18.2.4　XML 命名空间

XML 内的元素名称都是自定义产生的，所以只有遵循一定的规则才不会出现问题。XML

命名空间给出了避免命名冲突的方法。

如果一个 XML 文档中出现了 HTML 文档中才出现的元素名称：

```
<body>
  <form></form>
</body>
```

那么浏览器在解析的时候将会出错，不知道到底是按照 XML 还是 HTML 进行解析。

要解决这个问题，可以使用名称前缀：

```
<s:body>
  <s:form></s:form>
</s:body>
```

其中，“s:”就是元素名前缀。但是配合名称前缀的使用，一定要在“根元素”上定义命名空间（name space）属性：

```
<?xml version="1.0" encoding="gb2312"?>
<store xmlns:s="http://www.w3.org/TR/html4/">
<album catalog="song">
    <name>天地一斗</name>
    <author>Jay</author>
    <heading>周杰伦专辑</heading>
    <body>这是 jay 的最新专辑</body>
    <time>2011-02-20</time>
</album>
</store>
```

其中，xmlns 属性的格式是：

```
xmlns:前缀名 = "URI"
```

其中，URI 是指向介绍前缀信息的页面，不用它来解析前缀名，例如：

```
<?xml version="1.0" encoding="gb2312"?>
<store xmlns="http://www.w3.org/TR/html4/">
<album catalog="song">
    <name>天地一斗</name>
    <author>Jay</author>
    <head>周杰伦专辑</head>
    <body>这是 jay 的最新专辑</body>
    <time>2011-02-20</time>
</album>
</store>
```

上述代码中定义了一个默认命名空间，在不加任何前缀的情况下，如果出现 HTML 元素，就按照 HTML 元素进行处理。

```
<head>周杰伦专辑</head>
    <body>这是 jay 的最新专辑</body>
```

## 18.2.5 XML DTD

XML 一定要按照规定的语法形式书写。为了验证合法性，可以通过 DTD 文档进行验证。

DTD 是 Document Type Definition 的缩写，意思是文档类型定义。DTD 文档是对类型文档进行定义的，在 XML 中用来对 XML 文档进行定义，比如 DTD 文件 store.dtd：

```
<!DOCTYPE store
[
<!ELEMENT store (album)>
<!ELEMENT album (name,author,heading,body,time)>
<!ELEMENT author(#PCDATA)>
<!ELEMENT heading(#PCDATA)>
<!ELEMENT body (#PCDATA)>
<!ELEMENT time(#PCDATA)>
]>
```

就定义了 store.xml 文件的架构。

如果要使 DTD 起作用，可以进行相关的添加：引入文件。

```
<?xml version="1.0" encoding="gb2312"?>
<!DOCTYPE store SYSTEM "store.dtd">
<store>
    <album catalog="song">
    ……
    </album>
</store>
```

也可以直接将其写在 XML 的声明语句之后：

```
<?xml version="1.0" encoding="gb2312"?>
<!DOCTYPE store
[
<!ELEMENT store (album)>
<!ELEMENT album (name,author,heading,body,time)>
<!ELEMENT name(#PCDATA)>
<!ELEMENT author(#PCDATA)>
<!ELEMENT heading(#PCDATA)>
<!ELEMENT body (#PCDATA)>
<!ELEMENT time(#PCDATA)>
]>
<store>
    <album catalog="song">
    ……
    </album>
</store>
```

### 18.2.6 使用 CDATA 标记

上例中<!ELEMENT name(#PCDATA) >中的 PCDATA 指的是 Parsed Character Data，即使用 XML 解析器对字符数据进行解析。

CDATA 指的是 Character Data，即“不”使用解析器对字符数据进行解析。

在很多表示语言的代码文件头部都会出现以<script></script>开头、里面包含<![CDATA[ ]]>标记的代码：

```
<script type="text/javascript">
<![CDATA[
function upperCase() {
    var x=document.getElementById("name").value
    document.getElementById("name").value=x.toUpperCase()
}
]]>
</script>
```

其中，“<![CDATA[ ]]>”标记意味着包含在此标记里面的代码不被当前文档解析器解析。若在 HTML 中使用，则不被 HTML 解析器解析。若在 XML 中使用，则不被 XML 解析器解析。

标记内部的代码不能包含标记符本身。

## 18.3 将 XML 文档转换为 HTML 加以输出

根据上一节对 XML 的介绍，可以得知：

- XML 用来传输和存储数据，是 W3C 的推荐产物。
- XML 是一种标识语言，需要使用标签（tag）来表明语言元素。它如同 HTML 一类的标识语言，但 HTML 用来展示数据。
- XML 的标签(tag)不像 HTML 那样是标准固定的。用户使用 XML 需要自己定义标签。

XML 语言本身并不做什么事情，只是按照一定的方式把数据组织在一起，例如：

```
<?xml version="1.0" encoding="gb2312"?>
<album>
    <name>天地一斗</name>
    <author>Jay</author>
    <heading>周杰伦专辑</heading>
    <body>这是 jay 的最新专辑</body>
    <time>2014-02-20</time>
</album>
```

这个 XML 文件中包含专辑的名称、作者、标头、主体内容和发布时间，而且所有的标签都是自定义的。由于这些 tag 都是自定义的，因此浏览器都无法识别，不会进行渲染加以展示。

那么如何使 XML 中所携带的数据展示出来呢？

用户可以使用传统的 CSS 和 JavaScript 来实现 但最好的方法是使用 XSLT。它是 eXtensible Stylesheet Language Transformations 的缩写，意思是扩展样式转换。

XSLT 是用来把 XML 文档转换为 HTML 文档的语言。XSLT 相当于 XML 的 HTML 模板。

# 18.4 在 PHP 中创建 XML 文档

XML 语言是标识语言，PHP 是脚本语言，我们可以使用脚本语言创建标识语言。

步骤 01 在网站中建立文件 xml.php，输入如下代码：

```
<?php
header("Content-type: text/xml");
echo "<?xml version=\"1.0\" encoding=\"gb2312\"?>";
echo "<store>";
echo "<album catalog=\"song\">";
echo "<name>天地一斗</name>";
echo "<author>Jay</author>";
echo "<heading>周杰伦专辑</heading>";
echo "<body>这是 jay 的最新专辑</body>";
echo "</album>";
echo "</store>";
?>
```

步骤 02 运行 xml.php，结果如图 18-5 所示。

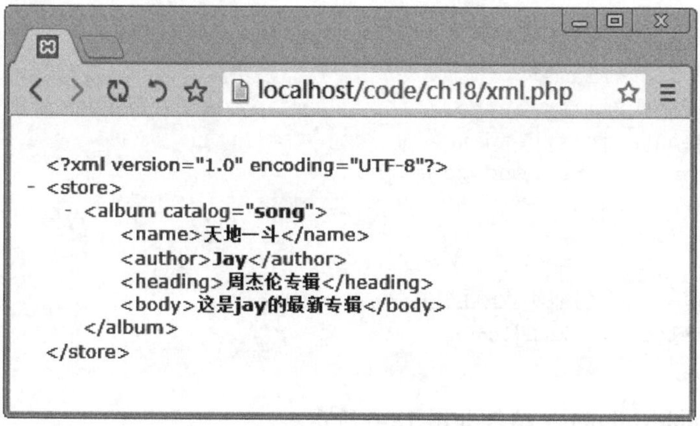


图 18-5 程序运行结果

**【案例分析】**

（1）在 xml.php 中通过 header("Content-type: text/xml");定义输出文本类型。

（2）PHP 通过 echo 命令直接把 XML 元素通过字符串输出。

# 18.5 使用 SimpleXML 扩展

以上通过 PHP 创建 XML 文档的方法是静态方法。如果想要从获得的数据中动态创建或者读取 XML 文件，应该使用什么方式呢？最简单的方法就是使用 PHP 中提供的 SimpleXML 扩展。

## 18.5.1 创建 SimpleXMLElement 对象

从 PHP 5 版本开始，PHP 中才有 SimpleXML 扩展。SimpleXML 是一个 XML 解析器，能够轻松读取 XML 文档；同时也是一个 XML 控制器，能够轻松创建 XML 文档。

SimpleXML 的好处就是把 PHP 对 XML 的处理变得简单化。不需要使用传统的 SAX 扩展和 DOM 扩展来为每个 XML 文档编写解析器。

SimpleXML 扩展拥有一个类、三个函数和众多的类方法。下面就来介绍一下 SimpleXML 扩展的对象 SimpleXMLElement。

使用 SimpleXMLElement 对象创建 XML 文档时，首先要使用 SimpleXMLElement()函数创建一个对象。下面通过案例介绍此过程，具体步骤如下。

步骤 01 在网站中建立文件 simplexml.php，输入如下代码：

```
<?php
 $xmldoc = "<?xml version=\"1.0\" encoding=\"gb2312\"?>
<store>
   <album catalog=\"song\">
     <name>Delicate </name>
     <author>Taylor Swift</author>
     <heading>Reputation</heading>
     <body>I wanna be your end game</body>
     <time>2016-07-20</time>
   </album>
</store>";
  $simplexmlobj = new SimpleXMLElement($xmldoc);
  echo $simplexmlobj->asXML();
?>
```

步骤 02 运行 simplexml.php，结果如图 18-6 所示。

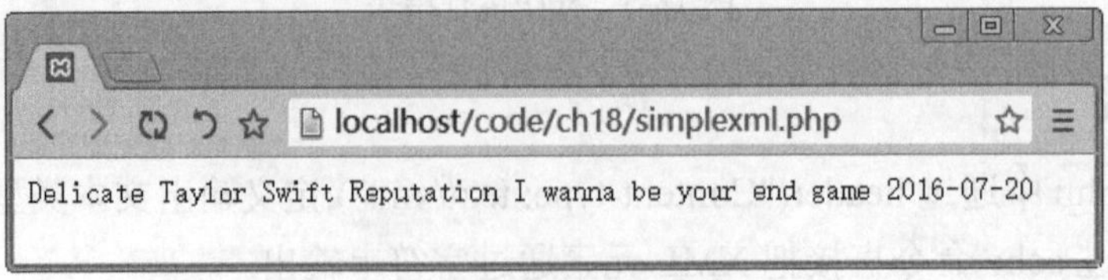


图 18-6　程序运行结果

【案例分析】

（1）$xmldoc 为一个字符串变量，里面是一个完整的 XML 文档。

（2）$simplexmlobj 为 SimpleXMLElement()函数通过 new 关键字利用包含 XML 文档的字符串变量$xmldoc 生成的 SimpleXML 对象。

（3）对象$simplexmlobj 通过类方法 asXML()输出 XML 文档，输出结果为一个字符串（见图 18-6）。由于没有参数设置，因此 XML 文档的数据输出为字符串。

继续上面的实例，修改 simplexml.php 文件中的语句：

```
echo $simplexmlobj->asXML();
```

为：

```
echo $simplexmlobj->asXML("storesim.xml");
```

其中，给类方法 asXML()添加参数 storesim.xml。

继续运行 simplexml.php，则在该网页的同目录下得到文件 storesim.xml，打开文件后代码如下：

```
<?xml version="1.0" encoding="gb2312"?>
<store>
   <album catalog=\"song\">
     <name>Delicate </name>
     <author>Taylor Swift</author>
     <heading>Reputation</heading>
     <body>I wanna be your end game</body>
     <time>2016-07-20</time>
   </album>
</store>";
```

## 18.5.2 访问特定节点元素和属性

使用 XML 数据很重要的功能就是可以访问需要访问的数据。SimpleXML 可以通过 simplexml_load_file()函数很方便地完成此任务。

下面介绍加载 XML 文件并访问数据的过程，具体步骤如下：

步骤 01 在网站中建立文件 storeutf8.xml，输入如下代码：

```
<?xml version="1.0" encoding="utf-8"?>
<store>
   <album catalog="song">
     <name>help</name>
     <author>beatles</author>
     <heading>famers</heading>
     <body>this is published in 1965.</body>
     <time>2011-02-20</time>
   </album>
```

```
</store>
```

步骤 02 在网站中建立文件 simplexmlele.php，输入如下代码：

```
<?php
$storeobj = simplexml_load_file("storeutf8.xml") ;
echo $storeobj->album->name ."<br/>";
print_r($storeobj);
?>
```

步骤 03 运行 simplexmlele.php，结果如图 18-7 所示。

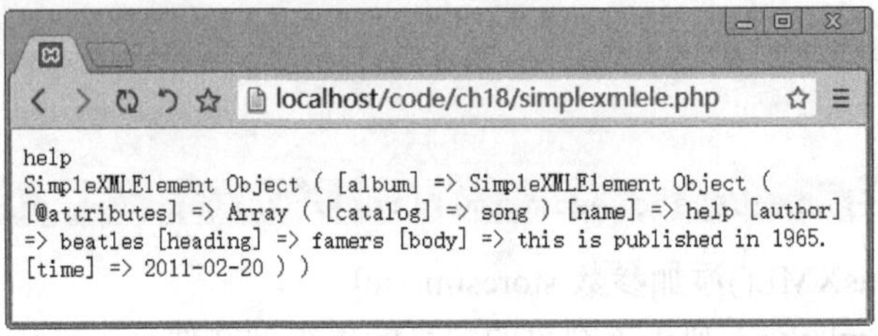


图 18-7 程序运行结果

【案例分析】

（1）storeutf8.xml 为一个 XML 文档，不过它的字符编码为 UTF-8。

（2）simplexml_load_file()函数加载 XML 文件，并且生成一个对象，赋值给$storeobj 变量。simplexml_load_file()函数用来把加载文件的数据自动转换为 UTF-8 的编码格式。若文字编码为其他格式，则要采用其他加载方式。

（3）对象$storeobj 通过属性访问 XML 文档数据。$storeobj->album->name 就输出了 XML 文档中的<name>help</name>元素和数据。

（4）通过 print_r()输出$storeobj 对象的所有数据和属性。

### 18.5.3 添加 XML 元素和属性

通过 simplexml 类方法 addAttribute 和 addChild 添加 XML 元素和属性，具体步骤如下。

步骤 01 在网站中建立文件 simplexmlele2.php，输入如下代码：

```
<?php
$storeobj = simplexml_load_file("storeutf8.xml") ;
$storeobj->addAttribute("storetype","CDshop");
$storeobj->album->addChild("type","CD");
echo $storeobj->album->name."<br/>";
$storeobj->asXML("storeutf8-2.xml");
?>
```

步骤 02 运行 simplexmlele2.php，结果如图 18-8 所示。

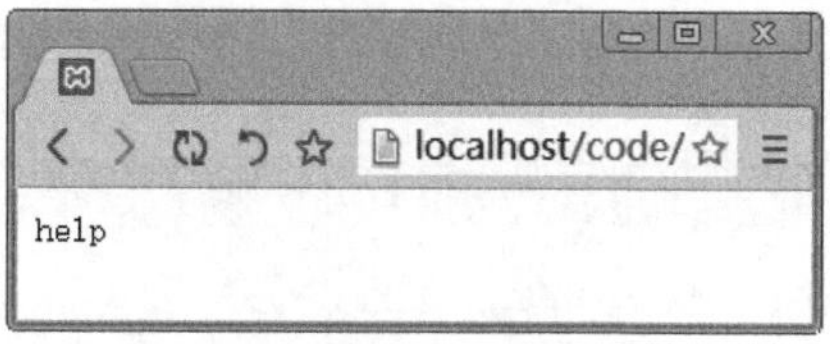


图 18-8　程序运行结果

步骤 03 此时在 simplexmlele2.php 文件同目录下得到文件 storeutf8-2.xml。打开文件，代码如下：

```
<?xml version="1.0" encoding="utf-8"?>
<store storetype="CDshop">
  <album catalog="song">
    <name>help</name>
    <author>beatles</author>
    <heading>famers</heading>
    <body>this is published in 1965.</body>
    <time>2011-02-20</time>
  <type>CD</type></album>
</store>
```

【案例分析】

（1）simplexml_load_file ()加载 storeutf8.xml。通过类方法 addAttribute()向根元素$storeobj 添加属性 storetyp，其值为 CDshop。

（2）$storeobj->album->addChild("type","CD");语句向$storeobj->album 元素内添加子元素 type，其值为 CD。

（3）$storeobj->asXML("storeutf8-2.xml");语句生成文件 storeutf8-2.xml。

# 18.6 实战演练——动态创建 XML 文档

使用 SimpleXML 对象可以十分方便地读取和修改 XML 文档，但是无法动态建立 XML。如果想动态地创建 XML 文档，需要使用 DOM 来实现。DOM 是 Document Object Model 的简称，意思是文件对象模型，是 W3C 组织推荐的处理可扩展标志语言的标准编程接口。

下面通过实例来讲解使用 DOM 动态创建 XML 文档的方法。

在网站中建立 dtxml.php 文件，代码如下：

```
<?php
$dom = new DOMDocument('1.0','utf-8');//建立 DOM 对象
$no1 = $dom->createElement('booklist');//创建普通节点：booklist
$dom->appendChild($no1);//把 booklist 节点加入到 DOM 文档中
$no2 = $dom->createElement('book');//创建 book 节点
$no1->appendChild($no2);//把 book 节点加入到 booklist 节点中
```

```
$no3 = $dom->createAttribute('id');//创建属性节点：id
$no3->value = 1;//给属性节点赋值
$no2->appendChild($no3);//把属性节点加入到 book 节点中

$no3 = $dom->createElement('title');
$no2->appendChild($no3);
$no4 = $dom->createTextNode('PHP 8 从入门到精通');//创建文本节点：PHP 8 从入门到精通
$no3->appendChild($no4);//把 PHP 8 从入门到精通节点加入到 book 节点中

$no3 = $dom->createElement('author');
$no2->appendChild($no3);
$no4 = $dom->createTextNode('张工厂');//创建文本节点：张工厂
$no3->appendChild($no4);//把张工厂节点加入到 book 节点中

$no3 = $dom->createElement('content');
$no2->appendChild($no3);
$no4 = $dom->createCDATASection('PHP 8 从入门到精通循序渐进地介绍了 PHP 8 开发动态网站的
    主要知识和技能，提供了大量的 PHP 应用实例供读者实践！');//创建文 CDATA 节点
$no3->appendChild($no4);

header('Content-type:text/html;charset=utf-8');
echo $dom->save('booklist.xml')?'存储成功':'存储失败';//存储为 xml 文档
?>
```

运行后结果如图 18-9 所示。此时创建 booklist.xml 成功了。查看 booklist.xml 的内容如图 18-10 所示。

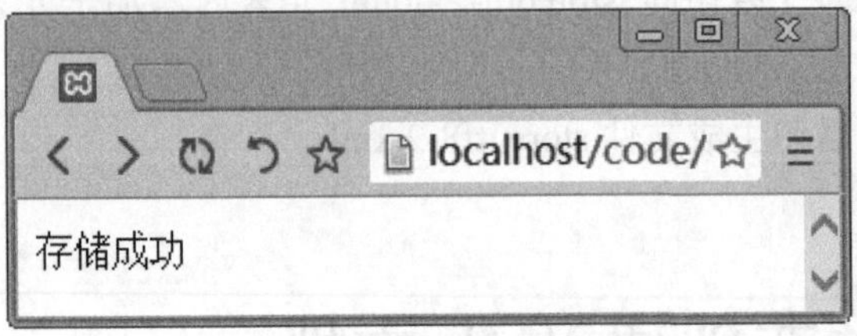


图 18-9　程序运行结果

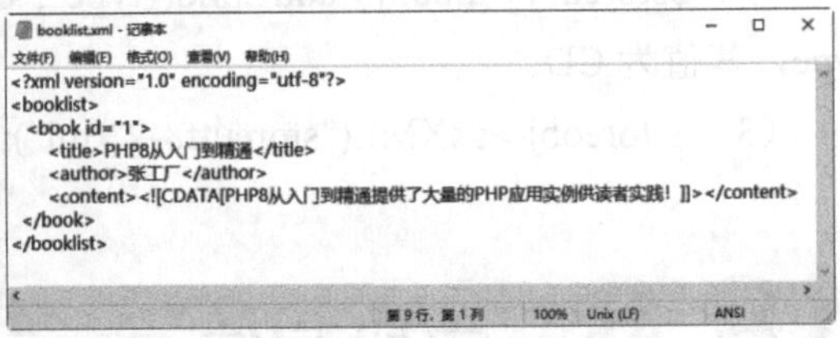


图 18-10　查看 booklist.xml 的内容

# 18.7 高手甜点

## 甜点 1：XML 和 HTML 文件有哪些相同和不同?

HTML 和 XML 都是从 SGML 发展而来的标记语言，因此，它们有些共同点，如相似的语法和标记。不过 HTML 是在 SGML 定义下的一个描述性语言，只是一个 SGML 的应用。而 XML 是 SGML 的一个简化版本，是 SGML 的一个子集。

XML 用来存放数据，它不是 HTML 的替代品。XML 和 HTML 是两种不同用途的语言。XML 被设计用来描述数据，HTML 只是一个显示数据的标记语言。

### 甜点 2：在向 XML 添加数据时出现乱码现象怎么办？

iconv()函数是转换编码函数。在向页面或文件写入数据时，如果添加的数据编码格式和文件原有的编码格式不符，就会出现乱码的问题。使用 iconv()函数将数据从输入时所使用的编码转换为另一种编码格式后再输出，即可解决上面的问题。

# 第 19 章 PHP 与 Ajax 的综合应用

**学习目标 | Objective**

Ajax 是目前很新的一种网络技术。确切地说，Ajax 不只是一种技术，而是一种用于创建更好、更快以及交互性更强的 Web 应用程序的技术。它能使浏览器为用户提供更为自然的浏览体验，就像在使用桌面应用程序一样。本章主要讲解 PHP 中 Ajax 的使用方法和技巧。

**内容导航 | Navigation**

- 熟悉 Ajax 的基本概念
- 掌握 Ajax 的入门知识
- 掌握 Ajax 在 PHP 中的应用

## 19.1 Ajax 概述

Ajax 是一项很有生命力的技术，它的出现引发了 Web 应用的新革命。目前，网络上的站点使用 Ajax 技术的还非常有限，但是不远的将来 Ajax 技术将会成为整个网络的主流。

### 19.1.1 什么是 Ajax

Ajax 的全称为 Asynchronous JavaScript And XML，是一种 Web 应用程序客户机技术，结合了 JavaScript、层叠样式表（Cascading Style Sheets，CSS）、HTML、XMLHttpRequest 对象和文档对象模型（Document Object Model，DOM）多种技术。运行在浏览器上的 Ajax 应用程序以一种异步的方式与 Web 服务器通信，并且只更新页面的一部分。利用 Ajax 技术可以提供丰富的、基于浏览器的用户体验。

Ajax 让开发者在浏览器端更新被显示的 HTML 内容，而不必刷新页面。换句话说，Ajax 可以使基于浏览器的应用程序更具交互性，而且更类似于传统型桌面应用程序。Google 的

Gmail 和 Outlook Express 就是两个使用 Ajax 技术的例子。而且，Ajax 可以用于任何客户端脚本语言中，包括 JavaScript、JScript 和 VBScript。

下面给出一个简单的实例来具体了解一下什么是 Ajax。

本实例从一个简单的角度入手，实现客户端与服务器的异步通信，获取“你好，Ajax”的数据，并在不刷新页面的情况下将获得的“你好，Ajax”数据显示到页面上，具体的步骤如下。

步骤 01 使用记事本创建 HelloAjax.jsp 文件，代码如下：

```
<%@ page language="java" pageEncoding="gb2312"%>
<html>
  <head>
    <title>第一个 Ajax 实例</title>
    <style type="text/css">
      <!--
       body {
            background-image: url(images/img.jpg);
       }
      -->
    </style>
  </head>
  <script type="text/javascript">
   //省略了 script 代码
  </script>
  <body><br/>
    <center>
       <button onclick="hello()">Ajax</button>
       <P id="p">
           单击按钮后你会有惊奇的发现哟！
       </P>
    </center>
  </body>
</html>
```

JavaScript 代码嵌入在标签<script></script>之内，这里定义了一个函数 hello()，这个函数是通过按钮来驱动的。

步骤 02 在步骤 1 省略的代码部分创建 XML Http Request 对象，创建完成后把此对象赋值给 xml Http 变量。为了获得多种浏览器的支持，应使用 create XML Http Request()函数试着为多种浏览器创建 XmlHttpRequest 对象，代码如下：

```
var xmlHttp=false;
function createXMLHttpRequest()
{
    if (window.ActiveXObject)            //在 IE 浏览器中创建 XMLHttpRequest 对象
    {
       try{
           xmlHttp=new ActiveXObject("Msxml2.XMLHTTP");
        }
       catch(e){
              try{
```

```
                xmlHttp = new ActiveXObject("Microsoft.XMLHTTP");
               }
                catch(ee){
                 xmlHttp=false;
               }
         }
      }
      else if (window.XMLHttpRequest)      //在非 IE 浏览器中创建 XMLHttpRequest 对象
      {
         try{
             xmlHttp = new XMLHttpRequest();
           }
         catch(e){
             xmlHttp=false;
           }
      }
}
```

步骤 03 在步骤 1 省略的代码部分再定义 hello()函数，hello()函数为要与之通信的服务器资源创建一个 URL。在“xmlHttp.onreadystatechange=callback;”与“xmlHttp.open("post", "HelloAjaxDo. jsp",true);”代码中，前者定义了 JavaScript 回调函数，一旦响应就会自动执行，而第二个函数中所指定的 true 标志说明想要异步执行该请求，在没有指定的情况下默认为 true，代码如下：

```
function hello()
{
   createXMLHttpRequest();    //调用创建 XMLHttpRequest 对象的方法
   xmlHttp.onreadystatechange=callback;    //设置回调函数
   xmlHttp.open("post","HelloAjaxDo.jsp",true);
    //向服务器端 HelloAjaxDo.jsp 发送请求
   xmlHttp.setRequestHeader("Content-Type","application/x-www-form-urlencoded
;charset=gb2312");
   xmlHttp.send(null);
   function callback()
   {
      if(xmlHttp.readyState==4)
      {
             if(xmlHttp.status==200)
             {
               var data= xmlHttp.responseText;
               var pNode=document.getElementById("p");
               pNode.innerHTML=data;
             }
      }
   }
}
```

> **提示**
>
> 函数 callback()是回调函数，首先检查 XMLHttpRequest 对象的整体状态以保证它已经完成( readyStatus==4 ), 然后根据服务器的设定询问请求状态。如果一切正常( status==200 ), 就使用“var data=xmlHttp.responseText;”取得返回的数据，用 innerHTML 属性重写 DOM 的 pNode 节点的内容。

JavaScript 的变量类型使用的是弱类型，都使用 var 来声明。document 对象就是文档对应的 DOM 树。通过“document.getElementById("p");”可以用一个标签的 id 值来取得此标签的一个引用（树的节点）；“pNode.innerHTML=str;”为节点添加内容，这样就覆盖了节点的原有内容，如果不想覆盖，可以使用“pNode.innerHTML+=str;”来追加内容。

**步骤 04** 通过步骤 3 可以知道接收异步请求的是 HelloAjaxDo.jsp，下面需要创建此文件，代码如下：

```
<%@ page language="java" pageEncoding="gb2312"%>
<%
    out.println("你好，Ajax");
%>
```

**步骤 05** 将上述文件保存在 Ajax 站点下，启动 Tomcat 服务器并打开浏览器，在地址栏输入“http://localhost/ch19/HelloAjax.jsp”，单击【转到】按钮，结果如图 19-1 所示。

**步骤 06** 单击 Ajax 按钮，发现变化，页面如图 19-2 所示。注意，按钮下方的内容发生了变化，这个变化没有刷新页面的过程。

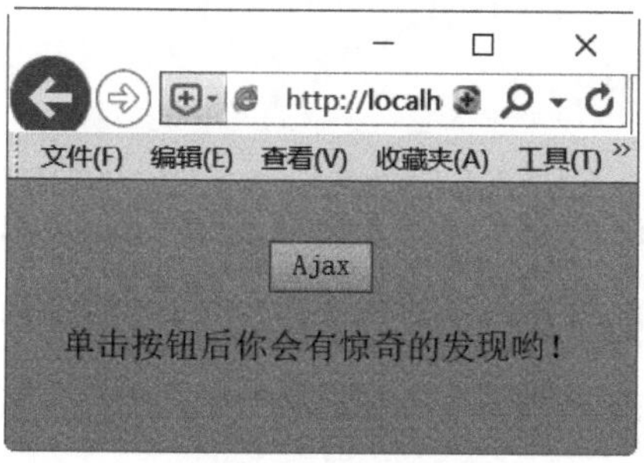


图 19-1　会变的页面

图 19-2　动态改变页面

## 19.1.2　Ajax 的关键元素

Ajax 不是单一的技术，而是 4 种技术的集合，要灵活地运用 Ajax 必须深入了解这些不同的技术，表 19-1 中列出了这些技术以及它们在 Ajax 中所扮演的角色。

表 19-1　Ajax 涉及的技术

| 技术名称 | 描述 |
| --- | --- |
| JavaScript | JavaScript 是通用的脚本语言，用来嵌入在某种应用之中。Web 浏览器中嵌入的 JavaScript 解释器允许通过程序与浏览器的很多内建功能进行交互。Ajax 应用程序是使用 JavaScript 编写的 |
| CSS | CSS 为 Web 页面元素提供了一种可重用的可视化样式的定义方法。它提供了简单而又强大的方法，以一致的方式定义和使用可视化样式。在 Ajax 应用中，用户界面的样式可以通过 CSS 独立修改 |

（续表）

| 技术名称 | 描述 |
| --- | --- |
| DOM | DOM 以一组可以使用 JavaScript 操作的可编程对象展现出 Web 页面的结构。通过使用脚本修改 DOM，Ajax 应用程序可以在运行时改变用户界面，或者高效地重绘页面中的某个部分 |
| XMLHttpRequest 对象 | XMLHttpRequest 对象允许 Web 程序员在页面上以后台活动的方式从 Web 服务器获取数据。数据格式通常是 XML，但是也可以很好地支持任何基于文本的数据格式 |

Ajax 的 4 种技术当中，CSS、DOM 和 JavaScript 都是很早就出现的技术，它们以前结合在一起称为动态 HTML，即 DHTML。

Ajax 的核心是 JavaScript 对象 XMlHttpRequest。该对象在 Internet Explorer 5 中首次引入，是一种支持异步请求的技术。简而言之，XMlHttpRequest 使你可以使用 JavaScript 向服务器提出请求并处理响应，而不阻塞用户。

### 19.1.3　CSS 与 Ajax

CSS 在 Ajax 中主要用于美化网页，是 Ajax 的美术师。无论 Ajax 的核心技术采用什么形式，任何时候显示在用户面前的都是一个页面，是页面就需要美化，就需要使用 CSS 对显示在用户浏览器上的界面进行美化。

如果用户在浏览器中查看页面的源代码，就可以看到众多的<div>块以及 CSS 属性占据了源代码的大部分，如图 19-3 所示。从这一点可以看到 CSS 在页面美化方面的重要性。

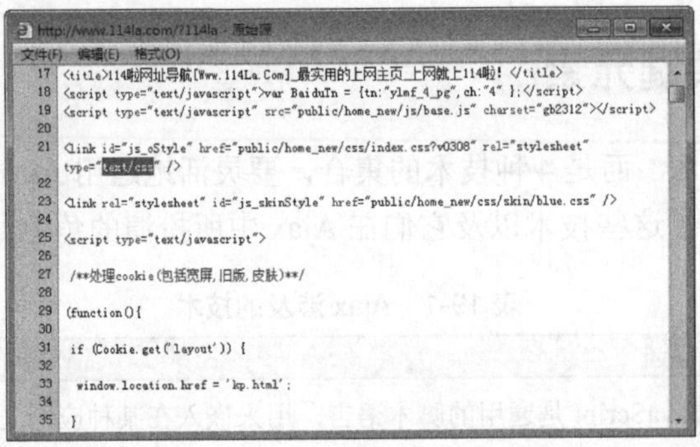


图 19-3　源文件中的 CSS 代码

# 19.2　Ajax 快速入门

Ajax 作为一项新技术，结合了 4 种不同的技术，实现了客户端与服务器端的异步通信，并且对页面实现局部更新，大大提高了浏览器显示 Web 信息的速度。

## 19.2.1 全面剖析 XMLHttpRequest 对象

XMLHttpRequest 对象是当今所有 Ajax 和 Web 2.0 应用程序的技术基础。尽管软件经销商和开源社区现在都在提供各种 Ajax 框架以进一步简化 XMLHttpRequest 对象的使用，但是，我们仍然很有必要了解这个对象的详细工作机制。

### 1. XMLHttpRequest 概述

Ajax 利用一个构建到所有现代浏览器内部的对象 XMLHttpRequest 来实现发送和接收 HTTP 请求与响应信息。一个经由 XMLHttpRequest 对象发送的 HTTP 请求并不要求页面中拥有或回寄一个＜form＞元素。

微软 Internet Explorer（IE）5 中以一个 ActiveX 对象的形式引入了 XMLHttpRequest 对象。其他认识到这一对象重要性的浏览器制造商也纷纷在其浏览器内实现了 XMLHttpRequest 对象，但是作为一个本地 JavaScript 对象而不是作为一个 ActiveX 对象实现的。

如今，在认识到实现这一类型的价值及安全性特征之后，微软已经在其 IE 7 中把 XMLHttpRequest 实现为一个窗口对象属性。幸运的是，尽管其实现细节不同，但是，所有的浏览器实现都具有类似的功能，并且实质上是使用了相同的方法。目前，W3C 组织正在努力进行 XMLHttpRequest 对象的标准化。

### 2. XMLHttpRequest 对象的属性和事件

XMLHttpRequest 对象暴露各种属性、方法和事件，以便于脚本处理和控制 HTTP 请求与响应。下面进行详细介绍。

（1）readyState 属性

当 XMLHttpRequest 对象把一个 HTTP 请求发送到服务器时将经历若干种状态，一直等到请求被处理；然后，它才接收一个响应。这样一来，脚本才正确响应各种状态，XMLHttpRequest 对象暴露描述对象当前状态的是 readyState 属性，如表 19-2 所示。

表 19-2 XMLHttpRequest 对象的 readyState 属性值列表

| readyState 取值 | 描述 |
| --- | --- |
| 0 | 描述一种“未初始化”状态。此时，已经创建一个 XMLHttpRequest 对象，但是还没有初始化 |
| 1 | 描述一种“发送”状态，此时代码已经调用了 XMLHttpRequest 的 open()方法，并且 XMLHttpRequest 已经准备好把一个请求发送到服务器 |
| 2 | 描述一种“发送”状态。此时，已经通过 send()方法把一个请求发送到服务器端，但是还没有收到一个响应 |
| 3 | 描述一种“正在接收”状态。此时，已经接收到 HTTP 响应头部信息，但是消息体部分还没有完全接收结束 |
| 4 | 描述一种“已加载”状态。此时，响应已经被完全接收 |

（2）onreadystatechange 事件

无论 readyState 值何时发生改变，XMLHttpRequest 对象都会激发一个 readystatechange 事件。其中，onreadystatechange 属性接收一个 EventListener 值，该值向该方法指示，无论 readyState 值何时发生改变，该对象都将激活。

（3）responseText 属性

这个 responseText 属性包含客户端接收到的 HTTP 响应的文本内容。当 readyState 值为 0、1 或 2 时，responseText 包含一个空字符串。当 readyState 值为 3（正在接收）时，响应中包含客户端还未完成的响应信息。当 readyState 为 4（已加载）时，该 responseText 包含完整的响应信息。

（4）responseXML 属性

responseXML 属性用于当接收到完整的 HTTP 响应时描述 XML 响应。此时，Content-Type 头部指定 MIME（媒体）类型为 text/xml、application/xml 或以+xml 结尾。如果 Content-Type 头部并不包含这些媒体类型之一，那么 responseXML 的值为 Null。无论何时，只要 readyState 值不为 4，那么该 responseXML 的值也为 Null。

其实，这个 responseXML 属性值是一个文档接口类型的对象，用来描述被分析的文档。如果文档不能被分析（例如，文档不是良构的或不支持相应的字符编码），那么 responseXML 的值将为 null。

（5）status 属性

status 属性描述了 HTTP 状态代码，其类型为 short。而且，仅当 readyState 值为 3（正在接收中）或 4（已加载）时，这个 status 属性才可用。当 readyState 的值小于 3 时，试图存取 status 的值将引发一个异常。

（6）statusText 属性

statusText 属性描述了 HTTP 状态代码文本，并且仅当 readyState 值为 3 或 4 时才可用。当 readyState 为其他值时，试图存取 statusText 属性将引发一个异常。

### 3. 创建 XMLHttpRequest 对象的方法

XMLHttpRequest 对象提供了各种方法用于初始化和处理 HTTP 请求，下面进行详细介绍。

（1）abort()方法

用户可以使用 abort()方法来暂停与一个 XMLHttpRequest 对象相联系的 HTTP 请求，从而把该对象复位到未初始化状态。

（2）open()方法

用户需要调用 open()方法来初始化一个 XMLHttpRequest 对象。其中，method 参数是必须提供的，用于指定你想用来发送请求的 HTTP 方法。为了把数据发送到服务器，应该使用 POST 方法；为了从服务器端检索数据，应该使用 GET 方法。

（3）send()方法

在通过调用 open()方法准备好一个请求之后，用户需要把该请求发送到服务器。仅当 readyState 值为 1 时，用户才可以调用 send()方法；否则，XMLHttpRequest 对象将引发一个异常。

（4）setRequestHeader()方法

setRequestHeader()方法用来设置请求的头部信息。当 readyState 值为 1 时，用户可以在调用 open()方法后调用这个方法；否则，将得到一个异常。

（5）getResponseHeader()方法

getResponseHeader()方法用于检索响应的头部值。仅当 readyState 值是 3 或 4（换句话说，在响应头部可用以后）时，才可以调用这个方法；否则，该方法返回一个空字符串。

（6）getAllResponseHeaders()方法

getAllResponseHeaders()方法以一个字符串的形式返回所有的响应头部（每一个头部占单独的一行）。如果 readyState 的值不是 3 或 4，那么该方法返回 null。

## 19.2.2 发出 Ajax 请求

在 Ajax 中，许多使用 XMLHttpRequest 的请求都是从一个 HTML 事件中被初始化的。Ajax 支持包括表单校验在内的各种应用程序。有时，在填充表单的其他内容之前要求校验一个唯一的表单域，例如要求使用一个唯一的 UserID 来注册表单。如果不使用 Ajax 技术来校验这个 UserID 域，那么整个表单都必须被填充和提交。如果该 UserID 不是有效的，那么这个表单必须被重新提交。例如，一个对应于要求必须在服务器端进行校验的 Catalog ID 的表单域可按下列形式指定：

```
<form name="validationForm" action="validateForm" method="post">
<table>
<tr><td>Catalog Id:</td>
<td>
<input type="text" size="20" id="catalogId" name="catalogId" autocomplete="off"
   onkeyup="sendRequest()">
</td>
<td><div id="validationMessage"></div></td>
</tr>
</table></form>
```

前面的 HTML 使用 validationMessage div 来显示对应于这个输入域 Catalog Id 的一个校验消息。onkeyup 事件调用一个 JavaScript sendRequest()函数。这个 sendRequest()函数创建一个 XMLHttpRequest 对象，其创建 XMLHttpRequest 对象的过程因浏览器实现的不同而有所区别。

如果浏览器支持 XMLHttpRequest 对象作为一个窗口属性，那么代码可以调用 XMLHttpRequest 的构造器。如果浏览器把 XMLHttpRequest 对象实现为一个 ActiveXObject 对象，那么代码可以使用 ActiveXObject 的构造器。下面的代码将调用一个 init()函数。

```
<script type="text/javascript">
function sendRequest(){
var xmlHttpReq=init();
function init(){
    if (window.XMLHttpRequest) {
        return new XMLHttpRequest();
    }
    else if (window.ActiveXObject) {
        return new ActiveXObject("Microsoft.XMLHTTP");
    }
}
</script>
```

接下来用户需要使用 open()方法初始化 XMLHttpRequest 对象，从而指定 HTTP 方法和要使用的服务器 URL。

```
var catalogId=encodeURIComponent(document.getElementById("catalogId").value);
xmlHttpReq.open("GET", "validateForm?catalogId=" + catalogId, true);
```

默认情况下，使用 XMLHttpRequest 发送的 HTTP 请求是异步进行的，但是用户可以显式地把 async 参数设置为 true。在这种情况下，对 URL validateForm 的调用将激活服务器端的一个 servlet。但是用户应该能够注意到服务器端的技术不是根本性的；实际上，该 URL 可能是一个 ASP、ASP.NET、PHP 页面或一个 Web 服务，只要该页面能够返回一个响应，指示 CatalogID 值是否有效即可。因为用户在做异步调用时，需要注册一个 XMLHttpRequest 对象来调用回调事件处理器，当它的 readyState 值改变时调用。记住，readyState 值的改变将会激发一个 readystatechange 事件。这时可以使用 onreadystatechange 属性来注册该回调事件处理器。

```
xmlHttpReq.onreadystatechange=processRequest;
```

然后，需要使用 send()方法发送该请求。因为这个请求使用的是 HTTP GET 方法，所以用户可以在不指定参数或使用 Null 参数的情况下调用 send()方法。

```
xmlHttpReq.send(null);
```

## 19.2.3　处理服务器响应

在上述示例中, 因为 HTTP 方法是 GET, 所以在服务器端接收的 servlet 将调用一个 doGet()方法, 该方法将检索在 URL 中指定的 catalogId 参数值, 并且从一个数据库中检查它的有效性。

该示例中的 servlet 需要构造一个发送到客户端的响应，而且这个示例返回的是 XML 类型，因此它把响应的 HTTP 内容类型设置为 text/xml，并且把 Cache-Control 头部设置为 no-cache。设置 Cache-Control 头部可以阻止浏览器简单地从缓存中重载页面，具体的代码如下：

```
public void doGet(HttpServletRequest request,
HttpServletResponse response)
throws ServletException,  IOException {
    ...
    ...
```

```
    response.setContentType("text/xml");
    response.setHeader("Cache-Control", "no-cache");
}
```

从上述代码中可以看出，来自于服务器端的响应是一个 XML DOM 对象，此对象将创建一个 XML 字符串，其中包含需要在客户端进行处理的指令。另外，该 XML 字符串必须有一个根元素，代码如下：

```
out.println("<catalogId>valid</catalogId>");
```

**提示**

XMLHttpRequest 对象设计的目的是为了处理由普通文本或 XML 组成的响应；但是，一个响应也可能是另一种类型，如果用户代理支持这种内容类型的话。

当请求状态改变时，XMLHttpRequest 对象调用使用 onreadystatechange 注册的事件处理器。因此，在处理该响应之前，用户的事件处理器应该首先检查 readyState 的值和 HTTP 状态。当请求完成加载（readyState 值为 4）并且响应已经完成（HTTP 状态为 OK）时，用户就可以调用一个 JavaScript 函数来处理该响应内容。下面的脚本负责在响应完成时检查相应的值并调用一个 processResponse()方法。

```
function processRequest(){
    if(xmlHttpReq.readyState==4){
        if(xmlHttpReq.status==200){
            processResponse();
        }
    }
}
```

该 processResponse()方法使用 XMLHttpRequest 对象的 responseXML 和 responseText 属性来检索 HTTP 响应。如上面所解释的，仅当在响应的媒体类型是 text/xml、application/xml 或以+xml 结尾时，这个 responseXML 才可用。这个 responseText 属性将以普通文本形式返回响应。对于一个 XML 响应，用户将按如下方式检索内容。

```
var msg=xmlHttpReq.responseXML;
```

借助于存储在 msg 变量中的 XML，用户可以使用 DOM 方法 getElementsByTagName()来检索该元素的值，代码如下：

```
var catalogId=msg.getElementsByTagName("catalogId")[0].firstChild.nodeValue;
```

最后，通过更新 Web 页面的 validationMessage div 中的 HTML 内容并借助于 innerHTML 属性，用户可以测试该元素值以创建一个要显示的消息，代码如下：

```
if(catalogId=="valid"){
    var validationMessage = document.getElementById("validationMessage");
    validationMessage.innerHTML = "Catalog Id is Valid";
}
else
{
```

```
    var validationMessage = document.getElementById("validationMessage");
    validationMessage.innerHTML = "Catalog Id is not Valid";
}
```

# 19.3 使用 Ajax 开发商品实时搜索功能

Ajax 综合了各个方面的技术，不但能够加快用户的访问速度，还可以实现各种功能。本实例将开发一个实时搜索功能，当输入数据的同时即可得到搜索结果。

这里需要三个文件来实现商品实时搜索功能 这里分别是 19.1.xml、19.1.html 和 19.1.php。

首先创建 19.1.xml，用于存储商品的信息，代码如下：

```
<pages>
    <link>
        <title>蓝色的冰箱</title>
        <url>价格为 4689 元</url>
    </link>
    <link>
        <title>蓝色的洗衣机</title>
        <url>价格为 1689 元</url>>
    </link>
    <link>
        <title>蓝色的空调</title>
        <url>>价格为 8689 元</url>>
    </link>
    <link>
        <title>红色的冰箱</title>
        <url>>价格为 1689 元</url>>
    </link>
    <link>
        <title>红色的洗衣机</title>
        <url>>价格为 2689 元</url>>
    </link>
    <link>
        <title>白色的洗衣机</title>
        <url>>价格为 6689 元</url>>
    </link>
</pages>
```

接着创建 19.1.html，用于显示商品搜索页面，代码如下：

```
<!doctype html>
<html>
<head>
    <meta charset="UTF-8">
```

```
    <title>实时查询功能</title>
    <script>
        function showResult(str)
        {
            if (str.length==0)
            {
                document.getElementById("livesearch").innerHTML="";
                document.getElementById("livesearch").style.border="0px";
                return;
            }
            if (window.XMLHttpRequest)
            {// IE7+, Firefox, Chrome, Opera, Safari 浏览器执行
                xmlhttp=new XMLHttpRequest();
            }
            else
            {// IE6, IE5 浏览器执行
                xmlhttp=new ActiveXObject("Microsoft.XMLHTTP");
            }
            xmlhttp.onreadystatechange=function()
            {
                if (xmlhttp.readyState==4 && xmlhttp.status==200)
                {
                    document.getElementById("livesearch").innerHTML=
xmlhttp.responseText;
                    document.getElementById("livesearch").style.border="1px solid
#A5ACB2";
                }
            }
            xmlhttp.open("GET","19.1.php?q="+str,true);
            xmlhttp.send();
        }
    </script>
</head>
<body>
<form>
    <h2 align="ceter">实时搜索功能</h2>
    <input type="text" size="30" onkeyup="showResult(this.value)">
    <div id="livesearch"></div>
</form>
</body>
</html>
```

最后创建 19.1.php，用于实现实时搜索功能，代码如下：

```
<?php
$xmlDoc=new DOMDocument();
```

```
$xmlDoc->load("19.1.xml");

$x=$xmlDoc->getElementsByTagName('link');

// 从 URL 中获取参数 q 的值
$q=$_GET["q"];

// 如果 q 参数存在则从 xml 文件中查找数据
if (strlen($q)>0)
{
    $hint="";
    for($i=0; $i<($x->length); $i++)
    {
        $y=$x->item($i)->getElementsByTagName('title');
        $z=$x->item($i)->getElementsByTagName('url');
        if ($y->item(0)->nodeType==1)
        {
            // 找到匹配搜索的链接
            if (stristr($y->item(0)->childNodes->item(0)->nodeValue,$q))
            {
                if ($hint=="")
                {
                    $hint="<a href='" .
                        $z->item(0)->childNodes->item(0)->nodeValue .
                        "' target='_blank'>" .
                        $y->item(0)->childNodes->item(0)->nodeValue . "</a>";
                }
                else
                {
                    $hint=$hint . "<br /><a href='" .
                        $z->item(0)->childNodes->item(0)->nodeValue .
                        "' target='_blank'>" .
                        $y->item(0)->childNodes->item(0)->nodeValue . "</a>";
                }
            }
        }
    }
}

// 如果没找到则返回 "no suggestion"
if ($hint=="")
{
    $response="查不到相关内容哦！";
}
else
```

```
{
    $response=$hint;
}

// 输出结果
echo $response;
?>
```

运行程序 19.1.html，输入需要搜索的内容，将会对结果进行过滤，运行结果如图 19-4 所示。如果最终找不到匹配的结果，则显示信息“查不到相关内容哦！”，如图 19-5 所示。

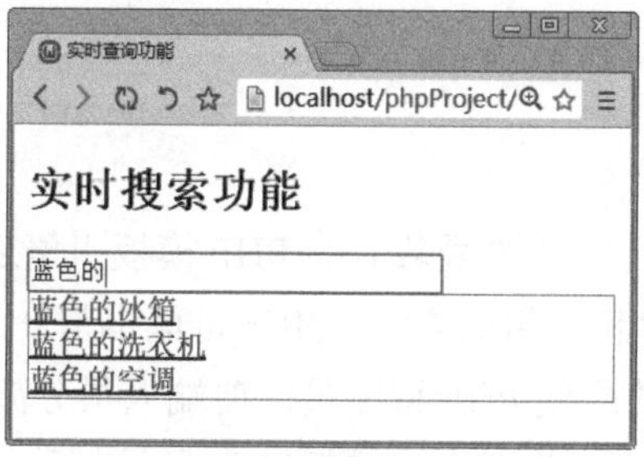


图 19-4　显示匹配的结果

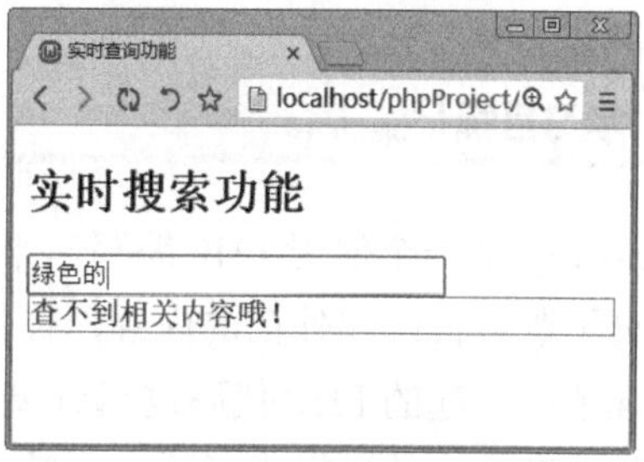


图 19-5　找不到匹配的结果

# 19.4 高手甜点

### 甜点 1：在发送 Ajax 请求时，是使用 GET 还是 POST?

答：与 POST 相比，GET 更简单也更快，并且在大部分情况下都能用。然而，在以下情况中，请使用 POST 请求：

- 无法使用缓存文件（更新服务器上的文件或数据库）。
- 向服务器发送大量数据（POST 没有数据量限制）。
- 发送包含未知字符的用户输入时，POST 比 GET 更稳定、更可靠。

### 甜点 2：在指定 Ajax 的异步参数时，应将该参数设置为 true 还是 false?

答：Ajax 指的是异步 JavaScript（Asynchronous JavaScript）和 XML。如果 XMLHttpRequest 对象要用于 Ajax，其 open()方法的 async 参数必须设置为 true，代码如下：

```
xmlhttp.open("GET","ajax_test.asp",true);
```

对于 Web 开发人员来说，发送异步请求是一个巨大的进步。很多在服务器执行的任务都相当费时。Ajax 出现之前，这可能会引起应用程序挂起或停止。通过在页面上使用 Ajax，JavaScript 无须等待服务器的响应，而是在等待服务器响应时执行其他脚本，当响应就绪后再对响应进行处理。

# 第 20 章 MVC 和 Smarty 模板

**学习目标 | Objective**

Smarty 是一个使用 PHP 编写出来的模板引擎，是目前业界最著名的 PHP 模板引擎之一。它分离了逻辑代码和外在的内容，提供了一种易于管理和使用的方法，用来将原本与 HTML 代码混杂在一起的 PHP 代码逻辑分离。简单地讲，目的是使 PHP 程序员同前端人员分离，使程序员改变程序的逻辑内容不会影响前端人员的页面设计，前端人员重新修改页面也不会影响程序的逻辑，这在多人合作的项目中显得尤为重要。

**内容导航 | Navigation**

- 熟悉 MVC 的基本概念
- 了解模板引擎的概念
- 了解 Smarty 的基本概念
- 掌握 Smarty 的安装与配置
- 掌握 Smarty 模板设计的方法

## 20.1 MVC 概述

MVC 是 Model、View、Controller 首字母的缩写。由此可见，MVC 指的就是“模型”“呈现”和“控制器”这 3 个方面。其中，“模型”负责数据的组织结构，“呈现”负责显示给浏览者的用户界面，“控制器”负责业务流程逻辑控制。

这种结构有如下好处：

- 界面简单，有利于简化添加、删除、修改等操作。
- 可以利用相同的数据，给出不同的“呈现”。
- 逻辑控制的修改可以变得很简单。
- 开发人员不必重复已经写好的通用代码。

- 有利于开发人员共同工作。

其实，MVC 结构是把一个程序的输入、处理过程及输出分开。当用户通过用户界面输入一个请求的时候，“控制器”先对请求做出反应，但是“控制器”并不真正出入什么东西或者真正处理数据，而是调用“模型”和“呈现”中相关部分的代码和数据来返回给用户，以满足用户的请求。

这个过程也可以理解为，“控制器”接到客户请求，以决定调用哪些“模型”中的数据和哪些“呈现”方式。相关联的“模型”通过相关业务规则处理相关数据并且返回。相关联的“呈现”则是处理如何格式化“模型”返回的数据，并且呈现出最终结果，如图 20-1 所示。

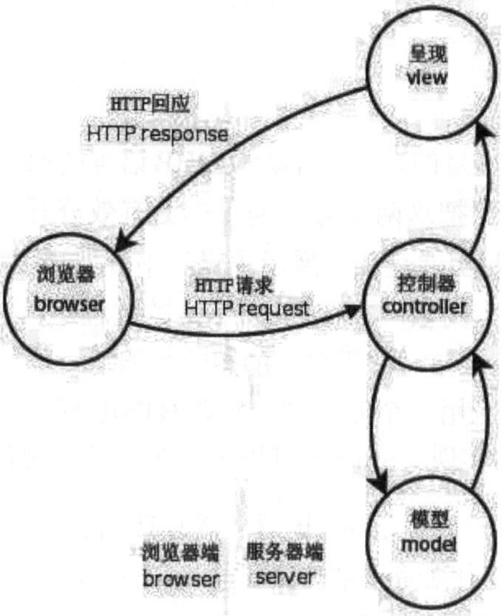


图 20-1　MVC 结构的工作过程

# 20.2 什么是模板引擎

模板引擎经常用于 Web 应用的模板系统。一般起预处理和过滤器等作用。一个比较简单的例子是，XML 系统中的 XSLT 是一个模板处理组件，相当于 XML 的模板引擎。而高级编程语言也有自己对应的模板引擎。

PHP 的模板引擎有很多，其中主流的模板引擎有 Smarty 和 SimpleTemplate 等。

Smarty 可以说是现在最为流行的模板引擎，也被称为模板框架。它之所以如此受欢迎，是因为它能很好地处理页面设计师和程序员双方面的需求。通过了解 Smarty 框架，设计者可以在不了解编程的情况下，很快设计出满足程序员需求的页面，而程序员可以很方便地调整要输出的数据和数据的输出方式。

PHPTemplate 是 Drupal 的默认模板引擎。Drupal 是一个功能十分强大的内容管理框架，几乎包含关于内容（content）的 Web 应用的所有方面。PHPTemplate 的使用则是 Drupal 在其应用上的灵活性体现。它的一个重要特点是模板文件的继承方式，通过这种方式实现模板文件的覆写，以最大程度减少程序员的工作量。

# 20.3 Smarty 概述

随着互联网的发展，强大的应用程序和与之相对应的 Web 呈现给互联网带来了前所未有的繁荣。

## 20.3.1 什么是 Smarty

复杂的应用直接导致了工程量的增加，不论是 PHP 语言的服务器端编程，还是前台 Web 浏览器端的设计和编程，都需要把这两个方面的工作给有效分开、但又能很好衔接的工具。Smarty 应运而生。它的一个重要功能是从“展示逻辑”中分离出“应用程序逻辑”。使用“展示逻辑”来满足设计师的需要。例如，在使用 Smarty 的过程中，程序员可以把众多对象传递给 Smarty 中的一个数组，然后设计师按照自己的想法去遍历。

Smarty 的工作方式更像是应用一个库文件，允许 HTML 模板和 PHP 语言之间的衔接，简化原本比较复杂的 Web 页面的实现。Smarty 有以下几个比较突出的特点：

（1）强大的“呈现”逻辑。一般情况下，逻辑运算只在高级语言中完成。但是，通过 Smarty 可以在页面部分实现逻辑运算，比如条件控制和迭代输出等操作。而且这种语法强大而简单，就连没有任何编程经验的设计师都很容易上手。

（2）模板编译能力。Smarty 把模板编译成高效的 PHP 语言，以提高程序中各个部分的渲染（生成页面）请求。如果应用程序的内容有改变，渲染结果就会及时反映出来。

（3）缓存能力。可以设定缓存某部分模板的能力。通过这个能力，Smarty 会一直加载设为缓存的一部分模板，而不会再执行程序以重新生成。

（4）可设置和可扩展性。Smarty 的编写也是面向对象的。它的结构允许开发者根据需要扩展功能。

（5）安全性。通过长期的实践应用，Smarty 被证明是安全的。

## 20.3.2 Smarty 与 MVC

如前所述，MVC 结构是 Model、View、Controller 的缩写。Smarty 其实就是这个结构中 View 这一部分的具体体现。几乎所有模板引擎扮演的都是这个角色。

具体到工作的过程可以这样描述。设计师使用 HTML、CSS、图片等 Web 页面的编程将模板设计并实现出来。对于这个过程，设计师只需要知道版面布局即可。PHP 程序员只需要对应用程序本身投入精力，不需要知道 Web 页面的呈现，但是他们要知道如何把数据传递给模板以及模板中的具体变量。而这些变量，设计师是完全明了的。这个模板所使用的模板引擎就起到了分工和衔接的作用。Smarty 就起到这个作用。

在 Smarty 引擎下，程序员和设计师的工作分别如下。

程序员的工作：

- 对于数据库数据的处理。
- 处理业务逻辑中的数据。
- 在不用关心设计师工作的情况下修改程序。

设计师的工作：

- 设计并且创建 HTML 文件，只需要按需求知道内容在页面中的位置风格等，不用关心任何 PHP 代码。
- 在不需要与程序员沟通的情况下修改设计。
- 不需要担心后台程序语言的任何技术变化。

# 20.4 Smarty 的安装和配置

下面讲解 Smarty 的安装和配置方法。

## 20.4.1 Smarty 的下载和安装

首先要获得 Smarty 软件包。可以从其官方网站 http://www.smarty.net/download 获得。现在最新的版本是 Smarty 3.1.18，是 2014 年 4 月发布的。

Smarty 3.X 版本要求 PHP 为 5.2 以上的版本，Smarty 2.X 版本要求 PHP 为 4 以上的版本。下载 smarty 3.1.18 文件包之后解压。

在 Windows 环境下，安装 Smarty 的步骤如下：

步骤 01 在网站目录下新建一个文件夹 smarty，将解压后的 smarty 3.1.18 文件夹中的所有文件和文件夹复制到文件夹 smarty 下。文件夹 smarty 与文件夹 www 应该位于同一目录下。

步骤 02 编辑 php.ini 文件，包含类文件路径后添加本地 smarty 库文件的路径。在 php.ini 中是 include_path = ".;网站根目录\smarty\libs"。

步骤 03 在网站下建立一个文件夹 demo，并且在此文件夹内建立两个文件夹：templates 和 configs。

步骤 04 在 demo 文件夹内创建 templates_c 和 cache 文件夹。

这样，Smarty 在 Windows 的 Wamp 集成开发环境下安装完毕。

## 20.4.2 第一个 Smarty 程序

为了检验安装是否正确、Smarty 是否正常工作，可以在 demo 中的 templates 文件夹内建立模板文件 index.tpl 和 index.php。

步骤 01 在 demo 内建立文件 index.php，输入如下代码：

```
<?php
// load Smarty library
require_once('Smarty.class.php');
$smarty = new Smarty;
$smarty->template_dir = 'C:/www/demo/templates';
$smarty->config_dir = 'C:/www/demo/config';
$smarty->cache_dir = 'C:/www/demo/cache';
$smarty->compile_dir = 'C:/www/demo/templates_c';
$smarty->assign( 'message','smarty is working~');
$smarty->display('index.tpl');
?>
```

步骤 02 在 demo 内建立文件 index.tpl，输入如下代码：

```
<html>
<body>
Hello, {$message}!
</body>
</html>
```

步骤 03 运行 index.php，结果如图 20-2 所示。

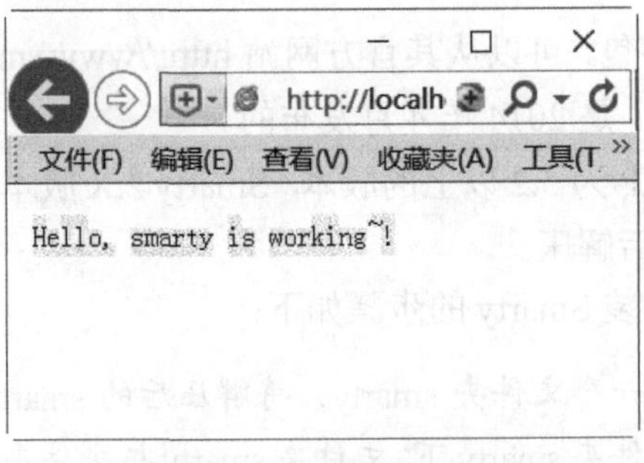


图 20-2 程序运行结果

# 20.5 Smarty 模板设计

本节将介绍模板设计。在设计 Smarty 模板的同时能够做到对编程人员的照顾，尽量减少他们的工作，增大输出模板的可重用性，以形成一个高效的工作团队。

很多情况下，无论是给客户开发项目并且移交的团队，还是企业自己的互联网支持部门，都会遇到改变页面展示的问题。比如，开发团队的设计师被客户要求改变页面，但是不给多余的时间，使用 Smarty 的模板则可轻松实现。再如，公司的项目经理想要改变宣传页面，但是没有程序员，如果当初使用的是 Smarty 模板，就可以直接让页面设计师完成此工作。

## 20.5.1 Smarty 模板文件

这是设计师主要关注的部分。设计师需要了解的几个概念有 Caching、Optimation、CSS、Debugging、JS、OOP、插件和基本编程知识。

要了解 Smarty 的模板文件，一定要先了解可重用性和组块的概念。可重用性是为了让一个设计和制作好的组块可以被重复地使用在不同的文件中，或者稍加修改就可以继承使用。

组块则是可以把一个模板分解成若干个不同的部分，每个不同的部分就是组块。一个模板的单页可以包含很多组块，如图 20-3 所示。

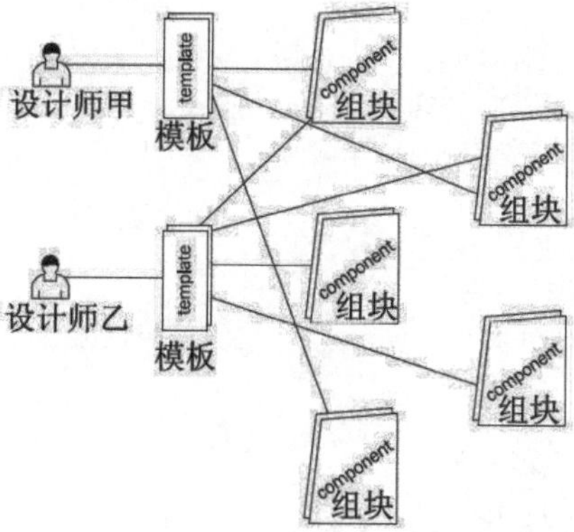


图 20-3　模块分解图

这会带来很多好处。当需要改变某个输出的时候，只需要改变这个输出所属的组块，而不是改变整个模板。每个组块都是相对独立的，具有很强的可重用性，并且在处理某个组块时，只涉及这个组块，而不牵涉其他。

## 20.5.2 Smarty 标识

Smarty 模板不是一个纯粹的 HTML 文件，而是由 HTML 和 Smarty tags 组成的。Smarty tags 很可能要包含前面提到的“展示逻辑”和 Smarty 变量。Smarty 模板以.tpl 为后缀名，tpl 是 template programming language 的缩写。

Smarty tags 就是在 HTML 页面内的 Smarty 代码，包含 Smarty 变量和 Smarty 的展示逻辑。

下面用 Smarty 模板展示酒店客人资料，具体步骤如下：

步骤 01　在 demo 文件夹内建立文件 c_profile.php，输入如下代码：

```
<?php
include_once('Smarty.class.php');
```

```
$smarty = new Smarty ();
$clients = array(array("nick"=>"小明", "name"=>"王小明
    ","born"=>"1982-02-20","gender"=>"male",
    "email"=>"wxm1982@hotmail.com"),array("nick"=>"丽丽", "name"=>"李丽丽
    ","born"=>"1980-11-20",
    "gender"=>"female","email"=>"lilili1980@hotmail.com"),array("nick"=>"方方",
    "name"=>"方芳芳","born"=>
    "1988-07-26","gender"=>"female","email"=>"fff1988@hotmail.com"),);
$smarty->assign("clients",$clients);
$smarty->display("c_profile.tpl");
?>
```

步骤02 在 demo 文件夹内建立文件 c_profile.tpl，输入如下代码：

```
<body>
{foreach item=client from=$clients}
<table width="80%" border="1" cellspacing="0" cellpadding="4">
  <tr>
      <td width="38%" bgcolor="#CCCCCC">
       <strong>{$client.nick} 的客户资料</strong></td>
      <td width="62%"> </td>
  </tr>
  <tr>
       <td>姓名 : </td>
       <td>{$client.name}</td>
  </tr>
  <tr>
       <td>生日 : </td>
       <td>{$client.born}</td>
  </tr>
  <tr>
       <td>性别 :  </td>
       <td>{$client.gender}</td>
  </tr>
  <tr>
       <td>Email : </td>
       <td>{$client.email}</td>
  </tr>
</table><br/>
{/foreach}
</body>
```

步骤03 运行 c_profile. php，结果如图 20-4 所示。

图 20-4　程序运行结果

**【案例分析】**

（1）在文件 c_profile.php 中，include_once('Smarty.class.php')导入 smarty 类，$smarty = new Smarty()生成 smarty 对象。

（2）$clients 是包含数据的 PHP 语言数组。$smarty->assign("clients",$clients)把 PHP 数组 $clients 赋值给 smarty 变量（也是数组）"clients"。这就完成了 PHP 变量与 smarty 变量的转换。

（3）$smarty->display("c_profile.tpl")指定与此 PHP 文件关联的、要展示数据的模板文件。

（4）在文件 c_profile.tpl 中，{foreach item=client from=$clients}就是 smarty 标识。这句 smarty 标识语言是指从 smarty 变量$clients 中遍历数据，每一个独立项的变量名为 client。循环以{/foreach}表示结束。

（5）{$client.nick}、{$client.name}、{$client.gender}等都是变量$client（数组）中所对应的键名。

## 20.5.3　Smarty 变量

前面的内容涉及 Smarty 的变量。那么什么是 Smarty 的变量呢？Smarty 的变量其实跟 PHP 中的变量十分相似。命名一个变量的规则和 PHP 中的一致。只是所有 Smarty 的变量在 tpl 文件中调用的时候都要包裹在“{}”之中。

下面给出一个 Smarty 变量的示例。

步骤 01　在 demo 内建立文件 smartyvars.php，输入如下代码：

```
<?php
include_once('Smarty.class.php');
$smarty = new smarty();
```

```
$var_name = "王小帅";
$smarty->assign("name", $var_name);
$smarty->assign("greetings", "你真帅!");
$smarty->display("smartyvars.tpl");
?>
```

步骤 02 在 demo 内建立文件 smartyvars.tpl，输入如下代码：

```
<html>
{assign var = "time" value = "2021-06-20"}
<body>
{$name}, {$greetings}
{$time}
</body>
</html>
```

步骤 03 运行 smartyvars.php，结果如图 20-5 所示。

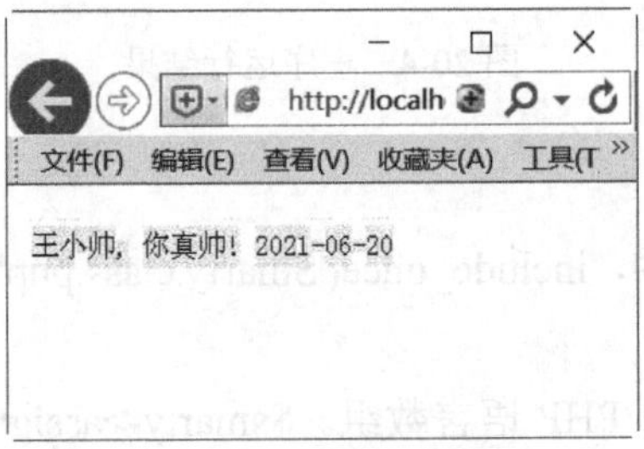


图 20-5 程序运行结果

【案例分析】

（1）在文件 smartyvars.php 中，$smarty->assign("name", $var_name)给 Smarty 变量 name 赋值。这时 Smarty 变量的变量名使用字符串"name"。

（2）在文件 smartyvars.tpl 中，{$name}、{$greetings}通过“{}”的包裹进行使用，$name 和$greetings 就是 Smarty 变量在 tpl 模板文件中的表示方式。

（3）{assign var = "time" value = "2021-06-20"}则使用 Smarty 的 assign()方法来声明一个 Smarty 变量，而不是在 PHP 中对变量进行赋值。其中，var = "time"定义了变量名，value = "2021-06-20"定义了变量值。{$time}的使用和其他 Smarty 变量没有区别。

## 20.5.4 Smarty 数组

Smarty 中的数组和 PHP 中的数值是一样的，都是多个变量的集合。PHP 中的数组分为普通数组和联合数组。Smarty 数组同样支持这两种形式。由于在与 tpl 模板文件对应的 PHP 文件中，PHP 数组就已经被定义了，因此其数组结构可以直接被赋予 Smarty 数组。

下面以酒店餐厅房间类型为例说明 Smarty 数组的用法，具体步骤如下：

步骤 01 在 demo 文件夹内建立文件 smartyarrays.php，输入如下代码：

```
<?php
include_once('Smarty.class.php');
$smarty = new smarty();
$rooms = array(
        array("id"=>"203","name"=>"西江月","type"=>"小包"),
        array("id"=>"205","name"=>"东坡居","type"=>"中包"),
        array("id"=>"208","name"=>"聚义堂","type"=>"大包")
);
$smarty->assign("smarty_rooms",$rooms);
$smarty->display("smartyarrays.tpl");
?>
```

步骤02 在 demo 文件夹内建立文件 smartyarrays.tpl，输入如下代码：

```
<html>
<body>
  <table>
      <tr><td>ID</td><td>NAME</td><td>TYPE</td></tr>
       {foreach item= smarty_room from=$smarty_rooms}
      <tr>
       <td>{$ smarty_room.id}</td>
       <td>{$ smarty_room.name}</td>
       <td>{$ smarty_room.type}</td>
      </tr>
       {/foreach}
  </table>
</body>
</html>
```

步骤03 运行 smartyarrays.php，结果如图 20-6 所示。

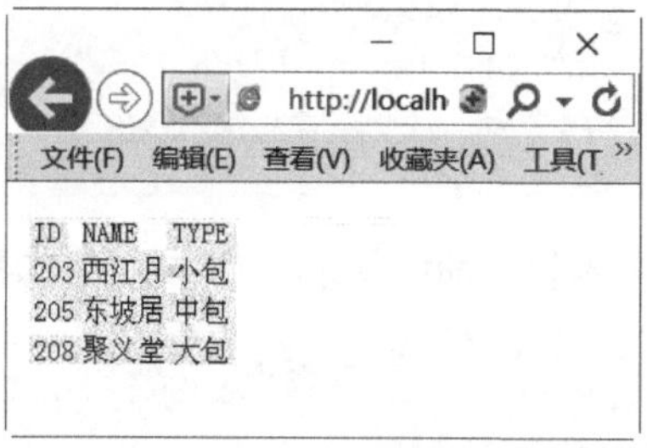


图 20-6　程序运行结果

【案例分析】

（1）在文件 smartyarrays.php 中，$smarty->assign("smarty_rooms",$rooms)把 PHP 联合数组 $rooms 的值赋给 smarty 数组 smarty_rooms。smarty 数组 smarty_rooms 的类型就是联合数组。

（2）在文件 smartyvars.tpl 中，{$smarty_room.id}、{$smarty_room.name}、{$ smarty_room.type}都是$smarty_room 这一单项的数组内变量的键值。Smarty 中数组内变量值的访问不像在 PHP 中使用“[ ]”表示，而是使用“.”表示数组内变量的键值。

# 20.6 Smarty 中的流程控制语句

Smarty 中的流程控制语句与 PHP 中的一样，也分为条件控制语句和循环控制语句。这些控制语句只在 tpl 模板文件中使用。

但是与 PHP 中的语句不同的是，条件语句是描述在{if}、{/if}之间的，其间的 else 和 elseif 也是{else}、{elseif}这种形式。

Smarty 中的循环控制语句使用两个标识：{section}和{foreach}。

下面还是以酒店餐厅房间为例，对其稍加修改，介绍条件控制语句和循环控制语句，具体步骤如下：

步骤 01 在 demo 文件夹内建立文件 smartyif.php，输入如下代码：

```
<?php
include_once('Smarty.class.php');
$smarty = new smarty();

$rooms = array(
        array("id"=>"203","name"=>"西江月","type"=>"小包"),
        array("id"=>"203","name"=>"西江月","type"=>"小包"),
        array("id"=>"203","name"=>"西江月","type"=>"小包"),
        array("id"=>"205","name"=>"东坡居","type"=>"中包"),
        array("id"=>"203","name"=>"西江月","type"=>"中包"),
        array("id"=>"203","name"=>"西江月","type"=>"中包"),
        array("id"=>"208","name"=>"聚义堂","type"=>"大包"));

$smarty->assign("smarty_rooms",$rooms);
$smarty->display("smartyif.tpl");
?>
```

步骤 02 在 demo 文件夹内建立文件 smartyif.tpl，输入如下代码：

```
<html>
<body>
  <table>
      <tr><td>ID</td><td>NAME</td><td>TYPE</td></tr>
       {foreach item=smarty_room from=$smarty_rooms}
      {if $smarty_room.type == "中包"}
      <tr bgcolor="#0099FF">
       <td>{$smarty_room.id}</td>
       <td>{$smarty_room.name}</td>
       <td>{$smarty_room.type}</td>
      </tr>
      {elseif $smarty_room.type == "小包"}
      <tr bgcolor="#FF6633">
       <td>{$smarty_room.id}</td>
```

```
        <td>{$smarty_room.name}</td>
        <td>{$smarty_room.type}</td>
       </tr>
       {else}
       <tr  bgcolor="#FFFF99">
        <td>{$smarty_room.id}</td>
        <td>{$smarty_room.name}</td>
        <td>{$smarty_room.type}</td>
       </tr>
       {/if}
        {/foreach}
    </table>
</body>
</html>
```

步骤 03 运行 smartyif.php，结果如图 20-7 所示。在文件 smartyif.tpl 中，{if $smarty_room.type == "中包"}、{elseif $smarty_room.type == "小包"}、{else}和{/if}一起完成了条件判断，并完成了不同条件下的输出。

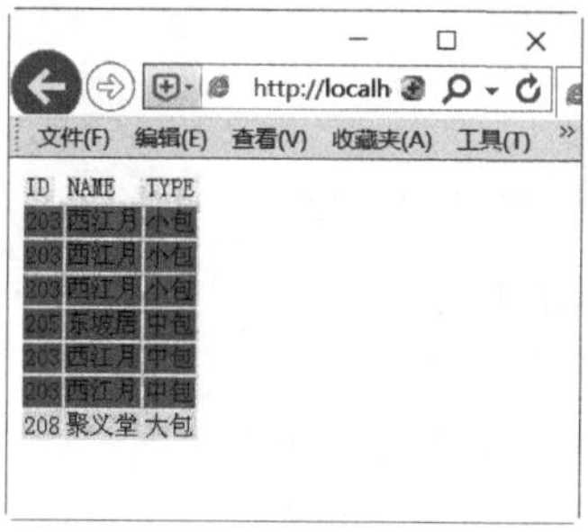


图 20-7　程序运行结果

# 20.7 高手甜点

### 甜点 1：运行网页时一片空白怎么办？

首先检查网页的代码是否有问题，如果没有问题，可以参照以下方法解决。

（1）如果操作系统是 Windows 系列，就需要检查 Smarty 是否安装成功、设置是否正确、模板是否被正常解析。

（2）如果是 Linux 系统，就检查 PHP 报错是否正常开启。

### 甜点 2：如果页面中包含其他模板怎么办？

除了 Smarty 模板之外，如果还包含其他模板，此时需要进行加载操作，如以下代码所示：

```
<{include file="目录名/footer.tpl"}>
```

# 第 21 章

# Zend Framework

学习目标 | Objective

Zend Framework 框架是 PHP 开发框架中最具代表性的一个框架。它虽然不代表最前沿的技术，但是它的影响十分广泛，很多最前沿的 PHP 开发框架都会借鉴它的特点。本章将介绍此框架的使用方法。

内容导航 | Navigation

- 熟悉 Zend Framework 的基本概念
- 熟悉 Zend Framework 的目录结构
- 掌握 Zend Framework 的安装与测试方法
- 掌握 PHP 与 Zend Framework 的基本操作

## 21.1 什么是 Zend Framework

Zend Framework 框架是由 Zend 科技开发支持的一个开源的 PHP 开发框架，可用来开发 Web 程序和服务。

Zend Framework 框架用 100%面向对象编码实现。Zend Framework 框架的组件结构独一无二，每个组件几乎不依靠其他组件。这样的松耦合结构可以让开发者独立使用组件。

Zend 类是整个 Zend Framework 的基类。这个类只包含静态方法，这些类方法具有 Zend Framework 中很多组件都需要的功能。Zend 类是一个功能性的类，只包含静态方法，也就是说，不需要实例化就可以直接调用 Zend 的各种功能方法或函数。

Zend Framework 框架为 PHP 应用开发提供了一套提高效率的工具，包括对数据库进行 CRUD 操作、对数据进行缓存、对表单提交数据进行验证等。此外，它还提供支持创建 PDF 文档、使用 RSS、使用 Google 等大型网站数据的工具。它就像一个工具包，可满足 PHP 应用开发的一般需求。Zend Framework 框架的结构是 MVC 结构。

# 21.2 Zend Framework 的目录结构

标准的 Zend Framework 目录结构有 4 层目录，分别说明如下。

### 1. application

应用程序目录中包含所有该应用程序运行所需要的代码。Web 服务器不能直接访问它。为了进一步分离显示、业务和控制逻辑，application 目录中包含了用于存放 model、view、controller 文件的次级目录，根据需要还会出现其他次级目录。

### 2. library

所有的应用程序都使用类库，是事先写好的可以复用的代码。在一个 Zend Framewok 应用程序里，Zend 本身的框架就存放在 library 文件夹中。

### 3. test

test 目录用来存放所有的单元测试代码。

### 4. public

这是程序运行的根目录。为了提高 Web 程序的安全性，从服务器里应该只能存取用户可直接访问的文件。启动是指开始一个程序，在前端控制器模式中，这是唯一存在于根目录的 PHP 文件，通常就是 index.php，所有的 Web 请求都将用到这个文件，因此它被用来设置整个应用程序的环境，设置 Zend Framework 的控制器系统，然后启动整个应用程序。

# 21.3 Zend Framework 的安装与使用

本节主要讲解如何安装 Zend Framework。

## 21.3.1 Zend Framework 的安装

在安装 Zend Framework 之前，首先需要到 Zend Framework 的官方网站下载最新的软件包。官方下载地址为 http://framework.zend.com/downloads/。

安装 Zend Framework 的具体步骤如下：

步骤 01 在网站目录的 www 文件夹下建立名为 Zend 的文件夹，把解压后的 Zend 压缩包里的内容全部放置在此文件夹下。

步骤 02 编辑 php.ini 中的 include_path 为 include_path = ".;c:\www\Zend\library"，如图 21-1 所示。

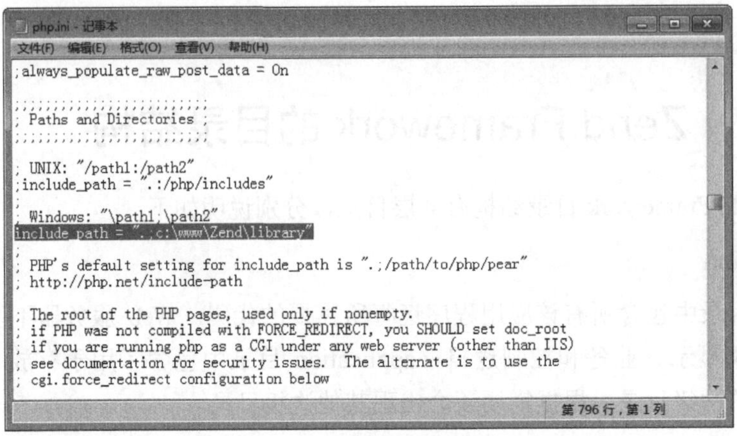


图 21-1　编辑 php.ini

步骤 03　在 C:\www\Zend 下建立一个文件夹 zendapp，用来存放使用 Zend 开发的应用文件。

步骤 04　把 C:\www\Zend\bin 下的 zf.bat 文件和 zf.php 文件复制到 C:\www\Zend\zendapp 下。

步骤 05　重新启动 Web 服务器，即可使用 Zend Framework。

## 21.3.2　创建一个新的 Zend Framework 应用

在 Windows 下创建 Zend Framework 的应用，需要在 CMD 命令输入终端使用 zf 命令，具体步骤如下：

步骤 01　单击【开始】按钮，在弹出的菜单中选择【运行】选项。在输入框中输入 cmd 后，单击【确定】按钮，打开一个 Windows 命令编辑终端。首先进入 zendapp 目录下，输入命令：

```
cd C:\www\Zend\zendapp
```

按 Enter 键，如图 21-2 所示。

图 21-2　进入 zendapp 目录

步骤 02　来到开发 Zend 应用的文件夹，在 C:\www\Zend\zendapp 下输入命令：

```
zf show version
```

按 Enter 键，得到返回信息，如图 21-3 所示。

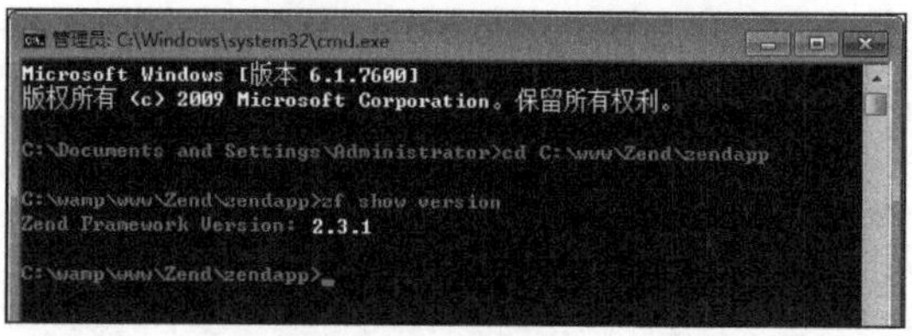


图 21-3　CMD 窗口

可以确定 Zend Framework 能够正常使用了。

步骤 03　输入命令：

```
zf create project zfdemo
```

按 Enter 键，得到返回信息，如图 21-4 所示。

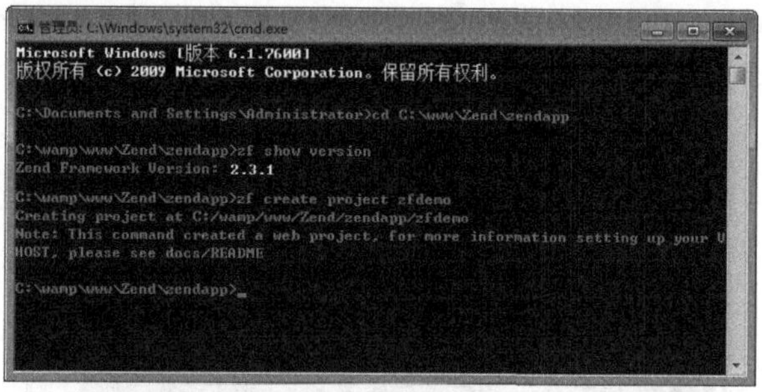


图 21-4　CMD 窗口

在 C:\www\Zend\zendapp 文件夹下会出现一个新文件夹 zfdemo，在这个文件夹下包含 zfdemo 应用的所有框架文件和文件夹，如图 21-5 所示。

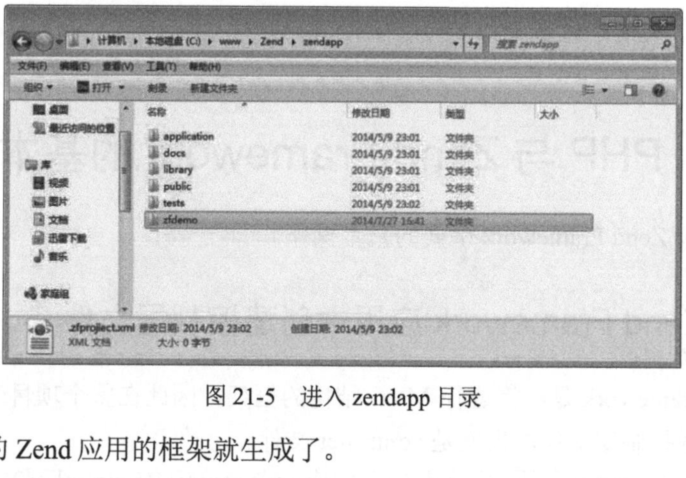


图 21-5　进入 zendapp 目录

这样一个新的 Zend 应用的框架就生成了。

步骤 04　要在 Apache 的 httpd.conf 文件中添加一个虚拟服务器，以容纳此应用。在 httpd.conf 文件的尾部添加如下代码：

```
<VirtualHost 127.0.0.1:80>
    DocumentRoot "\www\Zend\zendapp\zfdemo\public"
```

```
</VirtualHost>
<VirtualHost 127.0.0.1:80>
    ServerName quickstart.local
    DocumentRoot "\www\Zend\zendapp\zfdemo\public"
    SetEnv APPLICATION_ENV "development"
   <Directory "\www\Zend\zendapp\zfdemo\public">
       DirectoryIndex index.php
       AllowOverride All
     Order allow,deny
        Allow from all
   </Directory>
</VirtualHost>
```

保存后，重启所有 Web 服务。

步骤 05 在浏览器中输入 http://localhost:80/，则页面跳转到 Zend 应用的默认页面，如图 21-6 所示。

图 21-6　运行结果页面

至此，一个新的 Zend 应用项目就成功生成了。

# 21.4 PHP 与 Zend Framework 的基本操作

本节主要讲解 Zend Framework 框架的基本操作。

## 21.4.1 在 Zend Framework 应用中创建控制层文件

由于 Zend Framework 是严格遵行 MVC 结构的框架，因此在整个项目生成以后，就可以针对某种需求生成控制层文件，也就是 controller 文件。

如果要生成一个 contact 页面，那么首先要生成一个 contact 的 controller 文件。先进入 zfdemo 项目的文件夹下，然后在 cmd 中输入如下命令：

```
..\zf create controller contact
```

由于 zf.bat 文件在 C:\www\Zend\zendapp 目录下，因此要通过“..\zf”在当前目录的上一级目录中调用。程序运行后，反馈信息如图 21-7 所示。

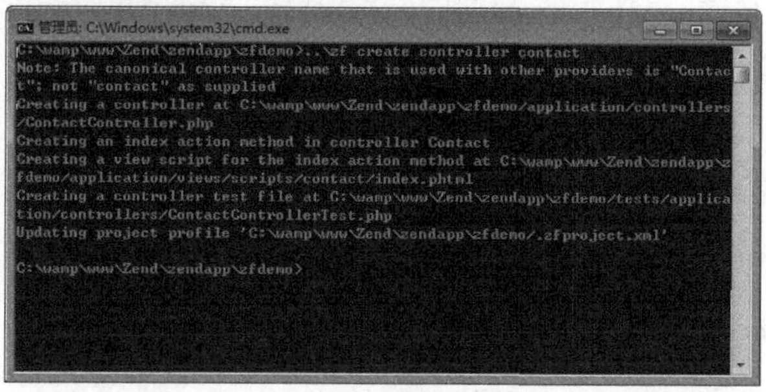


图 21-7　CMD 窗口

此时，可在 C:\www\Zend\zendapp\zfdemo\application\controllers 文件夹下找到新生成的 controller 文件 ContactController.php。

这时在浏览器地址栏中输入 http://localhost/contact，打开页面，返回信息如图 21-8 所示。

图 21-8　运行结果页面

上面的信息说明这是 contact controller 中 index action 返回的 view 文件。

## 21.4.2　在 Zend Framework 的控制层文件中添加一个 action

action 是在 controller 文件中以函数形式出现的，定义了某个特定的行为。在 zfdemo 项目的文件夹下，在 CMD 窗口输入如下命令：

```
..\zf create action add contact
```

程序运行后，反馈信息如图 21-9 所示。

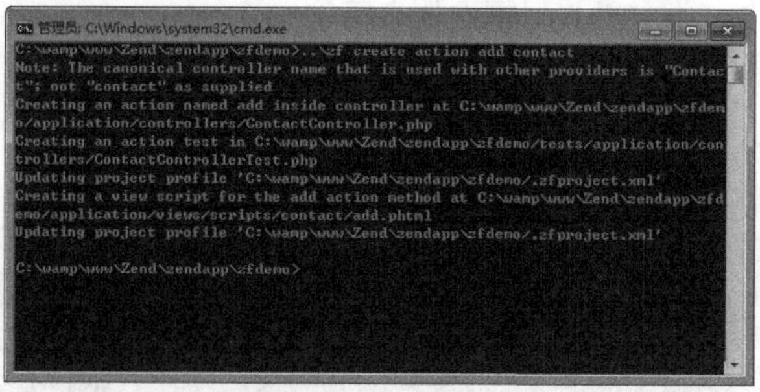


图 21-9　CMD 窗口

这时，打开 ContactController.php 文件，代码如下：

```
<?php
class ContactController extends Zend_Controller_Action
{
    public function init()
    {
        /* Initialize action controller here */
    }
    public function indexAction()
    {
        // action body
    }
    public function addAction()
    {
        // action body
    }
}
```

其中，addAction()是新生成的 action 函数。

由于 addAction()函数已经生成，而相对于此 action 函数的 view 文件也在 C:\www\Zend\zendapp\zfdemo\application\views\scripts\contact 文件夹下生成，名为 add.phtml。

这时用浏览器中打开 http://localhost/contact/add，页面如图 21-10 所示。

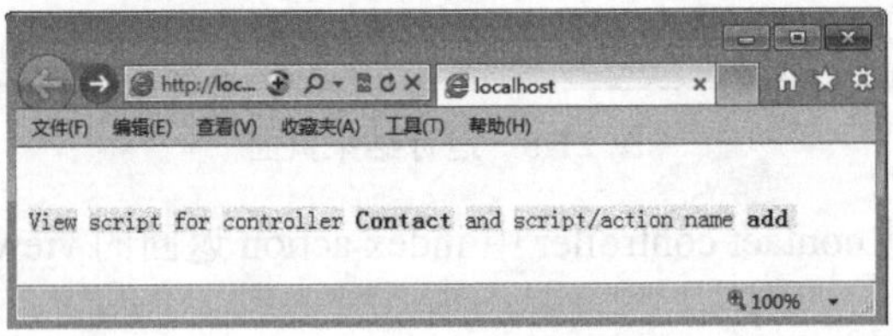


图 21-10 运行结果页面

页面中明确表明了 controller 为 Contact，以及 action 的名称为 add。

## 21.4.3 在 Zend Framework 中创建布局

对于 Web 应用的页面布局（layout），Zend Framework 使用 zf 命令就可以轻松创建。在 zfdemo 项目的文件夹下，在 cmd 窗口输入如下命令：

```
..\zf enable layout
```

程序运行后，反馈信息如图 21-11 所示。

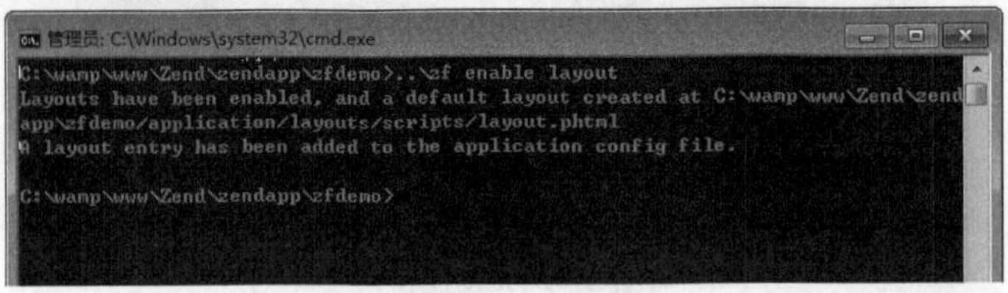


图 21-11 CMD 窗口

这时在 C:\www\Zend\zendapp\zfdemo\application\layouts\scripts 文件夹下可以看到 layout.phtml 文件。打开此文件，代码如下：

```
<?php echo $this->layout()->content; ?>
```

如果修改此 layout 文件，就可以添加页面布局中的头部、标题、页脚等。修改 layout.phtml 文件为：

```
<head>zfdemo project</head>
<?php echo $this->layout()->content; ?>
<footer>powered by zend</footer>
```

保存后，在浏览器中打开 http://localhost/contact，然后刷新，页面效果如图 21-12 所示。

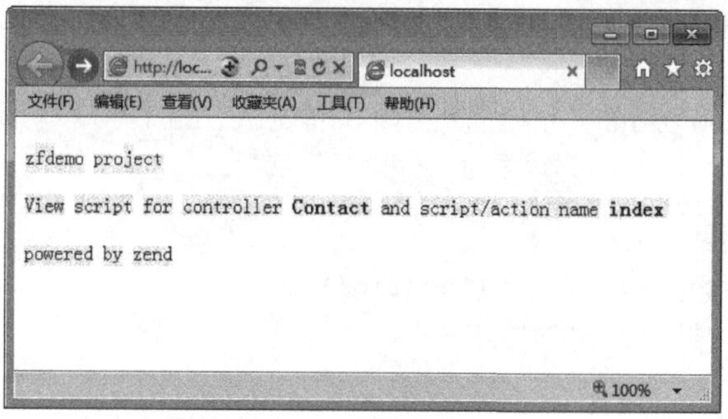


图 21-12 运行结果页面

## 21.4.4 在 Zend Framework 中的数据库操作

Zend Framework 对数据库的操作通过 ORM 的方式进行，这是主流 PHP 框架的主要特征。Zend 把 ORM 绑定到 Zend_Db 组件当中，以方便程序员使用。

一般情况下，只要是支持 ORM 的框架都会对数据库的支持比较宽泛。Zend 则支持 MySQL、MS SQL、SQLite、PostgreSQL 等。下面的例子将创建一个用来存储联系人信息的数据库表格，并且使用 Zend 对其进行操作，具体步骤如下：

步骤 01 创建数据库 zfdemo，并且在其中创建数据库表格 contact。SQL 语句如下：

```
CREATE TABLE contacts (
  id INTEGER UNSIGNED NOT NULL AUTO_INCREMENT PRIMARY KEY,
  name VARCHAR(60) NOT NULL,
  email VARCHAR(100) NOT NULL
)
```

步骤 02 到 C:\www\Zend\zendapp\zfdemo\application\configs 中找到文件 application.ini，用来设置数据库连接。在此文件的尾部添加如下代码：

```
resources.db.adapter = PDO_MYSQL
resources.db.params.host = localhost
resources.db.params.username = root
resources.db.params.password = 75***1
```

```
resources.db.params.dbname = zfdemo
resources.db.isDefaultTableAdapter = true
```

这段代码定义了数据库适配器为 PDO_MYSQL、主机为 localhost、用户为 root、密码为 75***1、数据库名称为 zfdemo，使用默认数据库表格适配器。

可见 Zend 是使用 PDO 数据抽象类处理 MySQL 数据库的。

步骤 03 到 C:\www\Zend\zendapp\zfdemo\application 文件夹中找到 Bootstrap.php 文件，添加代码后，内容如下：

```
<?php
class Bootstrap extends Zend_Application_Bootstrap_Bootstrap
{
    protected function _initConfig()
    {
        $config = new Zend_Config($this->getOptions());
        Zend_Registry::set('config', $config);
        return $config;
    }
    $config = Zend_Registry::get('config');
    $email = $config->email->support;
}
```

设定初始化设置的函数，以确保在整个项目启动时配置文件被及时加载。

## 21.4.5 在 Zend Framework 中创建表单

form（表单）历来都是比较特殊的 Web 组件，很多框架都对其进行了特殊处理。在 Zend 中，通过 zf 命令创建 form model（模型）来完成对 form 的处理。下面创建用于添加联系人信息的表单，具体步骤如下：

步骤 01 到 cmd 窗口输入如下命令：

```
..\zf create model contactForm
```

程序运行后，反馈信息如图 21-13 所示。

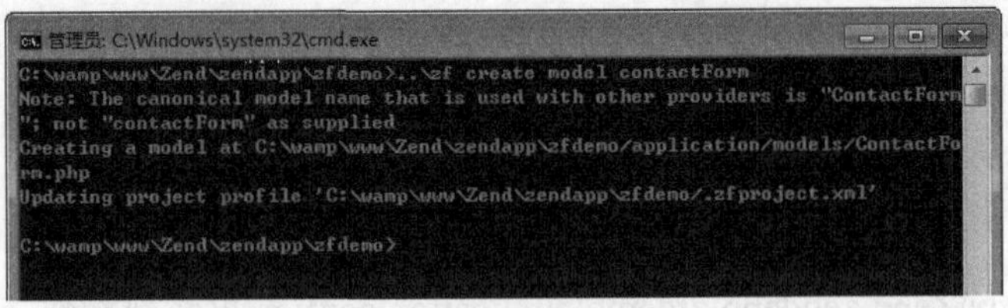


图 21-13　CMD 窗口

步骤 02 到 C:\www\Zend\zendapp\zfdemo\application\models 文件夹下找到新生成的文件 ContactForm.php，对其进行编辑，加入代码后为：

```
<?php
```

```
class Application_Model_ContactForm
{
    public function __construct($options = null)
    {
        parent::__construct($options);
        $name = new Zend_Form_Element_Text('name');
        $name->setAttrib('size', 30)
             ->setLabel('Name')
             ->addValidator('NotEmpty')
             ->addErrorMessage('Need name to contact with.');
        $email = new Zend_Form_Element_Text('email');
        $email->setAttrib('size', 60)
             ->setLabel('Email')
             ->addValidator('NotEmpty')
             ->addErrorMessage('Please valid email address.');
    }
}
```

此段代码设置了 ContactForm 模型的两个表单元素，一个是 name，另一个是 email，并且设置了它们的属性和验证标准。

步骤 03 到 C:\www\Zend\zendapp\zfdemo\application\controllers 中找到 ContactController.php，修改 addAction()函数，代码如下：

```
public function addAction()
{
    $form = new Application_Model_ContactForm(
        array('action' => '/contact/add',
                       'method' => 'POST'
        )
    );
    if ($this->getRequest()->isPost()) {

        if ($form->isValid($this->getRequest()->getPost())) {

            $contact = new Zend_Db_Table('contacts');
            $data = array (
                    'name' => $this->_request->getPost('name'),
                    'email' => $this->_request->getPost('email')
            );

            $contact->insert($data);
            echo "<p>Contact added!</p>";
        }
    }

    $this->view->form = $form;

}
```

步骤 04 到 C:\www\Zend\zendapp\zfdemo\application\views\scripts\contact 下找到 add.phtml，修改为如下代码：

```
<br/><br/>
<div id="view-content">
    <p>View script for controller <b>Contact</b> and script/action name <b>add</b>
    <?= $this->form; ?>
    </p>
</div>
```

步骤 05 在浏览器中打开 http://localhost/contact/add，完成表单的创建。

# 21.5 高手甜点

## 甜点 1：使用 Zend Framework 建立 MVC 的流程是什么？

使用 Zend Framework 框架建立多模块 MVC 框架结构的具体流程如下：

（1）创建 URL 重写文件.htaccess。

（2）创建引导文件 index.php。

（3）创建配置文件 application.ini。

（4）创建启动类 Bootstrap。

（5）创建默认控制器 IndexController。

（6）创建视图文件 index.phtml。

（7）运行一个最基本的 Zend Framework 程序。

## 甜点 2：如何创建.htaccess 文件？

因为.htaccess 文件没有文件主名，所以在 Windows 系统下无法直接命名。下面介绍两种创建.htaccess 文件的方法。

- 通过 Windows 系统的 copy con 命令创建，完成后使用 Ctrl+Z 组合键退出编辑模式。
- 通过记事本文本编辑工具将文件另存为文件名为.htaccess 的文件，保存时注意将文件类型设置为所有文件。

# 第 22 章 ThinkPHP 5 框架

学习目标 | Objective

ThinkPHP 是一个轻量级的中型框架，是从 Java 的 Struts 框架移植过来的中文 PHP 开发框架。它使用面向对象的开发结构和 MVC 模式，各方面都比较人性化，适合 PHP 框架初学者。ThinkPHP 的宗旨是简化开发、提高效率、易于扩展，支持 MySQL、MS SQL、SQLite、PostgreSQL、Oracle 数据库，同时支持 PDO 操作数据库。在中小型项目开发中，经常使用 ThinkPHP 框架。本章将介绍此框架的使用方法。

内容导航 | Navigation

- 熟悉 ThinkPHP 框架的概念
- 掌握下载和安装 ThinkPHP 5 框架的方法
- 熟悉 ThinkPHP 5 框架的目录结构
- 掌握配置虚拟主机和部署框架的方法
- 掌握使用 ThinkPHP 5 框架的方法
- 掌握 ThinkPHP 5 框架的配置方法
- 掌握 ThinkPHP 控制器的使用方法
- 掌握数据库的基本操作方法
- 掌握 ThinkPHP 模型的使用方法
- 掌握 ThinkPHP 视图的使用方法

## 22.1 什么是 ThinkPHP 框架

ThinkPHP 是为了简化企业级应用开发和敏捷 Web 应用开发而诞生的。最早诞生于 2006 年初，2007 年 1 月 1 日正式更名为 ThinkPHP，并且遵循 Apache2 开源协议发布。ThinkPHP 从诞生以来一直秉承简洁实用的设计原则，在保持出色的性能和至简的代码的同时，也注重易用性。并且拥有众多原创功能和特性，在其社区团队的积极参与下，在易用性、扩展性和性能方面不断优化和改进。

ThinkPHP 是一个快速、兼容而且简单的轻量级国产 PHP 开发框架，从 Struts 框架移植过来并做了改进和完善，同时也借鉴了国外很多优秀的框架和模式，使用面向对象的开发结构和 MVC 模式，融合了 Struts 的思想和 TagLib（标签库）、RoR 的 ORM 映射和 ActiveRecord 模式。

ThinkPHP 可以支持 Windows、UNIX、Linux 等服务器环境，支持 MySQL、PostgreSQL、SQLite 多种数据库以及 PDO 扩展。

作为一个整体开发解决方案，ThinkPHP 能够解决应用开发中的大多数需要，因为其自身包含了底层架构、兼容处理、基类库、数据库访问层、模板引擎、缓存机制、插件机制、角色认证、表单处理等常用的组件，并且对于跨版本、跨平台和跨数据库移植都比较方便。每个组件都是精心设计和完善的，应用开发过程仅仅需要关注项目的业务逻辑即可。

在学习 ThinkPHP 框架之前，首先需要了解以下两个概念。

### 1. CURD

CURD 是一个数据库技术中的缩写词。它代表创建（Create）、更新（Update）、读取（Retrieve）和删除（Delete）操作。之所以将 CURD 提升到技术难题的高度，是因为完成一个涉及在多个数据库系统中进行 CRUD 操作的汇总相关的活动时，其性能可能会随数据关系的变化而有非常大的差异。

### 2. 单一入口

单一入口的应用程序就是说用一个文件处理所有的 HTTP 请求。例如，无论是列表页还是文章页，都是从浏览器访问 index.php 文件，这个文件就是这个应用程序的单一入口。

通过单一入口，可以对 url 参数和 post 进行必要的检查和特殊字符过滤、记录日志、访问统计等各种可以集中处理的任务。这样就可以看出，由于这些工作都被集中到了 index.php 来完成，因此可以减轻维护其他功能代码的难度。

## 22.2 下载和安装 ThinkPHP 框架

ThinkPHP 框架的官方网站是 http://www.thinkphp.cn/，选择【下载】链接，即可进入 ThinkPHP 框架的下载列表页面，目前最新的版本为 ThinkPHP 5.0.22。这里包含核心版和完整版，根据实际需求下载对应的版本即可。这里选择下载 ThinkPHP 5.0.22 完整版，如图 22-1 所示。

图 22-1 ThinkPHP 的下载页面

完成下载后，解压下载的文件，然后将解压后的文件夹重命名为 ThinkPHP。严格来说，ThinkPHP 无须安装，这里所说的安装其实就是把 ThinkPHP 框架放入 Web 运行环境。具体操作步骤如下：

步骤 01 在网站根目录下创建文件夹，命名为 TT。

步骤 02 将 ThinkPHP 框架的文件夹存储在 TT 目录下，如图 22-2 所示。

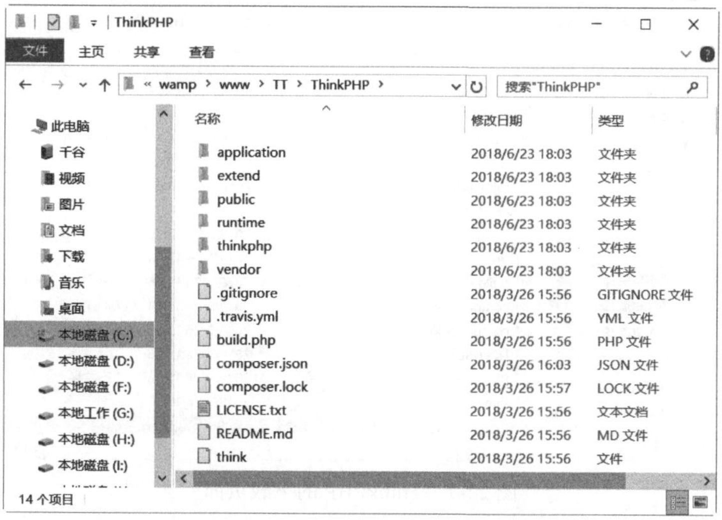


图 22-2 存储 ThinkPHP 框架

步骤 03 运行 public 文件夹下的入口文件 index.php，使用浏览器访问地址：http://localhost/TT/public/，结果如图 22-3 所示，表示 ThinkPHP 5.0 框架已经被成功安装。

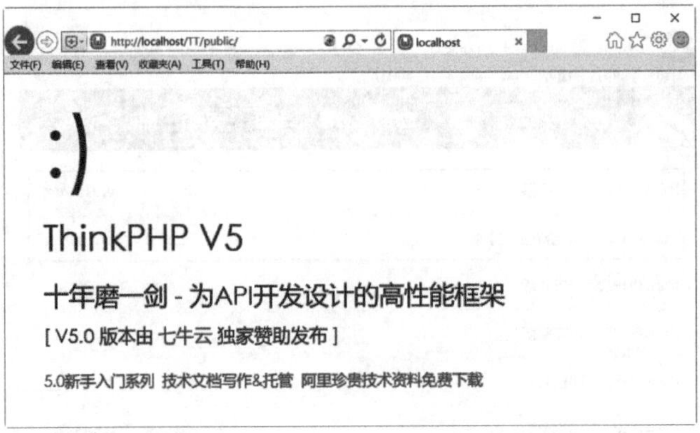


图 22-3　运行入口文件 index.php

# 22.3 ThinkPHP 5.0 框架的目录结构

ThinkPHP 5.0 框架的初始目录结构如图 22-4 所示。

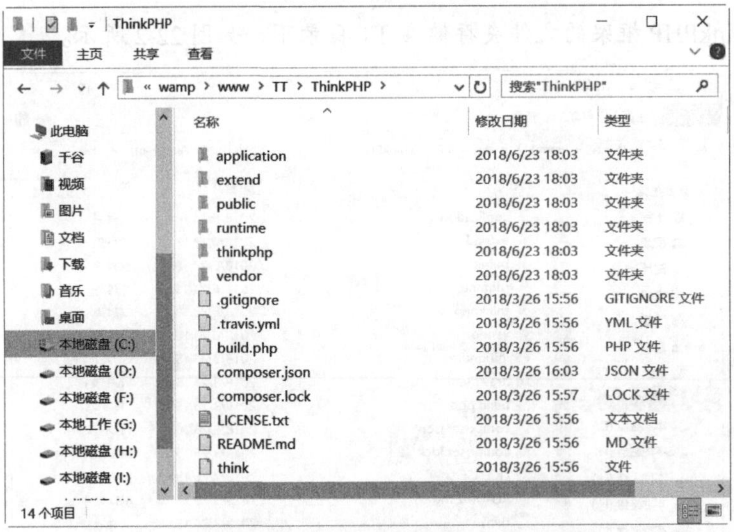


图 22-4　ThinkPHP 的下载页面

目录结构的含义如下：

```
1. project 应用部署目录
2. ├─application            应用目录（可设置）
3. │  ├─common               公共模块目录（可更改）
4. │  ├─index                模块目录(可更改)
5. │  │  ├─config.php        模块配置文件
6. │  │  ├─common.php        模块函数文件
7. │  │  ├─controller        控制器目录
8. │  │  ├─model             模型目录
```

```
│   │   ├─view              视图目录
│   │   └─ ...               更多类库目录
│   ├─command.php          命令行工具配置文件
│   ├─common.php           应用公共（函数）文件
│   ├─config.php           应用（公共）配置文件
│   ├─database.php         数据库配置文件
│   ├─tags.php             应用行为扩展定义文件
│   └─route.php            路由配置文件
├─extend                  扩展类库目录（可定义）
├─public                  WEB 部署目录（对外访问目录）
│   ├─static               静态资源存放目录(css、js、image)
│   ├─index.php            应用入口文件
│   ├─router.php           快速测试文件
│   └─.htaccess            用于 apache 的重写
├─runtime                 应用的运行时目录（可写，可设置）
├─vendor                  第三方类库目录（Composer）
├─thinkphp                框架系统目录
│   ├─lang                 语言包目录
│   ├─library              框架核心类库目录
│   │   ├─think             Think 类库包目录
│   │   └─traits            系统 Traits 目录
│   ├─tpl                  系统模板目录
│   ├─.htaccess            用于 apache 的重写
│   ├─.travis.yml          CI 定义文件
│   ├─base.php             基础定义文件
│   ├─composer.json        composer 定义文件
│   ├─console.php          控制台入口文件
│   ├─convention.php       惯例配置文件
│   ├─helper.php           助手函数文件（可选）
│   ├─LICENSE.txt          授权说明文件
│   ├─phpunit.xml          单元测试配置文件
│   ├─README.md            README 文件
│   └─start.php            框架引导文件
├─build.php               自动生成定义文件（参考）
├─composer.json           composer 定义文件
├─LICENSE.txt             授权说明文件
├─README.md               README 文件
├─think                   命令行入口文件
```

ThinkPHP 5.0 框架文件中的 router.php 用于 PHP 自带 webserver 的支持，可用于快速测试。启动命令如下：

```
php -S localhost:8888 router.php
```

ThinkPHP 5.0 版本自带了一个完整的应用目录结构和默认的应用入口文件，开发人员可以在这个基础之上灵活调整。也就是说，上面的目录结构和名称是可以改变的，尤其是应用的目录结构，这取决项目的入口文件和配置参数。

由于 ThinkPHP 5.0 的架构设计对模块的目录结构保留了很多的灵活性，尤其是对用于存储的目录具有高度的定制化，因此上述的目录结构建议仅供参考。

# 22.4 配置虚拟主机和部署框架

从上一节可以看出，如果要访问 public 文件夹下的 index.php 文件，需要输入较长的地址，如果采用虚拟主机的方式，就可以通过简单的地址来访问。

例如，这里以自定义的虚拟地址 www.think.com 来访问 public 文件夹下的 index.php 文件。具体设置的步骤如下：

步骤 01 找到 Apache 服务器的配置文件 httpd.conf，在 XAMPP 集成开发环境中，该文件的位置是 C:\wamp\bin\apache\apache2.4.23\conf，如图 22-5 所示。

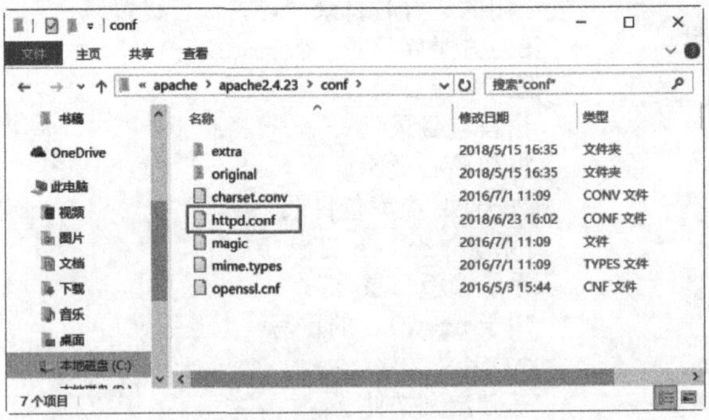


图 22-5 查找配置文件 httpd.conf

步骤 02 用记事本打开配置文件 httpd.conf，然后打开以下三个配置选项，也就是将它们前面的#去掉。

```
LoadModule rewrite_module modules/mod_rewrite.so
LoadModule vhost_alias_module modules/mod_vhost_alias.so
Include conf/extra/httpd-vhosts.conf
```

步骤 03 找到 Apache 服务器的虚拟主机配置文件 httpd-vhosts.conf，在 XAMPP 集成开发环境中，该文件的位置是 C:\wamp\bin\apache\apache2.4.23\conf\extra，如图 22-6 所示。

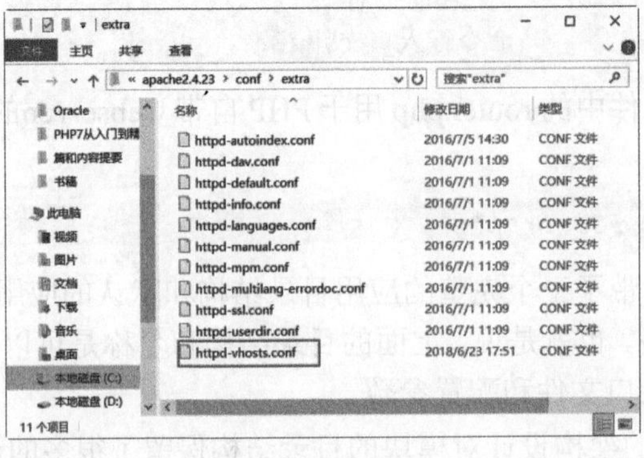


图 22-6 查找虚拟主机配置文件 httpd-vhosts.conf

步骤04 用记事本打开配置文件 httpd-vhosts.conf，查看服务器的地址配置信息，如图 22-7 所示。

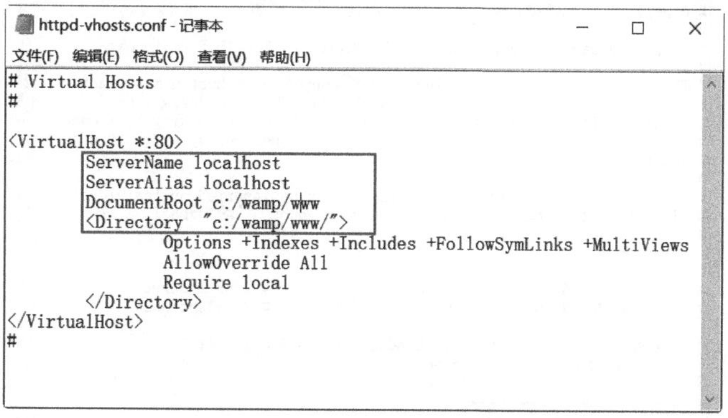


图 22-7　查看服务器的地址配置信息

步骤05 将图 22-7 所示方框中的内容修改如下：

```
ServerName www.think.com
ServerAlias www.think.com
DocumentRoot C:\wamp\www\TT\ThinkPHP\public
<Directory  "C:\wamp\www\TT\ThinkPHP\public">
```

步骤06 下面开始修改系统的配置文件 hosts，该文件的地址是 C:\Windows\System32\drivers\etc，如图 22-8 所示。

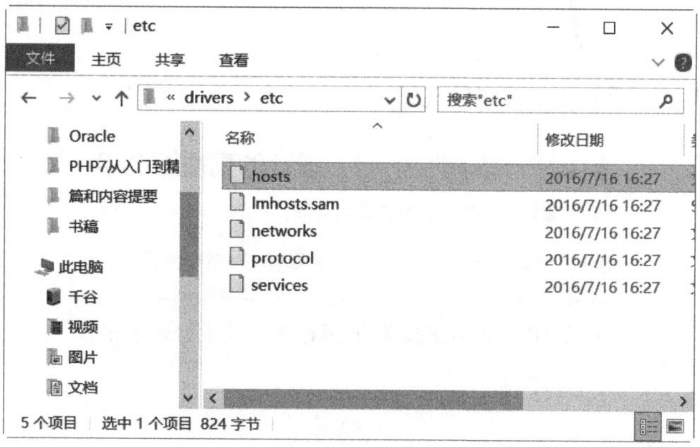


图 22-8　查找系统的配置文件

步骤07 用记事本打开该文件，在最后加入代码（见图 22-9）：

```
127.0.0.1  www.think.com
```

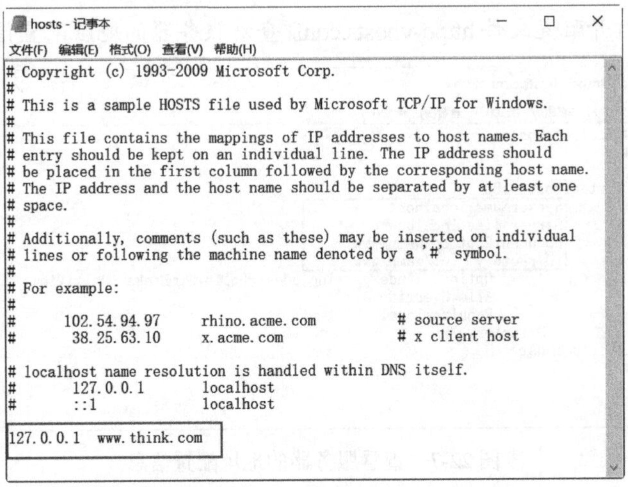

```
# Copyright (c) 1993-2009 Microsoft Corp.
#
# This is a sample HOSTS file used by Microsoft TCP/IP for Windows.
#
# This file contains the mappings of IP addresses to host names. Each
# entry should be kept on an individual line. The IP address should
# be placed in the first column followed by the corresponding host name.
# The IP address and the host name should be separated by at least one
# space.
#
# Additionally, comments (such as these) may be inserted on individual
# lines or following the machine name denoted by a '#' symbol.
#
# For example:
#
#      102.54.94.97     rhino.acme.com          # source server
#       38.25.63.10     x.acme.com              # x client host

# localhost name resolution is handled within DNS itself.
#       127.0.0.1       localhost
#       ::1             localhost

127.0.0.1  www.think.com
```

图 22-9　修改系统的配置文件

步骤 08　输入虚拟地址 www.think.com，即可运行入口文件 index.php，结果如图 22-10 所示。表示虚拟主机和框架已经成功配置完成。

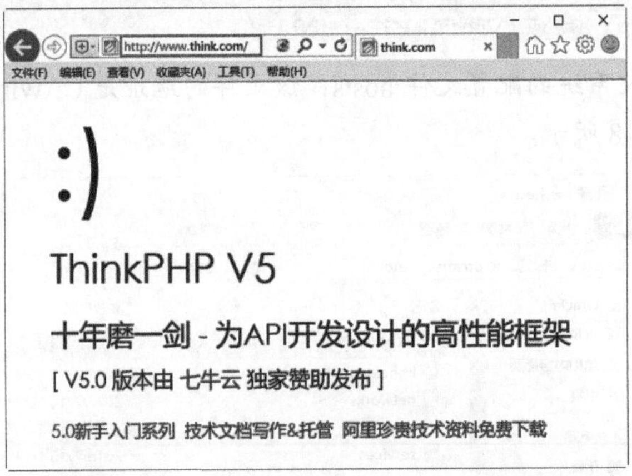


图 22-10　使用虚拟地址运行入口文件 index.php

# 22.5 如何使用 ThinkPHP 5.0 框架

熟悉了 ThinkPHP 5.0 框架的目录后，下面开始学习该架构的使用方法和技巧。

## 22.5.1 URL 访问

在上一节中讲解了运行入口文件后的页面，为什么该页面会显示上述内容呢？下面就从 ThinkPHP 框架的 URL 访问说起。

ThinkPHP 的 URL 是由路由决定的。如果关闭路由或者没有路由匹配的情况下，则是基于以下规则运行的：

```
http://serverName/index.php（或者其他应用入口文件）/模块/控制器/操作/[参数名/参数值...]
```

其中 serverName 是主机名，也就是上一个案例中的 www.think.com；index.php 是项目的入口文件，也可以省略。如果省略/模块/控制器/操作/[参数名/参数值...]，则默认访问的是 index 模块下 index 控制器下的 index 操作。

例如输入 http:// www.think.com/index.php/index/index/ index，结果如图 22-11 所示。

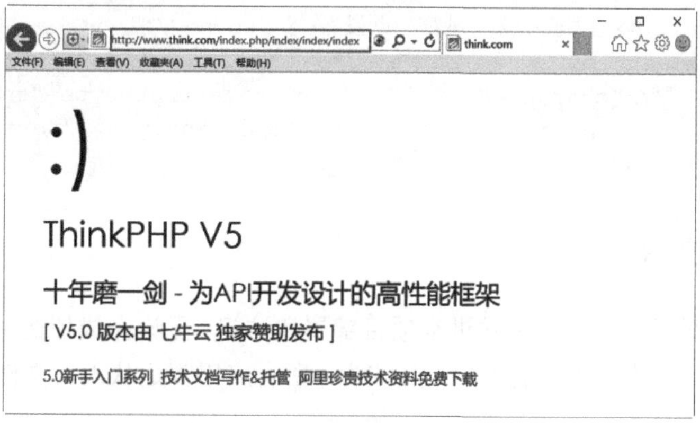


图 22-11　通过完整的 URL 访问网站

从结果可以看出，这里和直接访问 www.think.com 的结果是一样的。那么该文件在哪里呢？该文件的位置是 C:\wamp\www\TT\ThinkPHP\application\index\controller，结果如图 22-12 所示。这里的 index 文件夹就是 index 模块，controller 文件夹就是 controller 控制器。

图 22-12　查看位置

打开该文件后，内容如下：

```
<?php
namespace app\index\controller;

class Index
{
    public function index()
    {
        return '<style type="text/css">*{ padding: 0; margin:
```

```
0; } .think_default_text{ padding: 4px 48px;} a{color:#2E5CD5;cursor:
pointer;text-decoration: none} a:hover{text-decoration:underline; }
body{ background: #fff; font-family: "Century         Gothic","Microsoft
yahei"; color: #333;font-size:18px} h1{ font-size: 100px; font-weight: normal;
margin-bottom: 12px; } p{ line-height: 1.6em;     font-size:
42px }</style><div style="padding: 24px 48px;"> <h1>:)</h1><p> ThinkPHP
V5<br/><span style="font-size:30px">十年磨一剑 - 为API开发设计的高性能框架
</span></p><span style="font-size:22px;">[ V5.0 版本由 <a
href="http://www.qiniu.com"
  target="qiniu">七牛云</a> 独家赞助发布 ]</span></div><script
type="text/javascript" src="https://tajs.qq.
com/stats?sId=9347272"charset="UTF-8"></script><script type="text/javascript"
src="https://e.topthink.com/Public/static/client.js"></script><think
id="ad_bd568ce7058a1091"></think>';}}
```

## 22.5.2 入口文件

ThinkPHP 5.0 采用单一入口模式进行项目部署和访问，无论完成什么功能，一个应用都有一个统一（但不一定是唯一的）的入口。应该说，所有应用都是从入口文件开始的，并且不同应用的入口文件是类似的。

入口文件主要完成以下功能：

（1）定义框架路径、项目路径（可选）。
（2）定义系统相关常量（可选）。
（3）载入框架入口文件（必须）。

ThinkPHP 默认的应用入口文件位于 public/index.php，内容如下：

```
<?php
// +----------------------------------------------------------------------
// | ThinkPHP [ WE CAN DO IT JUST THINK ]
// +----------------------------------------------------------------------
// | Copyright (c) 2006-2016 http://thinkphp.cn All rights reserved.
// +----------------------------------------------------------------------
// | Licensed ( http://www.apache.org/licenses/LICENSE-2.0 )
// +----------------------------------------------------------------------
// | Author: liu21st <liu21st@gmail.com>
// +----------------------------------------------------------------------
// [ 应用入口文件 ]
// 定义应用目录
define('APP_PATH', __DIR__ . '/../application/');
// 加载框架引导文件
require __DIR__ . '/../thinkphp/start.php';
```

入口文件位置的设计是为了让应用部署更安全，public 目录为 Web 可访问目录，其他的文件都可以放到非 Web 访问目录下面。

给 APP_PATH 定义绝对路径会提高系统的加载效率。在有些情况下，可能需要加载框架的基础引导文件 base.php，该引导文件和 start.php 的区别是不会主动执行应用，而是需要自己执行应用，例如：

```
// 定义应用目录
define('APP_PATH', __DIR__ . '/../application/');
// 加载框架基础引导文件
require __DIR__ . '/../thinkphp/base.php';
// 添加额外的代码
// ...
// 执行应用
\think\App::run()->send();
```

## 22.5.3 ThinkPHP 框架的执行流程

下面通过学习 ThinkPHP 的应用请求的生命周期，从而了解整个 ThinkPHP 5.0 框架的执行流程。

### 1. 入口文件

用户发起的请求都会经过应用的入口文件，通常是 public/index.php 文件。当然，你也可以更改或者增加新的入口文件。通常，不建议在应用入口文件中加入过多的代码，尤其是和业务逻辑相关的代码。

### 2. 引导文件

接下来执行框架的引导文件，start.php 文件就是系统默认的一个引导文件。在引导文件中，会依次执行下面的操作：

（1）加载系统常量定义文件。
（2）加载环境变量定义文件。
（3）注册自动加载机制。
（4）注册错误和异常处理机制。
（5）加载惯例配置文件。
（6）执行应用。

start.php 引导文件首先会调用 base.php 基础引导文件，某些特殊需求下面可能直接在入口文件中引入基础引导文件。

提示　若用户在应用入口文件中更改了默认的引导文件，则上述执行流程可能会跟随发生变化。

### 3. 注册自动加载

系统会调用 Loader::register()方法注册自动加载，在这一步完成后，所有符合规范的类库（包括 Composer 依赖加载的第三方类库）都将自动加载。

系统的自动加载由下面的主要部分组成。

（1）注册系统的自动加载方法：\think\Loader::autoload。
（2）注册系统命名空间的定义。
（3）加载类库映射文件。
（4）若存在 Composer 安装，则注册 Composer 自动加载。
（5）注册 extend 扩展目录。

一个类库的自动加载检测顺序为：

（1）是否定义类库映射。
（2）PSR-4 自动加载检测。
（3）PSR-0 自动加载检测。

#### 4. 注册错误和异常机制

执行 Error::register()注册错误和异常处理机制，由以下三部分组成。

（1）应用关闭方法：think\Error::appShutdown。
（2）错误处理方法：think\Error::appError。
（3）异常处理方法：think\Error::appException。

注册应用关闭方法是为了便于拦截一些系统错误。在整个应用请求的生命周期中，如果抛出了异常或者严重错误，均会导致应用提前结束，并响应输出异常和错误信息。

#### 5. 应用初始化

执行应用的第一步操作就是对应用进行初始化，包括：

（1）加载应用（公共）配置。
（2）加载扩展配置文件。
（3）加载应用状态配置。
（4）加载别名定义。
（5）加载行为定义。
（6）加载公共（函数）文件。
（7）注册应用命名空间。
（8）加载扩展函数文件。
（9）设置默认时区。
（10）加载系统语言包。

#### 6. URL 访问检测

应用初始化完成后，就会进行 URL 的访问检测，包括 PATH_INFO 检测和 URL 后缀检测。ThinkPHP 5.0 的 URL 访问必须是 PATH_INFO 方式的 URL 地址，例如：

```
http://serverName/index.php/index/index/hello/val/value
```

所以，如果你的环境只能支持普通方式的 URL 参数访问，那么必须使用：

```
http://serverName/index.php?s=/index/index/hello&val=value
```

若是命令行下访问入口文件的话，则通过$php index.php index/index/hello/val/value...获取正常的$_SERVER['PATH_INFO']参数后才能继续。

### 7. 路由检测

如果开启了 url_route_on 参数的话，会首先进行 URL 的路由检测。一旦检测到匹配的路由，将根据定义的路由地址注册到相应的 URL 调度。

ThinkPHP 5.0 的路由地址支持如下方式：

（1）路由到模块/控制器/操作。

（2）路由到外部重定向地址。

（3）路由到控制器方法。

（4）路由到闭包函数。

（5）路由到类的方法。

路由地址可能会受域名绑定的影响。若关闭路由或者路由检测无效，则进行默认的模块/控制器/操作的分析识别。

如果在应用初始化的时候指定了应用调度方式，那么路由检测是可选的。

可以使用 \think\App::dispatch() 进行应用调度，例如：

```
App::dispatch(['type' => 'module', 'module' => 'index/index']);
```

### 8. 分发请求

在完成 URL 检测和路由检测之后，路由器会分发请求到对应的路由地址，这也是应用请求的生命周期中最重要的一个环节。

在这一步中，完成应用的业务逻辑及数据返回。建议统一使用 return 返回数据，而不是 echo 输出，如非必要，请不要使用 exit 或者 die 中断执行。

下面是系统支持的分发请求机制，可以根据情况选择。

（1）模块/控制器/操作

这是默认的分发请求机制，系统会根据 URL 或者路由地址来判断当前请求的模块、控制器和操作名，并自动调用相应的访问控制器类，执行操作对应的方法。

该机制下面，首先会判断当前模块，并进行模块的初始化操作（和应用的初始化操作类似），模块的配置参数会覆盖应用的尚未生效的配置参数。

支持模块映射、URL 参数绑定到方法以及操作绑定到类等一些功能。

（2）控制器方法

和前一种方式类似，只是无须判断模块、控制器和操作，直接分发请求到一个指定的控制器类的方法，因此没有进行模块的初始化操作。

（3）外部重定向

可以直接分发请求到一个外部的重定向地址，支持指定重定向代码，默认为 301 重定向。

（4）闭包函数

路由地址定义的时候可以直接采用闭包函数，完成一些相对简单的逻辑操作和输出。

（5）类的方法

除了以上方式外，还支持分发请求到类的方法，包括以下两种。

- *静态方法*：'blog/:id'=>'\org\util\Blog::read'。
- *类的方法*：'blog/:id'=>'\app\index\controller\Blog@read'。

### 9. 响应输出

控制器的所有操作方法都是 return 返回，而不是直接输出。系统会调用 Response::send 方法将最终应用返回的数据输出到页面或者客户端，并自动转换成 default_return_type 参数配置的格式。所以，应用执行的数据输出只需要返回一个正常的 PHP 数据即可。

### 10. 应用结束

事实上，在应用的数据响应输出之后，应用并没真正的结束，系统会在应用输出或者中断后进行日志保存写入操作。

系统的日志包括用户调试输出的日志和系统自动生成的日志，统一在应用结束的时候进行写入操作。而日志的写入操作受日志初始化的影响。

## 22.5.4 项目开发规范

ThinkPHP 5.0 遵循 PSR-2 命名规范和 PSR-4 自动加载规范，并且注意如下规范。

### 1. 目录和文件

目录和文件的规范如下：

（1）目录使用小写+下画线。
（2）类库、函数文件统一以.php 为后缀。
（3）类的文件名均以命名空间定义，并且命名空间的路径和类库文件所在路径一致。
（4）类文件采用驼峰法命名（首字母大写），其他文件采用“小写+下画线”命名。
（5）类名和类文件名保持一致，统一采用驼峰法命名（首字母大写）。

### 2. 函数和类、属性命名

类的命名采用驼峰法（首字母大写），例如 User、UserType，默认不需要添加后缀，例如 UserController 应该直接命名为 User。

（1）函数的命名使用小写字母和下画线（小写字母开头）的方式，例如 get_client_ip。

（2）方法的命名使用驼峰法（首字母小写），例如 getUserName。

（3）属性的命名使用驼峰法（首字母小写），例如 tableName、instance。

（4）以双下画线“_ _”打头的函数或方法作为魔法方法，例如 _ _call 和_ _autoload。

### 3. 常量和配置

（1）常量以大写字母和下画线命名，例如 APP_PATH 和 THINK_PATH。

（2）配置参数以小写字母和下画线命名，例如 url_route_on 和 url_convert。

### 4. 数据表和字段

数据表和字段采用“小写加下画线”的方式命名，注意字段名不要以下画线开头，例如 think_user 表和 user_name 字段，不建议使用驼峰和中文作为数据表字段命名。

### 5. 应用类库命名空间规范

应用类库的根命名空间统一为 app（可以设置 app_namespace 配置参数更改），例如 app\index\controller\Index 和 app\index\model\User。

注意：请避免使用 PHP 保留字作为常量、类名和方法名，以及命名空间的命名，否则会造成系统错误。

# 22.6 ThinkPHP 的配置

配置文件是 ThinkPHP 框架程序得到运行的基础条件，框架的很多功能都需要在配置文件中设置之后才可以生效。

## 22.6.1 配置目录

系统默认的配置文件目录就是应用目录（APP_PATH），也就是默认的 application 下面，并分为应用配置（整个应用有效）和模块配置（仅针对该模块有效）。

```
├─application            应用目录
│  ├─config.php           应用配置文件
│  ├─database.php         数据库配置文件
│  ├─route.php            路由配置文件
│  ├─index                index 模块配置文件目录
│  │  ├─config.php         index 模块配置文件
│  │  └─database.php       index 模块数据库配置文件
```

如果不希望配置文件放到应用目录下面，可以在入口文件中定义独立的配置目录，添加 CONF_PATH 常量定义即可，例如：

```
// 定义配置文件目录和应用目录同级
define('CONF_PATH', __DIR__.'/../config/');
```

配置目录下面的结构类似：

```
├─application          应用目录
├─config               配置目录
│  ├─config.php         应用配置文件
│  ├─database.php       数据库配置文件
│  ├─route.php          路由配置文件
│  ├─index              index 模块配置文件目录
│  │  ├─config.php       index 模块配置文件
│  │  └─database.php     index 模块数据库配置文件
```

ThinkPHP 5.0.1 开始增加了扩展配置目录的概念，在应用配置目录或者模块配置目录下面增加了 extra 子目录，下面的配置文件都会自动加载，无须任何配置。

如果定义了 CONF_PATH 常量为 config 目录，则扩展配置目录如下：

```
├─application          应用目录
├─config               配置目录
│  ├─config.php         应用配置文件
│  ├─database.php       数据库配置文件
│  ├─route.php          路由配置文件
│  ├─extra              应用扩展配置目录
│  ├─index              index 模块配置文件目录
│  │  ├─extra            index 模块扩展配置目录
│  │  ├─config.php       index 模块配置文件
│  │  └─database.php     index 模块数据库配置文件
```

扩展配置文件的文件名（不含后缀）就是配置参数名，并且会和应用配置文件中的参数进行合并。

## 22.6.2　配置格式

ThinkPHP 框架中所有的配置文件的定义格式均采用返回 PHP 数组的方式。

### 1. 定义 PHP 数组

返回 PHP 数组的方式是默认的配置定义格式，例如：

```
//项目配置文件
return [
    // 默认模块名
    'default_module'         => 'index',
    // 默认控制器名
    'default_controller'     => 'Index',
    // 默认操作名
    'default_action'         => 'index',
    //更多配置参数
    //...
```

```
];
```

配置参数名不区分大小写（因为无论大小写定义都会转换成小写），新版的建议使用小写定义配置参数的规范。

还可以在配置文件中使用二维数组来配置更多的信息，例如：

```
//项目配置文件
return [
    'cache'                    => [
        'type'   => 'File',
        'path'   => CACHE_PATH,
        'prefix' => '',
        'expire' => 0,
    ],
];
```

### 2. 支持其他配置格式

默认以 PHP 数组方式定义配置文件，用户可以在入口文件定义 CONF_EXT 常量来更改为其他的配置类型：

```
// 更改配置格式为 ini 格式
define('CONF_EXT', '.ini');
```

配置后，会自动解析支持的配置类型，包括.ini、.xml、.json 和.php 在内的格式支持。

ini 格式配置例子：

```
default_module=Index ;默认模块
default_controller=index ;默认控制器
default_action=index ;默认操作
```

XML 格式配置例子：

```
<config>
<default_module>Index</default_module>
<default_controller>index</default_controller>
<default_action>index</default_action>
</config>
```

JSON 格式配置例子：

```
{
"default_module":"Index",
"default_controller":"index",
"default_action":"index"
}
```

# 22.7 ThinkPHP 的控制器

ThinkPHP 5.0 的控制器定义比较灵活，可以不继承任何的基础类，也可以继承官方封装的\think\Controller 类或者其他的控制器类。

## 22.7.1 定义控制器

一个典型的控制器类定义如下：

```
namespace app\index\controller;

class Index
{
    public function index()
    {
        return 'index';
    }
}
```

控制器类文件的实际位置是 application\index\controller\Index.php。

控制器类可以不继承任何类，命名空间默认以 app 为根命名空间。

控制器的根命名空间可以设置，例如在应用配置文件中修改：

```
// 修改应用类库命名空间
'app_namespace' => 'application',
```

实际的控制器类应该更改定义如下：

```
namespace application\index\controller;

class Index
{
    public function index()
    {
        return 'index';
    }
}
```

只是命名空间改变了，实际的文件位置和文件名并没有改变。使用该方式定义的控制器类，如果要在控制器里面渲染模板，可以使用：

```
namespace app\index\controller;

use think\View;

class Index
```

```
{
    public function index()
    {
        $view = new View();
        return $view->fetch('index');
    }
}
```

或者直接使用view助手函数渲染模板输出，例如：

```
namespace app\index\controller;

class Index
{
    public function index()
    {
        return view('index');
    }
}
```

如果继承了think\Controller类的话，可以直接调用think\View及think\Request类的方法，例如：

```
namespace app\index\controller;

use think\Controller;

class Index extends Controller
{
    public function index()
    {
        // 获取包含域名的完整URL地址
        $this->assign('domain',$this->request->url(true));
        return $this->fetch('index');
    }
}
```

默认情况下，控制器的输出全部采用return的方式，无须进行任何的手动输出，系统会自动完成渲染内容的输出。

下面都是有效的输出方式：

```
namespace app\index\controller;

class Index
{
    public function hello()
    {
        return 'hello,world!';
    }

    public function json()
```

```
    {
        return json_encode($data);
    }

    public function read()
    {
        return view();
    }

}
```

控制器一般不需要任何输出，直接 return 即可。

默认情况下，控制器的返回输出不会做任何的数据处理，但可以设置输出格式，并进行自动的数据转换处理，前提是控制器的输出数据必须采用 return 的方式返回。

如果控制器定义为：

```
namespace app\index\controller;

class Index
{
    public function hello()
    {
        return 'hello,world!';
    }

    public function data()
    {
        return ['name'=>'thinkphp','status'=>1];
    }

}
```

当设置输出数据格式为 JSON：

```
// 默认输出类型
'default_return_type'    => 'json',
```

访问以下地址：

```
http://localhost/index.php/index/Index/hello
http://localhost/index.php/index/Index/data
```

输出的结果变成：

```
"hello,world!"
{"name":"thinkphp","status":1}
```

默认情况下，控制器在 Ajax 请求时会对返回类型自动转换，默认为 JSON。

如果控制器定义如下：

```
namespace app\index\controller;
```

```
class Index
{
    public function data()
    {
        return ['name'=>'thinkphp','status'=>1];
    }

}
```

访问地址：http://localhost/index.php/index/Index/data。

输出的结果变成：

```
{"name":"thinkphp","status":1}
```

当设置输出数据格式为 html：

```
// 默认输出类型
'default_ajax_return'    => 'html',
```

这种情况下，Ajax 请求不会对返回内容进行转换。

## 22.7.2 控制器的初始化

如果控制器类继承了\think\Controller 类的话，可以定义控制器初始化方法_initialize，在该控制器的方法调用之前执行。

例如：

```
namespace app\index\controller;

use think\Controller;

class Index extends Controller
{

    public function _initialize()
    {
        echo 'init<br/>';
    }

    public function hello()
    {
        return 'hello';
    }

    public function data()
    {
        return 'data';
    }
```

```
}
```

此时访问地址：http://localhost/index.php/index/Index/hello。

结果会输出如下：

```
init
hello
```

如果访问地址：http://localhost/index.php/index/Index/data。

结果会输出如下：

```
init
data
```

## 22.7.3 跳转和重定向

在应用开发中，经常会遇到一些带有提示信息的跳转页面，例如操作成功或者操作错误页面，并且自动跳转到另一个目标页面。系统的\think\Controller 类内置了 success 和 error 两个跳转方法，用于页面跳转提示。

使用方法很简单，举例如下：

```
namespace app\index\controller;

use think\Controller;
use app\index\model\User;

class Index extends Controller
{
    public function index()
    {
        $User = new User; //实例化 User 对象
        $result = $User->save($data);
        if($result){
            //设置成功后跳转页面的地址，默认的返回页面是$_SERVER['HTTP_REFERER']
            $this->success('新增成功', 'User/list');
        } else {
            //错误页面的默认跳转页面是返回前一页，通常不需要设置
            $this->error('新增失败');
        }
    }
}
```

跳转地址是可选的，success 方法的默认跳转地址是$_SERVER["HTTP_REFERER"]，error 方法的默认跳转地址是 javascript:history.back(-1);。

> 提示
> 默认的等待时间是 3 秒。

success 和 error 方法都可以有对应的模板，默认的设置两个方法对应的模板都是：

```
THINK_PATH . 'tpl/dispatch_jump.tpl'
```

可以改变默认的模板：

```
//默认错误跳转对应的模板文件
'dispatch_error_tmpl' => APP_PATH . 'tpl/dispatch_jump.tpl',
//默认成功跳转对应的模板文件
'dispatch_success_tmpl' => APP_PATH . 'tpl/dispatch_jump.tpl',
```

也可以使用项目内部的模板文件：

```
//默认错误跳转对应的模板文件
'dispatch_error_tmpl' => 'public/error',
//默认成功跳转对应的模板文件
'dispatch_success_tmpl' => 'public/success',
```

模板文件可以使用模板标签，并且可以使用下面的模板变量：

```
$data   要返回的数据
$msg    页面提示信息
$code   返回的 code
$wait   跳转等待时间，单位为秒
$url    跳转页面地址
```

error 方法会自动判断当前请求是否属于 Ajax 请求，若属于 Ajax 请求，则自动转换为 default_ajax_return 配置的格式返回信息。success 方法在 Ajax 请求下不返回信息，需要开发者自行处理。

\think\Controller 类的 redirect 方法可以实现页面的重定向功能。redirect 方法的参数用法如下：

```
//重定向到 News 模块的 Category 操作
$this->redirect('News/category', ['cate_id' => 2]);
```

上面的用法是跳转到 News 模块的 category 操作，重定向后会改变当前的 URL 地址。

或者直接重定向到一个指定的外部 URL 地址，例如：

```
//重定向到指定的 URL 地址，并且使用 302
$this->redirect('http://thinkphp.cn/blog/2',302);
```

# 22.8 数据库的基本操作

ThinkPHP 内置了抽象数据库访问层，把不同的数据库操作封装起来，只需要使用公共的 Db 类进行操作，而无须针对不同的数据库写不同的代码和底层实现，Db 类会自动调用相应的数据库驱动来处理。采用 PDO 方式，目前支持 MySQL、SQL Server、PostgreSQL、SQLite 等数据库。

## 22.8.1 连接数据库

如果应用需要使用数据库，必须配置数据库连接信息。数据库的配置文件有多种定义方式。

### 1. 配置文件定义

常用的配置方式是在应用目录或者模块目录下面的 database.php 中添加下面的配置参数：

```
return [
    // 数据库类型
    'type'          => 'mysql',
    // 数据库连接 DSN 配置
    'dsn'           => '',
    // 服务器地址
    'hostname'      => '127.0.0.1',
    // 数据库名
    'database'      => 'thinkphp',
    // 数据库用户名
    'username'      => 'root',
    // 数据库密码
    'password'      => '',
    // 数据库连接端口
    'hostport'      => '',
    // 数据库连接参数
    'params'        => [],
    // 数据库编码默认采用 utf8
    'charset'       => 'utf8',
    // 数据库表前缀
    'prefix'        => 'think_',
    // 数据库调试模式
    'debug'         => false,
    // 数据库部署方式:0 集中式(单一服务器),1 分布式(主从服务器)
    'deploy'        => 0,
    // 数据库读写是否分离 主从式有效
    'rw_separate' => false,
    // 读写分离后 主服务器数量
    'master_num'  => 1,
    // 指定从服务器序号
    'slave_no'      => '',
    // 是否严格检查字段是否存在
    'fields_strict'  => true,
];
```

type 参数支持命名空间完整定义，不带命名空间定义的话，默认采用\think\db\connector 作为命名空间，如果使用应用自己扩展的数据库驱动，可以配置为：

```
// 数据库类型
'type'          => '\org\db\Mysql',
```

上面例子表示数据库的连接器采用 \org\db\Mysql 类作为数据库连接驱动，而不是默认的 \think\db\connector\Mysql。

每个模块可以设置独立的数据库连接参数，并且相同的配置参数无须重复设置，例如我们可以在 admin 模块的 database.php 配置文件中定义：

```
return [
    // 服务器地址
    'hostname'     => '192.168.1.100',
    // 数据库名
    'database'     => 'admin',
];
```

上述配置表示 admin 模块的数据库地址改成 192.168.1.100，数据库名改成 admin，其他的连接参数和应用的 database.php 中的配置一样。

可以针对不同的连接需要添加数据库的连接参数，内置采用的参数如下：

```
PDO::ATTR_CASE              => PDO::CASE_NATURAL,
PDO::ATTR_ERRMODE           => PDO::ERRMODE_EXCEPTION,
PDO::ATTR_ORACLE_NULLS      => PDO::NULL_NATURAL,
PDO::ATTR_STRINGIFY_FETCHES => false,
PDO::ATTR_EMULATE_PREPARES  => false,
```

在 database 中设置的 params 参数中的连接配置将会和内置的设置参数合并，如果需要使用长连接，并且返回数据库的小写列名，可以采用下面的方式定义：

```
'params' => [
    \PDO::ATTR_PERSISTENT   => true,
    \PDO::ATTR_CASE         => \PDO::CASE_LOWER,
],
```

可以在 params 里面配置任何 PDO 支持的连接参数。

### 2. 方法配置

可以在调用 Db 类的时候动态定义连接信息，例如：

```
Db::connect([
    // 数据库类型
    'type'          => 'mysql',
    // 数据库连接 DSN 配置
    'dsn'           => '',
    // 服务器地址
    'hostname'      => '127.0.0.1',
    // 数据库名
    'database'      => 'thinkphp',
    // 数据库用户名
    'username'      => 'root',
    // 数据库密码
    'password'      => '',
    // 数据库连接端口
    'hostport'      => '',
    // 数据库连接参数
    'params'        => [],
    // 数据库编码默认采用 utf8
    'charset'       => 'utf8',
    // 数据库表前缀
```

```
    'prefix'       => 'think_',
]);
```

或者使用字符串方式：

```
Db::connect('mysql://root:1234@127.0.0.1:3306/thinkphp#utf8');
```

字符串连接的定义格式为：

```
数据库类型://用户名:密码@数据库地址:数据库端口/数据库名#字符集
```

注意：字符串方式可能无法定义某些参数，例如前缀和连接参数。

比如，可以在应用配置文件中配置额外的数据库连接信息，例如：

```
//数据库配置 1
'db_config1' => [
    // 数据库类型
    'type'          => 'mysql',
    // 服务器地址
    'hostname'      => '127.0.0.1',
    // 数据库名
    'database'      => 'thinkphp',
    // 数据库用户名
    'username'      => 'root',
    // 数据库密码
    'password'      => '',
    // 数据库编码默认采用 utf8
    'charset'       => 'utf8',
    // 数据库表前缀
    'prefix'        => 'think_',
],
//数据库配置 2
'db_config2' => 'mysql://root:1234@localhost:3306/thinkphp#utf8';
```

### 3. 定义模型类

若在某个模型类里面定义了 connection 属性的话，则该模型操作的时候会自动连接给定的数据库连接，而不是配置文件中设置的默认连接信息，通常用于某些数据表位于当前数据库连接之外的其他数据库，例如：

```
//在模型里单独设置数据库连接信息
namespace app\index\model;

use think\Model;

class User extends Model
{
    protected $connection = [
        // 数据库类型
        'type'          => 'mysql',
        // 数据库连接 DSN 配置
```

```
        'dsn'          => '',
        // 服务器地址
        'hostname'     => '127.0.0.1',
        // 数据库名
        'database'     => 'thinkphp',
        // 数据库用户名
        'username'     => 'root',
        // 数据库密码
        'password'     => '',
        // 数据库连接端口
        'hostport'     => '',
        // 数据库连接参数
        'params'       => [],
        // 数据库编码默认采用 utf8
        'charset'      => 'utf8',
        // 数据库表前缀
        'prefix'       => 'think_',
    ];
}
```

也可以采用 DSN 字符串的方式来定义，例如：

```
//在模型里单独设置数据库连接信息
namespace app\index\model;

use think\Model;

class User extends Model
{
    //或者使用字符串定义
    protected $connection = 'mysql://root:1234@127.0.0.1:3306/thinkphp#utf8';
```

## 22.8.2 运行 SQL 操作

配置数据库连接信息后，就可以直接使用数据库运行原生 SQL 操作了，这个操作支持 query（查询操作）和 execute（写入操作）方法，并且支持参数绑定，例如：

```
Db::query('select * from think_user where id=?',[8]);
Db::execute('insert into think_user (id, name) values (?, ?)',[8,'thinkphp']);
```

也支持命名占位符绑定，例如：

```
Db::query('select * from think_user where id=:id',['id'=>8]);
Db::execute('insert into think_user (id, name) values
    (:id, :name)',['id'=>8,'name'=>'thinkphp']);
```

可以使用多个数据库连接，例如：

```
    Db::connect($config)->query('select * from think_user where id=:id',['id'=>8]);
```

config 是一个单独的数据库配置，支持数组和字符串，也可以是一个数据库连接的配置参数名。

# 22.9 ThinkPHP 的模型

定义一个 User 模型类：

```
namespace app\index\model;
use think\Model;
class User extends Model
{
}
```

默认主键为自动识别，如果需要指定，可以设置属性：

```
namespace app\index\model;

use think\Model;

class User extends Model
{
    protected $pk = 'uid';
}
```

模型会自动对应数据表，模型类的命名规则是除去表前缀的数据表名称，采用驼峰法命名，并且首字母大写，例如：

```
User  think_user
UserType  think_user_type
```

如果想指定数据表甚至数据库连接的话，可以使用：

```
namespace app\index\model;

class User extends \think\Model
{
    // 设置当前模型对应的完整数据表名称
    protected $table = 'think_user';

    // 设置当前模型的数据库连接
    protected $connection = [
        // 数据库类型
        'type'          => 'mysql',
        // 服务器地址
        'hostname'      => '127.0.0.1',
        // 数据库名
        'database'      => 'thinkphp',
        // 数据库用户名
        'username'      => 'root',
        // 数据库密码
```

```
        'password'    => '',
        // 数据库编码默认采用 utf8
        'charset'     => 'utf8',
        // 数据库表前缀
        'prefix'      => 'think_',
        // 数据库调试模式
        'debug'       => false,
    ];
}
```

和连接数据库的参数一样，connection 属性的值也可以设置为数据库的配置参数。

模型类可以使用静态调用或者实例化调用两种方式，例如：

```
// 静态调用
$user = User::get(1);
$user->name = 'thinkphp';
$user->save();

// 实例化模型
$user = new User;
$user->name= 'thinkphp';
$user->save();

// 使用 Loader 类实例化（单例）
$user = Loader::model('User');

// 或者使用助手函数`model`
$user = model('User');
$user->name= 'thinkphp';
$user->save();
```

实例化模型类主要用于调用模型的自定义方法。

# 22.10 ThinkPHP 的视图

视图功能由\think\View 类配合视图驱动（模板引擎）类一起完成，目前的内置模板引擎包含 PHP 原生模板和 Think 模板引擎。

因为新版的控制器可以不继承任何的基础类，所以在控制器中如何使用视图取决于你怎么定义控制器。

### 1. 继承\think\Controller 类

若控制器继承了\think\Controller 类的话，则无须自己实例化视图类，可以直接调用控制器基础类封装的相关视图类的方法。

```
// 渲染模板输出
```

```
return $this->fetch('hello',['name'=>'thinkphp']);
```

下面的方法可以直接被调用：

```
fetch 渲染模板输出
display 渲染内容输出
assign 模板变量赋值
engine 初始化模板引擎
```

如果需要调用 View 类的其他方法，可以直接使用$this->view 对象。

### 2. 助手函数

如果只是需要渲染模板输出的话，可以使用系统提供的助手函数 view，以完成相同的功能：

```
return view('hello',['name'=>'thinkphp']);
```

助手函数调用格式：

```
view('[模板文件]'[,'模板变量（数组）'][,模板替换（数组）])
```

无论是否继承 think\Controller 类，助手函数都可以使用，也是最方便的一种。

任何情况下，都可以直接实例化视图类渲染模板。

```
// 实例化视图类
$view = new View();
 // 渲染模板输出并赋值模板变量
return $view->fetch('hello',['name'=>'thinkphp']);
```

实例化视图类的时候，可以传入模板引擎相关配置参数，例如：

```
// 实例化视图类
$view = new View([
    'type'           => 'think',
    'view_path'      => '',
    'view_suffix'    => 'html',
    'view_depr'      => '/',
]);
 // 渲染模板输出并赋值模板变量
return $view->fetch('hello',['name'=>'thinkphp']);
```

如果需要使用应用自己扩展的模板引擎驱动，可以使用：

```
// 实例化视图类
$view = new View([
    'type'           => '\org\template\Think',
    'view_path'      => '',
    'view_suffix'    => 'html',
    'view_depr'      => '/',
]);
```

如果实例化不当，很容易导致配置参数无效的情况。因此如果不是必要的情况，不建议直接实例化 View 类进行操作。

# 22.11 高手甜点

**甜点 1：如何获取当前的请求信息?**

如果要获取当前的请求信息，可以使用\think\Request 类：

```
$request = Request::instance();
```

也可以使用助手函数：

```
$request =request();
```

当然，最方便的还是使用注入请求对象的方式来获取变量，例如：

```
$request = Request::instance();
// 获取当前域名
echo 'domain: ' . $request->domain() . '<br/>';
// 获取当前入口文件
echo 'file: ' . $request->baseFile() . '<br/>';
// 获取当前 URL 地址，不含域名
echo 'url: ' . $request->url() . '<br/>';
// 获取包含域名的完整 URL 地址
echo 'url with domain: ' . $request->url(true) . '<br/>';
// 获取当前 URL 地址，不含 QUERY_STRING
echo 'url without query: ' . $request->baseUrl() . '<br/>';
// 获取 URL 访问的 ROOT 地址
echo 'root:' . $request->root() . '<br/>';
// 获取 URL 访问的 ROOT 地址
echo 'root with domain: ' . $request->root(true) . '<br/>';
// 获取 URL 地址中的 PATH_INFO 信息
echo 'pathinfo: ' . $request->pathinfo() . '<br/>';
// 获取 URL 地址中的 PATH_INFO 信息，不含后缀
echo 'pathinfo: ' . $request->path() . '<br/>';
// 获取 URL 地址中的后缀信息
echo 'ext: ' . $request->ext() . '<br/>';
```

**甜点 2：如何设置配置参数?**

使用 set 方法动态设置参数，例如：

```
Config::set('配置参数','配置值');
// 或者使用助手函数
config('配置参数','配置值');
```

# 第 23 章

# 开发网上商城

## 学习目标 | Objective

PHP 在互联网行业也被广泛地应用。互联网的发展让各个产业突破传统的发展领域，产业功能不断进化，实现同一内容的多领域共生，前所未有地扩大了传统产业链，目前整个文化创意产业掀起跨界融合浪潮，不断释放出全新生产力，激发产业活力。本章以一个网上商城系统为例来介绍 PHP 在互联网购物行业开发中的应用技能。

## 内容导航 | Navigation

- 了解网上商城系统的功能
- 熟悉网上商城系统功能的分析方法
- 熟悉网上商城系统的数据流程
- 掌握创建网上商城系统数据库的方法
- 掌握网上商城系统的代码实现过程

## 23.1 系统功能描述

本案例介绍一个基于 PHP+MySQL 的网上商城系统。该系统的功能主要包括用户登录及验证、商品管理、删除商品、订单管理、修改订单状态等功能。

整个项目以登录界面为起始，在用户输入用户名和密码后，系统通过查询数据库验证该用户是否存在，如图 23-1 所示。

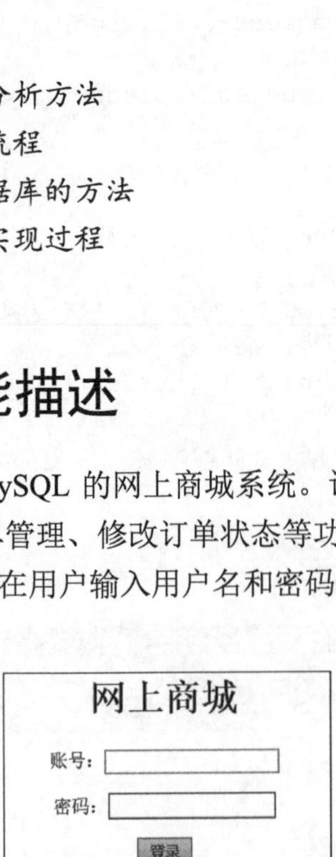


图 23-1　登录界面

若验证成功，则进入系统主菜单，用户可以在网上商城进行相应的功能操作，如图 23-2 所示。

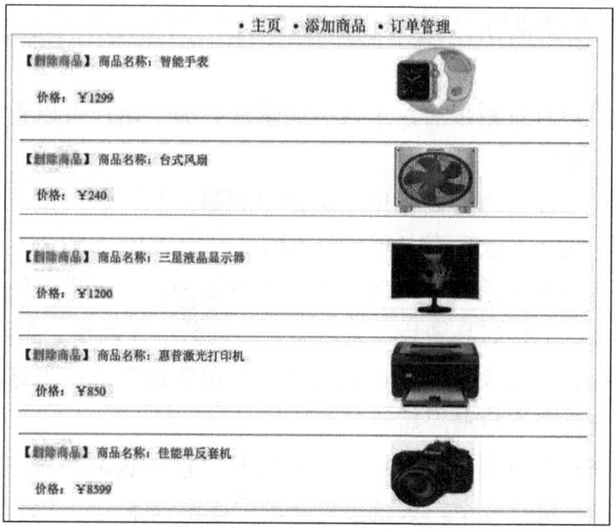


图 23-2　网上商城主界面

# 23.2 系统功能分析

一个简单的网上商城系统包括用户登录及验证、商品管理、删除商品、订单管理、修改订单状态等功能。本节将介绍网上商城系统的功能及其实现方法。

## 23.2.1 系统功能分析

整个系统的功能结构如图 23-3 所示。

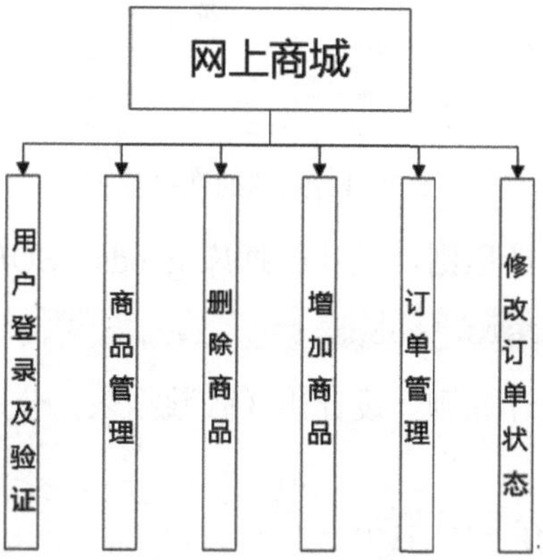


图 23-3　系统的功能结构

整个项目包含以下 6 个功能。

（1）用户登录及验证：在登录界面，用户输入用户名和密码后，系统通过查询数据库验证是否存在该用户，若验证成功，则显示商品管理界面，否则提示“无效的用户名和密码”，并返回登录界面。

（2）商品管理：用户登录系统后，进入商品管理界面，用户可以查看所有商品，系统会查询数据库以显示商品记录。

（3）删除商品：在商品管理界面，用户选择“删除商品”后，系统会从数据库删除此条商品记录，并提示删除成功，返回到商品管理界面。

（4）增加商品：用户登录系统后，可以选择“增加商品”，进入增加商品界面，用户可以输入商品的基本信息，上传商品图片，之后系统会向数据库新增一条商品记录。

（5）订单管理：用户登录系统后，可以选择“订单管理”，进入订单管理界面，用户可以查看所有订单，系统会查询数据库显示订单记录。

（6）修改订单状态：在订单管理界面，用户选择“修改状态”后，进入订单状态修改界面，用户选择订单状态，进行提交，系统会更新数据库中该条记录的订单状态。

## 23.2.2 数据流程和数据库

整个系统的数据流程如图 23-4 所示。

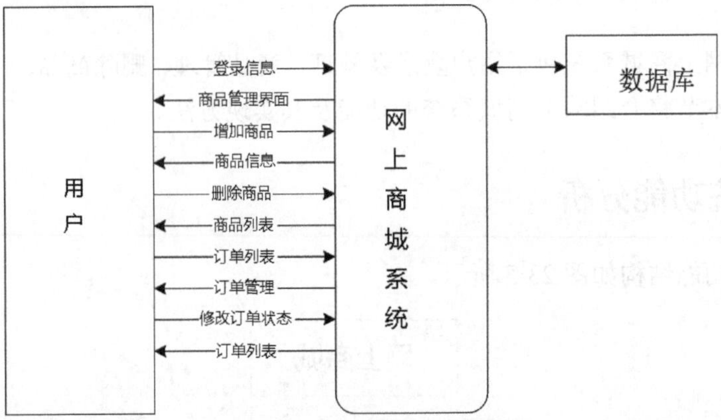


图 23-4 系统的数据流程

根据系统功能和数据库设计原则，设计数据库 goods。SQL 语法如下：

```
CREATE DATABASE IF NOT EXISTS `goods`;
```

根据系统功能和数据库设计原则，设计出 3 张数据表，分别是：管理员表 admin、商品表 product、订单表 form。

各个表的结构如表 23-1~表 23-3 所示。

表 23-1 管理员表 admin

| 字段名 | 数据类型 | 字段说明 |
|---|---|---|
| id | int(3) | 管理员编码，主键 |
| user | varchar(30) | 用户名 |
| pwd | varchar(64) | 密码 |

表 23-2 商品表 product

| 字段名 | 数据类型 | 字段说明 |
|---|---|---|
| cid | int(255) | 商品编码，自增 |
| cname | varchar(100) | 商品名称 |
| cprice | int(3) | 价格 |
| cspic | varchar(255) | 图片 |
| cpicpath | varchar(255) | 图片路径 |

表 23-3 订单表 form

| 字段名 | 数据类型 | 字段说明 |
|---|---|---|
| oid | int(255) | 订单编码，自增 |
| user | varchar(20) | 用户昵称 |
| leibie | int(3) | 种类 |
| name | varchar(255) | 商品名称 |
| price | varchar(255) | 价钱 |
| num | int(3) | 数量 |
| call | varchar(15) | 电话 |
| address | text | 地址 |
| ip | varchar(15) | IP 地址 |
| btime | datetime | 下单时间 |
| addons | text | 备注 |
| state | tinyint(1) | 订单状态 |

创建管理员表 admin，SQL 语句如下：

```
CREATE TABLE IF NOT EXISTS `admin` (
  `id` int(3) unsigned NOT NULL,
  `user` varchar(30) NOT NULL,
  `pwd` varchar(64) NOT NULL,
  PRIMARY KEY (`id`)
);
```

插入演示数据，SQL 语句如下：

```
INSERT INTO `admin` (`id`, `user`, `pwd`) VALUES
(1, 'admin', '123456');
```

创建商品表 product，SQL 语句如下：

```
CREATE TABLE IF NOT EXISTS `product` (
  `cid` int(255) unsigned NOT NULL AUTO_INCREMENT,
  `cname` varchar(100) NOT NULL,
  `cprice` int(3) unsigned NOT NULL,
  `cspic` varchar(255) NOT NULL,
  `cpicpath` varchar(255) NOT NULL,
  PRIMARY KEY (`cid`)
);
```

插入演示数据，SQL 语句如下：

```
INSERT INTO `product` (`cid`, `cname`, `cprice`, `cspic`, `cpicpath`) VALUES
(1, '智能手表', 1299, '', '101.png'),
(2, '台式风扇', 240, '', '102.png'),
(3, '三星液晶显示器',1200, '', '103.png'),
(4, '惠普激光打印机',850, '', '104.png'),
(5, '佳能单反套机',8599, '', '105.png');
```

创建订单表 form，SQL 语句如下：

```
CREATE TABLE IF NOT EXISTS `form` (
  `oid` int(255) unsigned NOT NULL AUTO_INCREMENT,
  `user` varchar(30) NOT NULL,
  `leibie` int(1) unsigned NOT NULL,
  `name` varchar(20) NOT NULL,
  `price` int(3) unsigned NOT NULL,
  `num` int(3) unsigned NOT NULL,
  `call` varchar(15) NOT NULL,
  `address` text NOT NULL,
  `ip` varchar(15) NOT NULL,
  `btime` datetime NOT NULL,
  `addons` text NOT NULL,
  `state` tinyint(1) NOT NULL,
  PRIMARY KEY (`oid`)
) ;
```

插入演示数据，SQL 语句如下：

```
INSERT INTO `form` (`oid`, `user`, `leibie`, `name`, `price`, `num`, `call`,
    `address`, `ip`, `btime`, `addons`, `state`) VALUES
(1, '张峰', 1, '智能手表',1299,1,'1234567', '金水区创智大厦1221', '128.10.1.1',
    '2018-10-18 12:07:39', '尽快发货', 0),
(2, '天山',5, '佳能单反套机',8599,1,'1231238', '东区创智大厦1261', '128.10.2.4',
    '2018-10-18 12:23:45', '无', 0),
(3, '风云',3, '三星液晶显示器',1200,2,'2562569', '西区创智大厦1821', '128.10.0.1',
    '2018-10-18 12:55:47', '无', 0);
```

# 23.3 代码的具体实现

本案例的代码清单中包含 9 个 PHP 文件和两个文件夹，实现了网上商城网站的用户登录及验证、商品管理、删除商品、订单管理、修改订单状态等主要功能。

网上商城网站中文件的含义和代码分别说明如下。

### 1. index.php

该文件是案例的 Web 访问入口，是用户的登录界面。具体代码如下：

```
<html>
<head>
<title>登录
</title>
</head>

<body>
<h1 align="center">网上商城</h1>
<table width="100%" style="text-align:center">
<tr>
<form action="login.php" method="post">
<td width="60%" class="sub1">
<p class="sub">账号：<input type="text" name="userid" align="center"
    class="txttop"></p>
<p class="sub">密码：<input type="password" name="pssw" align="center"
    class="txtbot"></p>
<button name="button" class="button" type="submit">登录</button>
</form>
</td>
</tr>
</table>
</body>
</html>
```

### 2. conn.php

该文件为数据库连接页面，代码如下：

```
<?php
// 创建数据库连接
$con = mysqli_connect("localhost", "root", "")or die("无法连接到数据库");
mysqli_select_db($con,"goods") or die(mysqli_error($con));
mysqli_query($con,'set NAMES utf8');
?>
```

### 3. log.php

该文件是对用户登录进行验证，代码如下：

```
<html>
<head>
<title></title>
<link rel="stylesheet" type="text/css" href="css/main.css">
<head>
<title>
</title>
<link rel="stylesheet" type="text/css" href="css/main.css">
</head>
<body><h1 align="center">网上商城</h1></body>
<p align="center">
<?php
//连接数据库
require_once("conn.php");
//账号
$userid=$_POST['userid'];
//密码
$pssw=$_POST['pssw'];
//查询数据库
$qry=mysqli_query($con,"SELECT * FROM admin WHERE user='$userid'");
$row=mysqli_fetch_array($qry,MYSQLI_ASSOC);
//验证用户
if($userid==$row['user'] && $pssw==$row['pwd']&&$userid!=null&&$pssw!=null)
{
    session_start();
    $_SESSION["login"] =$userid;
    header("Location: menu.php");
}
else{
    echo "无效的账号或密码!";
    header('refresh:1; url= index.php');
}
//}
?>
</p>
</body>
</html>
```

4. menu.php

该文件为系统的主界面，具体代码如下：

```
<?php
//打开 session
session_start();
include("conn.php");
?>
<html>
<head>
<meta http-equiv="Content-Type" content="text/html; charset=utf-8" />
```

```
<link type="text/css" rel="stylesheet" href="css/main.css" media="screen" />
<title>网上商城</title>
</head>
<h1 align="center">网上商城</h1>
<div style="margin-left:30%;margin-top:20px;">
<ul style="float:left;margin-left:30px;font-size:20px;">
<li ><a href="#">主页</a></li>
</ul>
<ul style="float:left;margin-left:30px;font-size:20px;">
<li ><a href="add.php">添加商品</a></li>
</ul>
<ul style="float:left;margin-left:30px;font-size:20px;">
<li ><a href="search.php">订单管理</a></li>
</ul>
</div>
</div>
<div id="contain">
<div id="contain-left">
<?php
$result=mysqli_query($con,"SELECT * FROM `product` " );
while($row=mysqli_fetch_row($result))
  {
?>

<table class="intable" width="543" border="0">
  <tr>
    <td class="td1" >
     <?php
      if(true)
      {
         echo '【<a href="del.php?id='.$row[0].'" onclick=return(confirm("你确定
    要删除此条商品吗？"))><font color=#FF00FF>删除商品</font></a>】';
      }
    ?>
    商品名称：<?=$row[1]?></td>
    <td class="showimg" width="173" rowspan="2"><img src='upload/<?=$row[4]?>'
    width="120" height="90" border="0" /><span><img src="upload/<?=$row[4]?>"
    alt="big" /></span></td>
  </tr>
  <tr>
    <td class="td2">价格： ￥<font color="#FF0000" ><?=$row[2]?></font></td>
  </tr>
</table>
<TD bgColor=#ffffff><br/>
</TD>
<?php
  }
mysqli_free_result($result);
?>
```

```
</div>
</div>
<body>
</body>
</html>
```

5. add.php

该文件为添加商品页面，具体代码如下：

```
<?php

session_start();
//设置中国时区
date_default_timezone_set("PRC");
$cname = $_POST["cname"];
$cprice = $_POST["cprice"];
if (is_uploaded_file($_FILES['upfile']['tmp_name']))
{
    $upfile=$_FILES["upfile"];
}
$type = $upfile["type"];
$size = $upfile["size"];
$tmp_name = $upfile["tmp_name"];
switch ($type) {
    case 'image/jpg' :$tp='.jpg';
        break;
    case 'image/jpeg' :$tp='.jpeg';
        break;
    case 'image/gif' :$tp='.gif';
        break;
    case 'image/png' :$tp='.png';
        break;
}

$path=md5(date("Ymdhms").$name).$tp;
$res = move_uploaded_file($tmp_name,'upload/'.$path);
include("conn.php");
if($res){
    $sql = "INSERT INTO `product`
    (`cid` ,`cname` ,`cprice` ,`cspic` ,`cpicpath` )VALUES (NULL , '$cname',
    '$cprice', '', '$path')";
    $result = mysqli_query($con,$sql);
    $id = mysqli_insert_id($con);
    echo "<script >location.href='menu.php'</script>";
}

?>
<!DOCTYPE html>
```

```
<html>
<head>
<meta http-equiv="Content-Type" content="text/html; charset=utf-8" />
<link type="text/css" rel="stylesheet" href="css/main.css" media="screen" />
<title>网上商城</title>
</head>
<h1 align="center">网上商城</h1>
<div style="margin-left:35%;margin-top:20px;">
<ul style="float:left;margin-left:30px;font-size:20px;">
<li ><a href="menu.php">主页</a></li>
</ul>
<ul style="float:left;margin-left:30px;font-size:20px;">
<li ><a href="add.php">添加商品</a></li>
</ul>
<ul style="float:left;margin-left:30px;font-size:20px;">
<li ><a href="search.php">订单管理</a></li>
</ul>
</div>
<div style="margin-top:100px;margin-left:35%;">
<div>
<form action="add.php" method="post" enctype="multipart/form-data" name="add">
商品名称：<input name="cname" type="text" size="40"/><br /><br />
价格：<input name="cprice" type="text" size="10"/>元<br/><br />
缩略图上传：<input name="upfile" type="file" /><br /><br />
<input type="submit" value="添加商品" style="margin-left:10%;font-size:16px"/>
</form>
</div>
</div>
<body>
</body>
</html>
```

### 6. del.php

该文件为删除订单页面，代码如下：

```
<?php

    session_start();
    include("conn.php");
    $cid=$_GET['id'];
    $sql = "DELETE FROM `product` WHERE cid = '$cid'";
    $result = mysqli_query($con,$sql);
    $rows = mysqli_affected_rows($con);
    if($rows >=1){
        alert("删除成功");
    }else{
        alert("删除失败");
    }
    // 跳转到主页
```

```
    href("menu.php");
    function alert($title){
        echo "<script type='text/javascript'>alert('$title');</script>";
    }
    function href($url){
        echo "<script
    type='text/javascript'>window.location.href='$url'</script>";
    }
?>
<!DOCTYPE html>
<html>
<head>
<meta http-equiv="Content-Type" content="text/html; charset=utf-8" />
<link type="text/css" rel="stylesheet" href="include/main.css" media="screen" />
<title>网上商城</title>
</head>
<h1 align="center">网上商城</h1>
<div id="contain">
  <div align="center">

  </div>
<body>
</body>
</html>
```

7. editDo.php

该文件为修改订单页面，具体代码如下：

```
<?php
//打开 session
session_start();
include("conn.php");
$state=$_POST['state'];
?>
<html>
<head>
<meta http-equiv="Content-Type" content="text/html; charset=utf-8" />
<style type="text/css">
table.gridtable {
    font-family: verdana,arial,sans-serif;
    font-size:11px;
    color:#333333;
    border-width: 1px;
    border-color: #666666;
    border-collapse: collapse;
}
table.gridtable th {
    border-width: 1px;
    padding: 8px;
```

```
    border-style: solid;
    border-color: #666666;
    background-color: #dedede;
}
table.gridtable td {
    border-width: 1px;
    padding: 8px;
    border-style: solid;
    border-color: #666666;
    background-color: #ffffff;
}
</style>
<link type="text/css" rel="stylesheet" href="css/main.css" media="screen" />
<title>网上商城</title>
</head>
<h1 align="center">网上商城</h1>
<div style="margin-left:30%;margin-top:20px;">
<ul style="float:left;margin-left:30px;font-size:20px;">
<li ><a href="menu.php">主页</a></li>
</ul>
<ul style="float:left;margin-left:30px;font-size:20px;">
<li ><a href="add.php">添加商品</a></li>
</ul>
<ul style="float:left;margin-left:30px;font-size:20px;">
<li ><a href="search.php">订单查询</a></li>
</ul>
</div>
<div id="contain">
  <div id="contain-left">
  <?php
  if(''==$state or null==$state)
  {
          echo "请选择订单状态!";
          header('refresh:1; url= edit.php');
  }else
  {
          $oid=$_GET['id'];
          $sql = "UPDATE `form` SET state='$state' WHERE oid = '$oid'";
          $result = mysqli_query($con,$sql);
          echo "订单状态修改成功。";
          header('refresh:1; url= search.php');
  }
  ?>

  </div>

</div>
<body>
</body>
```

```
</html>
```

8. edit.php

该文件为订单修改状态页面，具体代码如下：

```
<?
//打开 session
session_start();
include("conn.php");
$id=$_GET['id'];
?>
<html>
<head>
<meta http-equiv="Content-Type" content="text/html; charset=utf-8" />
<style type="text/css">
table.gridtable {
    font-family: verdana,arial,sans-serif;
    font-size:11px;
    color:#333333;
    border-width: 1px;
    border-color: #666666;
    border-collapse: collapse;
}
table.gridtable th {
    border-width: 1px;
    padding: 8px;
    border-style: solid;
    border-color: #666666;
    background-color: #dedede;
}
table.gridtable td {
    border-width: 1px;
    padding: 8px;
    border-style: solid;
    border-color: #666666;
    background-color: #ffffff;
}
</style>
<link type="text/css" rel="stylesheet" href="css/main.css" media="screen" />
<title>网上商城</title>
</head>
<h1 align="center">网上商城</h1>
<div style="margin-left:30%;margin-top:20px;">
<ul style="float:left;margin-left:30px;font-size:20px;">
<li ><a href="menu.php">主页</a></li>
</ul>
<ul style="float:left;margin-left:30px;font-size:20px;">
<li ><a href="add.php">添加商品</a></li>
</ul>
```

```
<ul style="float:left;margin-left:30px;font-size:20px;">
<li ><a href="search.php">订单管理</a></li>
</ul>
</div>
<div id="contain">
  <div id="contain-left">
<form name="input" method="post" action="editDo.php?id=<?=$id?>">
  <p>修改状态：<br/>
    <input name="state" type="radio" value="0" />
    已经提交！<br/>
    <input name="state" type="radio" value="1" />
    已经接纳！<br/>
    <input name="state" type="radio" value="2" />
    正在派送！<br/>
    <input name="state" type="radio" value="3" />
    已经签收！<br/>
    <input name="state" type="radio" value="4" />
  意外，不能供应！</p>
    </p>
    <button name="button" class="button" type="submit">提交</button>
</form>
  </div>
</div>
<body>
</body>
</html>
```

9. search.php

该文件为订单搜索页面，代码如下：

```
<?php
//打开 session
session_start();
include("conn.php");
?>
<html>
<head>
<meta http-equiv="Content-Type" content="text/html; charset=utf-8" />
<style type="text/css">
table.gridtable {
    font-family: verdana,arial,sans-serif;
    font-size:11px;
    color:#333333;
    border-width: 1px;
    border-color: #666666;
    border-collapse: collapse;
}
table.gridtable th {
    border-width: 1px;
```

```
    padding: 8px;
    border-style: solid;
    border-color: #666666;
    background-color: #dedede;
}
table.gridtable td {
    border-width: 1px;
    padding: 8px;
    border-style: solid;
    border-color: #666666;
    background-color: #ffffff;
}
</style>
<link type="text/css" rel="stylesheet" href="css/main.css" media="screen" />
<title>网上商城</title>
</head>
<h1 align="center">网上商城</h1>
<div style="margin-left:30%;margin-top:20px;">
<ul style="float:left;margin-left:30px;font-size:20px;">
<li ><a href="menu.php">主页</a></li>
</ul>
<ul style="float:left;margin-left:30px;font-size:20px;">
<li ><a href="add.php">添加商品</a></li>
</ul>
<ul style="float:left;margin-left:30px;font-size:20px;">
<li ><a href="search.php">订单管理</a></li>
</ul>
</div>
<div id="contain">
  <div id="contain-left">
    <?php
    $result=mysqli_query($con," SELECT * FROM `form` ORDER BY `oid` DESC " );

    while($row=mysqli_fetch_row($result))
    {
      $x = $row[0];
    ?>

  <table width="640" border="1" cellspacing="0" cellpadding="3"
    class="gridtable">
  <tr>
    <td width="116">
    编号:<?=$row[0]?></td>
    <td width="82">昵称:<?=$row[1]?></td>

    <td width="135">商品种类:     <?
        switch ($row[2]) {
    case '0' :$tp='智能';echo $tp;
       break;
```

```
    case '1' :$tp='传统';echo $tp;
       break;
}
    ?></td>
    <td width="160">下单时间:<?=$row[9]?></td>
  </tr>
  <tr>
    <td colspan="2">商品名称:<?=$row[3]?></td>
    <td>价格:<?=$row[4]?>元</td>
    <td>数量:<?=$row[5]?></td>
  </tr>
  <tr>
      <td >总价:<?=$row[4]*$row[5]?></td>
    <td >联系电话:<?=$row[6]?></td>
     <td colspan="3" bgcolor="#EEEEEE">下单 ip:<?=$row[8]?></td>
    </tr>
  <tr>
    <td colspan="4" bgcolor="#EEEEEE">附加说明:<?=$row[10]?></td>
  </tr>
  <tr>
    <td colspan="4" bgcolor="#EEEEEE">地址:<?=$row[7]?></td>
  </tr>
  <tr>

    <td bgcolor="#EEEEEE">下单状态: 已经下单<?
        switch ($row[11]) {
    case '0' :echo '已经下单';
       break;
    case '1' :echo '已经接纳';
       break;
    case '2' :echo '正在派送';
       break;
    case '3' :echo '已经签收';
       break;
    case '4' :echo '意外，不能供应! ';
         break;
    }?>
</td>
<td><?PHP echo "<a href=edit.php?id=".$x.">修改状态</a>";?></td>
</tr>
</table>
<hr  />
   <?PHP
   }
   mysqli_free_result($result);
   ?>
  </div>

</div>
```

```
<body>
</body>
</html>
```

另外，upload 文件夹用来存放上传的商品图片。css 文件夹存放整个系统通用的样式设置文件。

# 23.4 程序运行

用户登录及验证：在数据库中，默认初始化了一个账号为 admin、密码为 123456 的账户，如图 23-5 所示。

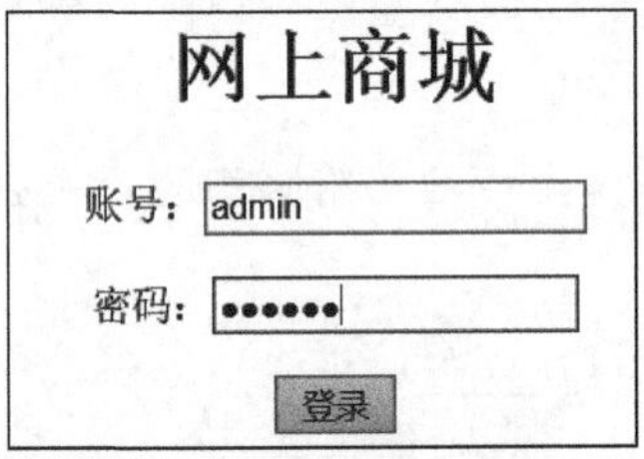


图 23-5　输入账号和密码

商品管理界面：用户登录成功后，进入商品管理页面，显示商品列表。将鼠标放在商品的缩略图上，右侧会显示商品的大图，如图 23-6 所示。

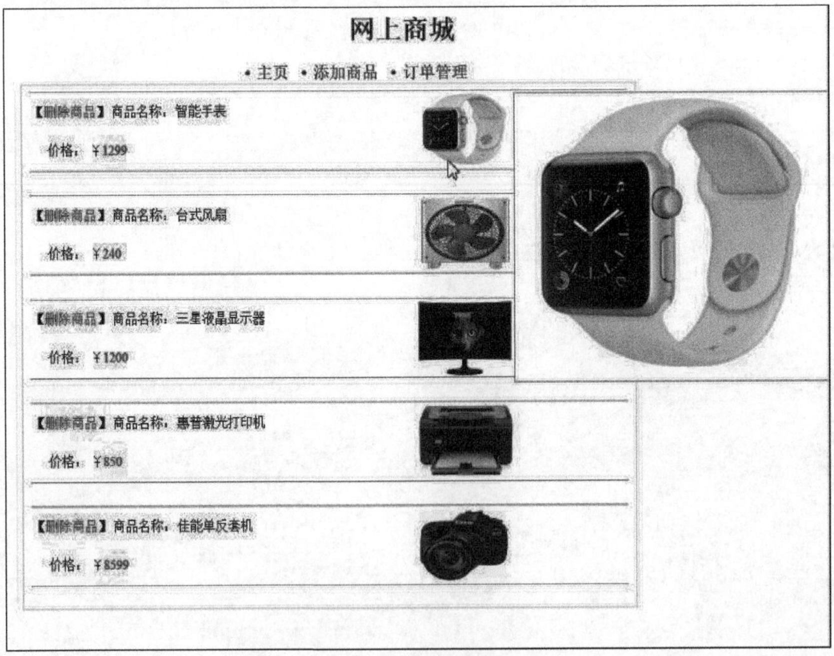


图 23-6　商品管理页面

增加商品功能: 用户登录系统后, 可以选择“增加商品”，进入增加商品页面, 如图 23-7 所示。

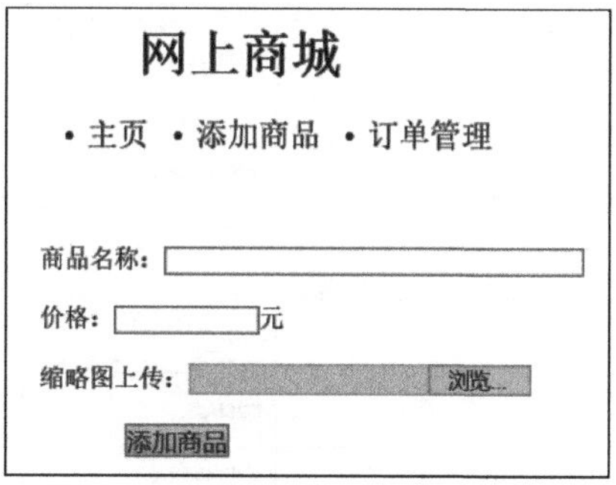


图 23-7　添加商品页面

删除商品功能：在商品管理页面，用户选择“删除商品”后，系统会从数据库中删除此条商品记录，并提示删除成功，如图 23-8 所示。

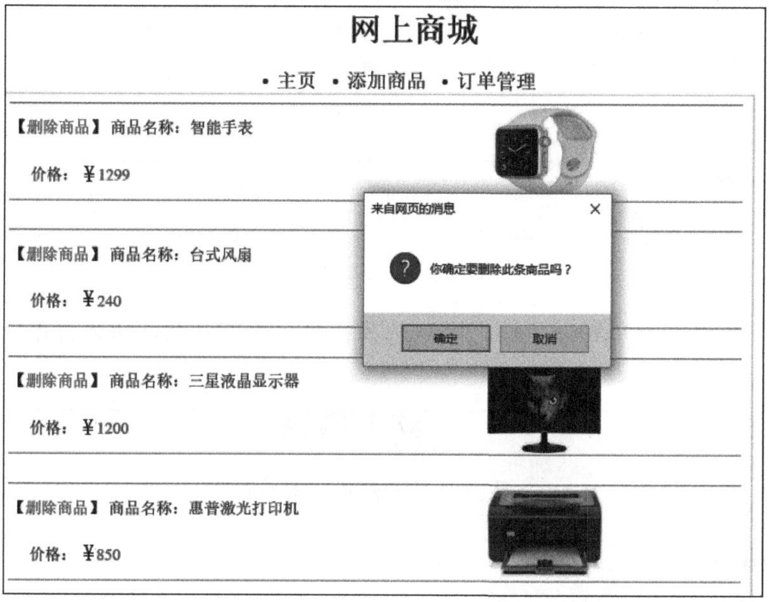


图 23-8　删除商品

订单管理功能：用户登录系统后，可以选择“订单管理”，进入订单管理页面，如图 23-9 所示。

网上商城
• 主页 • 添加商品 • 订单管理
编号:3
昵称:风云
商品种类:
下单时间:2018-10-18 12:55:47
商品名称:三星液晶显示器
价格:1200元
数量:2
总价:2400
联系电话:2562569
下单ip:128.10.0.1
附加说明:无
地址:西区创智大厦1821
下单状态: 已经下单
修改状态
编号:2
昵称:天山
商品种类:
下单时间:2018-10-18 12:23:45
商品名称:佳能单反套机
价格:8599元
数量:1
总价:8599
联系电话:1231238
下单ip:128.10.2.4
附加说明:无
地址:东区创智大厦1261
下单状态: 已经下单
修改状态
编号:1
昵称:张峰
商品种类:
下单时间:2018-10-18 12:07:39
商品名称:智能手表
价格:1299元
数量:1
总价:1299
联系电话:1234567
下单ip:128.10.1.1
附加说明:尽快发货
地址:金水区创智大厦1221
下单状态: 已经下单
修改状态


图 23-9　订单管理页面

修改订单状态：在订单管理页面，用户选择“修改状态”后，进入订单状态修改页面，如图 23-10 所示。

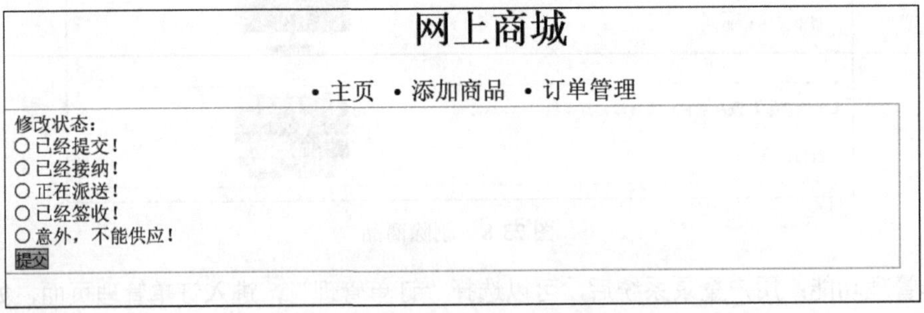


图 23-10　订单状态修改页面

登录错误提示：输入非法字符时的错误提示如图 23-11 所示。

图 23-11　登录错误提示

# 第 24 章 开发图书管理系统网站

学习目标 | Objective

图书管理系统用于图书管理信息的收集、保存、维护和使用。本系统的设计目标旨在方便图书管理员的操作，减少图书管理员的工作量并使其能更有效地管理书库中的图书，实现传统的图书管理工作的信息化建设。通过本章的学习，读者将可以学会如何快速开发企业网站。

内容导航 | Navigation

- 熟悉图书管理系统网站的需求
- 掌握图书管理系统数据库的设计方法
- 掌握开发管理员登录和修改密码功能的方法
- 掌握设计图书管理页面的方法
- 掌握开发图书管理功能的方法
- 掌握开发图书查询和统计功能的方法

## 24.1 图书管理系统概述

本系统是把传统的图书馆管理转变成信息化，并对图书进行信息化管理。

### 24.1.1 文件结构

项目目录结构如下：

（1）datebase：数据库的文件夹。包含创建数据库和数据表的文件。

（2）images：项目所使用的图片文件夹。

（3）add_book.php：新书入库文件。

（4）admin_index.php：管理中心页面。

（5）book_center.php：book_left 页面和 book_right 页面的组合页面。

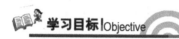

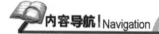

（6）book_check.php：判断管理员是否登录的页面。
（7）book_left.php：管理页面的左侧模块。
（8）book_list.php：新书管理页面。
（9）book_right.php：管理页面的右侧模块。
（10）book_top.php：管理页面的头部模块。
（11）config.php：连接数据库文件。
（12）count.php：系统图书统计文件。
（13）del_book.php：删除图书文件。
（14）login.php：系统管理员登录文件
（15）pwd.php：密码修改文件。
（16）select_book.php：系统图书查询文件。
（17）update_book.php：修改图书文件。
（18）verify.php：验证码文件。

### 24.1.2 系统功能

主要实现的功能如下：

（1）管理员退出登录。
（2）管理员密码更改。
（3）新书管理，对当前所有的图书进行展示和分类，并进行操作管理。
（4）新书入库，添加新书到管理系统中。
（5）图书查询：通过建立搜索功能实行对所有图书进行条件搜索。
（6）图书统计：根据图书类别显示每个种类的图书数量。

## 24.2 设计系统的数据库

系统的主要功能已经在上面介绍过了，本节将具体介绍每个功能的实现。

### 24.2.1 创建数据库和数据表

使用 phpMyAdmin 登录 MySQL，创建一个关于图书的数据库，名称为 books。在 books 数据库中创建一个管理员表，名称为 admin，设置以下几个字段：

（1）id：它是唯一的，类型为 int，并选择主键。
（2）username：管理员名称，类型为 varchar，长度为 50。

（3）password：密码，类型为 varchar，长度为 50。

创建完成后，在 phpMyAdmin 工具中可以查看，如图 24-1 所示。

| # | 名字 | 类型 | 排序规则 | 属性 | 空 | 默认 | 注释 | 额外 |
|---|---|---|---|---|---|---|---|---|
| 1 | id | int(11) | | | 否 | 无 | | AUTO_INCREMENT |
| 2 | username | varchar(50) | utf8_general_ci | | 是 | NULL | | |
| 3 | password | varchar(50) | utf8_general_ci | | 是 | NULL | | |

图 24-1 admin 数据表

在 books 数据库中创建一个 info_book 表，用来存储图书信息，设置字段如下：

（1）id：它是唯一的，类型为 int，并选择主键。

（2）name：图书名称，类型为 varchar，长度为 20。

（3）price：价格，类型为 decimal(4,2)，用于精度比较高的数据存储。decimal 声明语法是 decimal(m,d)。其中 M 是数字的最大数（精度）。其范围为 1～65（在较旧的 MySQL 版本中，允许的范围是 1～254）。D 是小数点右侧数字的数目（标度）。其范围是 0～30，但不得超过 M。

（4）uploadtime：入库时间，类型为 datetime。

（5）type：图书分类，类型为 varchar，长度为 10。

（6）total：图书数量，类型为 int，长度为 50。

（7）leave_number：剩余可借出的图书数量，类型为 int。

创建完成后，在 phpMyAdmin 工具中可以查看，如图 24-2 所示。

| # | 名字 | 类型 | 排序规则 | 属性 | 空 | 默认 | 注释 | 额外 | 操作 |
|---|---|---|---|---|---|---|---|---|---|
| 1 | id | int(11) | | | 否 | 无 | | AUTO_INCREMENT | 修改 删除 主键 |
| 2 | name | varchar(20) | utf8_general_ci | | 否 | 无 | | | 修改 删除 主键 |
| 3 | price | decimal(4,2) | | | 否 | 无 | | | 修改 删除 主键 |
| 4 | uploadtime | datetime | | | 否 | 无 | | | 修改 删除 主键 |
| 5 | type | varchar(10) | utf8_general_ci | | 否 | 无 | | | 修改 删除 主键 |
| 6 | total | int(50) | | | 是 | NULL | | | 修改 删除 主键 |
| 7 | leave_number | int(11) | | | 是 | NULL | | | 修改 删除 主键 |

图 24-2 info_book 表

## 24.2.2 数据库连接文件

把创建完成的数据库写入 config.php 文件中，方便以后在不同的页面中调用数据库和数据表。

```
<?php
ob_start();   //开启缓存
session_start();
```

```
header("Content-type:text/html;charset=utf-8");
$link = mysqli_connect('localhost','root','123456','books');
mysqli_query($link, "set names utf8");
if (!$link) {
    die("连接失败:".mysqli_connect_error());
}
?>
```

# 24.3 开发管理员登录和修改密码功能

管理员登录页面中包括登录验证码、登录功能和密码修改功能。

## 24.3.1 创建登录验证码

在登录界面会使用验证码功能，首先创建一个简单的验证码文件。

创建一个 verify.php 文件，方便其他页面的调用。这里设置一个 4 位数的验证码，如图 24-3 所示。

图 24-3　验证码效果

实现代码如下：

```
<?php
session_start();
srand((double)microtime()*1000000);
while(($authnum=rand()%10000)<1000);//生成四位随机整数验证码
$_SESSION['auth']=$authnum;
//生成验证码图片
Header("Content-type: image/PNG");
$im = imagecreate(55,20);
$red = ImageColorAllocate($im, 255,0,0);
$white = ImageColorAllocate($im, 200,200,100);
$gray = ImageColorAllocate($im, 250,250,250);
$black = ImageColorAllocate($im, 120,120,50);
imagefill($im,60,20,$gray);

//将四位整数验证码绘入图片
//位置交错
for ($i = 0; $i < strlen($authnum); $i++)
{
```

```
    $i%2 == 0?$top = -1:$top = 3;
    imagestring($im, 6, 13*$i+4, 1, substr($authnum,$i,1), $white);
}
for($i=0;$i<100;$i++)    //加入干扰象素
{
    imagesetpixel($im, rand()%70 , rand()%30 , $black);
}
ImagePNG($im);
ImageDestroy($im);
?>
```

## 24.3.2 管理员登录页

运行 login.php 文件，进入管理员的登录页面，输入管理员姓名（admin）、密码（123456）和验证码，如图 24-4 所示。单击【登录】按钮，弹出提示对话框，如图 24-5 所示，提示“登录成功”。

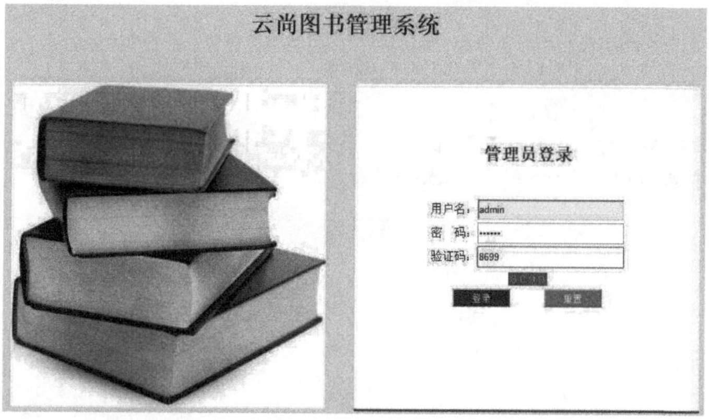


图 24-4　登录页面

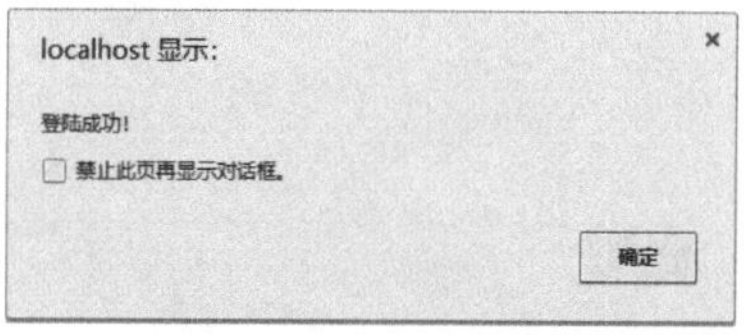


图 24-5　提示对话框

在登录页面中，左侧插入了一个图片，右侧创建一个<form>表单来实现登录，使用<table>布局，并引入验证码文件 verify.php。代码如下：

```
<!DOCTYPE html>
<html>
<head>
    <meta http-equiv="Content-Type" content="text/html; charset=utf-8" />
    <title>图书后台管理系统登录功能</title>
</head>
<body style="background-color:#BBFFFF ">
    <div class="out_box"><h1>云尚图书管理系统</h1></div>
    <div class="big_box">
        <div class="left_box"><img src="images/b.jpg" alt=""></div>
        <div class="right_box">
```

```
            <h2>管理员登录</h2>
            <form name="frm" method="post" action="" onSubmit="return check()">
                <table>
                    <tr><td width="">
                          <label>用户名：<input type="text" name="username"
id="username" class="iput"/></label>
                         </td></tr>
                    <tr><td>
                            <label>密 码：<input type="password" name="pwd" id="pwd"
class="iput"/></label>
                         </td></tr>
                    <tr><td>
                            <label>验证码：<input name="code" type="text" id="code"
maxlength="4" class="iput"/></label>
                         </td></tr>
                    <tr><td align="center">
                            <img src="verify.php" style="vertical-align:middle" />
                         </td></tr>
                    <tr><td align="center">
                            <input type="submit" name="Submit" value="登录"
class="iput1">
                                
                            <input type="reset" name="Submit" value="重置"
class="iput2">
                         </td></tr>
                </table>
            </form>
        </div>
    </div>
</body>
</html>
```

## 24.3.3　管理员登录功能

前面创建了数据表 admin，这里需要加入一条管理员的数据，用来登录。admin 表中就添加了一条数据，如图 24-6 所示。

| id | username | password |
|---|---|---|
| 2 | admin | 123456 |

图 24-6　添加管理员

接下来分别对姓名、密码和验证码进行判断，然后通过 SQL 语句查询出数据库信息相匹配。如果输入的登录信息与我们添加入数据库的登录信息不符合，则无法进行管理员登录。整个流程如图 24-7 所示。

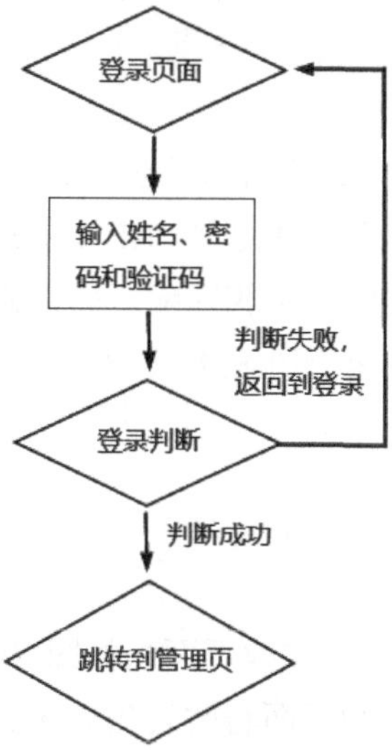


图 24-7　验证登录信息的流程

这里通过$_POST 获取页面登录的数据。

```
<?php
if(@$_POST["Submit"]) {
    $username=$_POST["username"];
    $pwd=$_POST["pwd"];
    $code=$_POST["code"];
    if($code<>$_SESSION["auth"]) {
        echo "<script language=javascript>alert('验证码不正确!
');window.location='login.php'</script>";
        ?>
        <?php
        die();
    }
    $SQL ="SELECT * FROM admin where username='$username' and password='$pwd'";
    $rs=mysqli_query($link,$SQL);
    if(mysqli_num_rows($rs)==1) {
        $_SESSION["pwd"]=$_POST["pwd"];
        $_SESSION["admin"]=session_id();
        echo "<script language=javascript>alert('登录成功!
');window.location='admin_index.php'</script>";
    }
    else {
        echo "<script language=javascript>alert('用户名或密码错误!
');window.location='login.php'</script>";
        ?>
        <?php
        die();
```

```
    }
}
?>
```

session 变量用于存储关于用户会话的信息，或者更改用户会话的设置。

存储和取回 session 变量的正确方法是使用 PHP 中的$_SESSION 变量，把输入的验证码的登录信息与 session 中存储的验证码的信息相匹配，如果相等，则验证码匹配成功。然后查询数据库，验证登录的姓名和密码与数据库中的数据是否相匹配。如果验证码和姓名及密码都匹配成功，则登录成功。

## 24.3.4 管理员密码更改页

单击【密码修改】链接，将链接到修改页面，如图 24-8 所示。填写修改的信息后，单击【确定更改】按钮，如果修改成功，则页面将跳转到登录页面。在管理中心页面中，单击【退出系统】链接，页面将退出系统，返回到登录页面。

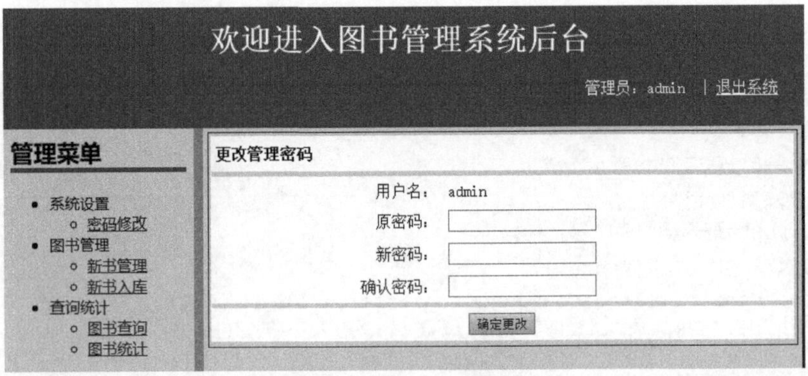


图 24-8　修改密码的页面

页面使用<table>表格来布局，使用<form><input type="password">来显示原密码框和新输入密码框。

```
<table cellpadding="5" cellspacing="1" border="0" width="100%" align=center
bgcolor="#FFFFFF">
    <form name="renpassword" method="post" action="">
        <tr>
            <th height=40 colspan=4 align="left" style="border-bottom: 5px solid
#BBFFFF">更改管理密码</th>
        </tr>
        <tr>
            <td width="40%" align="right">用户名：</td>
            <td width="60%"></td>
        </tr>
        <tr>
            <td align="right">原密码：</td>
```

```
            <td><input name="password" type="password" id="password" size="20"></td>
        </tr>
        <tr>
            <td align="right">新密码：</td>
            <td><input name="password1" type="password" id="password1"
size="20"></td>
        </tr>
        <tr>
            <td align="right" style="border-bottom: 5px solid #BBFFFF">确认密码：</td>
            <td style="border-bottom: 5px solid #BBFFFF"><input  name="password2"
type="password" id="password2" size="20"></td>
        </tr>
        <tr>
            <td colspan="2" align="center">
                <input class="button" onClick="return check();" type="submit"
name="Submit" value="确定更改">
            </td>
        </tr>
    </form>
</table>
</body>
</html>
```

## 24.3.5 开发密码更改功能

前一节完成了管理员密码的修改页面，本节来实现这个功能。具体的实现流程如图 24-9 所示。

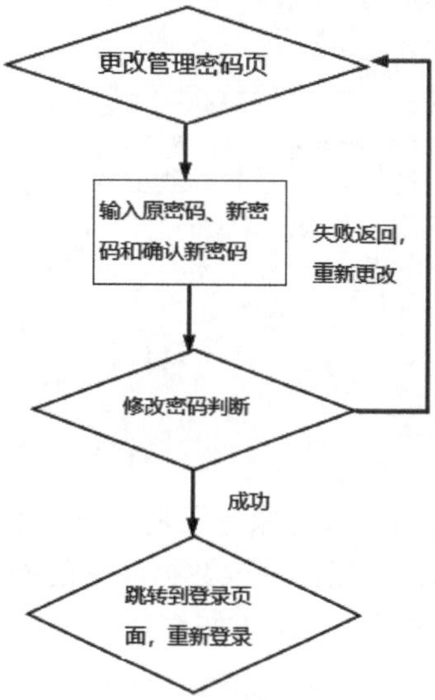


图 24-9 验证更改密码的流程

首先需要给“确定更改”加上一个 onClick 事件。使用 JavaScript 进行判断原密码、新密码、确认新密码都不能为空，新密码和确认密码必须一致。

```
<script >
    function checkspace(checkstr) {
        var str = '';
        for(i = 0; i < checkstr.length; i++) {
            str = str + ' ';
        }
        return (str == checkstr);
    }
    function check()
    {
        if(checkspace(document.renpassword.password.value)) {
            document.renpassword.password.focus();
            alert("原密码不能为空！");
            return false;
        }
        if(checkspace(document.renpassword.password1.value)) {
            document.renpassword.password1.focus();
            alert("新密码不能为空！");
            return false;
        }
        if(checkspace(document.renpassword.password2.value)) {
            document.renpassword.password2.focus();
            alert("确认密码不能为空！");
            return false;
        }
        if(document.renpassword.password1.value !=
document.renpassword.password2.value) {
            document.renpassword.password1.focus();
            document.renpassword.password1.value = '';
            document.renpassword.password2.value = '';
            alert("新密码和确认密码不相同，请重新输入");
            return false;
        }
        document.admininfo.submit();
    }
</script>
```

然后使用数据库 SQL 语句查询输入的原密码是否与文本框内填入的密码匹配，如果匹配则成功，则会使用 SQL 语句的修改功能，修改数据库中的密码。

修改成功后，返回登录页面使用新密码重新登录。

```
<?php
$password=$_SESSION["pwd"];
```

```
$sql="select * from admin where password='$password'";
$rs=mysqli_query($link,$sql);
$rows=mysqli_fetch_assoc($rs);
$submit = isset($_POST["Submit"])?$_POST["Submit"]:"";
if($submit)
{
    if($rows["password"]==$_POST["password"])
    {
        $password2=$_POST["password2"];
        $sql="update admin set password='$password2' where id=1";
        mysqli_query($link,$sql);
        echo "<script>alert('修改成功,请重新进行登录!
');window.location='login.php'</script>";
        exit();
      }
      else
    ?>
<?php { ?>
    <script>
      alert("原始密码不正确,请重新输入")
      location.href="renpassword.php";
    </script>
<?php
     }
}
?>
```

# 24.4 设计图书管理页面

图书管理页面包括头部模块、左侧模块和右侧模块。

## 24.4.1 图书管理页面的头部模块

图书后台管理系统需要不同的模块来展示不同的功能效果，最后将这些模块组装起来，形成完整的后台功能页面。

本节将创建后台管理系统的头部模块（book_top.php），效果如图 24-10 所示。头部模块包含了管理员信息和【退出系统】的链接。

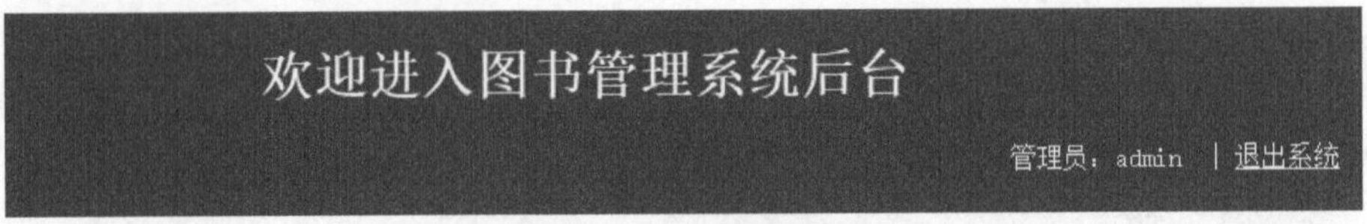


图 24-10　头部模块

实现代码如下：

```
<head>
    <meta http-equiv="Content-Type" content="text/html; charset=utf-8" />
    <title>图书后台管理系统登录功能</title>
    <style>
        div h1{
            width: 100%;
            text-align: center;
        }
        h1,td,a{
            color: white;
        }
    </style>
</head>
<div>
    <h1>欢迎进入图书管理系统后台</h1>
</div>
<table width="100%" border="0" align="center" cellpadding="0" cellspacing="0">
    <tr>
        <td height="17" align="right">管理员: admin  | <a
href="login.php?tj=out" target="_parent">退出系统</a>    </td>
    </tr>
</table>
```

## 24.4.2　图书管理页面的左侧模块

本节将创建管理系统的左侧功能模块（book_left.php），后台管理系统中主要的对系统的操作都在这里，方便管理员进行图书管理的各种操作。效果如图 24-11 所示。

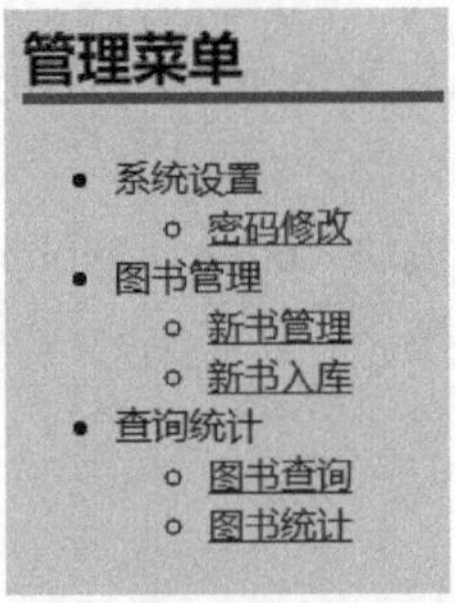


图 24-11　左侧功能模块

在该模块中，包括系统设置功能、图书管理功能和查询统计功能等，并用<a>标签增加跳转链接，实现图书管理后台的各种功能。主要使用了<ul><li>标签进行布局。

```
<div style="background-color:#BBFFFF">
    <h2>管理菜单</h2>
    <ul id="navigation">
        <li> <a>系统设置</a>
            <ul>
                <li><a href="pwd.php" target="rightFrame">密码修改</a></li>
            </ul>
        </li>
        <li><a>图书管理</a>
            <ul>
                <li><a href="book_list.php" target="rightFrame">新书管理</a></li>
                <li><a href="add_book.php" target="rightFrame">新书入库</a></li>
            </ul>
        </li>
        <li><a>查询统计</a>
            <ul>
                <li><a href="select_book.php" target="rightFrame">图书查询</a></li>
                <li><a href="count.php" target="rightFrame">图书统计</a></li>
            </ul>
        </li>
    </ul>
</div>
```

## 24.4.3 图书管理页面的右侧模块

本节将创建管理系统的右侧模块（book_right.php），效果如图 24-12 所示。

图 24-12　右侧模块

这里使用<table>标签布局，然后添了 2 张图片，代码如下：

```
<table>
    <tr>
        <td width="150"><img src="1.jpg" alt="" width="300"></td>
        <td width="150"><img src="2.jpg" alt="" width="300"></td>
    </tr>
</table>
```

# 24.5 开发图书管理功能

图书管理功能主要包括查看、修改和删除图书功能。

## 24.5.1 新书管理页面

本节将介绍左侧模块中的新书管理功能页面，效果如图 24-13 所示。

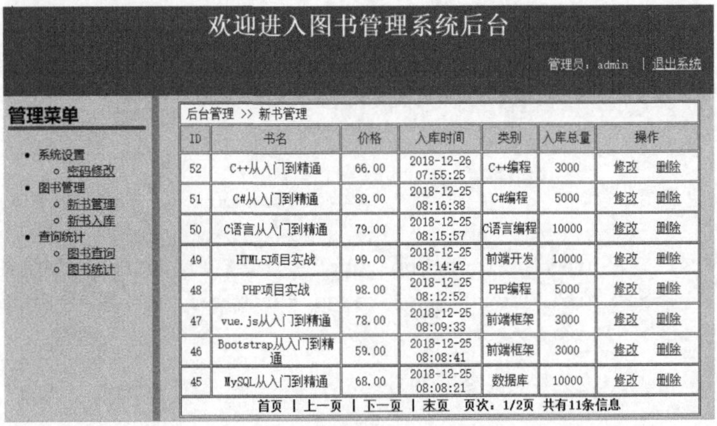


图 24-13　新书管理功能页面

这个页面主要使用<table>标签来布局，显示书的 id、书名、价格、入库时间、类别、入库总量和操作等内容。底部主要是显示分页和信息数等内容。

```
<table width="95%" border="1" align="center" cellpadding="0" cellspacing="1"
bgcolor="#FFFFFF" >
    <tr>
        <td height="27" colspan="7" align="left" bgcolor="#FFFFFF"> 后台管理
 &gt;&gt; 新书管理</td>
    </tr>
    <tr>
        <td width="6%" height="35" align="center" bgcolor="#BBFFFF">ID</td>
        <td width="25%" align="center" bgcolor="#BBFFFF">书名</td>
        <td width="11%" align="center" bgcolor="#BBFFFF">价格</td>
        <td width="16%" align="center" bgcolor="#BBFFFF">入库时间</td>
        <td width="11%" align="center" bgcolor="#BBFFFF">类别</td>
        <td width="11%" align="center" bgcolor="#BBFFFF">入库总量</td>
        <td width="20%" align="center" bgcolor="#BBFFFF">操作</td>
    </tr>
        <tr align="center">
            <td width="6%"></td>
```

```
            <td width="25%" height="26"></td>
            <td width="11%" height="26"></td>
            <td width="16%" height="26"></td>
            <td width="11%" height="26"></td>
            <td width="11%" height="26"></td>
            <td width="20%">
                <a href="update_book.php?">修改</a>  
                <a href="del_book.php?">删除</a>
            </td>
        </tr>
    <tr>
        <th height="25" colspan="7" align="center">
                首页 | 上一页 | <a href="">下一页</a> |
                <a href="">末页</a>
                <a href="">首页</a> |
                <a href="">上一页</a> | 下一页 | 末页
                <a href="">首页</a> |
                <a href="">上一页</a> |
                <a href="" >下一页</a> |
                <a href="">末页</a>
             页次：页 共有 条信息
        </th>
    </tr>
</table>
```

## 24.5.2　开发新书管理分页功能

当新书管理页面完成以后，就需要把数据库的数据通过SQL语句查询出来并在表中显示。由于图书馆的图书库存数量一般比较大，所以这里使用分页功能来显示。

（1）设定每页显示 8 条图书信息：

```
$pagesize=8;
```

（2）获取查询的总数据，计算出总页数$pagecount：

```
<?php
$pagesize = 8; //每页显示数
$SQL = "SELECT * FROM yx_books";
$rs = mysqli_query($link,$sql);
$recordcount = mysqli_num_rows($rs);
//mysql_num_rows() 返回结果集中行的数目。此命令仅对 SELECT 语句有效
$pagecount = ($recordcount-1)/$pagesize+1;  //计算总页数
$pagecount = (int)$pagecount;
?>
```

（3）获取当前页$pageno：

- 判断当前页为空或者小于第一页时，显示第一页。
- 当前页数大于总页数时，显示总页数为最后一页。
- 计算每页从第几条数据开始

```
<?php
$pageno = $_GET["pageno"];    //获取当前页
if($pageno == ""){
    $pageno=1;    //当前页为空时显示第一页
}
if($pageno<1){
    $pageno=1;     //当前页小于第一页时显示第一页
}
if($pageno>$pagecount) {     //当前页数大于总页数时显示总页数
    $pageno=$pagecount;
}
$startno=($pageno-1)*$pagesize;  //每页从第几条数据开始显示
$sql="select * from info_books order by id desc limit $startno,$pagesize";
$rs=mysqli_query($link,$sql);
?>
```

在 HTML 标签中把数据库中的图书信息用 while 语句循环出来显示。

```
<?php
while($rows=mysqli_fetch_assoc($rs)) {
    ?>
    <tr align="center">
        <td width="6%"><?php echo $rows["id"]?></td>
        <td width="25%" height="26"><?php echo $rows["name"]?></td>
        <td width="11%" height="26"><?php echo $rows["price"]?></td>
        <td width="16%" height="26"><?php echo $rows["uploadtime"]?></td>
        <td width="11%" height="26"><?php echo $rows["type"]?></td>
        <td width="11%" height="26"><?php echo $rows["total"]?></td>
        <td width="20%">
            <a href="update_book.php?id=<?php echo $rows['id'] ?>">修改
</a>  
            <a href="del_book.php?id=<?php echo $rows['id'] ?>">删除</a>
        </td>
    </tr>
    <?php }  ?>
```

最后实现首页、上一页、下一页和末页等功能。如果当前页为第一页时，下一页和末页链接显示；当前页为总页数时，首页和上一页链接显示。其余所有的都正常链接显示。

```
<tr>
    <th height="25" colspan="7" align="center">
```

```
            <?php if($pageno==1) { ?>
                首页 | 上一页 | <a href="?pageno=<?php echo $pageno+1 ?> & id=<?php echo
@$id ?>">下一页</a> |
                <a href="?pageno=<?php echo $pagecount ?> & id=<?php echo @$id ?>">
末页</a>
            <?php } else if($pageno==$pagecount) { ?>
                <a href="?pageno=1&id=<?php echo @$id ?>">首页</a> |
                <a href="?pageno=<?php echo $pageno-1 ?>&id=<?php echo @$id ?>">上一
页</a> | 下一页 | 末页
            <?php } else { ?>
                <a href="?pageno=1&id=<?php echo @$id?>">首页</a> |
                <a href="?pageno=<?php echo $pageno-1?>&id=<?php echo @$id?>">上一页
</a> |
                <a href="?pageno=<?php echo $pageno+1?>&id=<?php echo @$id?>" >下一页
</a> |
                <a href="?pageno=<?php echo $pagecount?>&id=<?php echo @$id?>">末页
</a>
            <?php } ?>
             页次：<?php echo $pageno ?>/<?php echo $pagecount ?>页 共有<?php
echo $recordcount?>条信息
        </th>
    </tr>
</table>
```

## 24.5.3 新书管理中的修改页

在“新书管理”页面中单击操作一列中的【修改】链接，页面将跳转到后台的新书修改功能页（update_book.php），如图 24-14 所示。

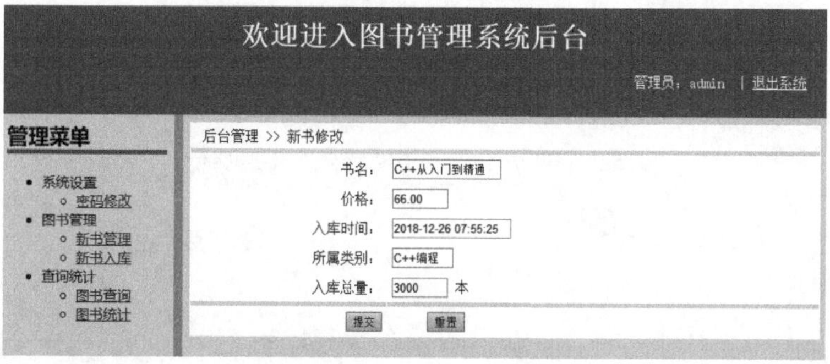


图 24-14 新书管理中的修改页

创建<from>表单，内部使用<table>表格进行布局。需要在文本框中显示的内容为：书名、价格、入库时间、所属类别、入库总量。

```
<form id="myform" name="myform" method="post" action="" onSubmit="return
myform_Validator(this)">
```

```
    <table width="100%" height="173" border="0" align="center" cellpadding="5"
cellspacing="1" bgcolor="#ffffff">
        <tr>
            <td colspan="2" align="left" style="border-bottom: 5px solid
#BBFFFF"> 后台管理 &gt;&gt; 新书修改</td>
        </tr>
        <tr>
            <td width="31%" align="right">书名：</td>
            <td width="69%">
                <input name="name" type="text" id="name" value="" size="15"
maxlength="30" />
            </td>
        </tr>
        <tr>
            <td align="right">价格：</td>
            <td>
                <input name="price" type="text" id="price" value="" size="5"
maxlength="15" />
            </td>
        </tr>
        <tr>
            <td align="right">入库时间：
            </td>
            <td>
                <label>
                    <input name="uptime" type="text" id="uptime" value="" size="17" />
                </label>
            </td>
        </tr>
        <tr>
            <td align="right">所属类别：
            </td>
            <td><label>
                    <input name="type" type="text" id="type" value="" size="6"
maxlength="19" />
                </label></td>
        </tr>
        <tr>
            <td align="right" style="border-bottom: 5px solid #BBFFFF">入库总量：</td>
            <td style="border-bottom: 5px solid #BBFFFF"><input name="total"
type="text" id="total" value="" size="5" maxlength="15" />
                本</td>
        </tr>
        <tr>
            <td align="right">
```

```
                <input type="hidden" name="action" value="modify">
                <input type="submit" name="button" id="button" value="提交"/></td>
            <td>
                <input type="reset" name="button2" id="button2" value="重置"/></td>
        </tr>
    </table>
</form>
```

## 24.5.4 新书管理中修改和删除功能的实现

在新书管理页面中实现单击操作一列中的【删除】链接，删除对应的一行图书数据。

实现思路：在删除页面（del_book.php）中获取要删除书籍的 id，通过 SQL 语句来删除该 id 在数据库中的全部记录。

```
<?php
include("config.php");
require_once('book_check.php');
$SQL = "DELETE FROM info_books where id='".$_GET['id']."'";
$arry=mysqli_query($link,$SQL);
if($arry){
    echo "<script> alert('删除成功');location='book_list.php';</script>";
}
else
    echo "删除失败";
?>
```

接下来看一下修改功能的实现。实现的流程如图 24-15 所示。

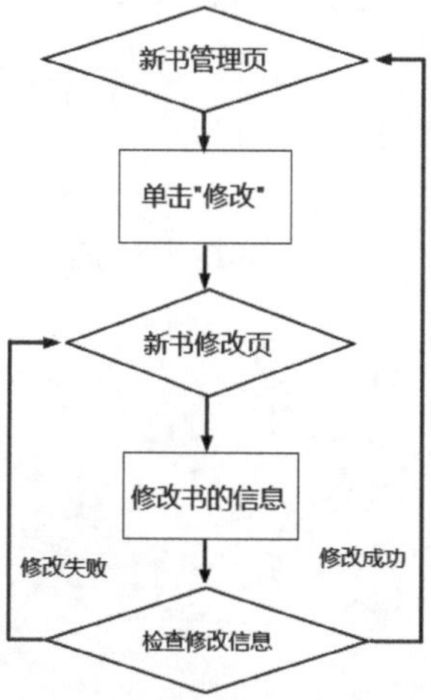


图 24-15　验证修改信息的流程

实现思路：获取需要修改书籍的 id，通过 SQL 语句中的 SELECT 查询数据库中此条 id 的所有信息。再通过 SQL 语句中的 UPDATE 修改此条 id 的信息。

```
<?php
$sql="select * from info_books where id='".$_GET['id']."'";
$arr=mysqli_query($link,$sql);
$rows=mysqli_fetch_row($arr);
//mysqli_fetch_row() 函数从结果集中取得一行，并作为枚举数组返回。一条一条获取，输出结果为
$rows[0],$rows[1],$rows[2]......
?>
<?php
if(@$_POST['action']=="modify"){
    $sqlstr = "update info_books set name = '".$_POST['name']."', price =
'".$_POST['price']."', uploadtime = '".$_POST['uptime']."', type =
'".$_POST['type']."', total = '".$_POST['total']."' where id='".$_GET['id']."'";
    $arry=mysqli_query($link,$sqlstr);
    if ($arry){
        echo "<script> alert('修改成功');location='book_list.php';</script>";
    }
    else{
        echo "<script>alert('修改失败');history.go(-1);</script>";
    }
}
?>
```

给<from>表单添加一个 onSubmit 单击事件：

```
<form id="myform" name="myform" method="post" action="" onSubmit="return
myform_Validator(this)">
```

通过 onSubmit 单击事件，用<javascript>判断修改书籍信息时，不能让每项修改信息为空。

```
<script >
    function myform_Validator(theForm) {
        if (theForm.name.value == "") {
            alert("请输入书名。");
            theForm.name.focus();
            return (false);
        }
        if (theForm.price.value == "") {
            alert("请输入书名价格。");
            theForm.price.focus();
            return (false);
        }
        if (theForm.type.value == "") {
            alert("请输入书名所属类别。");
            theForm.type.focus();
            return (false);
```

```
        }
        return (true);
    }
</script>
```

## 24.5.5 新书添加页

在左侧功能模块中，有一个“新书入库”的功能，管理员可以通过此页面向管理系统中添加新书。单击【新书入库】链接，页面将跳转到新书添加页面（add_book.php），如图 24-16 所示。

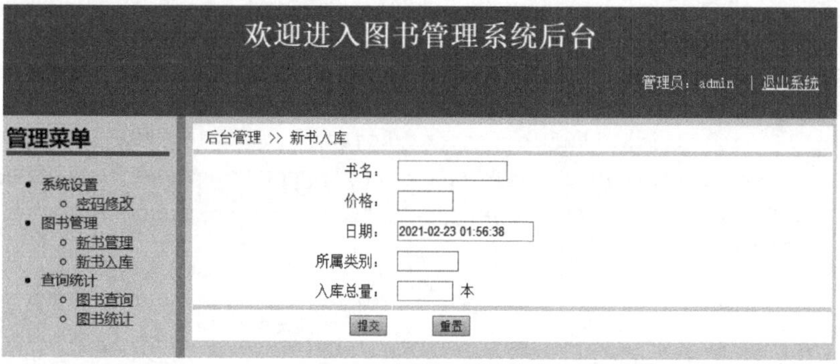


图 24-16　新书添加页面

新书添加页面与新书管理的修改功能页面布局类似。创建<from>表单，内部使用<table>表格进行布局。里面的内容包括：书名、价格、日期、所属类别、入库总量。

```
<form id="myform" name="myform" method="post" action="" onsubmit="return
myform_Validator(this)">
    <table width="100%" height="173" border="0" align="center" cellpadding="5"
cellspacing="1" bgcolor="#ffffff">
        <tr>
            <td colspan="2" align="left"  style="border-bottom: 5px solid
#BBFFFF"> 后台管理 &gt;&gt; 新书入库</td>
        </tr>
        <tr>
            <td width="31%" align="right">书名：</td>
            <td width="69%">
                <input name="name" type="text" id="name" size="15" maxlength="30" />
            </td>
        </tr>
        <tr>
            <td align="right">价格：</td>
            <td>
                <input name="price" type="text" id="price" size="5" maxlength="15" />
            </td>
```

```
        </tr>
        <tr>
            <td align="right">日期：</td>
            <td>
                <input name="uptime" type="text" id="uptime" value="<?php echo
date("Y-m-d h:i:s"); ?>" />
            </td>
        </tr>
        <tr>
            <td align="right">所属类别：</td>
            <td>
                <input name="type" type="text" id="type" size="6" maxlength="19" />
            </td>
        </tr>
        <tr>
            <td align="right" style="border-bottom: 5px solid #BBFFFF">入库总量：</td>
            <td style="border-bottom: 5px solid #BBFFFF"><input name="total"
type="text" id="total" size="5" maxlength="15" />
                本</td>
        </tr>
        <tr>
            <td align="right">
                <input type="hidden" name="action" value="insert">
                <input type="submit" name="button" id="button" value="提交" />
            </td>
            <td>
                <input type="reset" name="button2" id="button2" value="重置" />
            </td>
        </tr>
    </table>
</form>
```

这里的日期是自动生成的当前时间，使用 date 函数 date("Y-m-d h:i:s")生成当前的日期和时间。

```
<input name="uptime" type="text" id="uptime" value="<?php echo date("Y-m-d h:i:s"); ?>"
/>
```

## 24.5.6 新书添加功能的实现

本节将实现图书后台管理系统的新书添加功能。

基本思路：在<form>表单中添加数据，单击提交按键后将添加的数据通过 SQL 语句 INSERT INTO 增加到数据库中。实现的流程如图 24-17 所示。

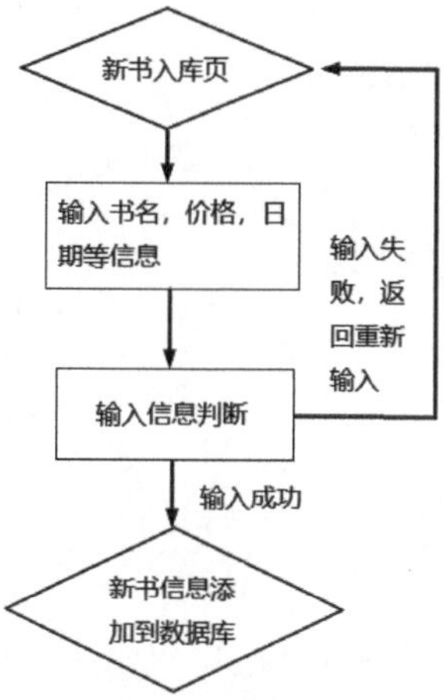


图 24-17　新书添加功能的实现流程

使用表单提交一个变量名为 action、值为 insert 的参数。

```
<td align="right">
  <input type="hidden" name="action" value="insert">
  <input type="submit" name="button" id="button" value="提交" />
</td>
```

使用$_POST 方式获取 insert 值。然后使用 SQL 语句 INSERT INTO 将新书的信息增加到数据库中。

```
<?php
if(@$_POST['action']=="insert"){
    $SQL = "INSERT INTO info_books (name,price,uploadtime,type,total,leave_number)
values('".$_POST['name']."','".$_POST['price']."','".$_POST['uptime']."','".$_POST[
'type']."','".$_POST['total']."','".$_POST['total']."')";
    $arr=mysqli_query($link,$SQL);
    if ($arr){
        echo "<script language=javascript>alert('添加成功!
');window.location='add_book.php'</script>";
    }
    else{
        echo "<script>alert('添加失败');history.go(-1);</script>";
    }
}
?>
```

还需要给<from>表单添加一个 onSubmit 单击事件：

```
<form id="myform" name="myform" method="post" action="" onsubmit="return
myform_Validator(this)">
```

通过 onSubmit 单击事件用<javascript>判断书籍增加信息时，不能让每项添加的信息为

```
<script>
    function myform_Validator(theForm) {
        if (theForm.name.value == "") {
            alert("请输入书名。");
            theForm.name.focus();
            return (false);
        }
        if (theForm.price.value == "") {
            alert("请输入书名价格。");
            theForm.price.focus();
            return (false);
        }
        if (theForm.type.value == "") {
            alert("请输入书名所属类别。");
            theForm.type.focus();
            return (false);
        }
        return (true);
    }
</script>
```

# 24.6 开发图书查询和统计功能

本节继续学习开发图书查询和图书统计功能的方法。

## 24.6.1 图书查询页面

本节将创建左侧模块查询统计中的图书查询页面，如图 24-18 所示。在该页面中，可以选择图书序号、图书名称、图书价格、入库时间和图书类别，通过填写的图书信息查询出相应的图书，并在页面中展示出来。例如，要查询图书名称中含有 MySQL 的数据，效果如图 24-19 所示。

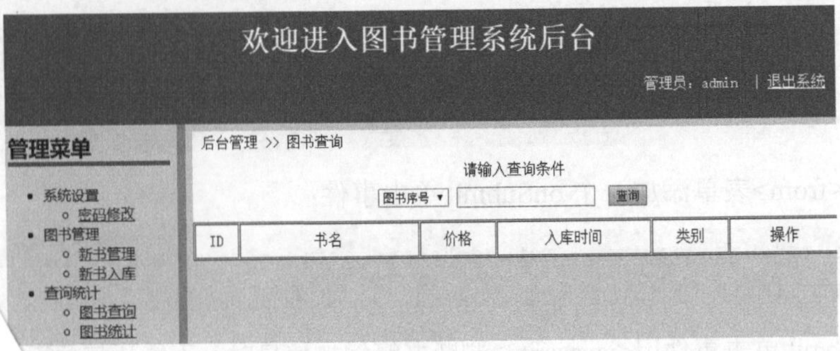


图 24-18 图书查询页面

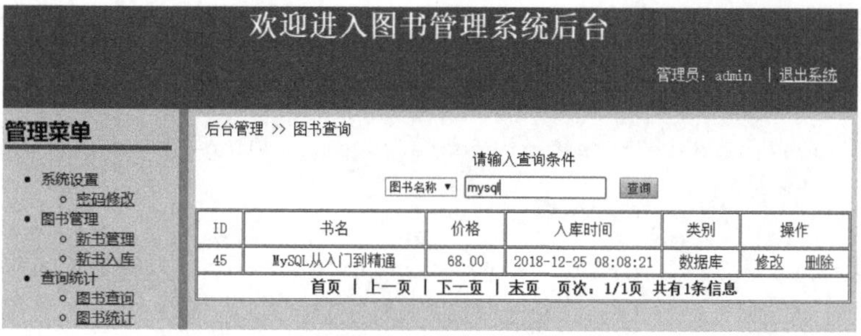


图 24-19　查询结果

查询文本框内容使用<form>表单，外面使用<table>表格布局，并加入<select><option>选择框。展示页面另外使用一个<table>表格布局。

```
<table width="100%" border="0" align="center" cellpadding="2" cellspacing="1"
bgcolor="#ffffff">
    <tr>
        <td width="80%" height="27" valign="top" bgcolor="#FFFFFF"> 后台管理
 &gt;&gt; 图书查询</td>
    <tr>
        <td height="27" valign="top" bgcolor="#FFFFFF">
            <form id="form1" name="form1" method="post" action="" style="margin:0px;
padding:0px;">
                <table width="45%" height="42" border="0" align="center"
cellpadding="0" cellspacing="0">
                    <caption>请输入查询条件</caption>
                    <tr>
                        <td width="36%" align="center">
                            <select name="seltype" id="seltype">
                                <option value="id">图书序号</option>
                                <option value="name">图书名称</option>
                                <option value="price">图书价格</option>
                                <option value="time">入库时间</option>
                                <option value="type">图书类别</option>
                            </select>
                        </td>
                        <td width="31%" align="center">
                            <input type="text" name="coun" id="coun" />
                        </td>
                        <td width="33%" align="center">
                            <input type="submit" name="button" id="button" value="查
询" />
                        </td>
                    </tr>
                </table>
            </form>
```

```
        </td>
    </tr>
</table>
<table width="100%" border="1" align="center" cellpadding="0" cellspacing="1"
bgcolor="#ffffff">
    <tr>
        <td width="7%" height="35" align="center" bgcolor="#FFFFFF">ID</td>
        <td width="28%" align="center" bgcolor="#FFFFFF">书名</td>
        <td width="12%" align="center" bgcolor="#FFFFFF">价格</td>
        <td width="24%" align="center" bgcolor="#FFFFFF">入库时间</td>
        <td width="12%" align="center" bgcolor="#FFFFFF">类别</td>
        <td width="24%" align="center" bgcolor="#FFFFFF">操作</td>
    </tr>
</table>
```

## 24.6.2 实现图书查询功能

前面已经实现图书后台管理系统新书管理分页的功能，查询的分页功能与上面说的基本相同。本节主要讲解查询的功能，并将查询的功能增加进入分页功能之中。

使用 SQL LIKE 操作符在 WHERE 子句中搜索列中的指定模式。通过选择类型，输入查询的字段来查询出图书信息。

```
<?php
$SQL = "SELECT * FROM info_books where ".$_POST['seltype']." like
('%".$_POST['coun']."%')";
?>
还要把选择类型，查询输入字段加入到每页显示的数据中
<?php
$SQL = "SELECT * FROM info_books where ".$_POST['seltype']." like
('%".$_POST['coun']."%') order by id desc limit $startno,$pagesize";
?>
```

最后把数据库查询的数据通过 while 语句循环出来。

```
<?php while(@$rows=mysqli_fetch_assoc($rs)) {  ?>
        <tr align="center">
            <td width="7%"><?php echo $rows["id"]?></td>
            <td width="28%" height="26"><?php echo $rows["name"]?></td>
            <td width="12%" height="26"><?php echo $rows["price"]?></td>
            <td width="24%" height="26"><?php echo $rows["uploadtime"]?></td>
            <td width="12%" height="26"><?php echo $rows["type"]?></td>
            <td width="24%">
                <a href="update_book.php?id=<?php echo $rows['id'] ?>">修改
</a>  
                <a href="del_book.php?id=<?php echo $rows['id'] ?>">删除</a>
```

```
            </td>
        </tr>
    <?php }  ?>
```

底部显示首页、上一页、下一页、末页链接，功能基本与前面的新书管理分页功能类似。

```
<tr>
        <th height="25" colspan="6" align="center">
            <?php if($pageno==1) { ?>
                首页 | 上一页 | <a href="?pageno=<?php echo $pageno+1?>">下一页</a> |
                <a href="?pageno=<?php echo $_POST['seltype']?>">末页</a>
                <?php } else if($pageno==$pagecount) { ?>
                <a href="?pageno=1">首页</a> | <a href="?pageno=<?php echo
$pageno-1?>">上一页</a> | 下一页 | 末页
                <?php }  else { ?>
                <a href="?pageno=1">首页</a> | <a href="?pageno=<?php echo
$pageno-1?>">上一页</a> |
                <a href="?pageno=<?php echo $pageno+1?>">下一页</a> |
                <a href="?pageno=<?php echo $pagecount?>">末页</a>
                <?php }  ?>
             页次：<?php echo $pageno ?>/<?php echo $pagecount ?>页 共有<?php
echo $recordcount?>条信息 </th>
    </tr>
```

## 24.6.3 实现图书统计

本节将创建菜单管理栏中“图书统计”功能页面。通过此页面对所有图书进行分类统计，效果如图 24-20 所示。

图 24-20 图书统计页面

该页面主要使用<table>表格来布局，代码如下：

```
<table width="100%" border="0" align="center" cellpadding="0" cellspacing="1"
```

```
bgcolor="#BBFFFF">
    <tr>
        <td height="27" colspan="2" align="left" bgcolor="#FFFFFF"> 后台管理
 &gt;&gt; 图书统计</td>
    </tr>
    <tr>
        <td align="center" bgcolor="#FFFFFF" height="27">图书类别</td>
        <td align="center" bgcolor="#FFFFFF">库内图书</td>
    </tr>
</table>
```

内容是通过 SQL 语句查询获得，这里使用 COUNT(*)函数返回表中的记录数。再使用 GROUP BY 语句结合合计函数，根据一个或多个列对结果集进行分组（使用 group by 对 type 进行分组）。

```
<?php
$SQL = "SELECT type, count(*) FROM yx_books group by type";
?>
最后使用 while 循环出数据库中查询的数据

<?php
$SQL = "SELECT type, count(*) FROM yx_books group by type";
$val=mysqli_query($link,$sql);
while($arr=mysqli_fetch_row($val)){
    echo "<tr height='30'>";
    echo "<td align='center' bgcolor='#FFFFFF'>".$arr[0]."</td>";
    echo "<td align='center' bgcolor='#FFFFFF'>本类目共有：".$arr[1]." 种</td>";
    echo "</tr>";
}
?>
```